光伏电站建设与施工技术

GUANGFU DIANZHAN JIANSHE YU SHIGONG JISHU

（第三版）

主　编◎葛　庆　汤秋芳　张清小

副主编◎张要锋　邓京闻　刘姣姣

中国铁道出版社有限公司

CHINA RAILWAY PUBLISHING HOUSE CO., LTD.

内 容 简 介

本书主要根据光伏电站建设与施工工程相关技术规范、标准和高等职业院校光伏工程技术专业教学标准，针对光伏电站建设与施工过程中所面临的工程管理知识、工程施工知识和光伏电站设备安装工艺与技术而编写，包括光伏电站项目建设前期准备、光伏电站工程组织管理、光伏电站施工现场管理、光伏电站支架与组件安装、光伏电站电气工程施工、光伏电站验收等内容。

本书基于光伏电站建设施工过程的内容体系，对参与光伏电站建设全过程管理的学生和企业员工具有很强的指导性，内容翔实，图文并茂，资料完备，具有工作手册的特性，适合作为高等职业院校新能源发电工程类专业的教材，也可作为相关工种岗前培训教材，以及从事光伏电站工程建设、施工作业的工程技术人员的参考书。

图书在版编目（CIP）数据

光伏电站建设与施工技术/葛庆, 汤秋芳, 张清小主编.—3版.—北京：中国铁道出版社有限公司，2024.4（2025.6重印）

“十四五”职业教育国家规划教材 “十三五”职业教育国家规划教材 “十四五”高等职业教育能源类专业系列教材

ISBN 978-7-113-30767-7

Ⅰ.①光… Ⅱ.①葛… ②汤… ③张… Ⅲ.①光伏电站-工程施工-高等职业教育-教材 Ⅳ.①TM615

中国国家版本馆CIP数据核字（2023）第235985号

书　　名：光伏电站建设与施工技术
作　　者：葛　庆　汤秋芳　张清小

策　　划：何红艳　　　　**编辑部电话：**（010）63560043
责任编辑：何红艳
封面设计：付　巍
封面制作：刘　颖
责任校对：刘　畅
责任印制：赵星辰

出版发行：中国铁道出版社有限公司（100054，北京市西城区右安门西街 8 号）
网　　址：https://www.tdpress.com/51eds
印　　刷：河北京平诚乾印刷有限公司
版　　次：2016 年 9 月第 1 版　2024 年 4 月第 3 版　2025 年 6 月第 2 次印刷
开　　本：787 mm×1 092 mm 1/16　**印张：**18.5　**字数：**437 千
书　　号：ISBN 978-7-113-30767-7
定　　价：56.00 元

前言

2020年9月，习近平总书记作出碳达峰碳中和重大指示，同年12月又明确提出到2030年我国非化石能源占一次能源消费比重达到25%左右，森林蓄积量将比2005年增加60亿立方米，风电、太阳能发电总装机容量达到12亿千瓦以上。2021年12月，习近平总书记在中央经济工作会议上强调传统能源逐步退出要建立在新能源安全可靠的替代基础上。2022年1月，习近平总书记在中央政治局第三十六次集体学习中明确提出，要加大力度规划建设以大型风光电基地为基础、以其周边清洁高效先进节能的煤电为支撑、以稳定安全可靠的特高压输变电线路为载体的新能源供给消纳体系。习近平总书记的重要讲话和指示为新时代新能源发展提出了新的更高要求，提供了根本遵循。党的二十大报告在推动绿色发展，促进人与自然和谐共生方面指出："推动经济社会发展绿色化、低碳化是实现高质量发展的关键环节。""积极稳妥推进碳达峰碳中和。实现碳达峰碳中和是一场广泛而深刻的经济社会系统性变革。立足我国能源资源禀赋，坚持先立后破，有计划分步骤实施碳达峰行动。完善能源消耗总量和强度调控，重点控制化石能源消费，逐步转向碳排放总量和强度'双控'制度。"

近年来，我国以风电、光伏发电为代表的新能源发展成效显著，装机规模稳居全球首位，发电量占比稳步提升，成本快速下降，已基本进入平价无补贴发展的新阶段。同时，新能源开发利用仍存在电力系统对大规模高比例新能源接网和消纳的适应性不足、土地资源约束明显等制约因素。为深入贯彻落实习近平总书记的重要讲话和指示精神，促进新时代新能源高质量发展，国家先后出台了系列政策文件，推动我国新能源高质量发展，为光伏发电工程建设提供了广阔空间。同时也对光伏工程技术专业人才培养和光伏电站建设与施工课程建设提出了更高的要求。

本书以落实立德树人为根本任务，基于光伏电站建设工程技术员、施工员、资料员、工程项目经理等岗位对知识、能力、素质的要求，以光伏电站建设项目的典型工作任务为主线，设计了从光伏电站项目建设前期准备、可行性研究、项目管理与组织设计、施工技术等内容体系，培养高职院校学生能准确把握国家政策，开展电站建设前期准备，能进行施工工期计算，会编制施工组织设计，能在电气工程师的指导下进行光伏发电单元电气设备安装、调试、检查等。同时，书中融入了绿色低碳、技能报国、安全规范等课程思政元素。

本书遵循高素质技术技能人才成长成才规律，遵循职业教育规律，由职业院校与行业企业合作开发、企业技术人员深度参与，突出体现"以学习者为中心""做中学、做中教”等职业教育理念和产教融合新形态教材。本书配套课程借助超星泛雅在线平台配套电子教案、教学视频、微课等，以方便学习者在线学习。

本书自第一版出版以来，先后入选2020年湖南省优秀职业教育教材、“十三五”职业教育国家规划教材、“十四五”职业教育国家规划教材。被全国新能源企业和院校广泛采用，受到读者欢迎，使用过程中收到了来自工程一线技术人员和高等职业院校广大专业教师的中肯意见。由于近几年我国光伏事业发展迅速，国家“放管服”改革政策的不断推进、光伏产业政策的快速调整，为适应新形势的需要，在第一版、第二版基础上进行了修改完善。第三版采用项目化编写模式，每个项目增加了项目导入和项目学习评价标准，根据当前政策规定和近三年新发布的光伏电站项目相关技术规范、标准对相关内容进行了更新和补充。重点补充了新的技术规定、新的应用领域。根据课程思政入教材的要求，增加了素质目标要求，同时增加了工程案例、教学视频等资源。

本书由湖南理工职业技术学院葛庆、汤秋芳、张清小任主编，湖南理工职业技术学院张要锋、邓京闻，长江工程职业技术学院刘姣姣任副主编。各项目编写分工为：项目1、项目3由葛庆编写，项目2由邓京闻编写，项目4由张清小编写，项目5由汤秋芳编写，项目6由张要锋编写，附录由刘姣姣编写。全书由葛庆负责教材结构设计和统稿。本书由浙江瑞亚能源科技有限公司高级工程师李毅斌副总经理主审。

本书在编写过程中得到了湖南理工职业技术学院新能源学院领导、同事及光伏工程技术专业广大毕业生的大力支持与帮助，同时，得到了中国铁道出版社有限公司编辑的大力支持，在此表示衷心的感谢！

本书在编写过程中参阅了大量建筑、电气、光伏电站工程方面专家、学者的论文、专著、工程实践资料、工程技术规范、政策文件等，在此一并致以诚挚谢意。

由于编者水平有限，书中难免存在疏漏与不妥之处，敬请广大读者批评指正。

编　者

2024年1月

目　录

光伏电站项目建设前期准备

项目导入

某业主准备投资建设一个光伏电站，需要完成以下几项工作：

（1）首先需要了解国家和当地政府关于光伏电站建设的相关政策，项目建设模式；

（2）接下来需要做光伏电站项目建设必要性和政策依据分析；

（3）勘查、收集光伏电站意向地的太阳能资源，气候、地质、并网及消纳条件等关键信息资料数据；

（4）在综合分析上述数据的基础上拟定初步技术方案，并分析建成投产后的社会效益和经济效益，形成初步设计方案。

（5）项目立项后需要确定项目建设模式，组织招投标，进行施工图设计，为项目开工做好前期准备。

学习目标

知识目标：（1）了解工程项目建设管理模式。

（2）熟悉光伏电站建设基本过程。

（3）熟悉施工图设计的基本内容，准确把握设计深度要求。

（4）熟悉光伏电站电气施工图设计深度要求。

（5）熟悉项目招投标基本过程和主要工作内容。

能力目标：（1）会编制1 MW左右光伏电站初步设计方案。

（2）能独立完成户用光伏电站施工图设计。

（3）能在教师指导下编制项目招标技术文件。

素质目标：树立能源报国之志，培养绿色低碳发展理念和法律意识。

视频

项目管理概述（上）

视频

项目管理概述（中）

视频

项目管理概述（下）

任务1　光伏电站项目管理认知

1.1.1　并网光伏电站项目管理

1. 项目管理的概念

项目是指一系列独特、复杂并相互关联，为实现某一明确目标（或目的）的活动，这些活动必须在规定的时间、预算、资源控制范围内，依据相应的规范完成。项目参数包括项目范围、质量、成本、时间、资源。项目管理是项目的管理者，在有限的资源约束下，运用系统的观点、方法和理论，对涉及的全部工作进行有效管理;项目管理是把各种系统、方法和人员结合在一起，在规定的时间、预算和质量目标范围内完成项目的各项工作，即从项目的投资决策开始到项目的结束的全过程进行计划、组织、指挥、协调、控制和评价，以实现项目的既定目标。

项目通常具有一次性、目的性、复杂性和独特性等基本特征。一次性是与其他重复性运行或操作工作的最大区别，项目有明确的起点和终点，没有可以完全照搬的先例，项目的完成过程不具有可复制性。项目开发是为了实现一个或一组特定目标，如某个光伏电站建设施工项目业主与施工方约定 3 个月内完成，这 3 个月的约定是时间目标，电站项目建设投产则是成果性目标，合同约定以一定的投资资金建成，该投资资金和时间目标可视为约束性目标，电站建设验收以相关技术规范、标准或双方约定的技术条件为基础，可视为质量目标，这就是项目的目的性。复杂性是指从项目的立项到建成、运行，涉及各种不同的人员、系统、资源，而且相互之间既相互独立又相互关联。独特性，每个项目都是独特的，或者其提供的产品或服务有自身的特点；或者其提供的产品或服务与其他项目类似，然而其时间和地点、内外部环境、自然、社会条件有别于其他项目，因此每一个项目的实施过程总是独一无二的。

2. 项目建设模式

项目建设模式，也称管理模式，是指项目建设过程中，项目参与者相互之间所形成的经济法律关系，它决定了项目各参与方对项目资产和未来收益的处置、使用、占用等权利。通常包含两层含义：其一是项目投资者的性质及投资者之间、项目投资者与项目经营者之间的经济法律关系；其二是项目业主与其他项目参与方之间所形成的经济法律关系和工作（协作）关系。按项目的投资主体可分为公益性项目、竞争性项目、基础设施项目三类。

（1）公益性项目建设模式

区别于基础设施项目和竞争性项目，主要从投资主体、资金来源角度以及项目的盈利性效果和功能等来进行区分。公益性项目投资主体一般是政府财政资金和社会捐赠、基金等。公益性项目通常与社会公众生活的各个方面息息相关。就目前而言，主要有四种不同的模式：一是项目法人型，项目法人责任制模式是指由政府指定的企业以工程项目法人身份进行项目管理的模式。这里的企业多是国企或国有控股企业。项目法人为依法设立的独立性机构，对项目的策划、资金筹措、建设实施、生产经营、债务偿还和资产保值、增值，实行全过程负责，随着国家体制改革推进，此类建设模式也不再适用;二是企业法人型，一些主要由政府投资的基础设施工程，如港口、机场等建设项目，由市政府设立企业法人，且委派其负责项目建设资金的筹措和建设管理，项目建成后，负责该项目的运营管理；三是工程指挥部型，这种工程的组织形式，一般临时从政府有关部门抽调人员组成，负责人通常为政府部门的主要领导，当工程项目完成后，即宣布解散；四是代建制型，国务院在《关于投资体制改革的决定》中明确指出，政府投资建设项目可以使用代建制，同时提出了代建制管理模式，即通过招标等方式，选择专业化的项目管理单位负责建设实施，严格控制项目投资、质量和工期，竣工验收后移交给使用单位。增强投资风险意识，建立和完善政府投资项目的风险管理机制。在政府投资公益性项目中，代建制模式较为常见。这种管理模式下，政府部门通过公开招标形式，选择专业化企业负责项目建设，项目竣工验收后一切管理权交给国家。因此，可以将代建制管理模式视为一种外包管理模式。

（2）竞争性项目建设模式

竞争性项目以盈利为基本目的，可通过吸收社会资本参与投资建设，项目投资者可以采取独资、合资、合作和合伙等方式。项目投资者除了自有资金的投入外，还可通过发行股票、债券、银行贷款等多种融资方式筹措资金。同基础性项目、公益性项目具有政策性、社会性、历史性的特征不同，竞争性项目最典型的特征是市场性。在基础性项目、公益性项目和竞争性项目中，竞争性项目占有相当大的比重。在市场经济条件下，市场的主体是企业，市场上投融资的行为主要是企业行为。我国投资体制改革重要内容之一是投资主体的转变，即由政府为投资主体转变为企业为投资主体。也就是说，投资体制改革以后，我国每年批准投资建设的所有竞争性项目和一部分基础性项目，逐渐由企业来承担完成。

（3）基础设施项目建设模式

基础设施项目主要包含交通运输、邮电通信、机场、港口、桥梁、水力发电和城市供排水、供气、供暖等提供公共产品的项目。随着经济体制的改革，我国基础设施项目由过去的计划经济体制下的单一国家投资主体向多元化投资主体发展。项目建设管理方式也出现了很多形式。基础设施项目的建设管理方式主要有以下几种：一是建设工程项目指挥部型，这是我国基础设施项目经常使用的管理方式，指挥部是由政府某一或几个相关部门组建临时性行政机构，其功能是运用政府提供的各种资源，担负项目建设、资金管理、工程管理等职责。项目建成验收后，指挥部即可将项目交付某一指定机构负责营运管理，同时它也就完成了历史使命。指挥部在项目建设中，实际起着工程总承包商的作用。尽管我国政府早就明令要求严格执行项目法人责任制，但各种形式的指挥部仍在发挥作用。二是项目法人责任制型，在项目策划时根据项目内容，指定相关政府部门利用已有或新建的国有或国有控股公司承担项目法人职责。这类法人既承担项目建设管理职责，又担负项目建成后的营运管理职责。项目建设所需资源由政府根据项目需求投入，项目建成投入营运后，政府还得根据项目营运的需要投入运行费用。三是工程建设监理制型，工程建设监理是监理单位根据国家建设法律、法规，受业主委托对项目进行监督管理工作。建设监理制是国际上流行的传统模式。四是专业机构型，专业机构型是指政府自己直接成立项目管理部门，对基础设施项目进行管理与建设。

从项目的共性来看，公益性项目、基础设施项目大多都属于公共项目。根据政府、市场分担职能的不同，可将公共项目建设管理模式归为三类：第一类是财政性直接投资为主的代建制。在该模式下，政府为主要投资来源，由政府组建的专门机构集中建设或委托给市场上的项目管理公司负责建设，建成后移交给使用单位或运营单位，由使用单位使用或由运营单位运营。第二类是民间融资为主的 BOT、PPP 模式。在该模式下，由私人投资、政府特许经营或政府、私人合资，签订合作协议，组建专门的项目公司。该项目公司组建后，将负责项目的建设和运营。政府和私人投资者按照特许权协议或合作协议，分享项目收益。第三类是组建多种经济成分并存、国有产权主导的专门公司的运作模式。在该模式下，政府对某一个特大型、大型基础设施建设项目或对某一类项目专门成立多种经济成分并存、国有产权主导的国有专门公司。该公司不仅负责该项目的建设和运营，而且可以实行多种经营、滚动开发。

项目组织模式，也称为项目管理方式，项目发包方式，是指项目建设参与方之间的生产关系，包括有关各方的经济法律关系和工作（协作）关系。由项目的特点、业主（项目法人）的管理能力和建设条件所决定，项目管理模式随着社会发展还在不断地创新和完善。

另外，从管理结构上看施工总承包管理模式为业主、施工总承包单位、施工分包单位［见图 1-1（a）］，而施工总承包管理模式则可能有两种结构［见图 1-1（b）和图 1-1（c）］。工程项目总包，也称一揽子承包，但不等同于“交钥匙”（Turn-key）承包，这种承包方式，业主对拟建项目的要求和条件，只概略地提出一般意向，而由承包商对项目进行可行性研究分析，并对项目建设的计划、设计、采购、施工和竣工等全部建设活动实行总承包。

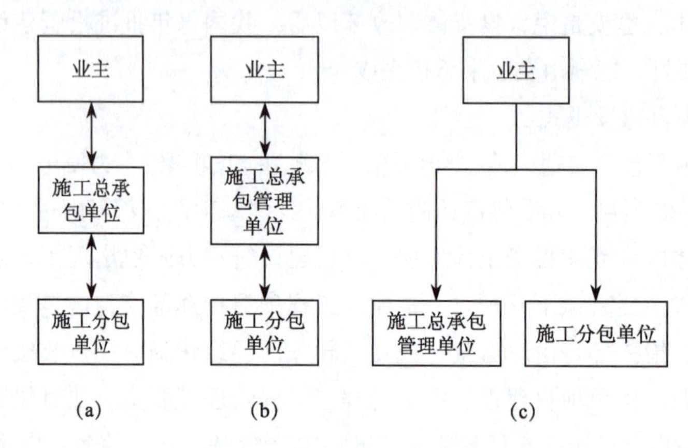

图1-1　施工承包管理结构图

3. 企业投资项目管理模式

根据《企业投资项目核准和备案管理条例》《企业投资项目核准和备案管理办法》等规定，根据项目不同情况，分别实行核准管理或备案管理。对关系国家安全、涉及全国重大生产力布局、战略性资源开发和重大公共利益等项目，实行核准管理。其他项目实行备案管理。实行核准管理的具体项目范围以及核准机关、核准权限，由国务院颁布的《政府核准的投资项目目录》确定。法律、行政法规和国务院对项目核准的范围、权限有专门规定的，从其规定。项目的市场前景、经济效益、资金来源和产品技术方案等，应当依法由企业自主决策、自担风险，项目核准、备案机关及其他行政机关不得非法干预企业的投资自主权。项目核准、备案机关及其工作人员应当依法对项目进行核准或者备案，不得擅自增减审查条件，不得超出办理时限。

企业投资建设固定资产投资项目，应当遵守国家法律法规，符合国民经济和社会发展总体规划、专项规划、区域规划、产业政策、市场准入标准、资源开发、能耗与环境管理等要求，依法履行项目核准或者备案及其他相关手续，并依法办理城乡规划、土地（海域）使用、环境保护、能源资源利用、安全生产等相关手续，如实提供相关材料，报告相关信息。

根据国家能源局《光伏电站开发建设管理办法》，光伏电站项目实行备案管理。各省（区、市）可制定本省（区、市）光伏电站项目备案管理办法，明确备案机关及其权限等，并向社会公布。备案机关及其工作人员应当依法对项目进行备案，不得擅自增减审查条件，不得超出办理时限。

备案机关及有关部门应当加强对光伏电站的事中事后监管。

4. 光伏电站项目总承包范围

光伏电站项目总承包范围通常包括光伏电站工程设计、设备材料采购供应、光伏电站安装工程施工、工程质量及工期控制、工程管理、设备监造、培训、调试、试运直至验收交付生产以及在质量保修期内的消缺等全过程的总承包工作，并按照工期要求和合同规定的总价达到标准，即在满足合同其他责任和义务的同时符合相关达标验收的要求。光伏电站工程设计，包括工程初步设计、施工图设计、竣工图编制。

工程初步设计、光伏组件、支架及基础、安装设计；变电站系统设计；综合楼、中控室、水泵房、逆变器室设计；场内生产运营供水、供电设计；进场道路设计；场内道路设计；绿化防风工程设计；消防及火灾报警设计；厂区通信系统设计；控制系统设计；视频监控系统设计。

设备采购，包括光伏组件、支架、电缆、逆变器、汇流箱、直流柜、箱变、场内视频监控系统、电站监控系统、SVG、主变及其他相关辅材。

土建施工，包括场地平整、临时建筑（包括临时用电、临时用水）、围栏、组件基础、逆变器室、综合楼、SVG 室、设备基础、沟槽施工、水泵房、消防水池、生活水池、给排水工程、生活区内绿化、护坡、排水沟、进场及场内道路及其附属工程。

电气安装，包括光伏支架及组件安装、电缆敷设、接线、逆变器、汇流箱、直流柜及箱变安装，SVG、主变安装，场内视频监控系统、电站监控系统、防雷接地、光伏场区至升压站送出线路设备安装与调试。

施工单位的施工范围包括施工单位设计范围内，界区以内除站区绿化以外的全部建筑安装工程。

工程施工范围内除实验室设备、生产车辆、工器具、办公及生活家具外，其余工程建设所需的全部设备及材料的采购、供应、运输、验收、功能试验及现场保管发放等均由施工单位负责。

建设管理范围，工程由施工单位负责征用建设场地、提供施工场地、委派业主单位代表、职工培训、委托工程监理、委托工程质量监督、委托机组性能试验、组织设计评审、组织环保、安全、职业卫生、水土保持、消防等专项验收、达标投产验收和总体验收，负责申办消防设备和对外结算的计量装置等特种设备的使用许可证，并承担这些工作引起的相关费用和提前进厂职工的经费，其余建设管理工作全部由施工单位负责并承担相关费用。

工程界限（主要针对大型光伏电站工程界限 20 MW 以及 20 MW 以上）和站内道路（距离站外约 1 m），属承包商的设计、采购、施工范围（根据不同电站项目实际情况而定）。站区防洪、排洪设施的设计、设施的采购、施工属于承包商的承包范围。补给水管道的分界线为站内补给水主管网。主管网以外（包括接口）属于施工单位的设计、采购、施工范围。工程的生活污水排至站外市政污水管网。排水管道的分界线为工程界区外 2 m 处（根据不同电站项目具体实际情况而定）。分界线以内属于施工单位的设计、采购、施工范围，分界线以外属于业主单位负责的范围。站区雨水管网接至界区外第三排水沟，全部由施工单位负责。工程出线以围墙外第一级线路杆塔出线绝缘子串为分界点，出线绝缘子串以内电厂侧的一次设备的设计、采购、施工、调试属于施工单位的承包范围；出线绝缘子串（包括出线绝缘子串）以外属于业主单位负责的范围。系统远动、系统通信、继电保护及自动装置等二次系统以线路光缆终端盒接线端子为界，接线端子以内（不含光缆终端盒）电厂侧二次系统的设计、采购、施工、调试属于施工单位的承包范围。电站性能试验田由业主单位委托有相应资质的单位承担。性能试验的测点属施工单位的承包范围，由施工单位按照性能试验单位的要求负责设计、采购、安装。

综合楼、警卫传达室及大门属于施工单位的设计、采购、施工范围。工程站区、施工区的土石方开挖、回填、平整等均属于施工单位的承包范围。施工及加工区场地的土地已被业主单位征用。施工期间的生活用水由施工单位从工程永久生活用水的水源管道分界线处接引，接点及以后的管道、计量装置及其他附属设施属于施工单位的承包范围，由施工单位负责设计、采购、施工；接点以后的供水管道、计量装置及其他附属设施的运行、管理、维护等由投标人负责。

施工及生活 10 kV 电源由施工单位从站区内已有 10 kV 施工变压器（业主单位已设置的情况下）低压侧引接。接点及以后的计量装置及高低压线路与配电装置由施工单位负责设计、采购、安装、调试。

施工单位应按业主单位批准的施工组织设计的规划要求，负责在现场设计并修建需要的临时设施（包括临时生产、生活与管理房屋、混凝土搅拌站、现场道路、需硬化的场地、供水、供电、供暖、通信、管理网络等设施），并在合同工程竣工或在施工单位使用结束时，按业主单位的要求拆除或无条件地移交业主单位。

施工单位应在现场为业主单位及监理工程师提供不小于 50 m^2 的办公用房，并按业主单位、监理工程师、施工单位合同方式修建现场会议室。提供给业主单位及监理工程师的办公用房和现场会议室的平面布置应征得业主单位代表同意，其装饰标准应满足文明施工的要求。

5. 分包施工单位的选择

（1）分包施工单位的资质

施工总承包工程应由取得施工综合资质或相应施工总承包资质的企业承担。取得施工综合资质和施工总承包资质的企业可以对所承接的施工总承包工程的各专业工程全部自行施工，也可以将专业工程依法进行分包。对设有资质的专业工程进行分包时，应分包给具有相应专业承包资质的企业。取得施工综合资质和施工总承包资质的企业将专业作业分包时，应分包给具有专业作业资质的企业。设有专业承包资质的专业工程单独发包时，应由取得相应专业承包资质的企业承担。取得专业承包资质的企业可以承接具有施工综合资质和施工总承包资质的企业依法分包的专业工程或建设单位依法发包的专业工程。取得专业承包资质的企业应对所承接的专业工程全部自行组织施工，专业作业可以分包，但应分包给具有专业作业资质的企业。取得专业作业资质的企业可以承接具有施工综合资质、施工总承包资质和专业承包资质的企业分包的专业作业。取得施工综合资质和施工总承包资质的企业，可以从事资质证书许可范围内的相应工程总承包、工程项目管理等业务。

施工单位可以选择合格的分包施工单位分包其合同项目下的部分工程的建设或服务，投标人在选择分包施工单位时应对分包施工单位的资质、信誉、报价及质量进行综合考虑。施工单位选择分包施工单位的过程应符合国家及行业的有关规定。

项目法人有权参加施工单位组织的选择主要分包施工单位的相关活动，并在此类项目确认过程中针对相关技术问题提出建议和意见，施工单位应充分考虑项目法人的建议和意见。施工单位就工程关键部分与分包商的分包合同签署后应及时将该类分包合同（副本）提交给项目法人备案。

施工单位应保证任何分包施工单位均不将其分包项下的工程进行转包或再分包。建筑施工分投标人应具备相应资质，安装施工分包施工单位应具备相应安装资质；具有丰富的施工经验，并具有足够的专业人员、机械设备和加工能力投入工程，保证有效地履行合同；在安全、质量方面业绩优良。

（2）分包施工单位的保证

施工单位应在所有分包合同中体现合同的原则和要求，并应自所有主要分包施工单位处获得所需的保证和担保（包括合格证、质量保证和履约保函等）。该类保证和担保未经项目法人事先书面同意不得加以修订、修改或以其他方式予以撤销。在任何情况下，工程关键部分要求施工单位的保证和担保的有效期均不少于相应分部工程完工后的一年。

为保证项目法人的利益，施工单位应尽最大努力，从主要分包施工单位及其他分包商处获得在商业上所能获得的最佳保证和担保。

6. 施工总承包与施工总承包管理的比较

施工总承包、施工总承包管理两种管理模式的主要区别体现在以下六个方面。

① 工作开展程序不同。施工总承包是业主先进行建设项目的设计，待施工图设计结束后再进行施工总承包招投标，然后再进行施工；而施工总承包管理模式中业主对施工总承包管理单位的招标可以不依赖完整的施工图，当完成一部分施工图时就可对其进行招标，这样可以在很大程度上缩短建设周期。

② 合同关系不同。施工总承包模式是业主与施工总承包单位签订合同，再由施工总承包单位与分包单位直接签订合同；而施工总承包管理模式则有两种可能的合同关系，即业主与分包单位直接签订合同或由施工总承包管理单位与分包单位签订合同。

③ 分包单位的选择和认可的差异。当采用施工总承包模式时，分包单位需由施工总承包单位选择，由业主认可。一般情况下，当采用施工总承包管理模式时，分包合同由业主与分包单位直接签订，但每一个分包人的选择和每一个分包合同的签订都要经过施工总承包管理单位的认可，因为施工总承包管理单位要承担施工总体管理和目标控制的任务和责任。

④ 对分包单位的付款方式不同。施工总承包管理模式对各个分包单位的工程款项可以通过施工总承包管理单位支付，也可以由业主直接支付。如果有业主直接支付，需要经过施工总承包管理单位的认可。而当采用施工总承包模式时，对各个分包单位的工程款项，一般由施工总承包单位负责支付。

⑤ 对分包单位的管理和服务的区别。施工总承包管理单位和施工总承包单位一样，既要负责对现场施工的总体管理和协调，也要负责向分包人提供相应的配合施工服务。对于施工总承包管理单位或施工总承包单位提供的某些设施和条件，如搭设脚手架、临时用房等，如果分包人需要使用，则应由双方协商所支付的费用。

⑥合同价格。施工总承包管理合同中一般只确定施工总承包管理费用（通常是按工程建设安装工程造价的一定百分比计取），而不需要确定建筑安装工程造价，这也是施工总承包管理模式的招标可以不依赖于施工图样出齐的原因之一。分包合同一般采用固定单价合同或固定总价合同。施工总承包管理模式与施工总承包模式相比在合同价方面有以下优点：合同总价不是一次确定，某一部分施工图设计完成以后，再进行该部分施工招标，确定该部分合同价，因此整个建设项目的合同总额的确定要有依据。所有分包合同都通过招标获得有竞争力的投标报价，对业主方节约投资有利；在施工总承包管理模式下，分包合同价对业主是透明的。

1.1.2　项目建设流程

光伏电站项目建设从立项到运营，总体上说可分为项目立项、技术设计、项目建设、电站运营四个阶段，如图 1-2 所示。从资金运作过程看，又可分为投资前期、投资时期、生产时期三个阶段。如果再进一步细分，在投资前期，首先要通过项目前期调研形成项目建议书，经立项评估，并经过预可研报告、可行性研究报告通过后进行项目评估，这一阶段也称规划与研究阶段；确认立项完毕后进入技术设计阶段，设计期间需要完成勘察设计招标、初步设计、施工图设计工作，设计完毕后进入建设阶段，可采用不同的招标投标形式进行对施工单位（监理单位可根据业主或建设单位的需求来确定）的确认工作，施工单位选定后，进入工程建设安装、试运行阶段，项目设计与建设阶段均需投入大量资金，因此，属投资时期；项目竣工验收完毕后，经相关方确定无误后投入使用（运营），即为生产运营阶段。电站项目建设过程如图 1-3 所示。

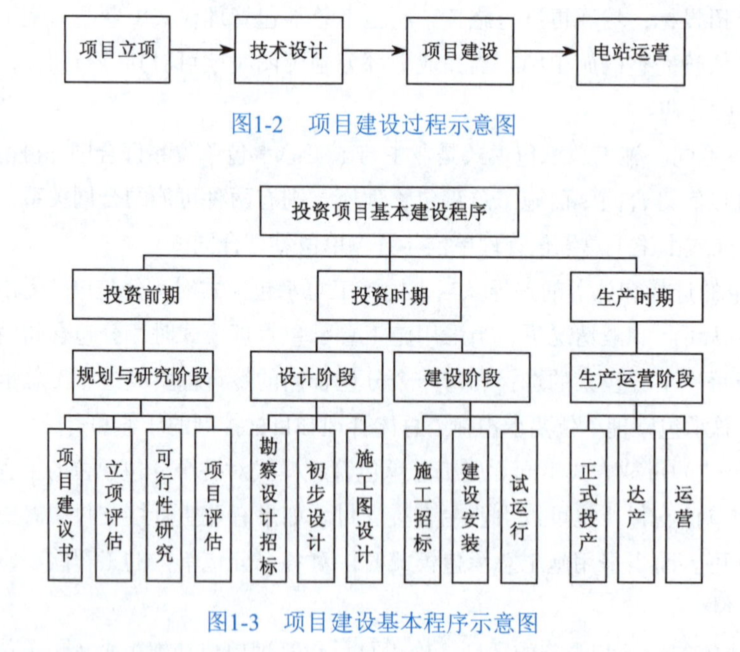

图1-2　项目建设过程示意图

图1-3　项目建设基本程序示意图

1.1.3　户用光伏电站项目管理

1. 户用分布式光伏系统备案管理

国务院能源主管部门负责全国分布式光伏发电规划指导和监督管理，地方能源主管部门在国务院能源主管部门指导下负责本地区分布式发电项目建设和监督管理。国务院能源主管部门委托国家可再生能源信息中心开展分布式光伏发电行业信息管理，组织研究制定工程设计、安装、验收等环节的标准规范。

目前涉及自然人的户用分布式光伏系统的申请一般是由电网公司代替自然人统一提出备案申请，并由电力部门提供电力接入意见，地方供电公司在接到备案申请和电力接入意见后，向当地能源主管部门备案。在准备材料方面，应包含以下材料：

① 申请人有效身份证明，包括居民身份证、临时身份证、户口本或其他有效身份证明文书等。

② 电站地址权属证明，包括房屋产权所有证（购房合同或乡镇及以上政府主管部门出具的土地使用证明）。

③ 客户承诺书。

④ 地方政府根据有关规定要求提供的其他材料。

地市级或县级能源主管部门在受理项目备案申请之日起 15 个工作日内完成备案审核并将审核意见告知提交单位，当申请项目的累计规模超出该地区年度指导规模时，当地能源主管部门发布通知，停止受理项目备案申请。根据《企业投资项目事中事后监管办法》，项目自备案后 2 年内未开工建设或者未办理任何其他手续的，项目单位如果决定继续实施该项目，应当通过在线平台作出说明；如果不再继续实施，应当撤回已备案信息。经提醒后仍未作出相应处理的，备案机关应当移除已向社会公示的备案信息，项目单位获取的备案证明文件自动失效。

2. 户用光伏电站并网管理

户用光伏电站并网的一般流程为：客户提交资料并填写并网申请表→电网公司发起并网申请→电网公司给出接入系统方案→光伏电站建设→电网公司验收调试→电网公司并网发电。项目竣工后应及时报验当地电网公司，电网公司在收到并网验收与调试申请后，一般在 7 个工作日内完成电能计量装置安装、发用电合同签署以及并网验收及调试工作。并网验收及调试通过后，发电项目进入并网运行。

3. 户用光伏电站安全管理

从人和物的安全角度考虑，在电站运行周期内应注意以下事项：

① 清洗时应穿戴绝缘靴、手套。不要随意触碰或操作光伏系统设备。

② 设备周边严禁堆放杂物，避免在光伏组件表面晾晒衣物、农作物等。

③ 恶劣极端天气（如暴雨、暴雪、大风等），禁止前往屋顶或者站在屋檐边缘，避免在屋檐边缘放置贵重物品，以免发生意外。

④ 检查时，不能踩踏光伏组件表面，以免造成损坏。

⑤ 清洗时，建议选择早晚温度较低的时候，清洗工具应选择柔软干净的棉布或者海绵，严禁使用含碱、酸的清洁剂，清洗的频率视情况而定。

⑥ 若电站出现异常，请及时联系厂家进行处理。

任务2　光伏电站项目决策阶段

1.2.1　项目建议书

“项目建议书”在整个基本建设程序中的作用是在投资抉择前，通过对拟建项目建设的必要性、条件可行性、利益的可能性的宏观性初步分析和轮廓设想，向决策部门推荐的一个具体项目。

“项目建议书”经批准后，即通常所说的“立项”了。但是项目建议书阶段的“立项”，并不表明项目可以马上建设，还需要开展详细的可行性研究。

（1）项目建议书主要内容

项目建议书应包括：①建设项目提出的必要性和依据。②产品方案，拟建规模和建设地点的初步设想。③资源情况、建设条件、协作关系。④投资估算和资金筹措设想。⑤项目的进度安排。⑥经济和社会效益、环境影响的初步估计等方面内容。

（2）项目建议书的编制

项目建议书的编制单位，采取委托和招标的形式，应具备相应的设计资质。可行性研究报告、初步设计、施工图设计等的编制（设计）具有相似的资质要求。

（3）项目建议书审批程序

项目建议书的审批，需要经历三个阶段：首先由建设单位提出申请；然后由当地发改委对申请进行产业政策和行政规定方面的审查，不符合者退回，符合者转入技术性审查；最后，建设单位修改或补充有关资料后，当地发改委正式受理，并按照投资限额和审批权限，该转报上级政府审批的，转报上级审批，该自行审批的，下发审批批文。具体工作程序如图 1-4 所示。

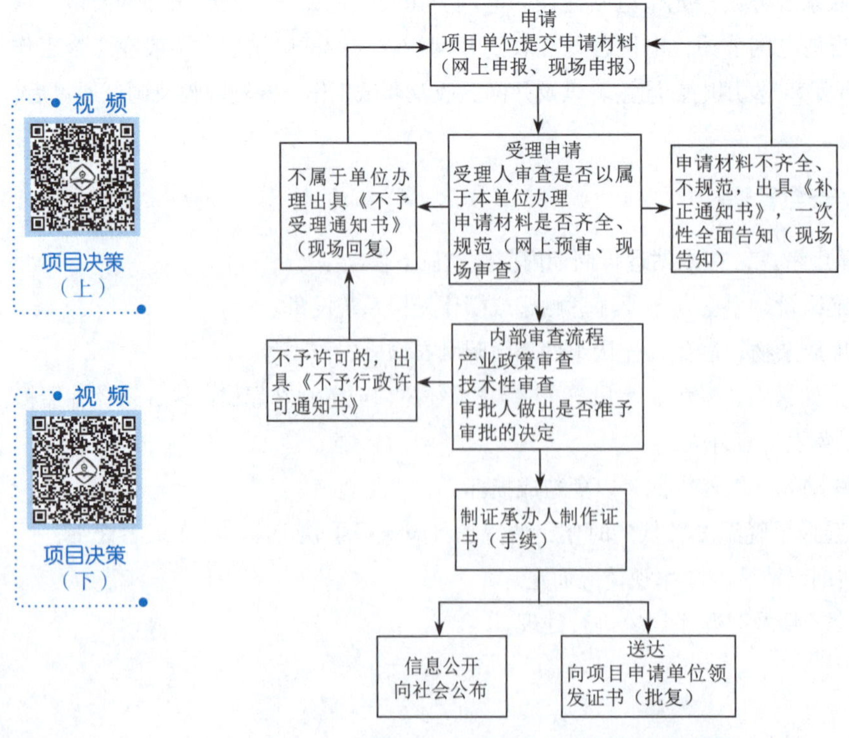

图1-4　项目建议书审批程序示意图

1.2.2 建设项目选址意见书

“选址”工作的具体组织、承担者是建设单位（业主单位），审批主管部门是规划行政主管部门，自然资源、生态环境部门也要参与有关管理工作。

建设项目必须是“城市规划区内的”，才办理选址意见书。规划区以外的可对项目进行独立选址或按当地规划行政主管部门要求办理。

（1）建设项目选址的依据原则

① 批准的项目建议书。

② 建设项目与城市规划布局的协调。

③ 建设项目与城市交通、通信、电力、市政、防灾规划的衔接与协调。

④ 建设项目配套的生活设施与城市生活居住及公共设施规划的协调。

⑤ 建设项目对于城市环境可能造成的污染影响，以及与城市环境保护规划和风景名胜、文物古迹保护规划的协调。

（2）建设项目选址的方法、步骤

① 利用“项目建议书”阶段初步掌握的行业与地区规划、资源、建设布局等情况，根据拟建项目的特点和要求，通过系统、全面的比较分析，征求相关规划、生态环境、自然资源主管部门和电力公司的意见后，确定项目建设地点，这一阶段称为定点。

② 在确定的地点范围内，依据选址选择，不但满足使用者需求、符合产业规划及土地主管部门初步审查，而且对现场要通过深入勘查及钻探，确定比较理想的具体地址，供决策拍板，这一阶段称为选址。

③ 在此基础上，经过与相关管理部门、协作部门方面的交换意见，专家方面的评估，一般确定对一个地址进行详细技术资料（含气象、地形地貌、地址水文、水源、交通运输、通信、生活条件、电力送出条件等）的整理、准备。

（3）用地预审报告

① 建设项目用地预审，是指国土资源管理部门在建设项目审批、核准、备案阶段，依法对建设项目涉及的土地利用事项进行的审查。

② 预审审批权限实行分级审批。

③ 已批准项目建议书的审批类建设项目与需备案的建设项目申请用地预审的，应当提交的材料：a. 建设项目用地预审申请表；b. 建设项目用地预审申请报告，内容包括拟建项目的基本情况、拟选址占地情况、拟用地面积确定的依据和适用建设用地指标情况、补充耕地初步方案、征地补偿费用和矿山项目土地复垦资金的拟安排情况等；c. 项目建议书批复文件或者项目备案批准文件；d. 单独选址建设项目拟选址位于地质灾害防治规划确定的地质灾害易发区内的，提交地质灾害危险性评估报告；e. 单独选址建设项目所在区域的国土资源管理部门出具是否压覆重要矿产资源的证明材料。

直接审批可行性研究报告的审批类建设项目与需核准的建设项目，申请用地预审的不提交第 c、d、e 项材料。但是，项目单位应当在用地预审完成后，申请用地审批前，依据相关法律法规的规定，办理地质灾害危险性评估与矿产资源压覆情况证明等手续。

建设项目办理土地预审意见可详细学习《建设项目用地预审管理办法》。

（4）环境影响报告书审批程序

① 填写建设项目环境保护申报表，报生态环境部门审批。

② 环保部门根据项目行业性质、投资额度，批复建设项目作“环境影响评价表”或“环境影响报告书”。

③ 委托具备由国家生态环境行政主管部门认定设计资质的单位负责编制“环境影响评价表”或“环境影响报告书”。

④ 环境影响报告书的内容包括：建设项目概况；建设项目周围环境现状；建设项目对环境可能造成的影响分析和预测；环境保护措施及其经济、技术论证；环境影响经济损益分析；建设项目实施环境检测的建议；影响环境评价结论，应由国家生态环境行政主管部门认定的评价单位进行评价。

（5）并网接入承诺文件审批程序

① 委托具备由国家发改委认定的设计资质的单位编制并网接入技术咨询报告。

② 报电力公司规划部门审批，审批权限实行分级审批。

1.2.3　项目申请报告

“项目申请报告”是企业投资建设应根据政府核准的项目，为获得项目核准机关对拟建项目的行政许可，按核准要求报送的项目论证报告。项目申请使用政府投资补助、贷款贴息的，应在履行核准或备案手续后，提出资金申请报告。

根据《企业投资项目核准和备案管理办法》规定，项目申请报告的主要内容包括：项目单位情况；拟建项目情况（包括项目名称、建设地点、建设规模、建设内容等）；项目资源利用情况分析以及对生态环境的影响分析；项目对经济和社会的影响分析。同时，项目单位在报送项目申请报告时,应当根据国家法律法规的规定提供,城乡规划行政主管部门出具的选址意见书（仅指以划拨方式提供国有土地使用权的项目）；自然资源行政主管部门出具的用地（用海）预审意见（明确可以不进行用地预审的情形除外）；法律、行政法规规定需要办理的其他相关手续。

实行备案管理的项目，企业应当在开工建设前通过在线平台将企业基本情况；项目名称、建设地点、建设规模、建设内容；项目总投资额；项目符合产业政策的声明等信息告知备案机关。

光伏电站项目的开发申请报告的内容包括：太阳能资源测量与评估成果、工程地址勘察成果及工程建设条件;项目建设必要性，初步确定开发任务、工程规模、设计方案和电网接入条件;初拟建设用地的类别、范围，环境影响初步评价；初步的项目经济和社会效益分析。

项目论证报告主要对拟建项目从规划面积、资源利用、征地移民、生态环境、经济和社会影响等方面进行综合论证。

国务院投资体制改革以后，向发改委申报项目，要求提供项目可行性研究报告或项目申请报告，这两者在编制深度上是基本一致的，在格式和内容上是有区别的。一般，只有政府性资金建设的项目审批时才提交可行性研究报告，企业投资项目核准或备案时提交项目申请报告。下面简要介绍两者的区别。

① 目的不同。可行性研究报告的目的是要论证投资项目的可行性，包括市场前景可行性、

技术方案可行性、财务可行性、融资方案可行性等；项目申请报告不是对项目可行性所进行的研究，而是在企业认为从企业自身角度看项目已经可行的情况下，回答政府关注的涉及公共利益的有关问题，目的是获得政府投资管理部门的行政许可。

② 角度不同。企业投资项目可行性研究报告是从企业角度进行的研究，因此侧重于从微观的角度、企业内部的角度进行技术经济论证。

项目申请报告是从公共利益的代言人——政府的角度进行的论证，因此是从宏观的角度，外部性的角度所进行的经济、社会、资源、环境等综合论证。

③ 内容不同。企业投资项目可行性研究报告应对市场预测、厂址选择、工程技术方案论证、设备选型、投资估算、财务分析、企业投资风险分析等方面进行研究，回答企业自身所关心的问题。

项目申请报告是从维护国家经济和产业安全、合理开发利用资源、保护生态环境、优化重大布局、保障公众利益、防止出现垄断等方面进行论证，回答政府所关心的问题。

④ 时序不同。可行性研究报告与项目申请报告是两个不同性质的文件，项目申请报告不是在可行性研究报告基础上的简单补充，也不是可行性研究报告的替代物。对于一个理性的企业投资主体，在进行项目投资决策之前，无论政府主管部门是否要求，都应该首先从企业自身角度进行详细的可行性研究，以论证项目是否可行，是否符合企业整体发展战略规划的要求，是否能够满足股东投资回报的要求。

项目获得企业内部决策机构批准后，应在此基础上编写项目申请报告，申请政府部门的行政许可。因此，可行性研究报告的编写一般应先于项目申请报告，但并非绝对如此。比如，企业对该项目的可行性已经有足够把握，就没有必要编写基于企业自身需要的可行性研究报告，可以直接进入设计招标等环节，并按政府要求编写项目申请报告，履行相应行政许可程序。或者如果编写完整的可行性研究报告需要很多投入资金（大型复杂项目可能需要上亿元投入），为了规避不予核准的风险，也可以有选择地开展某些方面的前期研究，为编制项目申请报告提供依据。在项目确有把握获得核准后，再从企业的角度进行全面系统的可行性研究。当然，类似情况如何处理，应该是企业内部事务。

⑤ 法律效力不同。可行性研究报告用于企业内部的投资决策，对企业内部股东及董事会负责，遵循企业内部管理规定及公司法人治理结构的约束。项目申请报告的编写和报送具有政府行政的强制力约束，是企业在进行项目投资建设活动中必须履行的社会义务，受国家有关法律法规的制约，如行政许可法及国家行政主管部门有关项目投资管理规定的约束。

任务3　光伏电站项目设计阶段

1.3.1　建设项目设计

视频

项目设计（上）

在建设前期工作中，“选址”和“初步设计与开工报告”阶段已经涉及了基本建设程序中的设计问题，“选址”阶段涉及的是建设项目的粗略规划设计，“初步设计与开工报告”阶段涉及的投资计划管理问题。该部分主要解决建设项目设计各个阶段的运作、管理及审查问题。

视 频

项目设计（中）

视 频

项目设计（下）

综合法规与设计实践情况，我国建设项目设计文件编制划分为方案设计、初步设计、施工图设计三个阶段。方案设计阶段，对应在报批“可行性研究报告”前完成；初步设计阶段，对应在报批年度计划前完成；施工图设计阶段，对应在申领施工许可证前完成。这三个阶段设计是对大中规模、技术较为复杂、协作单位较多的建设项目而言的，对于规模不大、技术不复杂的中小建设项目来说，一般无须进行初步设计，只需经方案设计、施工图设计两个阶段。

基本建设程序经常强调的是“先勘查、后设计、再施工”。对于管理方面，我国很多法规条款将勘查、设计放在一起，加以共同的捆绑约束，但在技术方面，勘查与设计属于不同的行业。

工程设计是指依据工程建设目标，运用工程技术和经济方法，对建设工程的工艺、土木、建筑、公用、环境等系统进行综合策划、论证，编制建设所需要的设计文件及其相关的活动。

勘查是指依据工程建设目标，通过对地形、地质、水文等要素进行测绘、勘探、测试及综合分析评定，查明建设场地和有关范围内的地质地理环境特征，提高建设所需要的勘查成果资料及相关活动。

建设项目的投资控制，依赖于设计各个阶段相应的工程建设投资估算、概算、预算。

投资估算的作用是项目主管部门审批项目的依据，对工程项目的投资概算起控制作用，工程设计招标时，是优选设计单位和设计方案的依据之一。投资估算是根据设计方案的规模、功能能量乘以单元指标或单位工程指标编制的，误差为 10% ～ 30%。

概算是指在初步设计阶段，根据初步设计资料，计算出工程量与机械人工工作量，乘以材料价格和预算定额，从而对工程造价进行总的概略计算。设计概算分为三级概算：建设项目总概算、单项工程综合概算、单位工程综合概算。一般误差 10%。

设计概算是实施项目投资包干、考核设计方案经济合理性和控制施工图预算的依据。施工图预算是确定土建与安装工程预算造价的文件，是在施工图设计完成之后，以施工图为依据，根据预算定额、取费标准以及地区人工、材料、机械台班的预算价格进行编制的。施工预算必须控制在初步设计的概算之内。施工图预算的作用是落实和调整年度计划的依据，是建设单位和施工单位签订工程承包合同的依据，是办理财政拨款、工程贷款、工程结算的依据。方案阶段，对应的是投资估算；初步设计阶段，对应的是概算；施工图完成后，对应的是施工图预算。

“初步设计”的程序作用主要是通过初步设计及其概算书控制项目的建设规模和投资规模，以便实现控制规模、核准年度投资计划。

初步设计由发改委审批，是便于掌握和调控全社会固定资产投资规模和投资方向（适用于投资额大、牵涉面广、有关国计民生社会大局的项目）。

初步设计由建设行政部门组织或参加审批，是便于协调建设合作、处理技术矛盾、总结发展建设科技、提高建设效益。

无须国家通过审批初步设计严格控制其投资规模的项目，其初步设计一般由建设行政主管部门审批。

初步设计，对于设计人员来说，一个项目的设计进行到这个阶段，已经不是什么初步程度，自接受委托合同到方案设计审批及可行性分析，经历了多次反反复复的修改和评审，对于方案来说，已经是成熟设计了，称为初步设计，是相对于施工图的最终设计而言。

实施初步设计的主要目的是以项目的规划规模来确定项目的投资规模；为施工招标标底（这时设计单位和有关人员依法做好技术保密）提供配套的项目工程概算；为编制施工招标文件、主要设备材料订货和编制施工图设计文件提供依据，同时为签订合约进而约定主要设备、材料订货的清单等工作提供重要依据；对于大型、复杂的建设项目，必须经过初步设计阶段，由各工种专业技术人员对技术问题做详细的设计和安排，确保施工图编制顺利进行。

1.3.2 施工图设计

编制施工图设计文件，应当满足设备材料采购、非标准设备制作和施工需要。施工图设计要以批准的初步设计为依据。

1. 施工图设计的准备

施工图设计是工程的最终设计。该阶段设计的每一细节，都将真实地体现出来，使用需谨慎对待，认真准备。①初步设计批文，对于国家投资的工程，初步设计批准文件意味着建设投资已列入年度计划，资金已落实；对于企业投资项目，意味着建设协作和技术难题均已落实。②地质钻探资料和设计要求的提供和补充。③设计合同、出图日期的协定。④设计人员的配备、设备、场地和其他条件。⑤设计标准、规范、技术资料的齐备。

2. 施工图设计的特点

① 准确性。施工图设计是作为施工的依据，准确性是首要要求，保证手段是计算。

② 详细性。施工图设计是将设计人员的设计思路反映到图样上，立足于设计人员不在施工现场的情况下，由另一批技术人员通过识读图样，能完全、准确地明了设计意图，并按图施工制作。图样的详细性是保证图样准确的手段。

③ 对应性。施工图设计的成果为施工图，用以指导工程现场施工，因此每一具体工程、项目、工序、设备的安装都应有明确的方法、技术参数指示。

④ 统一性。施工图设计的是工程施工的重要技术文件，即体现设计意图，更体现施工的技术准则，施工过程中涉及不同的企业、部门、专业、技术工种的配合，同时还涉及不同工序间的配合，因此，施工图设计应使用统一的、规范的图形符号、尺寸标准、技术表达规范用语。

3. 施工图设计深度

施工图设计文件是设计文件的重要内容，是设计环节与施工环节的桥梁纽带，是编制施工图预算、准备原材料和进行工程施工、安装和验收等工作的主要依据，因此施工图设计文件的质量，直接影响建设工程的质量。《建筑工程设计文件编制深度规定》对建筑工程施工图设计深度进行了统一规范和要求，此处不一一赘述，仅提出部分设计要点。

（1）建筑专业

住宅工程施工图设计应设有《质量通病防治设计专篇》和《绿色设计专篇》，并符合国家及省市的有关规定。《绿色设计专篇》应明确绿色建筑等级及具体的绿色建筑指标体系。门窗设计应明确防火、隔声、防护、抗风压、保温、气密性、水密性等性能要求，并明确型材规格、主要五金配件名称及型号、密封材料种类、玻璃种类及厚度、门窗安装的有关技术要求等。入户门应明确防护等级、传热系数、钢质板材厚度及主要五金件（防盗锁、铰链）的性能要求。建筑外墙应做防水处理，外墙防水做法应设有详细说明并绘制详图。剪力墙外墙螺栓孔宜采用微胀砂浆填塞后外用聚氨酯等密封材料封堵处理。地下室地面、内外墙面应做防水防潮处理，设计时要充分考虑抗渗等级，采用防水混凝土，并给出具体做法及详图。保温及节能设计中涉及防火隔离带、窗口等重要部位应说明具体做法并绘制详图。明确围护结构和分户墙隔声要求及主要功能空间的外墙、楼板和外门窗的隔声性能及材料和构造。施工完成后应对隔声性能进行检测。

屋面保温材料及设计位置应标注清楚，屋面找坡不宜使用珍珠岩（吸水率高）。楼宇对讲门应设计防风装置，对讲门、入户门应标明国家标准及等级要求，并明确保温节能要求和参数。

提倡屋顶绿化及雨水回收利用。太阳能应与建筑一体化设计，在施工图中应标明太阳能热水器的位置及满足太阳能安装、检修的构造详图及安全措施。采用建筑节能与结构一体化技术时，应明确外墙抹灰做法及抗裂措施，明确分隔缝的留设位置。

（2）结构专业

构造柱的设置应给出平面布置图、具体坐标及做法。地面基层不宜使用三合土，宜用毛石或混凝土，垫层混凝土强度等级不得低于C15。单元入口台阶、门斗或硬质景观基础应采用钢筋混凝土结构与建筑主体刚性连接（植筋或预埋处理）。框架结构的砌体工程，当门窗垛砌体宽度小于200 mm时应采用素混凝土，窗间墙小于500 mm时应加构造柱。阳台、露台、空调外机搁板、外墙大线脚等部位墙体根部应做C20素混凝土上翻边，其高度不应低于墙外侧地坪装饰完成面，且不应小于120 mm；厨房、厕所、女儿墙脚、烟道出屋面处，必须与结构一起浇筑混凝土翻边，其高度为厨厕高200 mm；女儿墙高500 mm；烟道高300 mm。组合门窗拼接料应左右或上下贯通，并直接铆入洞口墙体上，拼撞料与门窗框之间插接深度不小于10 mm。增强型钢必须选用与型材匹配的壁厚不小于1.2 mm的热镀锌型钢。五金配件的型号、规格和性能符合国家现行标准和有关规定要求，并与门窗相匹配，铰链或撑杆等应选用不锈钢或铜等金属材料。半地下室顶板的荷载宜考虑后期绿化。

（3）电气专业

住宅卧室应使用双控开关。公共空间楼梯、走廊应使用感应灯（如声控）。电气开关、插座的轴线位置和高度要有统一标准。电梯井及电缆规格应满足电梯厂商要求。分户墙插座背对背设计时要错开，间距不应小于150 mm。户内配电箱空气开关上应统一标识出线回路等。

（4）给排水及暖通专业

太阳能固定部位及管道应说明详细做法并绘制详图。应明确说明网点、楼内卫生间、厨房、阳台是否有地暖。生活给水泵应采用食品级不锈钢材质。泵房应考虑排水设施。地下车库及上人屋面应设计保洁用水水源及排水系统，单独水表计量。厨房、卫生间干区地面设置地漏。大户型淋浴房应采用DN75地漏及排水管。地下车库及转换层的排水干管应用柔性接口铸铁管。电梯、基坑应采用有组织排水设施或自动排水。

4. 施工图设计阶段的电气设计

初步设计经过审查批准，便可以根据审查结论和主要设备落实情况，开展施工图设计。在

这一设计阶段中，应准确无误地表达设计意图，按期提出符合质量和尝试要求的设计图样和说明书，以满足设备订货所需，并保证施工的顺利进行。

（1）电气设计要求

施工图设计需要收集并整理的设计依据和原始资料有：初步设计的审批文件；设计总工程师编制的技术措施、各专业间施工图综合进度表，主要设计人编制的电气专业技术组织措施；有关典型设计；新产品试制的协议书；在产品目录中查不到的必要的设计技术资料；协作设计单位的设计分工协议和必要的设计资料。

施工图设计文件应达到的基本要求：电气设计文件应符合经审批的初步设计文件，符合有关标准规范，符合工程技术组织措施及任务书要求；采用的原始资料、数据及计算公式要正确、合理、落实，计算项目完整，深处步骤齐全，结果正确；卷册的设计方案、工艺流程、设备选型、设施布置、结构形式、材料选用等，要符合运行安全、经济、操作检修维护施工方便，造价低、原材料节约的要求；新技术的采用要落实；在克服工程"常见病""多发病"方面，应比同类型工程有所改进；凡符合卷册具体条件的典型、通用设计应予以套（适）用；卷册的设计内容与深度要完整、无漏项，并符合施工图成品内容深度的要求；各专业及专业内部的成品之间要配合协调一致，满足施工要求。

（2）电气设计内容

施工图设计阶段电气专业的设计内容包括图样、说明书、计算书（仅存工程档，不出设计单位）和设备材料清册。

（3）电气设计深度

施工图设计阶段说明书深度要求，电气专业施工图总说明书中应列有本工程电气部分施工图卷册总目录；说明审批意见的执行情况和处理意见，简要叙述施工图设计原则；简要说明设计中采用的新技术、新工艺、新设备、新接线，其技术上的优越性、使用条件、性能特点、操作运行方式、设备落实情况及有关注意事项等；详细说明施工图与初步设计不同的部分，对改进方案作必要论证；提醒施工中应特别注意的问题和设计中考虑采用的有关措施；说明书的内容应与图样和计算书相符。

施工图设计阶段电气专业施工图图样深度要求见表1-1。

表1-1　电气施工图图样深度要求

序号	图纸类型	计算项目	图样深度要求
1	电气主接线图、厂用电接线及其他系统接线图	①短路电流计算； ②电气设备选择； ③厂用负荷统计及厂用变压器容量选择； ④动力电缆； ⑤接线方式的技术经济比较，电压偏移计算、调压方式选择、自起动校验	①图中各种电气设备、材料均应注意形式、主要规范，主要元件应注明名称编号，并尽量与运行单位的习惯一致； ②一般用单线图表示，为说明相别或三相设备不一致时可用三线图表示； ③应区别本期工程和原有接线部分； ④按远景规划在右上角标出远景接线图； ⑤电气主接线图的范围应包括各级电压出线及高压厂用变压器； ⑥厂用各级电压的工作电源与备用电源的连接，开关柜型号、方案编号、间隔编号、柜内设备形式规范

续表

序号	图纸类型	计算项目	图样深度要求
2	电气总平面图、主变安装图、高压配电装置平面图； 厂用配电装置布置图、主控室布置图	①母线、绝缘子选择计算； ②软导线及组合导线力学计算； ③必要的电气支架结构计算	①应表示所有电气设备及其附属设施的轮廓外形、相序、定位尺寸、总尺寸、必要的安全净距离校验尺寸、设备搬运尺寸； ②电气构筑物中土建结构应按比例表示； ③注明与附近建筑物、道路的相对尺寸； ④配电装置应注明柱子编号和各层标高； ⑤软导线与组合导线应附安装曲线； ⑥屋内配电装置应有配置接线图，屋外配电装置断面图应有解释性电路图，配电装置应注明间隔名称； ⑦当为扩建工程时，应注明原有部分和扩建部分； ⑧注明附近建筑物的名称、楼内各房间的用途
3	设备安装及制作图		①图样比例及所取断面，详图应能清晰表达安装意图； ②非标准零件必要时另制详图； ③安装材料表应正确齐全
4	二次线原理图、展开图	①元件保护整定及设备选择； ②负载计算及电缆截面选择； ③继电器运用匹配计算及选择	①标明设备符号、回路编号、回路说明、设备安装地点及其数量和有关规范； ②同一设备在两张图内表示时，在一张图内表示设备的所有线圈及接点，并注明不在本图中的接点用途，在另一图中表示接点来源； ③对有方向性的设备应标注极性； ④展开图中的接点应表示不带电状态时的位置
5	盘面布置图		①盘上设备尺寸齐全，设备符号与展开图一致； ②模拟母线注明电压等级； ③设备表中的设备形式、规范、数量，并按不同安装单位分别开列
6	端子排及安装接线图		①端子排齐全，预留公用备用端子； ②标明电线编号、去向，注明芯数、截面； ③注明设备端子编号和互感器的极性； ④安装接线中应有设备材料表
7	电缆敷设及清册		①布线图尽可能按比例表示设备的位置和外形轮廓； ②构筑物的柱、墙、楼梯、门窗，电缆构筑物注明净空尺寸，建筑物标明标高； ③对电缆夹层要画出支架位置，注明间距，电缆构筑交叉处应表示过渡支架，埋管注明管径、根数、形式； ④路径应标明电费起点、终点、电缆构筑物进出口的编号，电缆排列剖面图是否需要出图，可根据具体情况确定； ⑤主厂房电缆敷设卷册中可套用一张土建地下管沟布置图，电缆埋管应附在土建图内； ⑥电缆清册应有每一根电缆的编号、型号、规范、长度和路径
8	防雷接地	①避雷针保护范围计算； ②接地电阻计算； ③进行接地电压及跨步电压计算	①标明避雷针高度、坐标、保护范围、被保护物外形； ②对接地有特殊要求的构筑物（如微波楼）应画出室内接地网布置，凡需要利用钢筋接地者应与结构专业落实，并予以说明； ③画出接地井的位置

续表

序号	图纸类型	计算项目	图样深度要求
9	照明	①主控制室（网络控制室）单元控制室照明度计算； ②电压水平校验及导线截面选择； ③进行主厂房照度计算	①系统图标明设备规范、用途代号、负荷、电压降、截面等； ②布置图标明各路配电线路及配管的规格及配管的规格，建筑物的梁柱、门窗、楼梯、留孔、设备外形、管道位置、屏台和开关柜的位置等； ③注明灯具的数量、瓦数、标高、形式，特殊灯具应出安装图； ④布线一般用单线表示，亦可用多线表示
10	厂内通信		①系统图应表示设备的电源连接； ②布置图标明通信设备（包括分线盒）的安装地点，布置尺寸； ③电话配置的地点与数量，隔音室的制作图

5. 施工图审查

（1）设计单位内部设计质量管理和设计审查

施工图是建设项目施工的依据，施工图设计的质量、安全标准，直接关系建设项目本身的质量、安全标准和人民生命财产的安全。设计单位对设计质量特别是施工图的设计质量，都有一套严格的设计质量管理和设计审查制度。

施工图设计出图一贯遵照四级审查、签字制度，即设计人自查、校对者核对、技术审核人审查、出图审定负责人的审查制度；各专业经过四级审查、签字后，设计图样再由有关工种会签；设计各阶段的设计依据材料、地质勘探资料、计算书都需整理、归档，妥善保存，以备查阅。

（2）专业机构进行施工图审查

根据《建筑工程质量管理条例》，施工图设计文件未经审查批准的，不得使用。《房屋建筑和市政基础设施工程施工图设计文件审查管理办法》规定，施工图设计文件审查由具备相应资质的非营利性法人单位。文件明确了审查单位的具体条件。

上述法规还明确了，作为建设行政主管部门的责任主要是制订施工图审查程序和审查标准、颁发审查批准书、批准审查机构、认定审查人员。

由当地建设行政主管部门组建的审查机构或国家批准的甲级设计单位成立的审查机构经批准后，具体实施施工图审查工作。施工图审查后，向建设行政主管部门提交技术性审查报告，再由建设行政主管部门根据技术性审查报告，向建设单位发出程序性审查批准书。凭审查批准书，办理施工许可证手续。

施工图审查的重点：施工图中涉及安全、公众利益的内容和强制性标准和规范的执行，并对设计单位的资质、个人执业资格情况、勘察设计合同及其他涉及勘察设计市场管理等内容进行监督。

1.3.3 光伏电站招投标

1. 光伏电站项目招标范围

根据国家发改委《必须招标的工程项目规定》全部或者部分使用国有资金投资或者国家融

资的项目包括：使用预算资金 200 万元人民币以上，并且该资金占投资额 10% 以上的项目；使用国有企业事业单位资金，并且该资金占控股或者主导地位的项目。使用国际组织或者外国政府贷款、援助资金的项目包括：使用世界银行、亚洲开发银行等国际组织贷款、援助资金的项目；使用外国政府及其机构贷款、援助资金的项目。上述范围内的项目，其勘察、设计、施工、监理以及与工程建设有关的重要设备、材料等的采购达到下列标准之一的，必须招标：

①施工单项合同估算价在 400 万元人民币以上；②重要设备、材料等货物的采购，单项合同估算价在 200 万元人民币以上；③勘察、设计、监理等服务的采购，单项合同估算价在 100 万元人民币以上。同一项目中可以合并进行的勘察、设计、施工、监理以及与工程建设有关的重要设备、材料等的采购，合同估算价合计达到前款规定标准的，必须招标。

除涉及国家安全、国家秘密、抢险救灾或者属于利用扶贫资金实行以工代赈、需要使用农民工等特殊情况，不适宜进行招标的项目，按照国家有关规定可以不进行招标的特殊情况外，有下列情形之一的，可以不进行招标：

①需要采用不可替代的专利或者专有技术；②采购人依法能够自行建设、生产或者提供；③已通过招标方式选定的特许经营项目投资人依法能够自行建设、生产或者提供；④需要向原中标人采购工程、货物或者服务，否则将影响施工或者功能配套要求；⑤国家规定的其他特殊情形。

2. 项目招标方式

根据项目估算造价和所采购的物资价值高低需要，采取公开招标、邀请招标两种方式。

（1）公开招标

公开招标指按照国家有关法规规定的程序以招标公告的方式邀请不特定的供方单位参与投标，并根据中标条件公开确定中标人的工作方式。对工程项目预计造价超过 100 万元（含 100 万元）和材料物资设备采购金额在 30 万元以上（含 30 万元）且质量可靠性不易确定、市场价格波动较大应采用公开招标方式组织采购工作。

（2）邀请招标

邀请招标指按照招标领导小组议定的资质条件以招标邀请书的方式邀请三家以上（含三家）特定供方单位参与投标，并按照评标组议定的中标人的采购工作方式。对工程项目预计造价 30 万元～ 100 万元和材料物资设备采购金额在 10 万元～ 30 万元的，采用邀请招标方式组织采购工作。对于虽然价款达到公开招标的条件，但质量可靠性较高且市场价格相对稳定的，也可采用邀请招标的方式。

对于工程造价在 30 万元以下和物资价款在 10 万元以下达不到招标条件的，采用询标竞价方式确定工程施工或物资供方单位。询标竞价采购指由领导小组按照议定的资质条件，在对商家资质、产品质量、生产条件及售后服务等方面进行全面考察比较的基础上，直接邀请三家以上供应商投标报价，领导小组通过综合评议，竞价谈判，按照“质量保证、服务可靠、价格最低”原则确定供应商的采购工作方式。

3. 招标基本程序

① 委托部门填报《招标申请审批表》并提供原始招标资料，递送招标管理部门；

② 招标管理部门发布招标信息或公告；

③ 招标管理部门接受投标单位报名或邀请三家以上投标报名单位；

④ 招标领导小组根据资格预审报告，确定不少于三家的投标入围单位；

⑤ 招标管理部门依据原始招标资料编制招标文件并委托编制标底；

⑥ 投标单位向招标管理部门索取招标文件，交纳一定比例的投标保证金；

⑦ 委托单位负责解答招标文件中技术问题，组织踏勘现场；

⑧ 投标单位将投标书密封送达招标管理部门；

⑨ 领导小组成员和技术专家共同组成的项目评标委员会（以下简称评委会）负责开标、评标、定标；

⑩ 招标管理部门公布招标结果，办理《中标通知书》，退还未中标单位投标保证金；

⑪ 招标管理部门移交相关文件，监督合同签订；

⑫ 合同签订后，招标管理部门将中标单位的投标保证金转为履约保证金。

4. 招标文件主要内容

招标文件作为合同的一部分，文字组织一定要严密，内容要全面。招标文件不得要求或者标明特定的生产供应者以及含有倾向或者排斥潜在投标人的其他内容。招标人不得向他人透露已获取招标文件的潜在投标人的名称、数量以及可能影响公平竞争的有关招标投标的其他情况。应根据项目内容工程项目和材料、物质等类别区别招标文件内容要求。

对于工程项目而言，招标文件主要内容应包括但不仅限于以下内容：

招标公告、资质要求、投标须知，主要包括：评标标准和方法；工期或交货期限要求；提交投标文件的起止时间、地点和方式；开标的时间和地点。工程技术要求及工程规范；投标文件格式及编制要求；合同条款及合同格式；评定标细则；其他需要说明的事项；图纸；工程量清单；其他。

对于材料、物资而言，招标文件应至少包含五个方面的内容：规格、型号和数量；质量要求和验收标准；交货期限、保修条款和付款方式；售后服务及响应等；其他。

5. 资格预审主要内容

招标单位对投标单位进行资格审查时，主要审查投标单位应向招标单位提供资格预审资料为：企业营业执照（复印件）；企业资质证书（复印件）；安全生产许可证（复印件）；拟委派的项目经理的资格证（复印件）；法人委托书（原件）及委托代理人身份证（复印件）；企业简历（含全员职工人数，包括技术人员、技术工人数量等）；近三年企业财务状况；企业自有主要施工机械设备一览表；近三年承建的与招标工程类似的竣工工程及其质量等情况一览表（材料物资招标为近三年物资供应的业绩表）；与招标工程类似的在建工程一览表；其他。

对于材料、物资的招标，主要审查投标人企业营业执照（复印件）；法人委托书（原件）及委托代理人身份证（复印件）；企业简历（含全员职工人数，包括技术人员、技术工人数量等）；近三年企业财务状况；近三年物资供应的业绩表。

项目学习评价标准

评价内容		配分	评价标准	自评分
方案设计	政策依据	10	政策、规范、标准选择合理、适用正确	
	发电单元设计图	15	设计图尺寸标注规范、数据准确、内容完整	
	发电单元设计	15	方案合理、技术先进、经济收益好、数据准确	
施工图设计	设计说明	10	设计说明文字表述清晰、内容完整、标准引用准确	
	主要设备材料清册	10	物料清单完整、型号规格及数量准确、无缺漏	
	施工图	20	图纸项目完整，尺寸标注清晰规范，技术方案合理，技术说明表述准确，材料表数据准确、无缺漏、规格型号与数据准确	
职业素养	安全意识	2	现场勘查执行安全操作规程、设计内容符合安全规定	
	文明生产	2	注意对工作现场进行6S整顿，文明生产，方案中涉及安全技术措施、要求等规范依据可靠、无错漏	
	规范意识	2	设计内容符合技术规范、准时到达工作或学习场所，操作过程中不影响他人工作	
	团队意识	2	服从组长安排，在小组合作完成工作时能积极分享建议、意见和工作成果，主动协助小组成员完成相关工作	
	职业行为习惯	2	工作认真，能有意识控制材料消耗，无浪费现象，环保意识强，能克服困难，积极思考	
学习能力评价		10	A1.能高质高效完成此项工作全部内容，并能指导他人完成； A2.能高质高效完成此项工作全部内容，并能解决遇到的特殊问题； A3.能高质高效完成此项工作全部内容； B.圆满完成此项工作全部内容，不需要指导； C.能圆满完成此项工作全部内容，但偶尔需要指导； D.在现场指导和帮助下，能圆满完成此项工作全部内容	

说明：学习能力评价，符合A1得10分，A2得9分，A3得8分，B得7分，C得6分，D得5分。

习　题

1. 工程项目有哪几种建设管理模式？
2. 光伏电站项目初步设计的作用是什么，应包含哪些内容？
3. 光伏电站施工图设计阶段的电气设计主要包括哪些内容？

项目2

光伏电站工程组织管理

项目导入

某业主投资建设1 MW光伏电站，已具备开工条件，并成立了项目经理部，项目经理部需要完成以下几项工作，为正式施工做好前期准备：

（1）组织人员编制项目经理部各项管理制度。

（2）编制工程施工组织设计。

（3）依据合同规定和初步设计方案、施工图设计计算工期、工程量，编制项目进度计划。

（4）编制发电单元专项施工方案和施工准备计划。

学习目标

知识目标：（1）了解光伏电站施工组织管理制度的基本内容。

（2）熟悉典型电站工程施工工期计算方法。

（3）熟悉光伏电站进度管理基本内容。

（4）了解光伏电站施工组织设计的基本内容、熟悉编制方法。

（5）了解光伏电站施工前准备和预算的主要内容。

能力目标：（1）会编制光伏电站项目经理部管理制度。

（2）能运用工期计算工具准确计算施工工期。

（3）能根据施工工期编制施工进度计划。

（4）能依据现行标准、规范编制光伏电站工程施工组织设计。

（5）能根据现行标准、规范和施工技术编制光伏发电单元专项施工方案。

（6）会编制光伏发电单元工程施工准备计划。

素质目标：（1）通过学习理解成本控制的重要性，树立节约意识，弘扬勤俭节约精神。

（2）通过学习养成科学规范化管理的习惯。

任务1　光伏电站工程组织管理认知

视频

工程组织管理（上）

2.1.1　工程管理的内涵

工程是一种有组织、有目的的群体活动，是一种社会活动和管理活动，既有技术性又有非技术性。从哲学的视角来看，工程具备物质性、变化性和时空性等

视频

工程组织管理（下）

本质特征。

工程管理以工程为对象，通过一个有时限的柔性组织，对工程进行高效率的决策、计划、组织、指挥、协调与控制，以实现工程的整体目标。一般来说，工程管理具有系统性、综合性、复杂性的特点。工程管理领域既包括重大工程建设实施中的管理，譬如，工程规划与论证、工程勘察与设计、工程施工与运行管理，也包括重要和复杂的新型产品的开发管理、制造管理和生产管理，同时还包括对技术创新、技术改造的管理。而企业转型发展，产业、工程和科技的重大布局及发展战略的研究与管理等，也是工程管理活动的领域与范畴、工程管理蕴含着深刻的哲学内涵，并在实质上指导和影响着工程的实践和发展。对待工程活动要有彻底的唯物主义态度，从工程的调研、决策、立项、设计、论证到工程的营造、运行，从工程决策到质量评估、评价，都必须客观、科学、实事求是。工程管理活动中充满了辩证法，如质量、进度与投资的关系、竞争与协作的关系等，许多事物之间的关系都需要对立统一、量变与质变、否定之否定的辩证思考，需要运用哲学的智慧去把握和处理。

工程管理与一般管理工作不同，它是工程管理人员在特定产业环境中对于特定形式的技术集成体的管理，也是向特定目标、特定形式的决策、计划、组织、指挥、协调与控制行为。在工程活动过程中，工程管理要综合考虑技术问题、经济问题、工期问题、合同问题、质量问题、安全和环境问题、资源问题等。这就决定了工程管理工作的复杂性要远远高于一般的生产管理和企业管理。工程管理工作既有技术性，需要严谨的思维，又是一种具有高度系统性、综合性、复杂性的管理工作，需要有沟通和协调的艺术，也需要知识、经验和工程实践能力。

科学合理的工程管理制度可以及时地处理和协调工程建设过程中各个部分、各个层面、各个环节的相互关系，将工程建设整合成高效有序、节奏明晰的人类实践活动。同时，科学合理的工程管理制度也是将个体能动作用凝聚成“合力”的必要条件。工程建设是众多工程建设者合力作用的结果，其能动作用的发挥表现为具有不确定性的“矢量”，如果没有工程管理制度的规整，就无法实现个体之间的合理分工与合作，个体的能动力量就会出现因无序、无向而发生相互抵消，甚至相互冲突背离的结果。

同时还应看到，工程管理队伍和工程管理制度是一个交互作用、共同提升的过程。工程管理制度能够规整和提升工程管理队伍的素质，而人员素质的提高又能进一步洞悉制度的“品质”，促成制度的与时俱进。制度的确立首先必须得到大多数建设者的理解和认同，大多数建设者的认同又能进一步使制度得到自我强化，使这些工程管理制度逐渐由外在的强制转变为内在的自觉。在这一过程中，制度本身会得到进一步的考量，促使制度安排以宜时、宜地、宜人的原则不断变化、发展，并最终形成工程管理制度不断演化与完善的合理路径。这样的实践与理论的逻辑升腾轨迹，是实现工程管理人员素质不断提高和工程管理制度不断完善的一条双赢道路。具体地说，从当代工程的特点出发，可以在四个方面做出努力：

首先，以严格的道德评价制度建设现场工程管理队伍形成积极、崇高的道德观念。建立完善综合价值评价体系，使工程管理人员能够自觉地认识到现代工程的地位和价值，避免工程建设在追求经济利润的过程中可能带来的道德风险。

其次，以必要的激励制度促成工程管理队伍具有博、专结合的知识水平和知识结构，形成良性的相互作用机制，才能使工程管理人员在知识爆炸和市场环境的激变中捕捉机会、成就事业。

再次，以人性化的工程管理制度推动工程管理队伍形成良好的人际沟通能力和团队组织能力。促使团队成员可以相互分享信息和资源、积极合作、取长补短、形成最大的合力。而当工程管理队伍在制度的作用下具有显性的团队效应时，表明他们的心理过程和个性特征趋于良性健康发展，此时他们的积极性、主动性会被放大，不仅能够严格恪守制度的要求，而且能够在实践中完善工程管理制度，实现实践对理论的检验和校正。

最后，以有形制度与无形氛围相结合的工程管理制度模式助推、熏染工程管理人员形成厚实的人文底蕴与科技素养。在工程建设的实践中会自觉地以合理、科学的管理理念调整工程管理制度，并不断强化夯实组织的文化氛围，实现两者之间的相得益彰与循环推进。

2.1.2 工程管理规范的重要性

工程管理规范是工程管理中为实现其价值和目标而制订的各种管理条例、章程、制度、标准、办法、守则等的总称。它是用文字形式规定了工程管理活动的内容、程序和方法，是工程管理人员的行为准则。确立科学的工程管理规范在现代工程规模不断扩大，工程价值目标日趋多元的形势下，对于保证工程建设活动的正常可持续进行，对于提高工程管理水平有着重要的作用。

首先，科学的工程管理规范是工程建设达成既定价值目标的前提和基础。现代工程较之以往任何时代，其价值目标设定表现出的多元性更加明显。如何保证多元价值目标在复杂性不断提高的工程建设中得以彰显，轻重有致，缓急得体，它需要所有建设者的行为自觉体现在一定工程管理理念与价值的科学管理规范，在此基础上形成工程建设“合力”，实现预设的多元价值目标。

其次，科学的工程管理规范是实现工程组织管理有效性的根本保障。现代工程日趋大型化、复杂化，可以说现代工程是一个具有复杂结构和功能的系统整体，并包含诸多环节的过程复合体。其中的大多部分和诸多环节有着各自的质态特性、功能定位、运动轨迹和变化周期。管理者如何对这些部分和环节按照特定的目的进行整合，权衡和处理它们之间复杂的非线性作用关系，就需要工程组织管理的介入，通过制订一系列的工程管理规范来确定每个部分和环节的安排，渗透于每一个建设者的行为，以使各个部分和环节按照特定的目标合理展现、有效整合、协同运动。

再次，科学的工程管理规范是实现科学管理，保障现代化工程建设安全运行的基本需要。现代工程建设较以往，更多地采用了先进的、大型的技术装备，更多地运用机器体系和信息系统从事生产活动，具有高效、高速的特点，同时也潜藏着更大的隐患，故而必须按照机器化和信息化工程建设的特点和规律制订出相应的工程管理规范，使生产得以安全、顺利、高效地进行。

2.1.3 施工管理组织机构与管理职责

1. 施工组织管理机构

根据项目工程特点，本着达到各项管理目标为原则，确保项目符合业主要求，针对项目施工管理的需要，项目工程应选派具有复合知识结构和装修施工经验丰富的管理人员和技术人员，设置公司层、项目部、作业班组三级管理体系，成立工程项目经理部，其组织结构如图 2-1 所示。

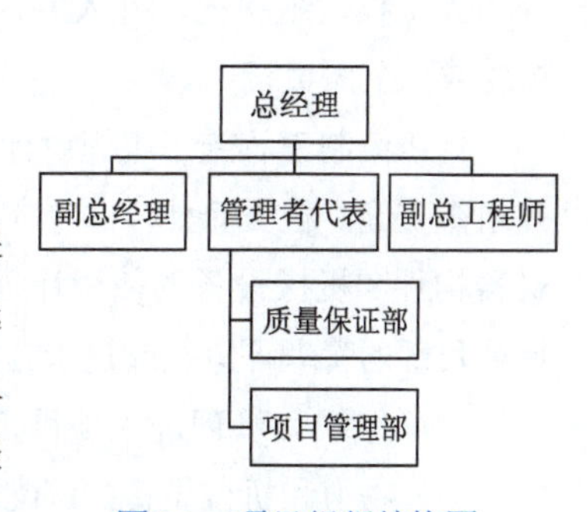

图2-1 项目组织结构图

施工单位可以对工程成立领导指挥小组，组长由一般由项目总负责人（公司副总经理）亲自担任，执行组长一般由具有一定资质的建造师担任，主要负责该项目所有的统筹、安排与实施；负责对工程中的劳动力、材料供应、机械设备进行总调度、指挥；全面落实 ISO 9001 质量认证体系和 ISO 14001 环境管理体系、OSHAS 28001 职业健康安全管理体系在该项目中的具体实施运作，落实质量、安全、工期指标。

2. 项目经理部各职能部门职责

① 工程技术部。具体负责编制施工技术实施方案、设计图样的完善和作业指导书，并向操作人员交底，指导工人施工，负责进度计划的落实，检查施工质量等工作。工程技术部由专业工程师组成。

② 质量安全部。具体负责施工过程的质量检查、验收和评定，现场施工安全教育、安全检查并做好安全记录，负责质量记录的收集、整理工作。

③ 物资材料部。负责编制物资采购计划及采购工作，负责进场物资的验收、保管、发放工作，负责机械设备安装、维修、保养工作。

④ 预算部。负责成本核算工作，编制预、决算工作及工程进度款申报、劳动力工资核算工作。

⑤ 资料部。按照国家规范要求进行工程资料的编制和管理，及时做好隐蔽工程记录，完善保管有关文件、凭据和签证等手续；整理施工来往信函、备案存档。

⑥ 施工作业组。组织一批高质量、高安全意识作业层人员。根据优良组合的原则，选用具有较高素质，有丰富施工经验和劳动技能的合同工，分工种编成工作班组，由技术过硬，思想素质好的专业组长带班，加强激励机制，提高作业层施工的战斗力和质量水平，所有投入工程施工的班组均按项目部的要求，在项目管理人员的监督下协调地进行专业工种施工，确保质量、安全管理落实到位，在总进度计划的控制下完成施工任务。

3. 主要岗位管理职责

（1）项目经理岗位职责

项目经理是施工过程中最高责任者和组织者，是对施工管理全面负责的管理者，是项目中人力、财力、物力、技术、信息和管理等所有生产要素的组织管理人，其职责主要有：

认真贯彻国家和上级的有关方针、政策、法规及企业制订的各项规章制度、自觉维护企业和职工的利益，确保公司下达的各项经济技术指标的全面完成。对项目范围内的各单位工程和室外相关工程，组织内、外人员，并对分部工程的进度、质量、安全、成本等进行监督管理、考核验收、全面负责。

组织编制工程施工组织设计，包括工程进度计划和技术方案，制订安全生产和保证质量措施，并组织实施。根据企业年（季）度施工生产计划，组织编制季（月）度施工计划，包括劳动力、材料构件和机械设备的使用计划，据此与有关部门签订供需承包和租赁合同，并严格履行，主持项目部的管理评审及改进措施的落实。

科学组织和管理进入项目工地的人力、财力、物力等资源，协调分包单位之间的关系，做好人力、物力和机械设备的调配和供应，及时解决施工中出现的问题，保证履行与公司经理签订的承包合同，提高综合经济效益，圆满完成任务。组织制订项目经理部各类管理人员的职责权限和各项规章制度，搞好与公司机关各职能部门的业务联系和经济来往，定期向公司经理报告工作。严格执行财经制度，加强财务、预算管理、推行各种形式的承包责任制，正确处理国家、企业、集体、个人四者之间的利益关系。

（2）技术负责人岗位职责

学习与贯彻国家和建设行政管理部门颁布和制订的建设法规、规章和各种规范、规程、光伏行业技术标准。熟悉图样，参与图样会审，参与编制施工组织设计，对施工过程中产生的技术问题负责与甲方和设计院联系，协商得出结果。掌握工程的重点、难点、细节问题，能协助施工员处理施工过程中的技术问题。协助施工员向各班组进行技术交底，协助施工员组织各班组的自检、互检工作。负责技术资料的填写、收集整理工作，负责编制项目质量计划，有特殊搬运要求或大型设备、构配件的搬运措施和方案。负责过程试验的样件制作及送验。会同施工员对过程产品和最终产品的保护，以及同施工员、材料员对各种标识的保护工作。会同材料员对采购产品进行验证、贮存、保护工作。

（3）生产负责人岗位职责

全面负责工程生产管理，包括材料采购、劳动力统筹、质量控制，保证项目施工需求；了解市场行情与信息，审核材料价格，保证工程质量；做好现场各专业的管理与协调、组织策划，编制和实施施工组织方案，组织相关人员进行图样交底、技术交底、施工交底。

（4）设计负责人岗位职责

根据工程需求，对施工图样进行深化设计和扩充，包括设计方案修订、确认、施工节点、大样以及各专业图样的完善；负责与业主、设计单位、监理单位的技术沟通；负责专项技术交底，把设计图样上的内容、要求，主要材料选用，及装饰效果交接给技术负责人、专业施工员、施工作业班组；负责解答施工班组提出的施工技术问题；对需要修改、变更、补充的图样，应及时填写设计变更记录及通知单，向各单位及施工作业组传达。保证现场施工图样的有效性。

（5）施工员岗位职责

施工员是工程建设过程中的直接参与者与组织者，在整个施工过程中起到至关重要的作用，其主要职责是：学习与贯彻国家和建设行政管理部门颁布和制订的建设法规、规章和各种规范、规程、技术标准，熟悉基本程序、施工程序和自然规律，并在施工过程中加以执行和运用。熟悉施工图样，参加图样会审。负责编制施工组织设计，并按施工组织计划组织综合施工，保证施工进度。对质量、安全等方面措施的实施进行监督检查，负责组织班组开展质量自检、互检及分部分项工程质量检验评定和隐蔽工程验收，并做好记录。合理计算与确定各种物资、资料、工具、运输设备等的需用量并传递给材料员，保证施工生产的正常进行。选择科学合理的施工方法和施工程序，组织各施工班组完成日常生产任务，施工前向班组进行技术交底、质量交底，并组织实施。

（6）质检员岗位职责

学习和贯彻执行国家行政管理部门颁布的有关工程质量控制和保证的各种规范、规程条例和验收规范。掌握施工顺序、施工方法和保证工程质量的技术措施，做好开工前的各种质量保证工作。参与图样会审，督促与检查各施工工序严格按图施工。严格执行技术规范和操作规程，坚持对每一道施工工序按规程、规范施工和验收；会同施工员，组织各施工班组进行自检、互检工作，发现质量问题应采取纠正措施并同施工员、技术员对分部分项工程质量进行评定，由质检员核定质量等级。负责对过程产品的标识及其保护，并填写检验、试验记录。

（7）安全员岗位职责

学习和贯彻国家行政管理部门颁布的安全生产，劳动保护的政策、法令、法规，安全操作规程和本单位制订的安全生产制度，并督促贯彻落实。经常对职工进行安全生产的宣传教育，切实做好新工人、学徒工和民工的安全教育的具体工作，并及时督促检查各班组、各工种安全教育实施情况。参加单位工程的安全技术措施交底，并提出贯彻执行的具体方案和措施。按安全操作规程和安全标准、要求，结合施工组织设计和现场的实际，正确、合理地布置和安排现场施工中的安全工作。深入施工现场及时了解与掌握安全生产的实施情况，发现违章作业和安全隐患，及时提出改进措施。负责组织各班组的安全自检、互检和施工队的月检，通过检查发现的问题，及时提出分析报告和处理意见。有权对违章指挥，违章作业加以制止，遇重大隐患，有权先暂停施工，待整顿合格后，方能复工操作，有权检查特殊工种操作证，无证上岗者，可停止其工作。

（8）材料员机具管理员岗位职责

根据单位工程材料预算和月旬施工进度，编制材料采购计划，报项目经理审批。根据施工组织设计和现场实际情况，做好材料的合理堆放及入库物资搬运和贮存，为文明施工创造条件。负责对采购产品的验证，并向供货商索取质保书合格证。严格执行材料、工具等现场验收、保管和发放制度，建立材料购进、消耗台账，做到有据可查。积极协助项目经理经济合理地组织材料供应，减少储备，降低消耗，并督促检查材料的合理使用，不丢失，不浪费。搞好材料、工具的退库，及旧材料、包装材料、周转材料的回收、保管与使用，计算周转材料的折旧摊销金额。机具管理员负责按设备管理规定对进场设备进行维护、保养，并填写设备运转记录。

（9）预算员岗位职责

学习和贯彻执行国家以及建设行政管理部门制订的建筑经济法规、规定、定额、标准和费率。熟悉施工图样（包括其说明及有关标准图集），参加图样会审。熟悉单位工程的有关基础材料（包括施工图、施工组织设计和有关工程甲乙双方的文件）和施工现场情况，了解采用的施工工艺和方法。掌握并熟悉各项定额，取费标准的组成和计算方法（包括国家和江西省的规定，以及各个地区结合实际编制的取费标准）。根据施工图预算的费用组成、取费标准、计算方法及编制程序编制施工预算。经常深入现场，对设计变更，现场工程施工方法更改材料价差，以及施工图预算中的错算、漏算、重算等问题，能及时做好调整方案。能根据施工预算，开展经济活动分析，进行两算对比，协助班组搞好经济核算。在竣工后，协助有关部门编制竣工结算与竣工决算。

（10）班组长岗位职责

熟悉图样、掌握本班组的施工任务及其施工顺序、施工方法。负责组织工人完成施工员下达的施工任务，督促和检查工人是否严格按图施工，积极配合施工员、质检员等施工管理人员的工作。施工前向班组工人进行技术交底，质量交底，并组织实施。经常对班组工人进行安全生产的宣传教育，施工前向班组工人进行安全技术措施交底，并组织实施。组织完成每日计划工作量，保证施工进度顺利进行。在施工过程中遇到疑难的技术问题，应及时向施工员反映。

任务2 流水施工工期计算

2.2.1 流水施工基本知识

任何一个建筑工程都是由若干施工过程组成的，而每一个施工过程可以组织一个或多个队来进行施工。如何组织各工作队的先后顺序或平行搭接施工，是组织施工中的一个基本的问题。

1. 组织施工的方式

在组织同类项目或将一个项目分成若干个施工区段进行施工时，可以采用不同的施工组织方式，如依次施工、平行施工、流水施工等组织方式。

拟兴建三幢相同的建筑物，其编号分别为Ⅰ、Ⅱ、Ⅲ。它们的基础工程量都相等。而且均由挖土方、做垫层、砌基础和回填土等四个施工过程组成，每个施工过程在每个建筑物中的施工天数均为5天。其中，挖土方时，工作队由8人组成；做垫层时，工作队由6人组成；砌基础时，工作队由14人组成；回填土时，工作队由5人组成。

（1）依次施工

依次施工方式是将拟建工程项目中的每一个施工对象分解为若干个施工过程，按施工工艺要求依次完成每一个施工过程；当一个施工对象完成后，再按同样的顺序完成下一个施工对象，依次类推，直至完成所有施工对象。这种施工方式的施工进度计划及劳动力需要量曲线如图2-2所示。

工程编号	施工过程	人数	施工时间/天	施工进度/天											
				5	10	15	20	25	30	35	40	45	50	55	60
I	挖土方	8	5												
	做垫层	6	5												
	砌基础	14	5												
	回填土	5	5												
II	挖土方	8	5												
	做垫层	6	5												
	砌基础	14	5												
	回填土	5	5												
III	挖土方	8	5												
	做垫层	6	5												
	砌基础	14	5												
	回填土	5	5												

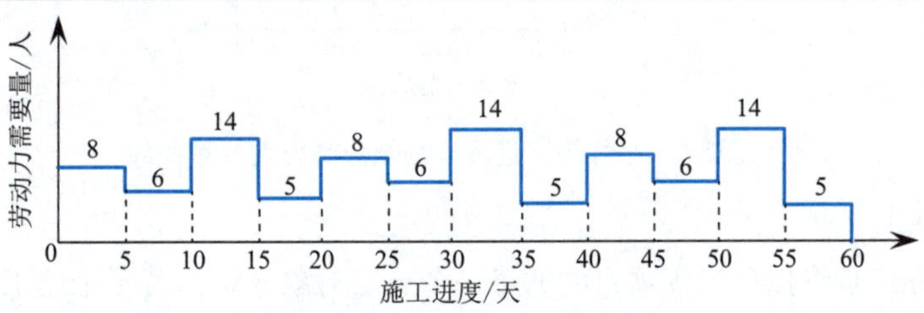

图2-2 依次施工进度计划及劳动力需要量曲线

依次施工方式没有充分利用工作面进行施工，工期长；若按专业成立工作队，则各专业工作队不能连续作业，有时间间歇，导致劳动力及施工机具等资源无法均衡使用；若由一个工作队完成全部施工任务，则不能实现专业化施工，不利于提高劳动生产率和工程质量；单位时间内投入的劳动力、施工机具、材料等资源量较少，有利于资源供应的组织；施工现场组织、管理比较简单。

（2）平行施工

平行施工方式是组织几个劳动组织相同的工作队，在同一时间、不同的空间，按施工工艺要求完成各施工对象。从图 2-3 所示的施工进度计划及劳动力需要量曲线可知，这种施工方式有充分利用工作面进行施工，工期短；若每一个施工对象均按专业成立工作队，则各专业工作队不能连续作业，劳动力及施工机具等资源无法均衡使用；若由一个工作队完成一个施工对象的全部施工任务，则不能实现专业化施工，不利于提高劳动生产率和工程质量；单位时间内投入的劳动力、施工机具、材料等资源量成倍增加，不利于资源供应的组织；施工现场组织、管理比较复杂。

工程编号	施工过程	人数	施工时间/天	施工进度/天			
				5	10	15	20
I	挖土方	8	5				
	做垫层	6	5				
	砌基础	14	5				
	回填土	5	5				
II	挖土方	8	5				
	做垫层	6	5				
	砌基础	14	5				
	回填土	5	5				
III	挖土方	8	5				
	做垫层	6	5				
	砌基础	14	5				
	回填土	5	5				

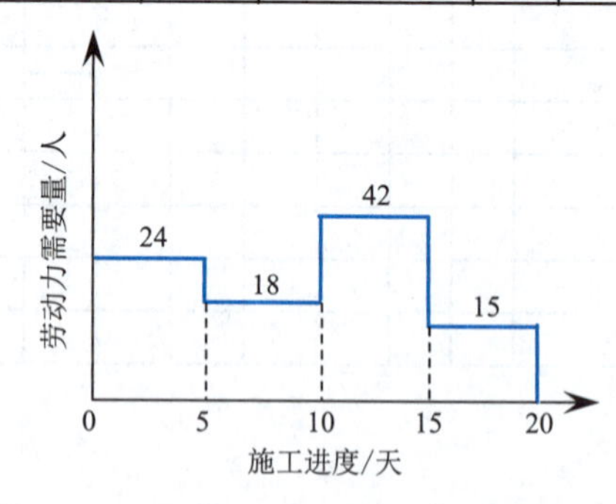

图2-3　平行施工进度计划及劳动力需要量曲线

（3）流水施工

流水施工方式是将拟建工程项目中的每一个施工对象分解为若干个施工过程，并按照施工过程成立相应的工作队，各工作队按照施工顺序依次完成各个施工对象的施工过程，同时保证施工在时间和空间上连续、均衡和有节奏地进行，使相邻两个工作队能最大限度地搭接作业。流水施工进度计划及劳动力需要量曲线如图 2-4 所示。流水施工尽可能利用工作面进行施工，工期比较短。各工作队实现了专业化施工，有利于提高技术水平和劳动生产率，也有利于提高工程质量。工作队能够连续施工，同时使相邻工作队的开工时间能够最大限度地搭接。单位时间内投入的劳动力、施工机具、材料等资源量较为均衡，有利于资源供应的组织。为施工现场的文明施工和科学管理创造了有利条件。

工程编号	施工过程	人数	施工时间/天	施工进度/天					
				5	10	15	20	25	30
I	挖土方	8	5	——					
	做垫层	6	5		——				
	砌基础	14	5			——			
	回填土	5	5				——		
II	挖土方	8	5		——				
	做垫层	6	5			——			
	砌基础	14	5				——		
	回填土	5	5					——	
III	挖土方	8	5			——			
	做垫层	6	5				——		
	砌基础	14	5					——	
	回填土	5	5						——

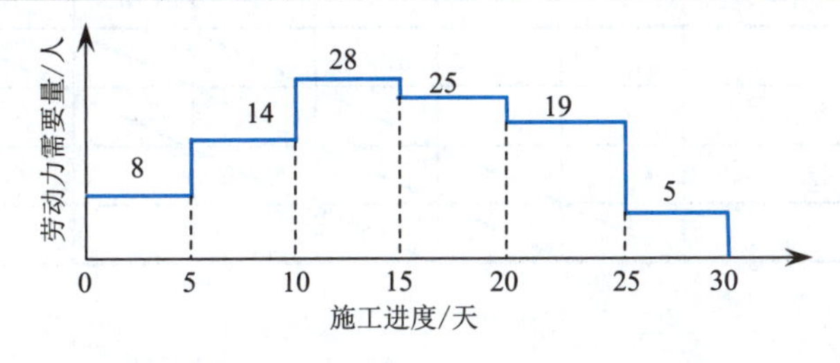

图2-4 流水施工进度计划及劳动力需要量曲线

通过比较上述三种施工方式，不难发现，流水施工具有显著的技术经济优势，流水施工方式中，各工作队连续施工，压缩了专业工作的时间间隔，缩短了工期，可使工程尽早发挥投资效益；流水施工方式便于各阶段工程实现专业化生产，工人连续作业、操作更熟练，有助于提高施工技术水平和劳动生产率；连续施工机械闲置时间少，提高了机械利用率；流水施工可实现施工队伍的专业化作业，进而提高施工人员的专业技术水平和熟练程度，有利于保证和提高工程质量；流水施工缩短了工期，提高了劳动生产效率和机械利用率，从而节约了人工费、材料费、机具使用费和施工管理费，有效降低了工程成本。

2. 流水施工的表示方法

流水施工的表示方法包括横道图（水平图表）、斜线图（垂直图表）和网络图三种。

（1）横道图（水平图表）

横道图（水平图表）如图 2-5 所示，由纵、横坐标两个方向的内容组成，图表左侧一栏表示施工过程，图表表头表示施工进度。水平线段表示各施工过程或工作队的施工进度安排，编号为施工段编号。水平图表的优点是绘制简单，施工过程及施工顺序表达清晰，时间和空间状态形象直观，使用方便，广泛应用于施工进度计划的编制。

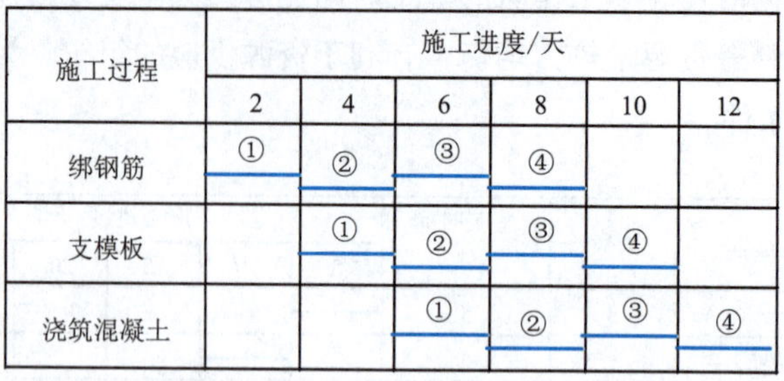

施工过程	施工进度/天					
	2	4	6	8	10	12
绑钢筋	①	②	③	④		
支模板		①	②	③	④	
浇筑混凝土			①	②	③	④

图2-5　流水施工水平图表表示法

（2）斜线图（垂直图表）

斜线图（垂直图表）如图 2-6 所示，左侧一栏由下向上表示施工段，表头表示各施工过程在各施工段上的持续时间，斜向线段表示各施工过程或工作队的施工进度。由于斜线图在编制工程进度计划时不如横道图方便，所以应用比较少。

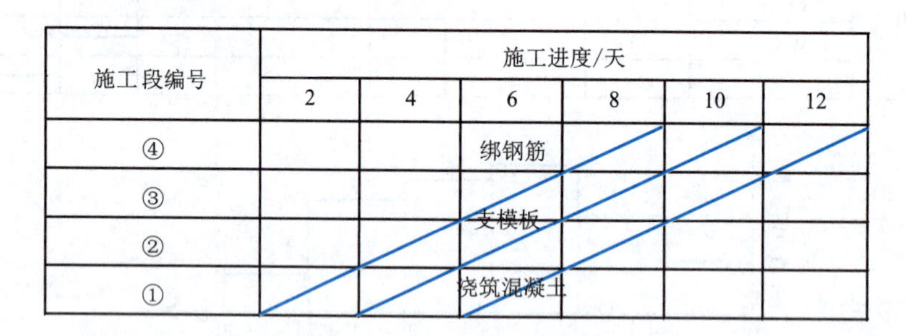

图2-6　流水施工垂直图表表示法

（3）网络图

网络图是由箭线和节点组成的，用来表示工作流程的有向、有序网状图形。网络图有两种即单代号、双代号网络图。顾名思义，以一个节点及其编号表示工作的网络图称为单代号网络图；以两个代号表示工作的称为双代号网络图，如图 2-7 所示。

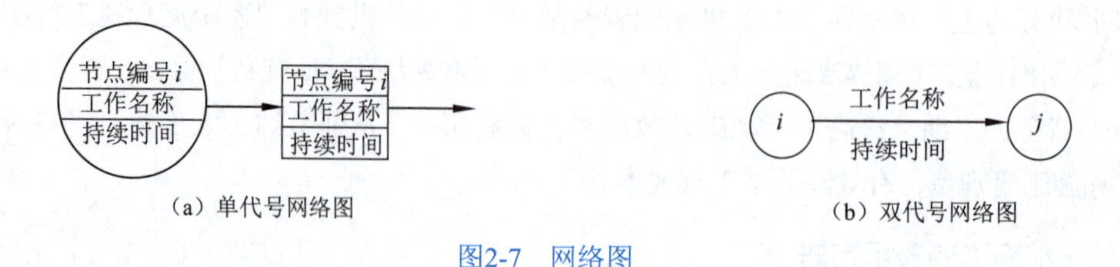

图2-7　网络图

3. 流水施工组织的分类

（1）按流水施工组织范围划分

按流水施工组织范围可将流水施工分为分项工程流水施工、分部工程流水施工、单位工程流水施工、群体工程流水施工等四种不同的流水施工组织方式。分项工程流水施工是一个工作队利用同一种生产工具，依次、连续地在各施工段完成同一施工过程的工作，如钢筋班依次、连续地在各施工段完成光伏支架安装工作。分部工程流水施工在一个分部工程内部，各分项工程之间组织的流水施工，如某光伏电站的光伏方阵安装施工是由支架立柱安装、钢横梁安装、钢斜梁安装三个在工艺上有密切联系的分项工程组成的分部工程，将其按光伏方阵的空间区域划分为若干施工段，组织三个工作队，依次、连续地在各施工段分别各自完成同一施工过程的工作。单位工程流水施工是一个单位工程内部，各分部工程之间组织的流水工程，如分布式光伏电站工程中某个屋顶光伏方阵施工。群体工程流水施工是在单位工程之间组织起来的流水施工，是为完成建设项目而组织的全部单位工程流水施工。

（2）按流水施工节奏特征划分

按流水施工节奏特征可分为有节奏流水施工和非节奏流水施工。

① 有节奏流水施工。在组织流水施工时，每一个施工过程在各个施工段上的流水节拍都各自相等时就是有节奏流水施工。又可分为等节奏流水施工和异节奏流水施工两种类型。两者的区别是前者的各施工过程的流水节拍都是相等的，后者则是同一个施工过程在不同施工段的流水节拍相等，但不同施工过程的流水节拍不相等。在组织异节奏流水施工时通常会采用等步距或异步距两种方式，所谓等步距是按每个施工过程流水节拍之间的比例关系，成立相应数量的专业工作队进行施工，所谓异步距是每个施工过程成立一个专业工作队，由其完成各施工段任务。

② 非节奏流水施工。非节奏流水施工也称为无节奏流水施工，是指在组织流水施工时，全部或部分施工过程在各个施工段上的流水节拍不相等。流水施工组织分类如图 2-8 所示。

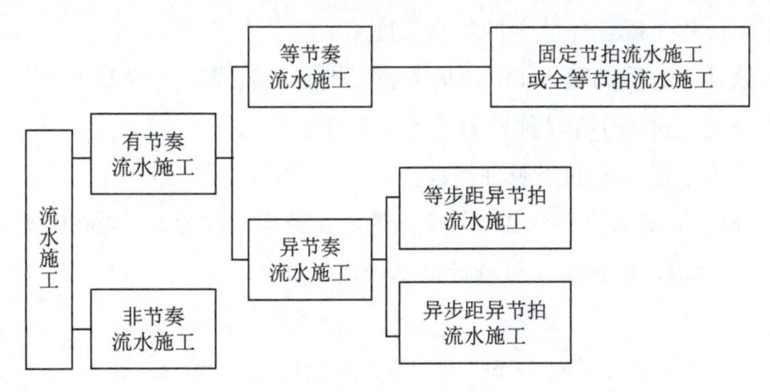

图2-8　流水施工组织分类

2.2.2　施工参数

施工参数是影响流水施工组织的节奏和效果的重要因素，是用以表达流水施工在工艺流程、时间安排及空间布局方面开展状态的参数，一般可分为工艺参数、空间参数和时间参数三类。

1. 工艺参数

工艺参数是指在组织流水施工时，用以表达流水施工在施工工艺方面进展状态的参数，包括施工过程和流水强度两个参数。

（1）施工过程

组织建设工程流水施工时，通常把施工对象划分为若干个施工过程。施工过程划分的长短程度通常根据实际需要确定，如单位工程、分部工程。当编制控制性施工进度时，划分流水施工过程可以粗略一些，当编制实施性施工进度时，施工过程可以划分得精细一些，如分项工程、施工工序。施工过程数量一般以 n 表示，根据其性质和特点不同，施工过程可分为建造类、运输类和制备类等三种类型。

对施工对象直接进行加工而形成工程产品的过程即为建造类施工过程，支架基础混凝土的浇筑，支架的安装、逆变器的安装。

将各种电站工程材料、构配件、成品、制成品和设备等运到工地仓库或施工现场使用地点的施工过程，称为运输类施工过程，如光伏电站支架基础、站房等所需建筑材料、电缆、光伏支架、组件、逆变器、变压器等构件、设备的运输过程。

支架基础钢筋笼制作、支架焊接加工、防雷接地体制作等预先加工和制造工程材料、构配件等的施工过程，就是制备类施工过程。

某施工过程若占有施工对象的空间，影响工期，则必须列入施工进度计划；否则，不需要列入施工进度计划。

（2）流水强度

流水强度也称为流水能力或生产能力，是指流水施工的某施工过程（或专业工作队）在单位时间内完成的工程量。

$$V=\sum_{i=1}^{X}R_iS_i \tag{2.1}$$

式中 V——某施工过程（或工作队）的流水强度；

R_i——投入该施工过程的第 i 种资源量（施工机械台数或工人数）；

S_i——投入该施工过程中第 i 种资源的产量定额；

X——投入该施工过程中的资源种类数。

【例 2-1】 有 500 L 混凝土搅拌机 3 台，其产量定额为 48 m^3/ 台班，400 L 混凝土搅拌机 2 台，其产量定额为 40 m^3/ 台班，求该施工过程的流水强度。

【解】

$$R_1=3\text{ 台},\ S_1=48\text{ m}^3/\text{台班};\ R_2=2\text{ 台},\ S_2=40\text{ m}^3/\text{台班}$$

$$V=\sum_{i=1}^{X}R_iS_i=(48\times3+40\times2)\text{ m}^3/\text{台班}=224\text{ m}^3/\text{台班}$$

2. 空间参数

空间参数是指在组织流水施工时，用以表达流水施工在空间布置上开展状态的参数，通常包括工作面、施工段和施工层。

（1）工作面

工作面是指施工人员或施工机械进行施工所需的活动空间。工作面的大小，决定了施工对象上能安排的工人数和机械台数，每个工人或每台机械所需要工作面的大小，取决于单位时间内完成工程量和安全施工的技术要求，工作面大小合理与否，直接影响到流水施工的速度。

（2）施工段

组织流水施工时，施工对象在平面上划分的若干个劳动量大致相等的施工区称为施工段，施工段一般用 m 表示，划分施工段的目的就是为了组织流水施工。在组织流水施工时，通过划分施工段，可让同一工作队依次在各施工段上顺序施工，不同的施工队在不同的施工段上同时进行施工，使流水施工连续、均衡进行。在划分施工段时应遵循以下几项原则。

① 施工段的数量划分要合理。施工段数量过多，工作面难以满足要求，施工段界限复杂；施工段数量过少，则会引起劳动力、机械和材料供应的过分集中。

② 各施工段上的工程量应大致相等，相差幅度不宜超过 15%。

③ 各施工段要有足够的工作面，满足合理劳动组织的要求。工作面过小会影响工作面上工人、机械的正常施工，因此，安排工作面时，应尽量做到劳动资源的优化组合。

④ 施工段的划分界限应尽可能与结构界限相一致，或设在对建筑结构整体性影响小的部位，以保证建筑结构的整体性。

（3）施工层

施工层是为满足竖向流水施工的需要，在工程构筑物垂直方向上划分的施工区段，在竖向划分施工层的流水施工中，必须确保各专业工作队在施工段与施工层之间连续、均衡、有节奏地进行施工，不得出现窝工现象，工作面允许有一定的闲置。要实现这一目标，施工段数量与施工过程数必须满足：

$$m \geqslant n \tag{2.2}$$

式中 m——施工段数量；

n——施工过程数或专业工作队数。

【例 2-2】 某二层现浇钢筋混凝土工程，主体结构施工时施工过程划分为支模板、绑钢筋和浇筑混凝土三个施工过程，每个施工过程在一个施工段上的持续时间均为 2 天。当施工段数量分别为 2、3、4 段时，试分别组织流水施工，并分析各专业工作队的连续工作情况及工作面的利用情况。

【解】（1）当施工段数量 m=2，施工过程数 n=3，即 $m < n$ 时，施工进度计划表如图 2-9 所示。当 $m < n$ 时，各专业工作队在完成第 I 施工层工作后进入第 II 施工层时，不能连续工作，分别有 2 天的窝工时间，工作面没有闲置，充分利用。

施工层	施工过程	施工进度/天						
		2	4	6	8	10	12	14
I	支模板	①	②					
	绑钢筋		①	②				
	浇筑混凝土			①	②			
II	支模板				①	②		
	绑钢筋					①	②	
	浇筑混凝土						①	②

图2-9 $m < n$ 时的施工进度计划

（2）当施工段数量 m=3，施工过程数 n=3，即 m=n 时，施工进度计划表如图 2-10 所示。当 m=n 时，各专业工作队在完成第Ⅰ施工层工作后能够及时进入第Ⅱ施工层工作，各工作队连续工作，无窝工现象，工作面没有闲置，这是组织流水施工最理想的状态。

施工层	施工过程	施工进度/天							
		2	4	6	8	10	12	14	16
Ⅰ	支模板	①	②	③					
	绑钢筋		①	②	③				
	浇筑混凝土			①	②	③			
Ⅱ	支模板				①	②	③		
	绑钢筋					①	②	③	
	浇筑混凝土						①	②	③

图2-10　$m=n$ 时的施工进度计划

（3）当施工段数量 m=4，施工过程数 n=3，即 $m>n$ 时，施工进度计划表如图 2-11 所示。各专业工作队完成第Ⅰ施工层工作后能够及时进入第Ⅱ施工层工作，连续工作，无窝工现象，但是 3 个施工段分别有 2 天闲置时间，工作面未充分利用。

在组织流水施工时，必须保证各专业工作队连续工作，不得出现窝工现象，而工作面允许有一定的闲置，因此，在竖向划分施工层的流水施工中，划分的施工段数必须大于或等于施工过程数，即满足式（2.2）要求。

施工层	施工过程	施工进度/天									
		2	4	6	8	10	12	14	16	18	20
Ⅰ	支模板	①	②	③	④						
	绑钢筋		①	②	③	④					
	浇筑混凝土			①	②	③	④				
Ⅱ	支模板					①	②	③	④		
	绑钢筋						①	②	③	④	
	浇筑混凝土							①	②	③	④

图2-11　$m>n$ 时的施工进度计划

3. 时间参数

时间参数是在组织流水施工时，用来表达流水施工在时间安排上所处状态的参数，主要包括流水节拍、流水步距和流水施工工期。

（1）流水节拍

流水节拍是指在组织流水施工时，某个专业工作队在一个施工段上的持续时间。第 j 个专业工作队在第 i 个施工段的流水节拍一般用 t_{ji} 表示（j=1,2,…,n；i=1,2,…,m）。流水节拍表明流水施工的速度和节奏。流水节拍小，施工流水速度快，节奏快，单位时间的资源供应量大；反之，供应量小。

流水节拍的大小主要取决于所采用的施工方法、施工机械以及在工作面允许的前提下投入施工的工人数、机械台数和工作班次等因素。为减少转移施工段时消耗工时，应注意将流水节拍调整为半个工作班的整数倍。流水节拍的确定通常可用定额计算法或经验估算法进行。

定额计算法，可根据某个工作队在施工段内应该完成的工程量、工作队的产量定额、人械台数及工作班次计算；或者根据施工段工程量、工作队时间定额、人工数（机械台数）与工作班次计算。

$$t_{ji}=\frac{Q_{ji}}{S_jR_jN_j}=\frac{P_{ji}}{R_jN_j} \tag{2.3}$$

或

$$t_{ji}=\frac{Q_{ji}H_j}{R_jN_j}=\frac{P_{ji}}{R_jN_j} \tag{2.4}$$

式中 t_{ji}——第 j 个专业工作队在第 i 个施工段的流水节拍；

Q_{ji}——第 j 个专业工作队在第 i 个施工段完成的工程量；

S_j——第 j 个专业工作队的产量定额；

H_j——第 j 个专业工作队的时间定额；

P_{ji}——第 j 个专业工作队在第 i 个施工段需要的劳动量或机械台班数量；

R_j——第 j 个专业工作队投入的人工数和机械台数；

N_j——第 j 个专业工作队的工作班次。

运用定额计算法计算流水节拍时，应注意通过对流水节拍和投入的工人数和机械台数的调整，平衡施工进度计划要求，工作面满足工人数或机械台数的要求，动力、材料、施工机械的及时供应和材料、构配件的现场堆放能力等相关限制条件相互间的关系。

经验估算法，对于采用新结构、新工艺、新方法和新材料等没有定额可循的工程项目，可以根据以往的施工经验估算流水节拍，通常先估算出该流水节拍的最长、最短和最可能时间，然后用下列经验公式计算出期望时间作为流水节拍。

$$t_{ji}=\frac{a+4c+b}{6} \tag{2.5}$$

式中 t_{ji}——第 j 个专业工作队在第 i 个施工段的流水节拍；

a——第 j 个专业工作队在第 i 个施工段的最短的估算时间；

b——第 j 个专业工作队在第 i 个施工段的最长的估算时间；

c——第 j 个专业工作队在第 i 个施工段的最可能的估算时间。

（2）流水步距

流水步距是指组织流水施工时，相邻两个施工过程（或专业工作队）相继开始施工的间隔时间（不包括技术间歇、组织间歇和平行搭接时间）。流水步距一般用 $K_{i,i+1}$ 表示，i 为专业工作队或施工过程的编号。

$$K_{i,i+1}=\begin{cases}t_i & (t_i\leqslant t_{i+1})\\ mt_i-(m-1)t_{i+1} & (t_i>t_{i+1})\end{cases} \tag{2.6}$$

流水步距的大小取决于相邻两个施工过程（或专业工作队）在各个施工段上的流水节拍及流水施工的组织方式。确定流水步距时，应满足以下基本要求：

①各专业工作队按照各自流水节拍，依次在各施工段上连续施工。

②相邻两个施工过程（或专业工作队）始终保持工艺先后顺序。

③相邻两个施工过程（或专业工作队）能最大限度地实现合理搭接。

流水施工往往由于工艺要求或组织因素要求，两个相邻的施工过程需增加一定的流水间歇时间。分为工艺间歇时间、组织间歇时间、工艺搭接时间。

（3）流水施工工期

流水施工工期是指从第一个专业工作队投入流水施工开始，到最后一个专业工作队完成流水施工为止的整个持续时间。由于一项建设工程往往包含许多流水组，因此流水施工工期一般均不是整个工程的总工期。

$$T=\sum_{i=1}^{X}K_{i,j+1}+T_N \tag{2.7}$$

式中 $K_{i,i+1}$——流水步距；

T_N——最后一个完成任务的专业工作队累计施工时间。

2.2.3 施工工期计算

1. 等节奏流水施工

等节奏流水施工组织方式中所有施工过程在各个施工段上的流水节拍均相等，且所有施工过程间的流水步距相等，且等于流水节拍，因此，专业工作队数等于施工过程数，各个专业工作队在各施工段上能够连续作业，施工段之间没有空闲时间。所以，计算施工工期时，可以先确定施工段数。

无层间关系时，施工段数量按划分施工段的基本要求确定即可。当有层间关系时，为保证各专业工作队连续施工，应满足 $m \geqslant n$。

有间歇时间时，保证各专业工作队连续施工的最小施工段数为

$$m=n+\frac{\sum_{i=1}^{X}Z_i}{K}+\frac{\max(Z_i)}{K} \tag{2.8}$$

式中 $\sum_{i=1}^{X}Z_i$——一个施工层内各施工过程间工艺与组织间歇时间之和；

$\max(Z_i)$——施工层间工艺与组织间歇时间；

K——流水步距。

计算等节奏流水施工工期通常根据是否区分施工层选择不同的计算方法。

（1）不分施工层

当不分施工层时，等节奏流水施工工期可按下列公式计算。

$$T=(m+n-1)t+\sum_{i=1}^{X}Z_i-\sum_{i=1}^{X}C_i \tag{2.9}$$

式中 T——流水施工工期；

m——施工段数量；

n——施工过程数或工作队数；

t——流水节拍；

$\sum_{i=1}^{X} Z_i$——两施工过程之间的工艺与组织间歇时间之和；

$\sum_{i=1}^{X} C_i$——两施工过程之间的平行搭接时间，即后一个施工过程的平行搭接时间。

【例 2-3】某工程由Ⅰ、Ⅱ、Ⅲ、Ⅳ四个施工过程组成，各施工过程的流水节拍均为 2 天，Ⅱ、Ⅲ施工过程之间有 1 天的工艺间歇时间，Ⅳ施工过程有 1 天的平行搭接时间，试组织流水施工，计算流水施工工期，绘制施工进度计划。

【解】由于各施工过程的流水节拍均为 2 天，因此该流水施工为固定节拍流水施工。$K=t=2$ 天，则工期为

$$T=(m+n-1)t+\sum_{i=1}^{X} Z_i-\sum_{i=1}^{X} C_i=(4+4-1)\times 2+1-1=14\ （天）$$

总工期确定后，即可确定施工进度计划，如图 2-12 所示。

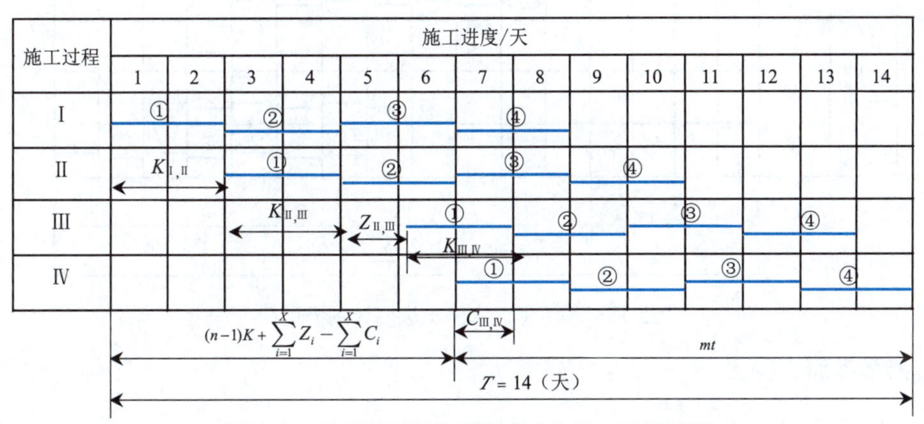

图2-12 不分施工层的等节奏流水施工进度计划

（2）分施工层

当分施工层时，等节奏流水施工工期可按下式计算：

$$T=(m+n-1)K+\sum_{i=1}^{X} Z_i-\sum_{i=1}^{X} C_i=(m+n-1)t+\sum_{i=1}^{X} Z_i-\sum_{i=1}^{X} C_i \tag{2.10}$$

式中 $\sum_{i=1}^{X} C_i$——同一施工层内施工过程之间的平行搭接时间之和，即同一施工层内施工过程的提前插入时间之和；

r——施工层数。

【例 2-4】某工程由Ⅰ、Ⅱ、Ⅲ、Ⅳ四个施工过程组成，划分两个施工层组织流水施工，各施工过程的流水节拍均为 2 天，Ⅲ、Ⅳ施工过程之间有 2 天的工艺间歇时间，层间技术间歇 2 天，试组织流水施工，绘制施工进度计划。

【解】本题属于等节奏流水施工组织方式。先确定流水步距：

$$K_{Ⅰ,Ⅱ}=K_{Ⅱ,Ⅲ}=K_{Ⅲ,Ⅳ}=2\ （天）$$

再确定最小施工段数：

$$m=n+\frac{\sum_{i=1}^{X} Z_i}{K}+\frac{\max(Z_i)}{K}=4+\frac{2}{2}+\frac{2}{2}=6\ （段）$$

然后计算流水施工工期：

$$T=(mr+n-1)K+\sum_{i=1}^{X}Z_i-\sum_{i=1}^{X}C_i=(6\times2+4-1)\times2+2-0=32\text{（天）}$$

最后根据上述计算结果，绘制流水施工进度计划表，如图 2-13 所示。

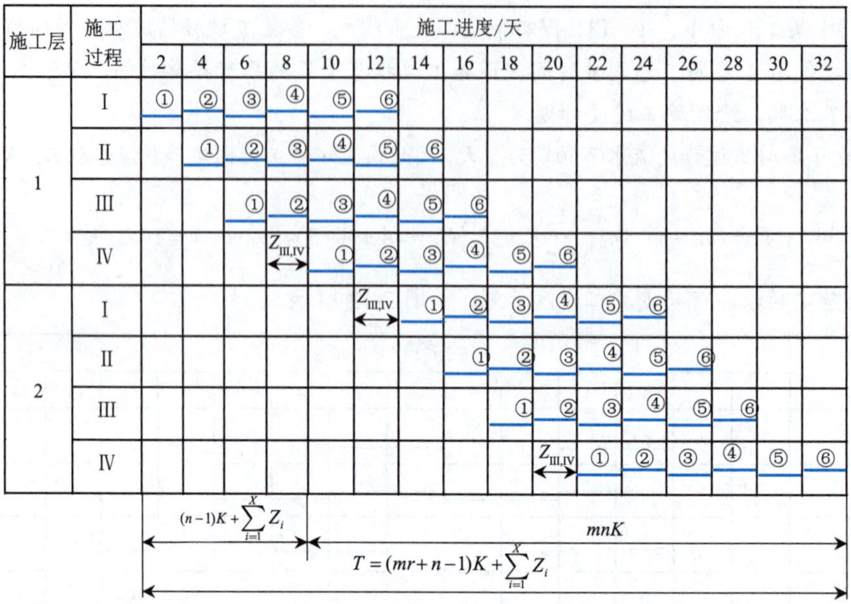

施工层	施工过程	施工进度/天															
		2	4	6	8	10	12	14	16	18	20	22	24	26	28	30	32
1	Ⅰ	①	②	③	④	⑤	⑥										
	Ⅱ		①	②	③	④	⑤	⑥									
	Ⅲ			①	②	③	④	⑤	⑥								
	Ⅳ				$Z_{Ⅲ,Ⅳ}$	①	②	③	④	⑤	⑥						
2	Ⅰ						$Z_{Ⅲ,Ⅳ}$	①	②	③	④	⑤	⑥				
	Ⅱ								①	②	③	④	⑤	⑥			
	Ⅲ									①	②	③	④	⑤	⑥		
	Ⅳ										$Z_{Ⅲ,Ⅳ}$	①	②	③	④	⑤	⑥

$(n-1)K+\sum_{i=1}^{X}Z_i$　　mnK

$T=(mr+n-1)K+\sum_{i=1}^{X}Z_i$

图2-13　等节奏流水施工进度计划横道图

2. 异节奏流水施工

（1）异步距异节奏流水施工

异步距异节奏流水施工由于具有同一施工过程在其各个施工段上的流水节拍均相等；不同施工过程的流水节拍不一定相等。相邻专业工作队的流水步距不一定相等，其值取决于相邻两个施工过程流水节拍的大小；专业工作队数等于施工过程数，即每个施工过程采用一个专业工作队；各个专业工作队在施工段上能够连续作业，但施工段之间有空闲时间等特点，其施工工期可用下列公式计算。

$$T=\sum_{i=1}^{X}K_i+mt_n+\sum_{i=1}^{X}Z_i-\sum_{i=1}^{X}C_i \tag{2.11}$$

【例 2-5】已知某地面光伏电站支架基础工程由挖土方、基础垫层、基础施工、回填土四个施工过程组成，各施工过程的流水节拍分别为 10 天、5 天、15 天和 5 天，试组织异步距异节拍流水施工，绘制施工进度计划。

【解】第一步，计算流水步距：

$$K_{i,i+1}=\begin{cases}t_i & (t_i\leqslant t_{i+1})\\ mt_i-(m-1)t_{i+1} & (t_i>t_{i+1})\end{cases}$$

$$K_{Ⅰ,Ⅱ}=mt_1-(m-1)t_2=[3\times10-(3-1)\times5]=20\text{（天）}\qquad(t_1>t_2)$$

$$K_{Ⅱ,Ⅲ}=t_2=5\text{（天）}\qquad(t_2<t_3)$$

$$K_{\text{III, IV}} = mt_3 - (m-1)t_4 = 3\times15 - (3-1)\times5 = 35\text{（天）} \qquad (t_3 > t_4)$$

第二步，计算工期：

$$T = \sum_{i=1}^{X} K_i + \sum_{n=1}^{Y} t_n + \sum_{i=1}^{X} Z_i - \sum_{i=1}^{X} C_i = 20 + 5 + 35 + 5\times3 = 75\text{（天）}$$

第三步，绘制施工进度计划横道图，如图 2-14 所示。

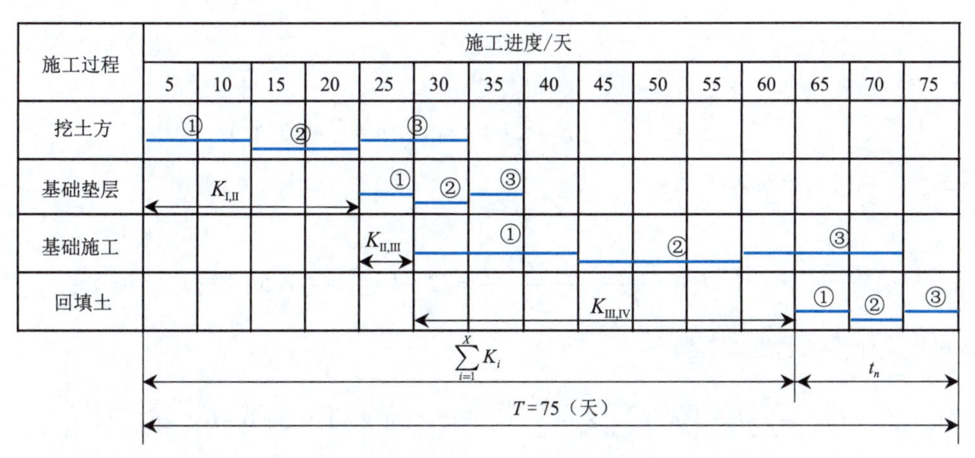

图2-14 异步距异节奏流水施工进度计划横道图

（2）等步矩异节奏流水施工

因等步距异节奏流水施工具有同一施工过程在其各个施工段上的流水节拍均相等；不同施工过程的流水节拍不等，但其值为倍数关系；相邻专业工作队的流水步距相等，且等于流水节拍的最大公约数；专业工作队数大于施工过程数；各个专业工作队在施工段上能够连续作业，施工段之间没有空闲时间等四个方面特点，故又称为加快的成倍节拍流水施工，其流水施工参数计算一般分四步。

第一步，确定流水步距：

$$K = \text{流水节拍的最大公约数}$$

第二步，计算各施工过程所需工作队数量：

$$b_i = \frac{t_i}{K} \tag{2.12}$$

第三步，确定最小施工段数量，竖向不划分施工层时，可按划分施工段的基本要求确定施工段数量。竖向划分施工层时，最小施工段数量应满足

$$m = \sum_{i=1}^{X} b_i + \frac{\sum_{i=1}^{X} Z_i}{K} + \frac{\max(Z_i)}{K} \tag{2.13}$$

第四步，计算流水施工工期：

不分施工层时
$$T = (m + \sum_{i=1}^{X} b_i - 1)K + \sum_{i=1}^{X} Z_i - \sum_{i=1}^{X} C_i \tag{2.14}$$

分施工层时
$$T = (mr + \sum_{i=1}^{X} b_i - 1)K + \sum_{i=1}^{X} Z_i - \sum_{i=1}^{X} C_i \tag{2.15}$$

【例 2-6】某二层现浇钢筋混凝土框架施工组织流水作业，各施工过程流水节拍如下：安装

模板4天，绑钢筋2天，浇筑混凝土2天，层间间歇有2天的养护时间。试组织加快的成倍节拍流水施工，并绘制施工进度计划。

【解】第一步，确定流水步距，流水步距等于流水节拍的最大公约数，即

$$K=2\text{（天）}$$

第二步，计算各施工过程所需工作队数量：

$$b_i=\frac{t_i}{K}$$

$$b_1=\frac{4}{2}=2\text{（个）};\ b_2=\frac{2}{2}=1\text{（个）};\ b_3=\frac{2}{2}=1\text{（个）}$$

第三步，确定最小施工段数量：

$$m=\sum_{i=1}^{X}b_i+\frac{\sum_{i=1}^{X}Z_i}{K}+\frac{\max(Z_i)}{K}=(2+1+1)+\frac{2}{2}=5\text{（段）}$$

第四步，计算流水施工工期：

$$T=(mr+\sum_{i=1}^{X}b_i-1)K+\sum_{i=1}^{X}Z_i-\sum_{i=1}^{X}C_i=(5\times2+4-1)\times2+0-0=26\text{（天）}$$

第五步，绘制加快的成倍节拍流水施工进度计划横道图，如图2-15所示。

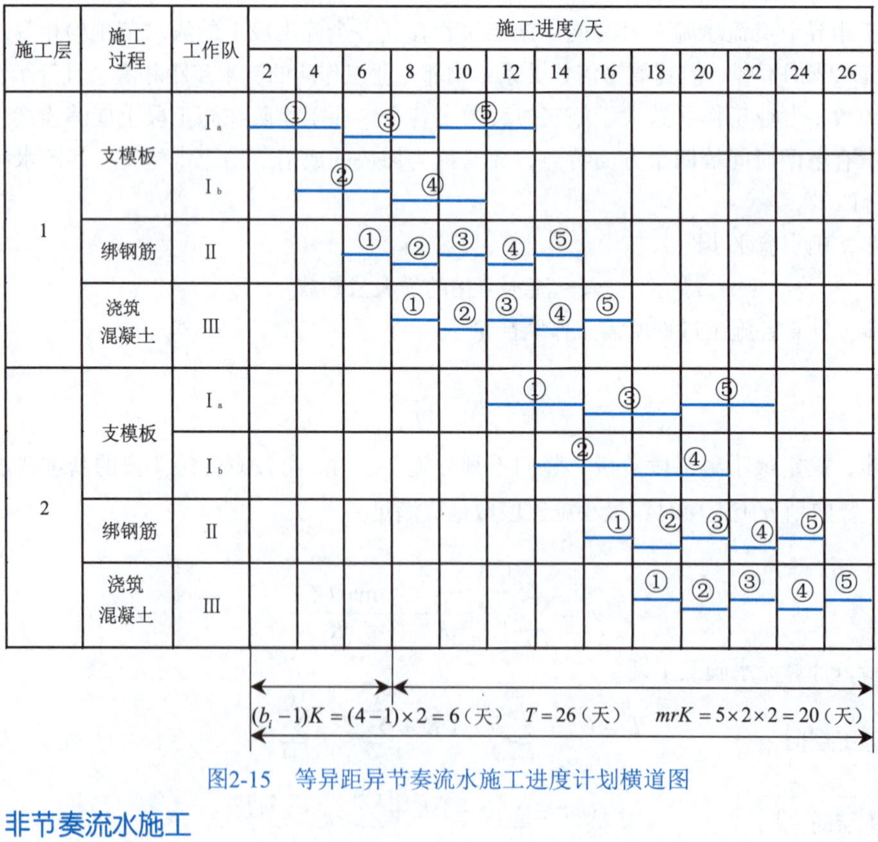

施工层	施工过程	工作队	施工进度/天												
			2	4	6	8	10	12	14	16	18	20	22	24	26
1	支模板	Ⅰ$_a$	①	①	③	③	⑤	⑤							
		Ⅰ$_b$		②	②	④	④								
	绑钢筋	Ⅱ			①	②	③	④	⑤						
	浇筑混凝土	Ⅲ				①	②	③	④	⑤					
2	支模板	Ⅰ$_a$						①	①	③	③	⑤	⑤		
		Ⅰ$_b$							②	②	④	④			
	绑钢筋	Ⅱ								①	②	③	④	⑤	
	浇筑混凝土	Ⅲ									①	②	③	④	⑤

$(b_i-1)K=(4-1)\times2=6$（天）　$T=26$（天）　$mrK=5\times2\times2=20$（天）

图2-15　等异距异节奏流水施工进度计划横道图

3. 非节奏流水施工

非节奏流水施工组织方式中，各施工过程在各施工段的流水节拍不全相等；相邻施工过程

的流水步距不尽相等；专业工作队数等于施工过程数；各专业工作队能够在施工段上连续作业，但有的施工段之间可能有空闲时间。

非节奏流水施工工期计算时，先确定流水步距，通常采用“累加数列错位相减取大差法”，通常可按以下步骤计算。

① 对每一个施工过程在各施工段上的流水节拍依次累加，求得各施工过程流水节拍的累加数列。

② 将相邻施工过程流水节拍累加数列中的后者错后一位，相减后求得一个差数列。

③ 差数列中的最大值即为相邻施工过程的流水步距。

其流水步距确定后，即可计算流水施工工期：

$$T=\sum_{i=1}^{X}K_i+\sum_{n=1}^{Y}t_n+\sum_{i=1}^{X}Z_i-\sum_{i=1}^{X}C_i \tag{2.16}$$

式中 $\sum_{n=1}^{Y}t_n$——最后一个施工过程在各施工段流水节拍之和，其他符号与前文一致。

【例 2-7】某工程由 3 个施工过程组成，分为 4 个施工段进行流水施工，其流水节拍见表 2-1，试确定流水步距并绘制施工进度计划。

表2-1 某工程流水节拍表

施工过程	施工段			
	①	②	③	④
Ⅰ	3	2	3	4
Ⅱ	3	4	2	3
Ⅲ	2	3	2	1

【解】(1) 求各施工过程流水节拍的累加数列：

施工过程Ⅰ：3，5，8，12；

施工过程Ⅱ：3，7，9，12；

施工过程Ⅲ：2，5，9，12。

(2) 错位相减求得差数列：

Ⅰ与Ⅱ：

$$\begin{array}{r}3,\ 5,\ 8,\ 12\qquad\quad \\ -)\qquad 3,\ 7,\ 9,\ 12 \\ \hline 3,\ 2,\ 1,\ 3,\ -12\end{array}$$

$K_{Ⅰ,Ⅱ}=3$（天）

Ⅱ与Ⅲ：

$$\begin{array}{r}3,\ 7,\ 9,\ 12\qquad\quad \\ -)\qquad 2,\ 5,\ 7,\ 8 \\ \hline 3,\ 5,\ 4,\ 5,\ -8\end{array}$$

$K_{Ⅱ,Ⅲ}=5$（天）

（3）计算工期：

$$T=\sum_{i=1}^{X}K_i+\sum_{n=1}^{Y}t_n+\sum_{i=1}^{X}Z_i-\sum_{i=1}^{X}C_i=3+5+(2+3+2+1)=16\text{（天）}$$

（4）绘制流水施工进度计划，如图 2-16 所示。

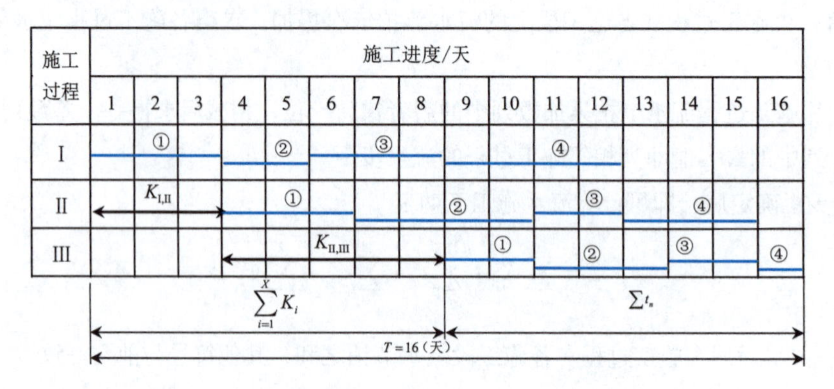

图2-16　非节奏流水施工进度计划横道图

2.2.4　流水施工案例

应用横道图方法编制基础工程施工进度计划案例。

【例 2-8】已知某基础工程，施工过程划分为土方开挖、基础垫层、绑扎基础钢筋、支设基础模板、浇筑基础混凝土、拆除基础模板、回填土等施工过程。基础工程要求工期不超过 50 天。混凝土浇筑采用三班制，其余施工过程采用一班制，试编制施工进度计划。

【解】根据各施工过程的工程量及现行定额，计算出各施工过程所需的劳动量。在此基础上，考虑流水施工要求，划分两个施工段，结合工作面的大小确定各班组人数及持续时间，见表 2-2。

表2-2　某基础工程量及持续时间

序号	施工过程划分	劳动量/工日	班组人数	班制	持续时间/天
1	土方开挖	12	3	1	4
2	基础垫层	150	25	3	2
3	绑扎基础钢筋	200	20	1	10
4	支设基础模板	540	30	1	18
5	浇筑基础混凝土	640	27	3	8
6	拆除基础模板	180	30	1	6
7	回填土	300	30	1	10

根据各施工过程的持续时间，本基础工程各施工过程分别组织一个工作队完成，按照一般的成倍节拍流水组织施工，相邻施工过程之间最大限度衔接起来，其中基础垫层混凝土施工完毕考虑 1 天技术间歇，基础混凝土浇筑完毕考虑 3 天技术间歇。

横道图初步绘制后，应检查工期是否符合要求，各专业工作队是否能满足连续施工的要求，工作面是否尽可能充分利用等要求，如需要应进一步调整，横道图绘制完成后，进一步绘制劳动力需求及变化情况，该工程施工进度计划横道图及劳动力变化曲线如图 2-17 所示。

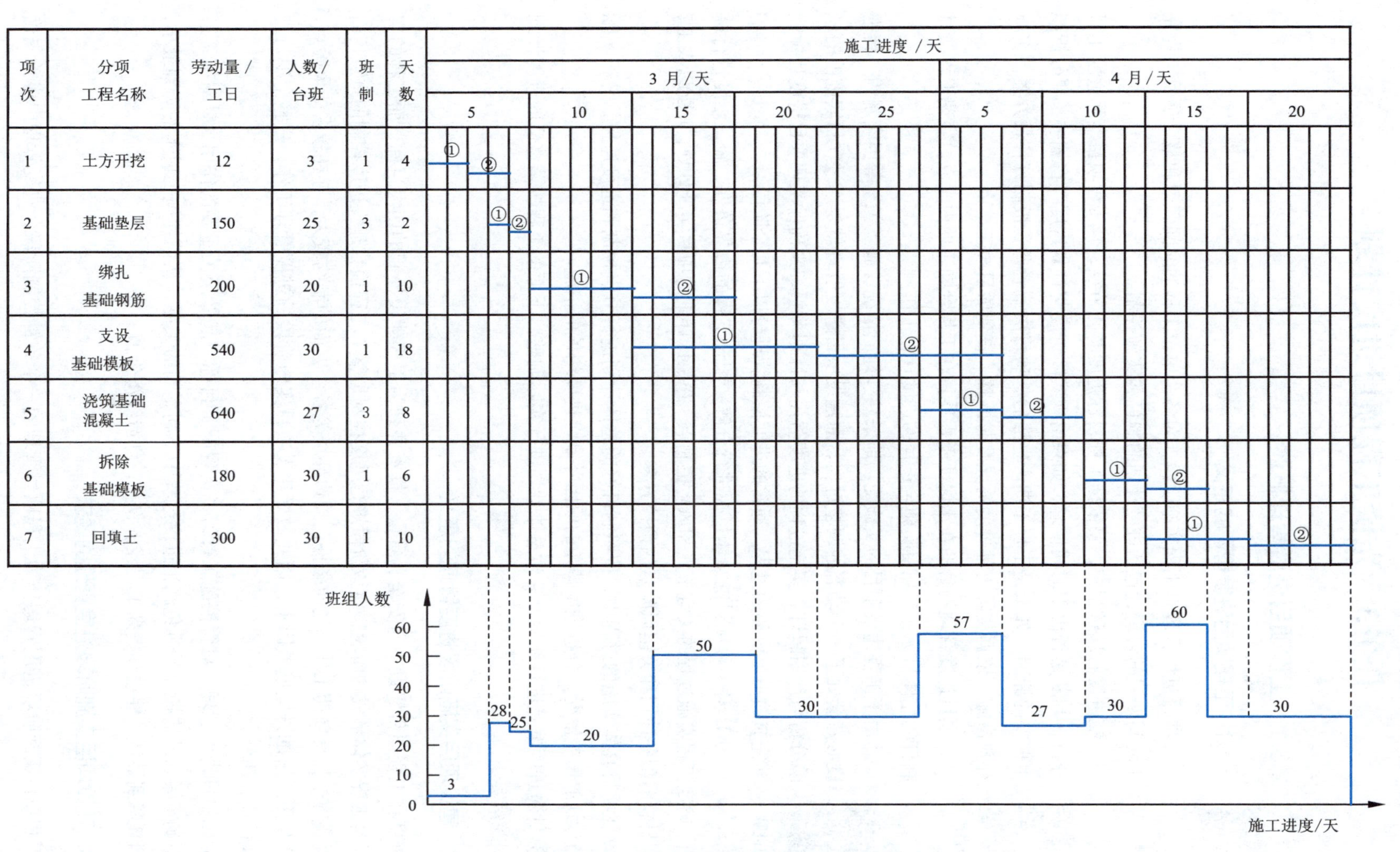

项次	分项工程名称	劳动量/工日	人数/台班	班制	天数
1	土方开挖	12	3	1	4
2	基础垫层	150	25	3	2
3	绑扎基础钢筋	200	20	1	10
4	支设基础模板	540	30	1	18
5	浇筑基础混凝土	640	27	3	8
6	拆除基础模板	180	30	1	6
7	回填土	300	30	1	10

图2-17 某基础工程施工进度计划横道图及劳动力曲线图

任务3　光伏工程项目进度计划

2.3.1　工程项目进度管理概述

视频

项目进度计划（上）

视频

项目进度计划（中）

视频

项目进度计划（下）

1. 工程项目进度管理的定义

项目进度管理是工程实施阶段，对各个单位工程的时间管理和整个项目工程完工时间期限的管理，包括进度计划的制订和实施控制。

在进度管理过程中，要依据工程目标进度时间节点，与工程项目实际进度比对分析，判断是否出现时间偏差，如果出现实际进度与计划进度存在偏差，要分析产生偏差的原因，如果是工程工期产生滞后，项目决策者要积极制订补救方案，实施补救措施，依据实际工程进度情况及时调整，直到项目竣工结束。

项目进度管理的目的在于保证工程项目在工程合同工期内完成，实现工程项目制订的总体目标，对项目实施全过程的进度管理工作。

由于工程建设项目的实施受场地条件、地质情况、施工工艺等因素制约，其进度必然会处于一个动态的调整过程，而建设项目进度管理就是通过项目实施前的风险分析与计划制订、实施过程的进度监控与计划调整，来确保实现项目进度目标能够完成的一个循环的过程。通常的进度控制管理分以下几个阶段：

① 对工程项目的总体目标进行分解，配合工程的边界条件、施工难度进行综合分析，确定工程实施过程的关键节点和风险控制点，并制订详细的项目实施计划，并配以人工、机械、材料的配备计划和关键风险点的预控方案。

② 在项目具体实施的过程中，按照制订好的总体计划进行节点控制和进度监控，分析实际进度与计划的偏差情况，分析进度偏差的原因并制订进度纠偏的措施。

③ 针对进度偏差进行纠偏，并对总体计划进行实际调整，下面的工程按调整后的进度计划进行跟踪落实。

2. 建设项目实施阶段进度管理的意义

进度在工程项目建设中与安全、质量、投资并列为工程建设控制的四大目标，而工程的实施阶段是工程实体形成的阶段，对该阶段进行进度控制是整个工程项目建设进度控制的重点，而且工程实施过程受前期工作、地质条件、周边环境等各个方面的制约较大，存在较多的风险点，容易产生更严重的进度偏差因素，因此做好建设项目实施阶段的进度管理工作，是整个项目进度管理的核心部分。

加强项目进度管理，对管控施工行为，实现施工目标，起着至关重要的作用。针对施工过程中不确定因素的监控，是避免施工进度过程中不利影响的关键，从而使施工成本的降到最小，资源消耗降到最低，促进和提高工程经济收益，创造经济价值。

3. 建设项目实施阶段进度管理的要求

工程项目实施阶段进度管理作为工程项目管理的一个关键控制阶段，进度管理中应首先确定进度的总体目标与关键线路，实施过程中在确保施工安全、质量可控的情况下，合理安排各个分部与工序的实施计划，在项目投资可控的情况下，合理调配各种资源，并在实施过程中通过数据反馈和对比分析，找出进度偏差点进行动态调整，以保证项目总体目标的最终实现。建设项目实施阶段进度管理应遵循以下要求：

① 动态管理要求。工程实施的过程会受到不同因素的制约与影响，一个影响因素消除后，在下一阶段可能有新的影响因素产生，因此工程实施处于一个动态的变化过程，相应的进度管理必然需要动态地进行分析与纠偏。

② 系统管理要求。工程实施是一个系统的工程，总体目标的实现需要以工序、分部工作的实现为前提，而且实施过程中需要设计、施工、物资、监测、检测、验收等工作前后衔接，因此制订的实施进度计划必将是一个系统的计划，进度控制就要根据这个制订好的实施系统进行进度管理。

③ 循环管理要求。在工程实施过程中，当遇到一个进度偏差点时，通过偏差分析和纠偏工作，将偏差影响消除，下一步遇到另一个进度偏差点，仍然需要进行对比分析和纠偏等工作，所以进度管理是一个循环的过程。

④ 弹性管理要求。工程项目的总体计划一般持续时间长，受影响因素也多。总体计划是制订实施计划时，计划编制人员应根据工程环境条件及自身经验进行的分析与预测，而在实际实施过程中，周边条件可能存在变化，因此制订实施过程的关键节点目标的时候，应该留出适当的富余量，尤其应对工程施工过程中可能面临的风险应进行充分的估计和考虑，增加计划的弹性和可调整性，做到积极可靠，留有余地。

⑤ 综合平衡要求。综合平衡既是计划编制的要求，又是计划编制的方法。所谓综合平衡，就是把需求与供给相结合，根据上层实施计划的安排和需要，与施工现场的实际状况相结合，统筹兼顾、综合调配、统一安排，做到整个项目的施工任务与人员、机械、材料、资金等的平衡。

⑥ 确保关键节点照顾一般工序。由于关键节点关系到项目总体的目标能否实现，所有在安排进度计划时首先要确保关键节点的实施需求，同时在保证关键节点实施的前提下，要相应安排一些一般建设工序，以便能够均衡的组织现场生产次序，全面实现拟订计划。在进度管理的过程中，随着施工的进程和计划的变动，关键节点和一般工序可能发生变化，因此，在实际施工组织中应及时根据变化情况，调整关注的重点。

⑦ 服从总体安排，完成接口施工。光伏发电工程是一个完整的系统工程，不同工点之间、不同专业之间有很多接口施工工作，需要由计划部门统一调配施工工序，任何节点或专业的施工进度都要服从全线的总体安排，只有各个工序、各个节点的工作都按照总体目标前进，最终的目标才能有效确保。

2.3.2 工程项目进度管理方法

1. 制订工程项目进度计划

制订工程项目进度计划，必须依据项目工程合同工期，项目工作范围，针对具体工程内容要求安排项目进度时间。

在编制工程进度计划前，首先要做好基础资料准备工作，包括工程项目结构分析，项目单项工程、单位工程根据工程实施过程，按一定的原则进行分析分解。

项目结构分解工作，创建工作分解结构（Work Breakdown Structure，WBS），WBS是一种阶梯的树状结构，是一种结构示意图，按项目实施过程、施工工艺、施工工序步骤，逐层逐步分解出一种树状层级结构示意图，达到单位活动进程相对独立、工作内容相对单一、便于计算活动内容的时间成本，核算该部分工作内容的费用，便于检查分部分项工程，明确各个工序间的逻辑关系，前后衔接顺序，责任落实到工组，分工明确，责任清晰，方便各个部门，各个专业之间协调配合，保证工程的顺利施工。

进度计划编制依据主要有招标文件、合同文件、工程内容、招投标范围、项目工期、工程特点、项目所在国别、工程地理位置条件，以及各分部分项工程的计划工期，人工、材料、机械等物资配备情况等。

编制工程进度计划的同时要兼顾项目费用成本，项目工程安全、质量等因素，综合评估工程存在的风险因素，以保证项目既定目标的顺利完成。

工程进度计划编制主要方法有横道施工进度图表法，单、双代号网络计划图形法。依据项目总计划进度，配置出项目总资源计划、总费用计划，并把总工期、总资源配置按照年度、季度、月度等时间单位分解到工程各个阶段，在项目实施过程中，作为管理控制的依据，编制步骤：①确定工作内容，即完成项目可交付成果，所实施的项目活动。②确定工序间逻辑关系。③估算活动资源，完成规定时间内某项工作所需要的人工、材料、机械等资源种类与数量。④估算每项工序完成所需要的工作时间，以此来编制项目工程进度计划。

在上述工作完成后，综合考虑各项工作顺序、单位工作时间、单位资源配置、逻辑关系搭接、时间限制、编制项目进度计划，形成最终文档资料。

2. 项目进度计划控制

项目进度计划控制主要是应用进度控制方法，针对项目实施过程中的进度情况，进行实时监控、调整的循环过程。制订科学、高效的工程进度计划的目的是在项目进度管理工程中提供客观的决策基础数据，由于项目管理是个动态的管理工程，在工程进度管理过程中，还可能会遇到一些计划外的各种问题。因此，在项目工程实施过程中，需要综合考虑项目工程外界条件等风险因素变化，及时发现问题、解决问题，避免实际进度与计划进度偏差过大，导致影响整个工程进度。

项目工程进度控制的方法是，依据所编制的工程项目进度，在项目实施过程中，针对项目实施情况，对实际项目进度信息进行跟踪、检查、收集、整理、比对，分析产生进度偏差的原因，抓住问题核心，制订纠偏措施方案，及时对既定工程进度纠错调整，对工程进度管理进行实时监控、动态管理、全过程管控，直到实现工程最终目标为止。

3. 工程项目进度控制依据

工程项目进度控制是在工程进度计划拟订完成后，在具体工程实施进程中，对项目进度开展情况的反复检查纠偏、对比分析的过程，以确保工程在既定工期内顺利完成。

经有关部门审核后批准执行的项目工期进度计划，即进度基准工程计划。基准进度计划必须确保其在技术和资源方面都是可实施的。工程项目进度报告除了有工程进度绩效的描述信息，例如哪些计划已如期执行，哪些计划还没有开展工作，还要具有提醒工程项目团队需要注意的事项，哪些有可能带来问题的工作。变更申请是直接或间接发生的，可能从项目外部或项目内部提出。变更申请有可能导致进度延缓，也可能是加快工程进度。进度调整计划是指调整既定的进度计划，是进行调整工程进度的主要依据。

4. 工程项目进度控制的常用方法

（1）横道图控制工程进度

利用工程横道图较形象、直观地反映工程实际完成进度与计划完成进度。每个月的工程进度报表实际上反映的是工程当月实际发生的工程进度与计划进度的关系，当实际与计划进度关系不平衡时，应当对其进行详细的原因分析，并结合施工现场记录，各分项工程所控制的施工进度和实际完成情况，进行系统全面的评价。

依据评价结果，确认工程的实际进度过慢或与计划进度不相符时，所采取的补救措施，从而加快工程进度，确保项目工程按计划工期完成。

横道图法虽然较适合工程的实际应用，但当工程项目工序数量过多、作业逻辑关系比较繁杂的时候，横道图法用起来就会显得过于繁琐，很难对关键路径、关键作业进行重点监管控制；当作业过程非连续作业时，横道图法丧失其本身简单明了的优点，变得非常难于理解，而当某些工程工序发生变化的时候，对后续工序作业的评估产生影响，调整工序间逻辑关系较为困难，缺乏对整个项目施工总计划的跟踪与控制。

（2）网络图控制工程进度

利用网络图制订工程施工进度计划、控制工期，能使工程作业工序紧凑安排，能抓住重点工序，确保工程施工人员、机械、材料、时间等资源能得到合理的利用和分配。因此在制订项目工程计划进度时，应用网络图法找出工程关键路径是十分必要的。在每项工程完工的时候，进度控制管理人员在网络图上用不同的颜色标记实际的开工、完工时间，用来与原施工进度计划进行比对。两者比对主要分为以下四种情形：

① 关键路径上某作业施工时间比原计划时间长，会导致整个工程拖后，针对这种情况，需要对关键线路上后续作业采取必要的措施，如加快施工进度、增加施工人力物力的投入、缩短施工时间，用来弥补工程进度与工程计划进度的差距，当然这种情况会导致工程成本投入的增加，但是为了保持工程总进度，适当增加投入是为了确保工程总工期的完成。

② 关键路径上某作业施工时间比原计划时间短，原则上对缩短工期有利，但应考虑工程实际，是否会影响工程质量、施工安全等因素，然后可依据工程实际工期进度情况，结合工程自身的需要，重新修正网络进度计划，保证关键线路无变化，保证工期目标的实现。

③ 非关键路径上某作业施工时间比原计划时间长，如果不影响关键线路，可以根据工程时间情况进行调整，如果影响到关键线路，或者非关键线路上的工作变成关键线路，则需要采取必要的措施，缩短非关键路径上某些施工作业的工期，确保关键线路上的工程能够按计划要求完工。

④ 非关键线路上某作业施工时间比原计划时间短，不会影响整个网络计划工期，结合工程实际情况，把非关键线路的施工作业中过剩的施工力量分配到关键线路上，加快施工进度，缩短项目工期。

（3）利用费用控制指标监测项目进度执行情况

赢得值进度偏差分析法是一种将工程项目进度控制与项目成本费用管理结合起来的一种有效的进度纠偏方法。该方法具有三个基本参数，即已完作业预算费用、计划作业预算费用、已完作业实际费用；具有四个评价指标，即费用偏差、进度偏差、费用绩效指数、进度绩效指数。衡量项目进度偏差的指标主要看进度绩效指数。进度绩效指数等于已完作业预算费用 / 计划作业预算费用。当已完作业预算费用除以计划作业预算费用的值远小于 1 时，代表着项目工程实际进度比该工程计划进度滞后，需要采取纠偏措施，及时补救，避免造成不必要的经济损失，或者造成不良后果的进一步扩大。

2.3.3 工程项目进度计划编制

工程项目进度计划是在确定工程施工目标工期基础上，根据相应完成的工程量，对各项施工过程的施工顺序、起止时间、施工工艺衔接关系及所需的劳动力和各种技术物资的供应所进行的具体策划和统筹安排。编制一份科学合理的施工进度计划，协调好施工时间和配置关系，是施工进度计划贯彻实施的首要条件。编制工程进度计划，即先定义项目的工作单位、工序，估算单位工作时间，再统筹考虑项目资源、项目风险、自然环境等制约因素，最终确定各个项目单位工作的起止工期、实施方案、实施措施，进而汇总出整个工程的进度安排，目的是可以合理科学地安排项目工期，确保实现工程目标，并为工程实施进程中工程进度控制，材料、机械等资源配置，以及相关部门的协作配合提供技术支持。

1. 工程进度计划的分类

根据不同的划分标准施工进度计划可以分为不同的种类，它们组成了一个相互关联、相互制约的计划系统。

按计划内容可以分为目标性时间计划与支持性资源进度计划。针对施工项目本身的时间进度计划，是最基本的目标性计划，它确定了该项目施工的工期目标。为了实现这个目标，还需要有一系列支持性的资源进度计划，如劳动力使用计划、机械设备使用计划、材料构配件和半成品供应计划等。

按计划时间长短分为总进度计划与阶段性计划。总进度计划是控制项目施工全过程的；阶段性计划包括项目年、季、月的施工进度计划，旬、周作业计划等。

按照表达方式分为文字说明计划与图表形式计划。前者用文字说明各阶段的施工任务，以及要达到的形象进度要求;后者用图表形式表达施工的进度安排，有横道图、斜线图、网络图等。

按项目间关系分为总体进度计划与分项进度计划。总体进度计划是针对施工项目全局性的部署,一般比较粗略;分项进度计划是针对项目中某一部分（子项目）或某一专业工程的进度计划,一般比较详细。

2. 工程进度计划编制依据与原则

工程进度计划的编制，应依据相关法律、法规、技术标准、技术规范、合同文书、原始数据等文件资料进行科学合理编制，主要依据如下：

① 工程施工阶段设计图样，包括设计说明书、施工图样。

② 工程有关概预算资料，控制指标，劳动定额，施工机械台班定额及施工工期定额。

③ 合同中规定的施工总进度要求、施工组织设计报告。

④ 施工方案、施工布置、施工工艺。

⑤ 项目所在地区的自然环境、社会环境、技术和经济条件，包括气象、水文、地质、地形、地貌、对外交通、供水供电条件等。

⑥ 工程实施过程中所需要的资源供给情况，包含当地劳动力状况、机具设备购置能力、材料物资供应来源等因素。

⑦ 当地政府及建设主管部门对施工作业的要求，如环境影响评价、水土保持、安全噪声等。

⑧ 项目所在国家的工程施工技术标准、施工规范、安全、环境、水土保持等文件要求。

施工计划的编制还需要做到保证施工项目按目标工期规定的期限完成，尽快发挥投资效益；在合理范围内，尽可能缩小施工现场各种临时设施的规模；充分发挥施工机械、设备、工具模具、周转材料等施工资源的生产效率；尽量组织流水搭接、连续、均衡施工减少现场工作面停歇和窝工现象；努力减少因组织安排不善、停工待料等人为因素引起的时间损失和资源浪费。

3. 编制工程进度计划的步骤

（1）划分施工项目并列出工程项目表

在编制施工进度计划时，首先划分出各施工项目的细目，列出工程项目一览表。划分工程项目表时需注意，划分的施工项目应符合工程的实际情况，并与所确定的施工方法相一致。临时设施和附属项目可合并列出；结合工程的特点分项填列，不可缺漏项，以保证计划的准确性。

（2）计算工程量

根据施工图和有关工程数量的计算规则，按工程的施工顺序，分别计算施工项目的实物工程量，逐项填入表中。计算填表时应注意以下问题：

① 工程数量的计算单位，应与相应的定额或合同文件中的计量单位一致。

② 除计算实物工程量外，还应包括大型临时设施的工程，如场地平整的面积、便道、便桥的长度等。

③ 结合施工组织要求，按已划分的施工段分层分段计算。

（3）计算劳动量和机械台班数

劳动量是工程量与相应时间定额的乘积，其计算公式为 $P=QH$ 或 $P=Q/S$，其中，P 为劳动量（工日或台班）；Q 为工程量；S 为产量定额；H 为时间定额。劳动量一般可按企业施工定额进行计算，也可按现行的预算定额和劳动定额计算。当劳动量的计量单位为人工时是“工日”，为机械时是“台班”。

【例 2-9】 某光伏电站的变电房基础工程，有四个施工过程，分别为人工挖基础、垫层、砌基础、回填土，其中人工挖基础的施工条件为基槽底宽小于 1.5 m，深度小于 3 m，三类土，工程数量为 580 m^3，请确定人工挖基础的劳动量。

【解】 已知基槽底宽＜ 1.5 m，深度＜ 3 m，三类土，根据《建设工程劳动定额 建筑工程－人工土石方工程》LD/T 72.2，人工挖基础工程定额表见表 2-3，可知，工程量为每立方米 0.536 工日，则

$$P=QH=580\times0.536=310.88\text{（工日）}$$

【例 2-10】斗容量 1 m^3 正铲挖土机，挖四类土，装车，深度 2 m 内，小组成员 2 人，机械台班产量 S 为 4.76（单位 100 m^3），试求该小组成员挖 100 m^3 的人工时间定额和机械时间定额。

【解】设小组成员数为 N，人工时间定额为 H_1，机械台班为 H_2，则，人工时间定额为

$$H_1 = N/S = 2/4.76 = 0.42\ （工日）$$

机械台班为

$$H_2 = 1/S = 1/4.76\ （台班）$$

表2-3　人工挖基础工程定额表

定额编号		AB0009	AB0010	AB0011	序号
项目		底宽≤1.5 m，深度			
		≤3 m	≤4.5 m	≤6 m	
一类土		0.255	0.331	0.407	一
二类土		0.353	0.429	0.505	二
三类土		0.536	0.612	0.688	三
四类土		0.780	0.856	0.932	四
淤泥	沙性	1.175	1.288	1.403	五
	黏性	1.617	1.730	1.845	六

（4）确定施工期限

施工期限根据合同工期确定，同时还要考虑工程特点、施工方法、施工管理水平、施工机械化程度及施工现场条件等因素。根据工作项目所需要的劳动量或机械台班数，及该工作项目每天安排的工人数或配备的机械台数，计算各工作项目持续时间。有时，根据施工组织要求，如组织流水施工时，也可采用倒排方式安排进度，即先确定各工作项目持续时间，依次确定各工作项目所需要的工人数和机械台数。

（5）确定开竣工时间和相互搭接关系

确定开竣工时间和相互搭接关系主要考虑以下几点：

① 同一时期施工的项目不宜过多，避免人力、物力过于分散。

② 尽量做到均衡施工，使劳动力、施工机械和主要材料的供应在整个工期范围内达到均衡。

③ 尽量提前建设可供工程施工使用的永久性工程，以节省临时工程费用。

④ 急需和关键的工程先施工，以保证工程项目如期交工。对于某些技术复杂、施工周期较长、施工困难较多的工程，应安排提前施工，以利于整个工程项目按期交付使用。

⑤ 施工顺序必须与主要系统投入使用的先后次序吻合，安排好配套工程的施工时间，保证建成的工程迅速投入使用。

⑥ 注意季节对施工顺序的影响，使施工季节的影响不拖延工期，不影响工程质量。

⑦ 安排一部分附属工程或零星项目做后备项目，调整主要项目的施工进度。

⑧ 注意主要工序和主要施工机械的连续施工。

（6）编制施工进度计划图

绘制施工进度计划图，首先选择施工进度计划表达形式，常用的有横道图和网络图。横道图比较简单直观，多年来广泛用于表达施工进度计划，是控制工程进度的主要依据。但由于横

道图控制工程进度的局限性，随着计算机的广泛应用，更多采用网络图表示。全工地性的流水作业安排应以工程量大、工期长的工程为主导，组织若干条流水线。

（7）进度计划的检查和优化调整

施工进度计划方案编制好后，需要对其进行检查与优化调整，使进度计划更加合理，需检查调整的内容包括：①各工作项目的施工顺序、平行搭接和技术间歇是否合理。②总工期是否满足合同规定。③主要工序的工人数量能否满足连续、均衡施工的要求。④主要机具、材料等的利用是否均衡和充分。

【例2-11】某基础工程，划分为五个施工过程，两个施工段，施工单位制定图2-18所示的双代号网络工期图。但是，应建设单位要求，该基础工程的工期要求为18天。经施工单位测算，表2-4中列举工作可以压缩的时间及所需费用。施工单位只能以天为单位进行压缩时间。请找寻最合理的压缩方式。

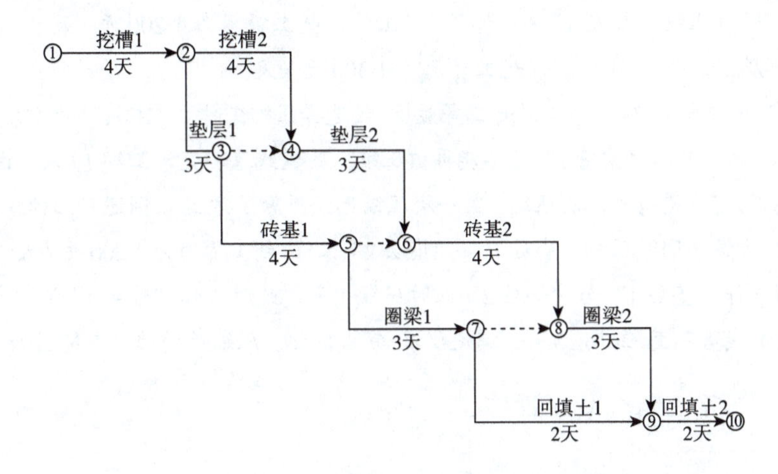

图2-18　某基础工程双代号网络工期图

表2-4　某基础工程可压缩时间及赶工费测算表

序号	工作名称	最大可压缩时间/天	赶工费用/（元/天）
1	挖槽1	1	1 000
2	挖槽2	1	1 000
3	垫层1	1	600
4	垫层2	1	600
5	砖基1	不可压缩	—
6	砖基2	不可压缩	—
7	圈梁1	1	1 300
8	圈梁2	1	1 300
9	回填土1	不可压缩	—
10	回填土2	不可压缩	—

【解】

（1）找出关键线路，并计算工期。

从图2-18可知此工程关键线路有两条：

线路一：①→②→③→⑤→⑥→⑧→⑨→⑩

线路二：①→②→④→⑥→⑧→⑨→⑩

由此可知，其工期为

$$T_C = 20（天）$$

（2）根据建设单位要求，工期为 18 天（T_D），则

$$\Delta T = T_C - T_D = 2（天）$$

（3）由于有两条关键线路，需考虑两条关键线路同时、同步压缩。而且，根据条件，有“砖基 1”、“砖基 2”、“回填土 1”、“回填土 2”四项工作不能被压缩。

根据图 2-18 和表 2-4 可知，有四种压缩方案供选择：

① 方案 1：压缩工作“挖槽 1”，赶工费用为 1 000 元 / 天；

② 方案 2：同时压缩“垫层 1”＋“挖槽 2”工作，赶工费用为 1 600 元 / 天；

③ 方案 3：同时压缩“垫层 1”＋“垫层 2”工作，赶工费用为 1 200 元 / 天；

④ 方案 4：压缩工作“圈梁 2”，赶工费用为 1 300 元 / 天。

第一次压缩：四种方案中，方案 1 的赶工费最少，故选择压缩工作“挖槽 1”的方案，将工作“挖槽 1”压缩 1 天。此时工作“挖槽 1”已不能再被压缩。关键线路不变，工期 19 天。由于未能满足建设单位工期要求，需要进行第二次压缩。第一次压缩已经排除了方案 1，则还有三种方案可供选择。余下三种方案中，方案 3 同时压缩“垫层 1”＋“垫层 2”工作，赶工费用为 1 200 元 / 天，赶工费最少，故选择方案 3 将工作“垫层 1”与“垫层 2”同时压缩 1 天。此时工作“垫层 1”与“垫层 2”已不能再被压缩。关键线路不变，工期 18 天。满足要求，完成优化。压缩后的网络工期图如图 2-19 所示。

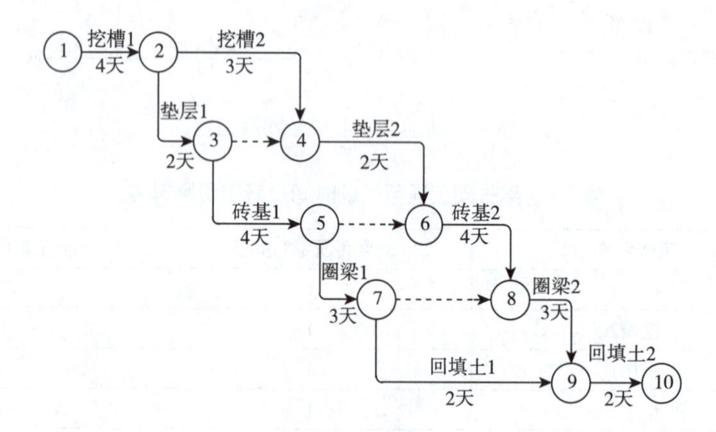

图2-19　某基础工程优化后的双代号网络工期图

4. 工程进度计划审核

为确保进度计划编制质量，需要对初步完成施工进度计划进行审核。审核内容主要是：审查项目总目标和所分解的子目标的内在联系是否合理，进度安排能否满足合同总工期的要求；审核施工进度中的内容是否全面，是否能保证施工质量和安全需要；施工程序和作业顺序是否正确合理；各类资源供应计划是否能保证施工进度计划的实现，供应是否均衡；各专业之间在施工时间和位置的安排上是否合理，有无干扰；专业分工与计划的衔接是否正确、合理；对实施进度计

划是否分析清楚，是否有相应的防范对策和应变预案；各项保证进度计划的措施设计的是否周到、可行、有效。

5. 网络图编制方法

网络计划技术自20世纪60年代中期由著名数学家华罗庚在我国进行推广，在我国项目建设过程中已经被越来越多的项目管理人员接受和应用，现在多用于工程项目的计划与控制。这种计划借助于网络表示各项工作与所需要的时间及各项工作的相互关系。通过网络分析研究工程费用与工期的相互关系，找出编制计划及计划执行过程中的关键路线，从而科学合理地配置资源和管理工期。网络计划技术包括网络图、时间参数、关键路线、网络优化等基本内容。

网络图由作业线、事件节点和路径三个组成因素构成，是用箭线和节点将某项工作的流程表示出来的图形。网络图能直观地反映组成工程工序间的逻辑关系，通过时间计算分析，确定出关键路径、关键工序，即项目进度管理过程中的核心矛盾，为项目管理者提供进度管理的依据。想要对一个大型综合复杂的工程项目进行有效的进度控制管理，必须依赖进度计划技术，可以利用专业的项目进度管理软件、建立信息化工程进度管理模型，通过科学的调整优化，使项目网络计划能够统筹兼顾、满足现代化大型生产项目的工程进度管理需要。

（1）工作分解结构（WBS）

按照实际项目进度管理流程，首先将项目进度管理有关活动按照专业和事件内容进行WBS分解，分解成最基本的工作包，也可以理解成可交付成果。分解的原则必须满足时间先后顺序和逻辑关系，然后理清分解的基本工作包的逻辑关系。具体情况可参考表2-5。

表2-5 工程项目进度网络图事件划分表

事件代号	事件内容	紧前工作	紧后工作
A2	工程初步设计	A1	A3

（2）时间参数的确定

通过WBS分解，确定事件内容及其逻辑关系后就要确定网络图的时间参数。考虑项目“一次性”的特点，工程项目实施阶段本身就包含很多不确定因素，其工作包的时间参数也不能完全绝对确定。因此，项目管理人员越来越普遍地采用计划评审法（PERT）中对时间参数的处理方法。根据PERT法对每个事件估算时间，项目活动的期望完成时间为

$$t=\frac{a+4m+b}{6} \tag{2.17}$$

项目活动完成时间的方差为

$$\sigma^2=\left(\frac{b-a}{6}\right)^2 \tag{2.18}$$

式中 a——最乐观估计时间；

m——最可能估计时间；

b——最悲观估计时间。

假定最乐观估计时间、最可能估计时间、最悲观估计时间参数见表2-6时，可在此基础上计

算出具体的工程设计网络图的时间参数、期望完成时间和完成时间方差。

表2-6　工程项目进度网络图时间参数（单位：天）

事件代号	最乐观估计时间	最可能估计时间	最悲观估计时间	期望完成时间	完成时间方差
A2	23	23	24	25	0.12

（3）网络图的绘制

网络图的绘制方法：双代号网络、单代号网络、搭接网络。在确定了工作包的逻辑关系和时间参数后，将工作引入箭线（实线或虚线）连接。它们的区别主要是：双代号网络的工作包由两个节点之间用箭线（实线或虚线）表示，单代号网络的工作包用节点表示，箭线（实线或虚线）表示工作包之间的关系，搭接网络则是在单代号网络的基础上引入特殊情况（如结束—结束型、开始—开始型等情况）的搭接关系。尽管绘制方法多样，但是必须遵从网络图工作包的方向性、时序性，编号的唯一性，除了起始及终止所有节点或者工作包均有汇入和汇出点。

双代号网络图的绘制规则：网络图必须按照已定的逻辑关系绘制。网络图应只有一个起点节点和一个终点节点（多目标网络计划除外）。除终点和起点节点外，不允许出现没有内向箭头线的节点和没有外向箭头线的节点。网络图中所有节点都必须编号，并应使箭尾节点的编号小于箭头节点的编号。网络图中不允许出现从一个节点出发顺箭线方向又回到原出发点的循环回路。工作或事件的字母代号或数字编号，在同一任务的网络图中，不允许重复使用。网络图中的箭线（包括虚箭线，以下同）应保持自左向右的方向，不应出现箭头向左或偏向左方的箭线。若遵循该规则绘制网络图，就不会出现循环回路。网络图中不允许出现没有箭尾节点的箭线和没有箭头节点的箭线。严禁在箭线上引入或引出箭线。应尽量避免网络图中工作箭线的交叉。

在绘制网络图的基础上，根据搭接关系，通过计算，确定从起始到结束工期时间最长的一条路径，即为关键线路，通过求得关键路径和进行网络优化，即为关键路径法（CPM）。对于概率型网络图，当求出每道工序的平均期望公式和方差后就可以同确定型网络图一样，用关键路线法中的有关公式进行计算。

假设具体的网络图绘制结果如图 2-20 所示，在此基础上可以求得关键线路和最短设计周期，同时可计算各活动的最早开始时间（ES）、最迟开始时间（LS）、最早结束时间（EF）、最迟结束时间（LF）、总时差（TF）。

若给出对应的网络图和时间参数计算结果，即可计算出图 2-20 所示网络图的关键线路，假设其关键线路为：*A*1—*E*1—*S*1—*A*2—*H*2—*S*2—*A*3—*H*3—*A*4—*S*3。

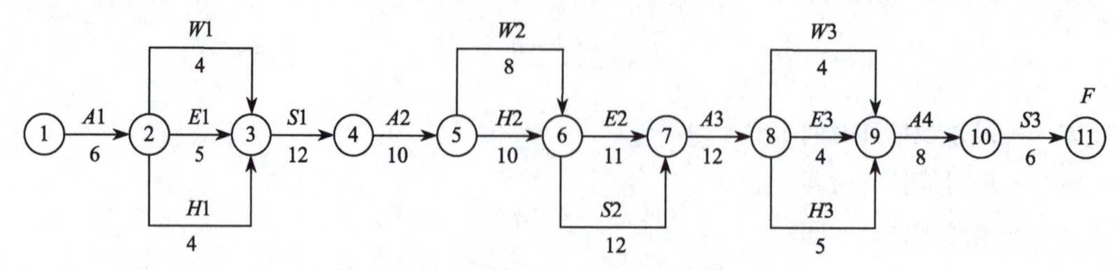

图2-20　具体的网络图绘制结果

（4）基于网络图的计划进度优化

在工程计划管理中，可以通过工程进度网络计划优化，来提高项目实施的效率，节省投入的资源和提高项目实施单位的竞争力，这里网络优化一般包括三个方面，即工期优化、费用优化、资源优化。

工期优化，一般来说，业主方对每个计划阶段都有计划周期要求，如果编制的网络计划的总工期超过预期的工期要求，一般可以在保证关键线路不变的情况下，通过压缩关键线路上的工序时间来满足预期工期要求。也就是说，计划工期的时间要求的工期就是需要缩短的各工序的总时间。

费用优化，对于工程进度管理而言，费用优化实际上就是工期——费用目标，根据工期变化产生的费用变化情况，得到一个最优工期。由于工程项目的直接费用（人员工作支出及加班费等）会随活动的持续时间的缩短而增加，工程管理费用等间接费用会随着总工期的缩短而减少，因此总存在一个总费用最小的最优工期。要得到费用最小的最优工期，首先要知道每项工序的单位时间内的直接费用和间接费用，建立一个优化模型，进而求出费用最小的最优工期。

资源优化，资源（如人力资源等）消耗与工期之间寻求相互协调和相互平衡，表现在两个方面：一方面是资源有限——工期最短的优化，也即是在某段时间工程项目所需要的资源量大于现有的资源水平情况下，优化出最短的工期，比较常用的是通过时差、资源分析法来实现优化；另一方面是工期固定——资源均衡的优化，也即资源量富裕的情况下，已经有固定的总工期，如何实现资源的均衡分配、比较常用的是通过时效差、资源分析法来优化。

任务4　光伏工程施工组织设计

施工组织设计以施工项目为编制对象，用以指导施工的技术、经济和组织管理的综合性文件，是施工单位按照所承担的施工生产任务、建设规模、结构类型、工艺要求、技术标准及建设单位的要求，按照中华人民共和国住房和城乡建设部发布的相关施工规范和标准，进行全面统筹的合理的总体施工安排。

视频

施工组织设计（上）

2.4.1　施工组织设计概述

1. 施工组织设计概念

在进行工程投标过程中，投标书中建设工程的施工组织设计是必不可少的内容，是指导建设工程施工的重要文件。

视频

施工组织设计（中）

施工组织设计是沟通工程设计和施工之间的桥梁，是指导拟建工程从施工准备到施工完成的组织、技术、经济的一个综合性的设计文件，对施工全过程起指导作用；是施工准备工作的重要组成部分，也是及时做好其他有关施工准备工作的依据；是对施工活动实行科学管理的重要手段；是编制工程概预算的依据之一；是施工企业整个生产管理工作的重要组成部分；是编制施工生产计划和施工作业计划的主要依据。

视频

施工组织设计（下）

根据工程项目对象不同可分为，建设项目施工组织总设计、单位工程施工组织设计、分部分项工程及特殊和关键过程施工方案等。

建设项目施工组织总设计是以一个建设项目为对象进行编制，用以指导其建设全过程各项全局性施工活动的技术、经济、组织、协调和控制的综合性文件。它是整个建设项目施工任务总的战略性的部署安排，设计范围较广，内容比较概括。如果编制施工组织设计条件尚不具备，可先编制一个施工组织设计大纲，以指导开展施工准备工作并为编制施工组织总设计创造条件。

单位工程施工组织设计是以一个单位（项）工程为对象进行编制，用以指导其施工全过程各项施工活动的技术、经济、组织、协调和控制的综合性文件。它是根据施工组织总设计的规定要求和具体实际条件对拟建的工程对象的施工工作所作的战术性部署，内容比较具体、详细。它是在全套施工图设计完成并交底、会审完后，根据有关资料编制的。分部分项工程及特殊和关键过程施工方案则以一个分部（项）工程或特殊、关键过程为对象进行编制，用以指导各项作业活动的技术、经济、组织、协调和控制的综合性文件。施工单位在工程项目开工之前，必须编制施工组织设计。施工组织设计由施工单位项目经理主持编制，编制完成后，应填写施工组织设计审批表，由项目经理签证并报施工单位技术负责人审批后加盖企业公章。工程开工前，施工单位应将经企业批准的施工组织设计报送监理单位审查，并经总监理工程师审批确认。在施工过程中发生的修改或补充，应重新审批后实施。

2. 施工组织设计编制要求

根据《光伏发电工程施工组织设计规范》的相关规定，施工组织设计应符合下列要求：确定施工组织设计方案时，应综合分析光伏电站项目的装机规模、建设条件、现有施工水平和工程特点等；应满足光伏电站项目合理的建设要求和实现工程各项技术经济指标的要求；严格执行基本建设程序和施工程序，应对工程的特点、性质、工程量的大小等进行综合分析，合理安排施工顺序；应注重各施工阶段的综合平衡，调整好各时段的施工强度，降低劳动高峰系数，均衡连续施工。

施工总布置应充分考虑建（构）筑物、场地和设备的永-临结合，减少临时用地和临时设施建设。施工总进度应重点研究和优化关键路径，合理安排施工计划，制订季节性施工措施。组织机构的设置和人员配备应符合光伏电站项目建设要求。施工组织设计应有利于提高工程质量、加强职业健康安全和环境保护管理，确保安全文明施工。

3. 施工组织设计内容

根据《光伏发电工程施工组织设计规范》的相关规定，施工组织设计应主要包括下列内容：

① 工程任务情况及施工条件分析。包括编制依据、工程规模、工程特点、工期要求、建设地点及环境特征、参建单位等。

② 从施工的角度论证项目建设方案的可行性。

③ 根据当前社会综合施工水平，排定项目工程工期，合理安排施工工程序和交叉作业，确定节点进度计划。

④ 从施工的全局出发，根据工程所在地区域地形地质条件，进行施工总平面的布置，选择主体施工方案和施工设备、机具。

⑤ 论证工程总体施工方案和主要施工方法。包括项目组织机构设置与项目分包计划；施工

总体方案；施工阶段、区段划分计划以及施工顺序；施工总体进度计划与阶段目标。项目经理部及施工驻地建设规划；施工便道便桥设计与修建计划；供水、供电以及通信方案计划；搅拌站、预制场以及其他临时设施建设规划；施工总平面控制图及其说明。

各分部（子分部）工程施工方法、施工工艺与技术措施；冬、雨季施工措施；采用的新技术、新工艺、新材料、新设备等。

⑥ 合理确定各种物资资源和劳动力资源的需求量和配置。包括劳动力、主要材料、机械设备进场数量及时间配置计划表。

⑦ 根据工程量、排定的项目工程工期、选择的施工方案和计划投入的劳动力资源等，为编制工程概算提供必要的资料。

⑧ 提出施工交通运输方案。

⑨ 提出与施工相关的组织、技术、质量、职业健康安全、环境保护和节能等措施。包括质量目标、质量保证体系、实现质量目标的主要措施与办法。特殊情况下的赶工措施；安全目标、安全管理体系；重大危险源的识别与相应技术措施；应急预案；重要环境因素的识别与相应技术措施。

4. 施工组织设计程序与步骤

施工组织设计应遵循的基本程序主要包括对施工合同和施工条件进行分析；对项目管理实施规划或施工组织设计进行分析；对项目管理目标责任书进行分析；编写目录；编写内容；审查、修订、定稿；施工技术方案必须由项目技术负责人组织指导技术人员在工程开工之前编制完成。其详细工作流程如图 2-21 所示。

由于施工工程项目的大小不同，所要求编制组织设计的内容也有所不同，但其方法和步骤基本大同小异，大致可按以下步骤进行。

① 收集编制依据文件和资料。此阶段需要收集的依据文件资料有：工程项目设计施工图样；工程项目所要求的施工进度和要求；施工定额、工程概预算及有关技术经济指标；施工中可配备的劳力、材料和机械装备情况；施工现场的自然条件和技术经济资料。

② 编写工程概况。完成依据文件和资料收集整理工作后，即开展概况编制工作。工程概况主要阐述工程的概貌、特征和特点，以及有关要求等。

③ 选择施工方案、确定施工方法。主要确定对工程施工的先后顺序、选择施工机械类型及

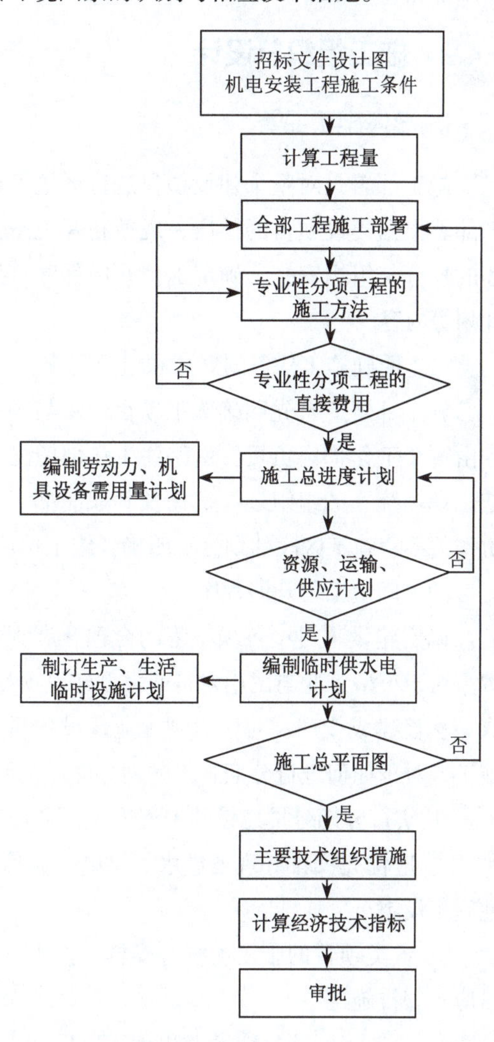

图2-21 施工技术方案详细工作流程

其合理布置。明确工程施工的流向及流水参数的计算，确定主要项目的施工方法等（总设计还需先做出施工总体布置方案）。

④ 制订施工进度计划。施工进度计划的制订工作包括对分部分项工程量的计算、绘制进度图表，对进度计划的调整平衡等。

⑤ 施工备料计算。主要计算施工现场所需要的各种资源需用量及其供应计划（包括各种人工、材料、机械及其加工预制品等）。

⑥ 绘制施工平面图。施工总平面布置图是拟建项目施工场地的总布置图。它按照施工方案和施工进度的要求，对施工现场的道路交通、材料仓库、加工场地、主要机械设备、临时房屋、临时水电管线等做出合理的规划布置，从而正确处理全工地施工期间所需各项设施和永久建筑、拟建工程之间的空间关系。

⑦ 做好其他工作。针对有关工程的质量通病和易于发生安全问题的环节提出防治措施，制订降低成本（如节约人工、材料、机具及临时设施费等）的具体措施、奖优罚劣等的具体要求和技术经济指标。

2.4.2 施工组织总设计

1. 总体施工部署

施工部署是对整个建设项目进行通盘考虑、统筹规划之后，所做出的全局性战略决策，施工部署根据建设项目的性质、规模和客观条件的不同而有所区别，一般主要包括：明确施工任务的划分与组织安排、确定工程开展程序、拟订主要工程项目的施工方案、编制施工准备工作计划等内容。

（1）明确施工任务的划分和组织安排

施工部署应首先明确施工项目中参与项目建设的各施工单位的任务分工，确定各项工作任务由哪个工作部门负责，由哪些工作部门配合或参与；明确总包与分包单位之间的关系，建立施工现场统一的组织领导机构及其职能部门；明确各施工单位、各专业施工队伍之间的分工与协作关系，施工区段的划分；明确各施工单位分期分批的主导施工项目和穿插施工项目。

（2）确定工程开展程序

确定建设项目中各项工程的合理开展程序是关系到整个建设项目先后投产或交付使用的关键。对于小型工业与民用建筑或大型建设项目的某一系统，可以根据工期或生产工艺的要求，采取一次性建成投产。对于大型工业建设项目，根据施工总目标和施工组织的要求，应分期分批施工，对于如何进行分期施工的划分应该主要考虑以下几个方面：

① 实行分期分批建设的工程项目，必须满足工程施工合同总工期要求。

② 应优先安排好现场供水、供电、通信、供热、道路和场地平整，以及各项生产性和生活性施工设施。

③ 各类项目的施工应统筹安排，按生产工艺要求，须先期投入生产或起主导作用的工程项目应先安排施工。

④ 一般工程项目应遵循先地下、后地上；先深后浅；先干线、后支线的原则进行安排，如

地下管线和筑路的程序，应先铺管线，后筑路。

⑤ 应考虑季节对施工的影响，应把不利于某季节施工的工程，提前到该季节来临之前或推迟到该季节结束之后施工，但应注意保证质量、不拖延进度、不延长工期。

⑥ 施工程序要考虑安全生产的要求。在安排施工程序时，力求施工过程的衔接不会产生不安全因素，以防止安全事故的发生。

（3）拟订主要工程项目的施工方案

施工组织总设计中要对一些主要工程项目和特殊的分项工程项目的施工方案予以拟订。主要工程项目是指建设项目中工程量大、施工难度大、工期长、在整个建设项目中起关键作用的单位工程项目。特殊分项工程指桩基、深基础、现浇或预制量大的结构工程、模板工程、滑模工程、大跨工程、重型吊装工程、特殊外墙饰面工程等。拟订这些方案的目的是进行技术和资源的准备工作，同时也为了施工进程的顺利开展和现场的合理布置。其内容应包括：

① 考虑工作队、施工程序安排及施工平、立面等情况的施工区段的划分。

② 施工方法要求结合建设项目的特点采用先进合理的专业化、机械化施工；扩大预制装配范围，提高建筑工业化程度，科学合理地安排季节性施工，确保全年施工的均衡性和连续性。

③ 施工工艺流程、施工顺序要求兼顾各工种、各施工段的合理搭接。

④ 施工机械设备的配备应既能使主导机械满足工程需要，又能发挥其效能。使各大型机械在各工程上进行综合流水作业，在同一项目中减少装、拆、运的次数，各种辅助配套机械应与主导机械相配套。

（4）编制施工准备工作计划

施工准备工作是顺利完成项目建设任务的一个重要阶段，必须从思想上、组织上、技术上和物资供应等方面做好充分准备，并做好施工准备工作计划。其主要内容有：

① 安排好场内外运输，施工用的主干道、水、电来源及其引入方案；场地平整和全场性的排水、防洪方案。

② 安排好生产和生活基地建设。在充分掌握该地区情况和施工单位情况的基础上，规划混凝土构件预制，钢、木结构制品及其他构配件的加工、仓库及职工生活设施等。

③ 安排好各种材料的库房、堆场用地和材料货源供应及运输，做好季节性施工的特殊准备工作。

④ 安排好工程项目场区内的测量放线工作，并编制新技术、新材料、新工艺、新结构的试验、测试与技术培训工作。

2. 施工总进度计划

施工总进度计划是根据施工部署和施工组织开展程序，对整个工程项目做出时间上的安排，是确定各主要单位工程的控制工期和各单位工程间的搭接关系与时间的安排。施工总进度计划是施工现场各项施工活动在时间和空间上的体现。

（1）施工总进度计划的编制原则

施工总进度计划的编制原则是：合理安排各单位工程的施工顺序，保证在劳动力、物资以及资源消耗量最少的情况下，按规定工期完成施工任务；在安排全年工程任务时，要尽量按季度均匀分配项目建设资金；采用合理的施工组织方法，使建设项目的施工连续、均衡地进行。

（2）施工总进度计划的编制步骤

施工总进度计划的编制应根据施工部署中工程分期分批施工的顺序，将分期分批工程中每个工程分别列出，在总控制期限内进行各工程的具体安排，并突出主要项目，对于一些附属项目及一些临时设施可以合并列出。施工总进度计划主要起控制总工期的作用，因此项目划分不宜过细，施工总进度计划的编制步骤如下：

① 计算工程量。计算工程量的目的是选择施工方案和主要机械设备；初步规划主要施工过程和流水施工，估算各项目的完成时间以及劳动力资源需求量。工程量可按初步（或扩大初步）设计图样并根据各种定额手册进行计算。工程量计划表见表 2-7。

表2-7 工程量计划表

工程项目分类	工程项目名称	概算 投资	主要实物工程量						
			场地平整	基槽工程	钢筋混凝土工程	支架工程	组件安装工程	防雷接地工程	发电单元安装工程
全工地性工程									
主体项目									
辅助项目									
…									
合计									

② 确定各单位工程的施工期限。由于施工条件不同，施工单位应在参考工期定额来确定各单位工程施工期限的基础上，进一步考虑据具体的施工条件对单位工程施工期限的影响，最后进行综合考虑，确定合理的施工期限，这些影响因素包括：施工技术、施工顺序、施工方法、建筑类型、结构特征、施工管理水平、机械化程度、劳动力和材料供应情况、现场地形地质条件、气候条件等。

③ 确定各单位工程的竣工时间和相互搭接关系。施工部署中已经确定总施工期限以及总的开展顺序，再通过上面对各建筑物或构筑物工期进行分析确定后，就可以进一步确定各单位工程的开工、竣工时间和相互搭接关系。

④ 编制施工总进度计划。施工总进度计划可以用横道图表达，也可以用网络图表达。由于施工总进度计划只起控制作用，而且不同项目的施工条件各异，因此不必过细，否则不利于调整。当用横道图表示施工总进度计划时，项目的排列可按施工总体方案所确定的工程展开程序排列。横道图上应表达出各施工项目开工、竣工时间及其施工持续时间，见表 2-8。

表2-8 横道图样例

序号	工程项目名称	结构类型	工程量	建筑面积	工作月数	施工进度计划											
						××年				××年				××年			
						一	二	三	四	一	二	三	四	一	二	三	四

3. 施工总平面图布置

施工总平面图是拟建项目施工现场的总布置图。它是根据施工组织和部署、主要项目的施工方案和施工总进度计划的要求，进行施工现场的交通道路、材料仓库、附属企业、临时房屋、临时水电管线等作出合理的规划布置，从而正确处理全工地施工期间所需各项临时设施和永久建筑以及拟建项目之间的空间关系，它是实现现场文明施工的重要保证。

（1）施工总平面图设计的内容

① 建设项目的建筑总平面图上一切地上、地下的已建和拟建建筑物、构筑物以及道路、管线、测量放线桩的位置和尺寸。

② 为整个建设项目施工服务的生产性设施和生活性设施的位置，包括施工用地范围、施工用道路；加工厂及有关施工机械设施和车库的位置；各种材料仓库、堆场及取土弃土位置；办公室、宿舍、文化福利设施等建筑的位置;水源、电源、变压器、临时给水排水管线、通信设施、供电线路及动力设施位置；安全、文明施工和环境保护等设施位置。

③ 拟建的建筑物、构筑物和其他基础设施的坐标网。

（2）施工总平面图的设计原则

① 尽量减少施工占用场地，现场布置尽量紧凑，使其合理有序、便于管理。

② 合理组织运输，减少场内材料、构件的二次搬运，材料、半成品、构配件等按进度分批分期进场，充分利用施工场地，保证水平运输，垂直运输畅通无阻，保证不间断施工。

③ 减少临建费用。在满足需要的前提下，充分利用已有建筑物、构筑物作为生活或生产性临时设施，尽量减少临时性设施的搭建。

④ 临时设施的布置须有利于生产、为工人提供方便的生活条件，满足安全生产、消防防火要求。

⑤ 注意保护施工现场及周围环境，对文物及有价值的物品应采取保护措施，对周围的水源不应造成污染，垃圾、废料不随便乱堆乱放等，做到文明施工。

（3）施工总平面图布置的绘制要求与步骤

施工总平面图是施工组织总设计的重要内容，应该全面、系统地考虑，合理布局，使现场管理成本得到控制。施工总平面图绘制应满足比例正确、图例规范、线条粗细分明、字迹工整、图面整洁美观的要求。

首先确定图幅大小和绘图比例。图幅大小和绘图比例应根据建设工程项目的规模、工地大小及布置内容多少来确定。图幅一般可选用 A1-A2 图纸，常用比例为 1∶1 000 或 1∶2 000。其次绘制项目工程总平面图的有关内容。将现场测量的方格网、现场内外已建的房屋、构筑物、道路和拟建工程等绘制在图面上；根据布置要求及计算面积，将道路、仓库、材料加工厂和水、电管网等临时设施绘制到图面上去。对复杂的工程必要时可采用模型布置。在进行各项布置后，经分析比较、调整修改，形成施工总平面图，并作必要的文字说明，标上图例、比例、指北针等。

施工总平面图的布置可参考以下步骤进行。

① 确定临建项目及规模估计，编拟临建工程项目清单。

② 进行技术经济比较，选择最为有利的地段作为施工场地。

③ 选择场地内外运输方案应经过技术经济比较后选定。

④ 进行施工场地区域规划。

⑤ 分区布置，即在施工场地区域规划后，进行各项临时设施的具体布置。

2.4.3 单位工程施工组织设计

1. 单位工程施工组织设计编制依据

单位工程施工组织设计编制前应根据下列内容收集整理、分析相关的技术条件、规范等。

① 工程承包合同及附件。建设单位和上级领导机关对该单位工程的要求和意图等。

② 施工图样及有关技术文件和要求。主要包括单位工程的全部施工图样、会审记录和相关标准图等有关设计资料。较复杂的工程还应了解设备图样和设备安装对土建施工的要求，设计单位对新结构、新技术、新材料和新工艺的要求。

③ 预算文件、预算成本和工程量等。

④ 企业的年度施工计划。对该工程开竣工时间的规定、工期要求及规定的各项施工指标以及与其他项目交叉施工的安排等。

⑤ 施工组织总设计对本工程的工期、质量和成本控制的目标要求。

⑥ 施工现场条件和具体情况。如施工现场的地形、地貌，地上与地下障碍物，水文地质，交通运输道路及测量控制网，施工现场可占用的场地面积等。

⑦ 工程所在地的气象资料。如施工期间的最低、最高气温及延续时间，雨季、雨量、台风等。

⑧ 主要施工机械、材料、设备构件、加工品等供应条件。主要包括主要建筑材料、构配件、半成品的供货来源、供应方式及运距和运输条件等。

⑨ 劳动力配备情况。主要有两个方面的资料：一方面是企业能提供的劳动力总量和各专业工种的劳动人数，另一方面是工程所在地的劳动力市场情况。

⑩ 国家和地区的有关规范、规程、规定及定额等技术资料。包括标准图集、地区定额手册、国家操作规程及相关的施工与验收规范、施工手册等，如《光伏发电工程施工组织设计规范》（GB/T 50795）、《光伏发电站施工规范》（GB 50794）、《混凝土结构工程施工规范》（GB 50666）、《建筑工程施工质量验收统一标准》（GB 50300）等。同时也包括企业类似建设工程项目的经验资料、企业定额等。

⑪ 建设单位提供可为施工服务或利用的有关条件，如现场“四通一平”情况，临时设施以及合同中约定的建设单位供应的材料、设备等。

2. 施工部署

施工部署是施工组织设计及施工方案中的重要组成部分。

（1）施工部署编制内容

施工组织设计中的施工部署是对整个工程全局作出的统筹规划和全面安排，其主要解决影响全局的重大战略问题。施工部署由于建设项目的性质、规模和客观条件不同，其内容和侧重点会有所不同。一般应包括以下内容：对施工总平面进行合理的分片分区安排，简要说明施工流向、施工顺序；对各片区的主要人员及机械设备进行配置；对各片区的主要施工方法和施工工艺进行简要说明；对应工期安排和场地布置等。

专项施工方案中的施工部署是对专项工程范围内的施工安排，根据工程性质、规模和实际条件不同，其内容和侧重点会有所不同。一般应包括以下内容：对专项工程施工范围进行合理的分区段安排，简要说明施工流向、施工顺序；对主要人员及机械设备进行配置；施工流程及主要技术方案概述；对应工期安排等。

（2）施工部署编制步骤

第一步，熟悉设计图样及现场情况、合同工期要求、公司自有机械设备情况等。第二步，进行施工区段划分，按不同的施工阶段进行，如房建工程可对地下室按后浇带划分施工区段，上部结构按楼栋划分施工区段。第三步，进行施工平面布置，根据工期及平面布置情况确定机械设备进场计划。第四步，统计主要工程数量，根据工期要求及施工区段划分情况安排劳动力计划。第五步，确定主要工程项目的施工方法和施工工艺。第六步，编制施工进度计划，根据区段划分、工期要求及投入的机械设备、劳动力进行编制，编制进度计划原则如下：

① 根据工期要求，确定工程分批施工的合理开展程序，在保证工期的前提下，实行分批分区段流水施工，既可使各具体项目迅速建成，尽早投入使用，又可实现施工的连续性和均衡性，减少劳动力及周转材料、机械设备的投入，降低工程成本；统筹安排各类项目施工，保证重点，兼顾其他，确保工程项目按期完工。

② 按照各分部分项工程的重要程度，优先安排起主导作用的工程或工程量大、施工难度大、工期长的项目，对于工程项目中工程量小、施工难度不大、周期较短而又不急于使用的辅助项目，可以考虑与主体工程相配合，作为平衡项目穿插在主体工程的施工中进行。

③ 考虑季节对施工的影响。例如，大规模土方工程和深基础施工，最好避开雨季。

技术员在编制过程中应与项目主要管理人员进行充分沟通，项目技术负责人应进行指导及审核，施工组织设计及重要方案应由项目技术负责人主持编写。

3. 资源配置计划编制

施工进度计划是编制资源需要量计划的先决条件。在施工进度计划确定以后，才可依据施工进度计划编制资源需要量计划。施工进度计划是编制资源需要量计划的主要依据。施工进度与施工资源投入量成反比关系，即针对某个施工项目而言，施工资源投入量越大，其作业周期越短。当进度计划编制完成后，意味着每个施工项目的作业周期也已确定，据此，结合拟选的施工方法和工程量的大小,便可计算出所有的施工资源需要量。在编制资源供应计划时必须坚持的几项原则：

① 遵循国家的法律、法规等法令性条文的有关规定。

② 遵循国家各项物资管理政策和要求。

③ 因地制宜，按照市场供求规律编制资源供应计划。

④ 根据甲方的合同要约编制资源供应计划。

⑤ 尽量组织工程所在地的资源，以减小采购成本。

⑥ 资源供应计划应与施工进度计划相适宜。

⑦ 结合施工企业的流动资金状况编制切实可行的资源供应计划。

⑧ 以满足施工质量、安全和进度等需要为前提。编制资源供应计划所应遵循的依据包括：

设计图样及其工程量；施工方案及施工进度计划；发包方在合同条款中提出的特殊要求；资源储备及运输条件等；可供利用的资源状况；资源消耗量标准。

（1）劳动力需要量计划

劳动力需要量计划主要是作为安排劳动力的平衡、调配和衡量劳动力耗用指标、安排生活福利设施的依据。在施工组织设计中，配置劳动力需要量时，要合理设计施工作业班组，首先，要保证每个成员的最小工作面，即人工数量等于施工作业面面积除以每个人的最小工作面，其次，同一工种工人的技术等级应搭配合理，一般技工的施工技术水平对工程质量和进度的影响较大。技工和普工应合理搭配，才能充分发挥技工的作用。通常根据施工需要，一个技工应有一个或几个普工辅助进行生产活动。另外，按施工工艺要求的最低限度配备施工人数，测算的人数低于施工工艺要求配置的最低人数时，应以工艺要求为主，配置劳动力。

施工队往往由若干个不同工种的施工作业班组组成，一般按对象原则进行组建，即为了完成某个分部分项工程、某一构件等成品，把技术上相互关联的作业班组或个人组合起来，以加工“成品”为对象而组建的施工作业单位。通常可从四个方面考虑，第一，按机械作业需要配置辅助人工数量；第二，紧前紧后工序的施工力量配置应协调一致；第三，根据施工技术含量配备必要的专业技术人员；第四，根据施工方式组建施工队。各工种劳动力配置完成，将施工进度计划表内所列各施工过程每天所需劳动力数量按工程汇总，劳动力需要量表格样式见表 2-9。

表2-9　工程劳动力需要量样表

序号	工种名称	需用总工日数	需要人数及时间									备　注
			×月			×月			…			
			上	中	下	上	中	下	上	中	下	

（2）材料需要量计划的编制

材料需要量计划一般在已拟订了施工方案的基础上，并在制订了施工进度计划后进行编制，其编制依据主要有：施工图样设计文件；招标文件及其工程量清单；施工方案和施工进度计划；光伏电站工程概算或预算定额；施工承包合同。

材料需要量的计算可分三步进行。第一步，根据施工进度图中的时间坐标进程，逐月统计每月已（或应）开工的施工任务（平行作业）的个数，并确定和记录各施工任务的开工和结束时间。第二步，确定材料种类，计算各种材料需要量。第三步，划定主材种类，计算主材每日消耗量。

计算分部分项工程的材料需要量，首先应明确分部分项工程的施工方案及施工方法，然后根据工程施工内容套用定额。

施工项目材料消耗量（供应量）= 施工项目工程数量 × 材料消耗定额

施工项目每日消耗量 = 施工项目材料消耗量（供应量）/ 作业工期

施工项目工程数量 = 施工项目实际（设计）工程量 / 定额单位

主要材料包括施工需要的钢材、水泥、木材、沥青、石灰、砂、石料、电线电缆、组件、支架型材或成品等，以及有关临时设施和拟采取的各种施工技术措施用料，预制构件及其他半成品一并列入材料用量表中。材料需要量计划表格样式见表 2-10，构件和加工半成品需要量计划表格样式见表 2-11。

表2-10 某工程材料需要量计划

序号	材料名称	规格	需要量	需用计划									备注
				×月			×月			…			
				上	中	下	上	中	下	上	中	下	

表2-11 某工程构件和加工半成品需要量计划

序号	构件和加工半成品名称	图号及型号	规格尺寸/mm	单位	数量	要求供应起止日期	备注

（3）主要机械需要量计划的编制

首先根据施工进度图中的时间坐标进程，逐月统计每月已开工的施工任务的个数，并确定和记录各施工任务的开工和结束时间，然后确定机械种类及需要量，一般通过相关工程预算定额确定机械种类及其台班消耗量，计算机械作业量，即可确定机械需要量。施工主导机械的每日需要量确定后，其他辅助机械可根据施工组织情况或采取必要的施工组织措施调整每日需要量，其表格样式见表 2-12。

表2-12 某工程施工机械设备需要量计划

序号	机具名称	规格	单位	需要数量	使用起止日期	备注

4. 单位工程施工现场平面布置

（1）单位工程施工平面图设计内容

① 单位工程施工区域范围内，将已建的和拟建的地上的、地下的建筑物及构筑物的平面尺寸、位置标注出来，并标注出河流、湖泊等的位置和尺寸以及指北针、风向玫瑰图等。

② 拟建工程所需的起重机械、垂直运输设备、搅拌机械及其他机械的布置位置，起重机械开行的线路及方向等。

③ 施工道路的布置、现场出入口位置等。

④ 各种预制构件堆放及预制场地所需面积、布置位置；大宗材料堆场的面积、位置确定；仓库的面积和位置确定；装配式结构构件的就位位置确定。

⑤ 生产性及非生产性临时设施的名称、面积、位置的确定。

⑥ 临时供电、供水、供热等管线的布置；水源、电源、变压器位置确定；现场排水沟渠及排水方向的考虑。

⑦ 土方工程的弃土及取土地点等有关说明。

⑧ 劳动保护、安全、防火及防洪设施布置以及其他需要的布置内容。

（2）单位工程施工平面图设计原则

① 尽可能减少施工占地面积。

② 缩短场内运距，减少二次搬运。

③ 尽量减少临时设施的搭设。

④ 各项布置内容，应符合劳动保护、技术安全、防火和防洪的要求。

（3）单位工程施工平面设计步骤

① 确定起重机械的位置；起重机选择“三要素”：起重量、起重高度、回转半径。

② 确定搅拌站、仓库和材料、构件堆场以及工厂的位置。光伏电站站房等建筑施工现场平面布置可参考建筑工程相关文件，此处不再赘述。光伏组件、光伏支架等材料的堆放应确保方便施工，同时保证光伏组件堆放场所应防水、平整、防止滑落。

③ 运输道路的布置。为保证运输和消防车辆通行，道路的路宽应满足单行道不小于 3.5 m、双行道不小于 6 m；为排除路面积水，道路路面应高出自然地面 0.1 ～ 0.2 m，雨量较大的地区应高出 0.5 m 左右，道路两侧就结合地形设置排水沟，沟深不小于 0.4 m，底宽不小于 0.3 m。道路尽可能布置成环状或在路的末端设回车道。

④ 临时设施的布置。施工现场的临时设施可分为生产性与非生产性两大类，非生产性设施的布置应考虑使用方便，不妨碍施工，符合安全、卫生、防水的要求，分布式电站施工可与业主协商解决生活房。门卫应安排在工地出入口处。

2.4.4 施工方案编制

1. 施工组织设计和施工方案的区别

施工组织设计是一个工程的战略部署，是工程全局全方面的纲领性文件。要求具有科学性和指导性，突出“组织”二字；施工方案是依据施工组织设计关于某一分部、分项工程的施工方法所编制的具体的施工工艺，它将对此分部、分项工程的材料、机具、人员、工艺进行详细的部署，保证质量要求和安全文明施工要求，它应具有可行性、针对性，符合施工规范、标准。施工组织设计编制的对象是工程整体，可以是一个建设项目或一个单位工程。它是指导具体的一个分部、分项工程施工的实施过程。它所包含的文件内容广泛，涉及工程施工的各个方面。施工方案编制的对象通常指的是分部、分项工程。

施工组织设计侧重于决策，强调全局规划；施工方案侧重于实施，实施讲究可操作性，强调通俗易懂，便于局部具体的施工指导。

施工组织设计从项目决策层的角度出发，是决策者意志的文件化反映。它更多反映的是方案确定的原则和如何通过多方案对比确定施工方法。施工方案从项目管理层的角度出发，是对施工方法的细化，它反映的是如何实施、如何保证质量、如何控制安全。

2. 光伏电站工程施工方案的主要内容

施工方案包括的内容很多，主要有：施工方法的确定、施工机具和设备的选择、施工组织的设计、施工顺序的安排、现场的平面布置及技术组织措施。施工方案中的前两项属于施工技术问题，后四项属于科学施工组织和管理问题。

① 施工方法的确定。施工方法是施工方案的核心内容，具有决定性作用。施工方法一经确定，机具设备的选择就只能以满足它的要求为基本依据，施工组织也是在这个基础上进行的。

② 施工机具和设备的选择。正确拟订施工方案和选择施工机械是合理组织施工的关键，二者有相互紧密的联系。施工方法在技术上必须满足保证施工质量，提高劳动生产率，加快施工进度及充分利用机械的要求，做到技术上先进，经济上合理；而正确地选择施工机械能使施工方法更为先进、合理、经济。因此施工机械选择的好坏很大程度上决定了施工方案的优劣。

③ 施工组织的设计。施工组织是研究施工项目施工过程中各种资源合理组织的科学性。施工项目是通过施工活动完成的，进行这种活动需要有大量的各种各样的建筑材料、施工机械、机具和具有一定生产经验和劳动技能的劳动者，并且要把这些资源按照施工技术规律与组织规律，以及设计文件的要求，在空间上按照一定的位置，在时间上按照先后顺序，在数量上按照不同的比例，将它们合理地组织起来，让劳动者在统一的指挥下行动，由不同的劳动者运用不同的机具以不同的方式对不同的建筑材料进行加工。

④ 施工顺序的安排。施工顺序安排是编制施工方案的重要内容之一，施工顺序安排得好，可以加快施工进度，减少人工和机械的停歇时间，并能充分利用工作面，避免施工干扰，达到均衡、连续的施工，实现科学组织施工，做到不增加资源，加快工期，降低施工成本。

⑤ 现场的平面布置。科学的布置现场可使施工机械、材料减少工地二次搬运和频繁移动施工机械产生的费用，可节省现场搬运的费用。

⑥ 技术组织措施。技术组织是保证选择的施工方案实施的措施。它包括加快施工进度，保证工程质量和施工安全，降低施工成本的各种技术措施。如采用新材料、新工艺、先进技术，建立安全质量保证体系及责任制，编写工序作业指导书，实行标准化作业，采用网络技术编制施工进度等。

3. 施工方案的编制依据

施工方案的编制主要依据施工图样、施工组织设计、施工现场勘察调查得来的资料和信息、施工验收规范、质量检查验收标准、安全操作规程、施工机械性能手册、新技术、新设备、新工艺等。还要依靠施工组织设计人员本身的施工经验、技术素质及创造能力。

施工现场调查的内容主要包括地形、地质、水文、气象等自然条件，技术经济条件，“四通一平”情况，材料、预制品加工和供应条件，劳动力及生活设施条件，机械供应条件，运输条件，企业管理情况，市场竞争情况等。

施工现场调查途径通常采用向设计单位和建设单位调查，向专业机构（勘察、气象、交通运输、建材供应等单位）调查、实地勘察、市场调查和企业内部经营能力调查（经营能力指由企业的人力资源、机械装备、资金供应、技术水平、经营管理水平等合理组合形成的施工生产能力、生产发展能力、盈利能力、竞争能力和应变能力等）等途径进行。在编制施工方案时，不一定按上述内容一一列举编制依据，但主要的编制依据必须描述出来，编制时可以做简单的选择。

4. 施工工序的准备

做好施工工序的准备工作是很好地完成一项工序的开始。方案的准备工作不同于施工组织的准备工作，工序的施工准备工作内容较多，同时方案的出台一般与工序的样板施工同时进行，准备大致可分为以下几个方面：

① 技术规划准备包括熟悉、审查图样，调查活动，编制技术措施，组织交底等。

② 现场施工准备包括测量、放线、现场作业条件、临时设施准备，施工机械和物资准备，季节性施工准备等。

③ 施工人员及有关组织准备。施工方案为现场具体实施提供依据，当进行方案策划时，要集结施工力量，调整、健全和充实施工组织机构，进行特殊工种的培训及人员的培训教育的准备等工作。

④ 材料的准备。方案中一般要描述出本工序要提供主要材料，同时说明该材料的主要性能。一般施工方案的准备工作较多但主要集中在现场作业条件上，在编制方案时，均要描述出工序完成的情况，以及本工序开始要具备的作业条件等。

5. 施工工艺流程

施工工艺流程体现了施工工序步骤上的客观规律性，组织施工时符合这个规律，对保证质量，缩短工期，提高经济效益均有很大意义。施工条件、工程性质、使用要求等均对施工程序产生影响。一般来说，安排合理的施工程序应考虑以下几点：

一般组织施工时对于主要的工序之间的流水安排，在施工组织设计中已经做了分析和策划，但对于单个方案来讲，主要是要说明单个工序的工艺流程。

在实际编制中要有合理的施工流向。合理的施工流向是指平面和立面上都要考虑施工的质量保证与安全保证，考虑使用的先后；要适应分区分段，要与材料、构件的运输方向不发生冲突，要适应主导工程的合理施工顺序。

在施工程序上要注意施工最后阶段的收尾、调试，生产和使用前的准备，以便交工验收。前有准备，后有收尾，这才是周密的安排。图 2-22 所示为一个关于泥浆护壁灌注混凝土桩流程图。

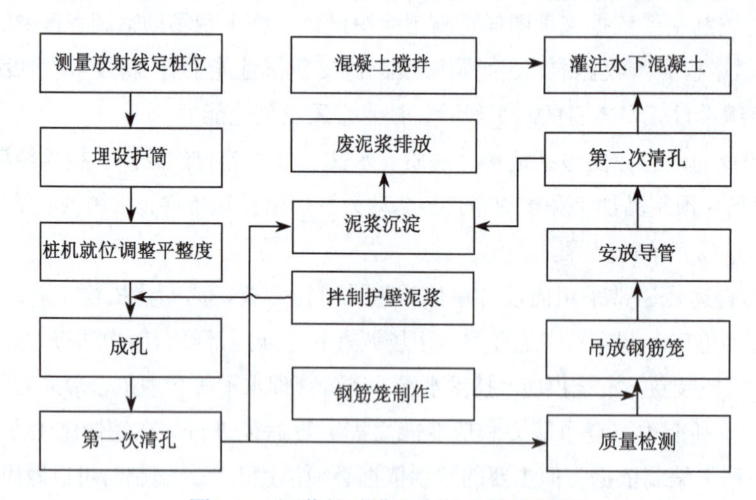

图2-22　泥浆护壁灌注混凝土桩流程图

6. 施工机具的选择

施工机具选择应遵循切实需要，实际可能，经济合理的原则，具体要考虑以下几点：

① 技术条件包括技术性能、工作效率、工作质量、能源耗费、劳动力的节约、使用安全性和灵活性、通用性和专用性、维修的难易程度、耐用程度等。

② 经济条件包括原始价值、使用寿命、使用费用、维修费用等。如果是租赁机械应考虑其租赁费。

③ 技术经济分析比较进行定量的技术经济分析比较，以使机械选择最优。

7. 主要项目的施工方法

主要项目的施工方法是施工方案的核心。编制时首先要根据本工序的特点和难点，找出哪些项目是主要控制点，以便选择施工方法有针对性，能解决关键问题。主要项目的工序的重点随工程的不同而异，不能千篇一律。同一类工程的相同工序又各有不同的主要控制点，应分别对待。在选择施工方法时，有以下几条原则应当遵循：

① 方法可行，条件允许，可以满足施工工艺要求。

② 符合国家颁发的施工验收规范和质量检验评定标准的有关规定。

③ 尽量选择经过试验鉴定的科学、先进、节约的方法，尽可能进行技术经济分析。

④ 要与选择的施工机械及划分的流水段相协调。

⑤ 必须能够找出关键控制工序，专门重点编制措施。

一般说来，编制主要工序的施工方案应当围绕以下项目和对象进行：

① 土石方工程。主要包括是否采用机械，开挖方法，放坡要求，石方的爆破方法及所需机具、材料，排水方法及所需设备，土石方的平衡调配等。在该类方案中开挖方法很关键，要重点描述并要配图表说明，例如开挖路线图等。

② 混凝土及钢筋混凝土工程。主要包括模板类型和支模方法，隔离剂的选用，钢筋加工、运输和安装方法，混凝土搅拌和运输方法，混凝土的浇筑顺序，施工缝位置，分层高度，工作班次，振捣方法和养护制度等。在选择施工方法时，应特别注意大体积混凝土的施工，模板工程的工具化和钢筋、混凝土施工的机械化。

③ 结构吊装工程。根据选用的机械设备确定吊装方法，安排吊装顺序、机械位置、行驶路线，构件的制作、拼装方法，场地，构件的运输、装卸、堆放方法，所需的机具、设备型号、数量和对运输道路的要求。

④ 现场垂直，水平运输。确定垂直运输量（有标准层的要确定标准层的运输量），选择垂直运输方式，脚手架的选择及搭设方式，水平运输方式及设备的型号、数量，配套使用的专用工具设备（如砖车、砖笼、混凝土车、灰浆车和料斗等），确定地面和楼层上水平运输的行驶路线，合理布置垂直运输设施的位置，综合安排各种垂直运输设施的任务和服务范围，混凝土后台上料方式。

⑤ 装修工程。围绕室内装修、室外装修、门窗安装、木装修、油漆、玻璃等，确定采用工厂化、机械化施工方法并提出所需机械设备，确定工艺流程和劳动组织，组织流水施工，确定装修材料逐层配套堆放的数量和平面布置。

⑥ 特殊项目。如采用新结构、新材料、新工艺、新技术、高耸、大跨、重型构件，以及水下、深基和软弱地基项目等，应单独选择施工方法，阐明工艺流程，需要的平面、剖面示意图，施工方法，劳动组织，技术要求，质量安全注意事项，施工进度，材料，构件和机械设备需用量。

8. 技术组织措施

技术组织措施是指在技术、组织方面对保证质量、安全、节约和季节施工所采用的方法，确定这些方法是施工方案编制者带有创造性的工作。一般在方案编制中，均对质量、安全、文明施工做专门的描述。

保证质量的关键是对施工方案的工程对象经常发生的质量通病制订防治措施，要从全面质量管理的角度，把措施落到实处，建立质量保证体系，保证“PDCA 循环”的正常运转。对采用的新工艺、新材料、新技术和新结构，须制订有针对性的技术措施，以保证工程质量。在方案编制中，还应该认真分析本方案的特点和难点，针对特点和难点中存在的质量通病进行分析和预防。

由于建筑工程的结构复杂多变，各施工工程所处地理位置、环境条件不尽相同，无统一的安全技术措施，所以编制时应结合本企业的经验教训，工程所处位置和结构特点，以及既定的安全目标。并仔细分析该方案在实施中主要的安全控制点来专门描述，例如：在坡屋面防水方案中就要针对高空作业制订专门的防滑措施，同时要制订防火措施。一般工程安全技术措施的编制主要考虑以下内容：

① 从建筑或安装工程整体考虑。土建工程方案首先考虑施工期内对周围道路、行人及邻近居民、设施的影响，采取相应的防护措施（全封闭防护或部分封闭防护）；平面布置应考虑施工区与生活区分隔、施工排水，安全通道，以及高处作业对下部和地面人员的影响；临时用电线路的整体布置、架设方法；安装工程中的设备、构配件吊运，起重设备的选择和确定，起重半径以外安全防护范围等；复杂的吊装工程还应考虑视角、信号、步骤等细节。

② 对深基坑、基槽的土方开挖，首先应了解土壤种类，选择土方开挖方法，放坡坡度或固壁支撑的具体做法。总的要求是：防坍塌。人工挖孔桩基础工程还须有测毒设备和防中毒措施。

③ 30 m 以上脚手架或设置的挑架，大型混凝土模板工程，还应进行架体和模板承重强度、荷载计算，以保证施工过程中的安全，同时这也是确保施工质量的前提。

④ 安全平网、立网的架设要求，架设层次段落，如一般民用建筑工程的首层、固定层、随层（操作层）安全网的安装要求。事故的发生往往发生在随层，所以做好严密的随层安全防护至关重要。

⑤ 龙门架、井架等垂直运输设备的拉结、固定方法及防护措施，其安全与否，严重影响工期。

⑥ 施工过程中的“四口”防护措施，即楼梯口、电梯口、通道口、预留洞口应有防护措施。如楼梯、通道口应设置 1.2 m 高的防护栏杆并加装安全立网；预留孔洞应加盖；大面积孔洞，如吊装孔、设备安装孔、天井孔等应加周边栏杆并安装立网。

⑦ 交叉作业应采取隔离防护。如上部作业应满铺脚手板，外侧边沿应加挡板和网等防物体下落措施。

⑧“临边”防护措施。施工中未安装栏杆的阳台（走台）周边，无外架防护的屋面（或平台）周边，框架工程楼层周边，跑道（斜道）两侧边，卸料平台外侧边等均属于临边危险地域，应采取防人员和物料下落的措施。

⑨ 施工过程中外电线路发生人员触电事故屡见不鲜。当外电线路与在建工程（含脚手架具）的外侧边缘与外电架空线的边线之间达到最小安全操作距离时，必须采取屏障、保护网等措施；

如果小于最小安全距离时，还应设置绝缘屏障，并悬挂醒目的警示标志。

根据施工总平面的布置和现场临时用电需要量，制订相应的安全用电技术措施和电气防火措施，如果临时用电设备在 5 台及 5 台以上或设备总容量在 50 kW 及 50 kW 以上时，应编制临时用电组织设计。

⑩ 施工工程、暂设工程、井架门架等金属构筑物，凡高于周围原有避雷设备，均应有防雷设施，如井架、高塔的接地深度、电阻值必须符合要求等。

⑪ 对易燃易爆作业场所必须采取防火防爆措施。

⑫ 季节性施工的安全措施。如夏季防止中暑措施，包括降温、防热辐射、调整作息时间、疏导风源等措施；雨季施工要制订防雷防电、防坍塌措施；冬季防火、防大风等措施。安全技术措施编制内容不拘一格，按其施工项目的复杂、难易程度、结构特点及施工环境条件，选择其安全防患重点，但施工方案的通篇必须贯彻“安全施工”的原则。为了进一步明确编制施工安全技术措施的重点，根据多发性事故的类别，应抓住高空坠落、物体打击、坍塌、触电、机械伤害、中毒事故等六种伤害事故的防患制订相应的措施，内容要翔实，有针对性。同时，在编制专项方案时，还要进一步针对方案本身的特点和安全要点进行分析描述。

降低成本措施的制订应以施工预算为尺度，以企业（或基层施工单位）年度、季度降低成本计划和技术组织措施计划为依据进行编制。要针对工程施工中降低成本潜力大的（工程量大、有采取措施的可能性、有条件的）项目，充分开动脑筋，把措施提出来，并计算出经济效果和指标，加以评价、决策。这些措施必须是不影响质量的，能保证施工的，能保证安全的。降低成本措施应包括节约劳动力、节约材料、节约机械设备费用、节约工具费、节约间接费、节约临时设施费、节约资金等措施。一定要正确处理降低成本，提高质量和缩短工期三者的关系，对措施要计算经济效果。

季节性施工措施，当工程施工跨越冬季和雨季时，就要制订冬期施工措施和雨期施工措施。制订这些措施的目的是保质量、保安全、保工期、保节约。

雨期施工措施要根据工程所在地的雨量、雨期及施工工程的特点（如深基础、大量土方、使用的设备、施工设施、工程部位等）进行制订。要在防淋、防潮、防泡、防淹、防拖延工期等方面，分别采用“疏导”“堵挡”“遮盖”“排水”“防雷”“合理储存”“改变施工顺序”“避雨施工”“加固防陷”等措施。

冬季因为气温、降雪量不同，工程部位及施工内容不同，施工单位的条件不同，则应采用不同的冬期施工措施。北方地区冬期施工措施必须严格、周密，要按照《冬期施工手册》或有关资料（科研成果）选用措施，以达到保温、防冻，改善操作环境、保证质量、控制工期、安全施工、减少浪费的目的。

视 频

施工准备（上）

任务5 光伏电站施工准备

视 频

施工准备（下）

施工准备应贯穿施工全过程。开工前应分别对单位工程、分部工程和分项工程进行施工准备；开工后应针对实际情况和季节变化，及时对施工准备进行补充和调整。施工准备应根据地面光伏电站项目、光伏建筑附加（BAPV）光伏电站项目各自的特点与施工难点，明确管理目标，包括质量目标、工期目标、安全目标及文明施工目标等。

2.5.1 施工准备概述

1. 施工准备工作的重要性

施工准备工作是为了保证工程顺利开工和施工活动正常进行而必须事先做好的各项准备工作。它是施工程序中的重要环节，不仅存在于开工之前，而且贯穿在整个施工过程之中。为了保证工程项目顺利进行施工，必须做好施工准备工作。做好施工准备工作具有以下意义：

（1）做好施工准备是遵循工程施工程序的重要前提

“施工准备”是工程施工程序的一个重要阶段。现代工程施工是十分复杂的生产活动，其技术规律和社会主义市场经济规律要求工程施工必须严格按建筑施工程序进行。只有认真做好施工准备工作，才能取得良好的建设效果。

（2）做好施工准备才能有效降低施工风险

就工程项目施工的特点而言，其生产受外界干扰及自然因素的影响较大，因而施工中可能遇到的风险就多。只有充分做好施工准备工作、采取预防措施、加强应变能力，才能有效地降低风险损失。

（3）做好施工准备是创造工程开工和顺利施工的重要条件

工程项目施工中不仅需要耗用大量材料、使用许多机械设备、组织安排各工种人力，而且还要处理各种复杂的技术问题，协调各种配合关系。因而需要统筹安排和周密准备，才能使工程顺利开工，开工后能连续顺利地施工且能得到各方面条件的保证。

（4）做好施工准备能有效提高企业经济效益

认真做好工程项目施工准备工作，能调动各方面的积极因素，合理组织资源进度、提高工程质量、降低工程成本，从而提高企业经济效益和社会效益。实践证明，施工准备工作的好与坏，将直接影响建筑产品生产的全过程。凡是重视和做好施工准备工作，积极为工程项目创造一切有利的施工条件，则该工程能顺利开工，取得施工的主动权；反之，如果违背施工程序，忽视施工准备工作，或工程仓促开工，必然在工程施工中受到各种矛盾掣肘、处处被动，以致造成重大的经济损失。

2. 施工准备工作的分类

（1）按工程项目施工准备工作的范围不同分类

一般可分为全场性施工准备，单位工程施工条件准备和分部（项）工程作业条件准备等三种。全场性施工准备，是以一个建筑工地为对象而进行的各项施工准备。其特点是它的施工准备工作的目的、内容都是为全场性施工服务的，它不仅要为全场性的施工活动创造有利条件，而且要兼顾单位工程施工条件的准备。

单位工程施工条件准备，是以一个建筑物或构筑物为对象而进行的施工条件准备工作。其特点是它的准备工作的目的、内容都是为单位工程施工服务的，它不仅为该单位工程在开工前做好一切准备，而且要为分部分项工程做好施工准备工作。分部分项工程作业条件的准备，是以一个分部分项工程或冬季、雨季施工为对象而进行的作业条件准备。

（2）按拟建工程所处的施工阶段的不同分类

一般可分为开工前的施工准备和各施工阶段前的施工准备两种。

开工前的施工准备，是在拟建工程正式开工之前所进行的一切施工准备工作。其目的是为拟建工程正式开工创造必要的施工条件。它既可能是全场性的施工准备，又可能是单位工程施工条件的准备。

各施工阶段前的施工准备，是在拟建工程开工之后，每个施工阶段正式开工之前所进行的一切施工准备工作。其目的是为施工阶段正式开工创造必要的施工条件。如混合结构的民用住宅的施工，一般可分为地下工程、主体工程、装饰工程和屋面工程等施工阶段，每个施工阶段的施工内容不同，所需要的技术条件、物资条件、组织要求和现场布置等方面也不同，因此在每个施工阶段开工之前，都必须做好相应的施工准备工作。

不仅在拟建工程开工之前应做好施工准备工作，而且随着工程施工的进展，在各施工阶段开工之前也要做好施工准备工作。施工准备工作既要有阶段性，又要有连贯性，因此施工准备工作必须有计划、有步骤、分期和分阶段地进行，要贯穿拟建工程整个生产过程的始终，施工准备的基本内容如图2-23所示。

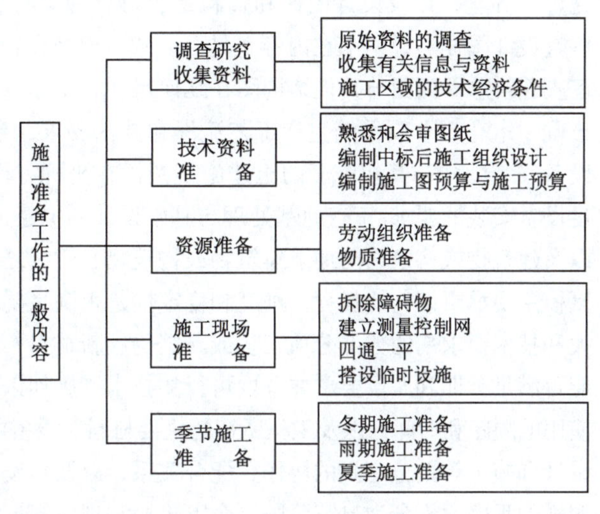

图2-23 施工准备工作内容

3. 施工准备基本要求

① 施工准备工作应有组织、有计划、分阶段有步骤地进行。建立施工准备工作的组织机构，明确相应管理落实的人员；编制施工准备工作计划表，保证施工准备工作按计划落实；将施工准备工作按工程的具体情况划分为开工前、地基基础工程、主体工、屋面与装饰装修工程等时间区段，分期分阶段，有步骤地进行。

② 建立严格的施工准备工作责任制及相应的检查制度。应定期进行检查，发现薄弱环节，不断改进工作。施工准备工作主要检查施工准备工作计划的执行情况。如果没有完成计划的要求，应进行分析，说明原因，排除障碍，协调施工准备工作进度或调整施工准备工作计划，检查的方法可采用实际与计划对比法，或采用相关单位、人员割分制，检查施工准备工作情况，现场分析产生问题的原因，提出解决问题的方法。

4. 技术准备

技术准备是施工准备的核心。由于任何技术的差错或隐患都可能引起人身安全和质量事故，造成生命、财产和经济的巨大损失，因此必须认真地做好技术准备工作。

（1）熟悉、审查施工图样和有关的设计资料

这是为了能够按照设计图样的要求顺利地进行施工，生产出符合设计要求的最终建筑产品（建筑物或构筑物）；为了能够在拟建工程开工之前，方便从事建筑施工技术和经营管理的工程技术人员充分地了解和掌握设计图样的设计意图、结构与构造特点和技术要求；通过审查发现设计图样中存在的问题和错误，使其改正在施工开始之前，为拟建工程的施工提供一份准确、齐全的设计图样。

要熟悉建设单位和设计单位提供的初步设计或扩大初步设计（技术设计）、施工图设计、建筑总平面、土方竖向设计和城市规划等资料文件；调查、搜集的原始资料；设计、施工验收规范和有关技术规定。

要审查拟建工程的地点、建筑总平面图同国家、城市或地区规划是否一致，以及建筑物或构筑物的设计功能和使用要求是否符合卫生、防火及美化城市方面的要求；审查设计图样是否完整、齐全，以及设计图样和资料是否符合国家有关工程建设设计、施工方面的方针和政策；审查设计图样与说明书在内容上是否一致，以及设计图样与其各组成部分之间有无矛盾和错误；审查建筑总平面图与其他结构图在几何尺寸、坐标、标高、说明等方面是否一致，技术要求是否正确；审查工业项目的生产工艺流程和技术要求，掌握配套投产的先后次序和相互关系，以及设备安装图样与其相配套的土建施工图样在坐标、标高上是否一致，掌握土建施工质量是否满足设备安装的要求；审查地基处理与基础设计同拟建工程地点的工程水文、地质等条件是否一致，以及建筑物或构筑物与地下建筑物或构筑物、管线之间的关系；明确拟建工程的结构形式和特点，复核主要承重结构的强度、刚度和稳定性是否满足要求，审查设计图样中的工程复杂、施工难度大和技术要求高的分部分项工程或新结构、新材料、新工艺，检查现有施工技术水平和管理水平能否满足工期和质量要求并采取可行的技术措施加以保证；明确建设期限、分期分批投产或交付使用的顺序和时间，以及工程所用的主要材料、设备的数量、规格、来源和供货日期；明确建设、设计和施工等单位之间的协作、配合关系，以及建设单位可以提供的施工条件。熟悉、审查设计图样的程序通常分为自审阶段、会审阶段和现场签证等三个阶段。设计图样的自审阶段，施工单位收到拟建工程的设计图样和有关技术文件后，应尽快组织有关的工程技术人员熟悉和自审图样，写出自审图样的记录。自审图样的记录应包括对设计图样的疑问和对设计图样的有关建议。

设计图样的会审阶段，一般由建设单位主持，由设计单位和施工单位参加，三方进行设计图样的会审。图样会审时，首先由设计单位的工程主讲人向与会者说明拟建工程的设计依据、意图和功能要求，并对特殊结构、新材料、新工艺和新技术提出设计要求。然后施工单位根据自审记录以及对设计意图的了解，提出对设计图样的疑问和建议。最后在统一认识的基础上，对所探讨的问题逐一做好记录，会审记录基本格式见表2-13，形成“图样会审纪要”，由建设单位正式行文，参加单位共同会签、盖章，作为与设计文件同时使用的技术文件和指导施工的依据，以及建设单位与施工单位进行工程结算的依据。

表2-13　图样会审记录表

会审日期：　　　　年　　月　　日　　　　　　编号：

<table>
<tr><td rowspan="2">工程名称</td><td colspan="3"></td><td>共　页</td></tr>
<tr><td colspan="3"></td><td>第　页</td></tr>
<tr><td>图样编号</td><td colspan="2">提出问题</td><td colspan="2">会审结果</td></tr>
<tr><td></td><td colspan="2"></td><td colspan="2"></td></tr>
<tr><td>参加会审人员</td><td colspan="4"></td></tr>
<tr><td>会审单位（公章）</td><td>建设单位</td><td>监理单位</td><td>设计单位</td><td>施工单位</td></tr>
</table>

设计图样的现场签证阶段，在拟建工程施工的过程中，如果发现施工的条件与设计图样的条件不符，或者发现图样中仍然有错误，或者因为材料的规格、质量不能满足设计要求，或者因为施工单位提出了合理化建议，需要对设计图样进行及时修订时，应遵循技术核定和设计变更的签证制度，进行图样的施工现场签证。如果设计变更的内容对拟建工程的规模、投资影响较大时，

要报请项目的原批准单位批准。在施工现场的图样修改、技术核定和设计变更资料，都要有正式的文字记录，归入拟建工程施工档案，作为指导施工、竣工验收和工程结算的依据。

（2）原始资料的调查分析

为了做好施工准备工作，除了要掌握有关拟建工程的书面资料外，还应该进行拟建工程的实地勘测和调查，获得有关数据的第一手资料，这对于拟订一个先进合理、切合实际的施工组织设计是非常必要的，因此应该做好以下几个方面的调查分析。

① 建设单位与设计单位的调查。对建设单位与设计单位的调查是为工程施工准备第一手工程设计相关资料非常重要的一项工作，其具体调查目的与内容见表2-14。

② 自然条件的调查分析。建设地区自然条件调查分析的主要内容有：地区水准点和绝对标高等；地质构造、土的性质和类别、地基土的承载力、地震级别和烈度等；河流流量和水质、最高洪水和枯水期的水位等；地下水位的高低变化情况；含水层的厚度、流向、流量和水质等；气温、雨、雪、风和雷电等；土的冻结深度和冬雨季的期限等。其具体调查目的与内容见表2-15。

表2-14　建设单位与设计单位调查内容

序号	调查单位	调查内容	调查目的
1	建设单位	①建设项目设计任务书、有关文件； ②建设项目性质、规模、生产能力； ③生产工艺流程、主要工艺设备名称及来源、供应时间、分批和全部到货时间； ④建设期限、开工时间、交工先后顺序、竣工投产时间； ⑤总概算投资、年度建设计划； ⑥施工准备工作内容、安排、工作进度表	①施工依据； ②项目建设部署； ③制订主要工程施工方案； ④规划施工总进度； ⑤安排年度施工计划； ⑥规划施工总平面； ⑦确定占地范围
2	设计单位	①建设项目总平面规划； ②工程地质勘察资料； ③水文勘察资料； ④项目建筑规模、建筑、结构、装修概况、总建筑面积、占地面积； ⑤单项（单位）工程个数； ⑥设计进度安排； ⑦生产工艺设计、特点； ⑧地形测量图	①规划施工总平面图； ②规划生产施工区、生活区； ③安排大型建设工程； ④概算施工总进度； ⑤规划施工总进度； ⑥计算平整场地土石方量； ⑦确定地基、基础的施工方案

表2-15　自然条件调查内容

序号	项目		调 查 内 容	调 查 目 的
1	气象资料	气温	① 全年各月平均温度； ② 最高温度、月份，最低温度、月份； ③ 冬天、夏季室外计算温度； ④ 霜、冻、冰雹期； ⑤ 小于-3 ℃、0 ℃、5 ℃的天数，起止日期	① 防暑降温； ② 全年正常施工天数； ③ 冬季施工措施； ④ 估计混凝土、砂浆强度增长
2		降雨	① 雨季起止时间； ② 全年降水量、一天最大降水量； ③ 全年雷暴天数、时间； ④ 全年各月平均降水量	① 雨季施工措施； ② 现场排水、防洪； ③ 防雷； ④ 雨天天数估计
3		风	① 主导风向及频率（风玫瑰图）； ② 大于等于8级风全年天数、时间	① 布置临时设施； ② 高空作业及吊装措施

续表

序号	项目		调 查 内 容	调 查 目 的
4		地形	①区域地形图； ②工程位置地形图； ③工程建设地区的城市规划； ④控制桩、水准点的位置； ⑤地形地质的特征； ⑥勘察文程、文素等	①选择施工用地； ②合理布置施工总平面图； ③计算现场平整土方量； ④障碍物及数量； ⑤拆迁和清理施工现场
5	工程地形地质	地质	①钻孔布置图； ②地质剖面图（各层土的特征、厚度）； ③地基稳定性：滑坡、流砂、冲沟； ④地基土强度的结论，各项物理力学指标：天然含水量、孔隙比、渗透性、压缩性指标、塑性指数、地基承载力； ⑤软弱土、膨胀土、湿陷性黄土分布情况，最大冻结深度； ⑥防空洞、枯井、土坑、古墓、洞穴，地基土破坏情况； ⑦地下沟通管网、地下构筑物	①土方施工方法的选择； ②地基处理方法； ③基础、地下结构施工措施； ④障碍物拆除计划； ⑤基坑开挖方案设计
6		地震	地震设防烈度的大小	对地基、结构影响、施工注意事项
7	工程水文地质	地下水	①最高、最低水位及时间； ②流向、流速、流量； ③水质分析； ④抽水试验、测定水量	①土方施工基础施工方案的选择； ②降低地下水位方法、措施； ③判定侵蚀性质及施工注意事项； ④使用、饮用地下水的可能性
8		地面水	①临近的江河湖泊及距离； ②洪水、平水、枯水时期，其水位、流量、流速、航道深度，通航可能性； ③水质分析	①临时给水； ②航运组织； ③水工工程
9	周围环境及障碍物		①施工区域现有建筑物、构筑物、沟渠、水井、树木、土堆、高压输变电线路等； ②临近建筑坚固程度，及其中人员工作生活、健康状况	①及时拆迁、拆除； ②保护工作； ③合理布置施工平面； ④合理安排施工进度

③技术经济条件的调查分析。建设地区技术经济条件的调查分析的主要内容有：地方建筑施工企业的状况；施工现场的动迁状况；当地可利用的地方材料状况；材料供应状况；地方能源和交通运输状况；地方劳动力和技术水平状况；当地生活供应、教育和医疗卫生状况；当地消防、治安状况和能参加施工的各单位的力量状况，具体调查内容见表2-16～表2-22。

表2-16　地方建筑材料及构件生产企业情况调查内容

序号	企业名称	产品名称	规格质量	单位	生产能力	供应能力	生产方式	出厂价格	运距	运输方式	单位运价	备注

注：1. 企业名称——按构件厂、木工厂、金属结构厂、商品混凝土厂、砂石厂、建筑设备厂、砖、瓦、石灰厂等填列。

2. 资料来源——当地计划、经济、建筑主管部门。

3. 调查明细——落实物资供应。

表2-17 地方资源情况调查内容

序号	材料名称	产地	储存量	质量	开采（生产）量	开采费	出厂价	运距	运费	供应的可能性

注：1. 材料名称——按块石、碎石、砾石、砂、工业废料（包括冶金矿渣、炉渣、电站粉煤灰）填列。
2. 调查目的——落实地方物资准备工作。

表2-18 地区交通运输条件调查内容

<table>
<tr><th>序号</th><th>项目</th><th>调 查 内 容</th><th>调 查 目 的</th></tr>
<tr><td>1</td><td>铁路</td><td>① 邻近铁路专用线、车站至工地的距离及沿途运输条件；
② 站场卸货线长度，起重能力和储存能力；
③ 装载单个货物的最大尺寸、质量的限制；
④ 支费、装卸费和装卸力量</td><td>① 选择施工运输方式；
② 拟订施工运输计划</td></tr>
<tr><td>2</td><td>公路</td><td>① 主要材料产地至工地的公路等级，路面构造宽度及完好情况，允许最大载重量；
② 途径桥涵等级，允许最大载重量；
③ 当地专业机构及附近村镇能提供的装卸、运输能力，汽车、畜力、人力车的数量及运输效率，运费、装卸费；
④ 当地有无汽车修配厂、修配能力和至工地距离、路况；
⑤ 沿途架空电线高度</td><td rowspan="2">① 选择施工运输方式；
② 拟订施工运输计划</td></tr>
<tr><td>3</td><td>航运</td><td>① 货源、工地至邻近河流、码头渡口的距离，道路情况；
② 洪水、平水、枯水期封冻期，通航的最大船只及吨位，取得船只的可能性；
③ 码头装卸能力，最大起重量，增设码头的可能性；
④ 渡口的渡船能力；同时可载汽车、马车数，每日次数，能为施工提供的能力；
⑤ 运费、渡口费、装卸费</td></tr>
</table>

表2-19 供水、供电、供气条件调查内容

序号	项目	调 查 内 容
1	给排水	① 与当地现有水源连接的可能性，可供水量，接管地点、管径、管材、埋深、水压、水质、水费，至工地距离，地形地物情况； ② 临时供水源：利用江河、湖水可能性、水源、水量、水质、取水方式，至工地距离、地形地物情况；临时水井位置、深度、出水量、水质； ③ 利用永久排水设施的可能性，施工排水去向，距离坡度；有无洪水影响，现有防洪设施、排洪能力
2	供电与通信	① 电源位置，引入的可能，允许供电容量、电压、导线截面、距离、电费、接线地点，至工地距离、地形地物情况； ② 建设、施工单位自有发电、变电设备的规格型号、台数、能力、燃料、资料及可能性； ③ 利用邻近电讯设备的可能性，电话、电报局至工地距离，增设电话设备和计算机等自动化办公设备和线路的可能性
3	供气	① 蒸汽来源，可供能力、数量，接管地点、管径、埋深，至工地距离，地形地物情况，供气价格，供气的正常性； ② 建设、施工单位自有锅炉型号、台数、能力、所需燃料、用水水质，投资费用； ③ 当地、建设单位提供压缩空气、氧气的能力，至工地的距离

注：1. 资料来源——当地城建、供电局、水厂等单位及建设单位。
2. 调查目的——选择给排水、供电、供气方式，作出经济比较。

表2-20　三大材料、特殊材料及主要设备调查内容

序号	项目	调查内容	调查目的
1	三大材料	①钢材订货的规格、钢号、强度等级、数量和到货时间； ②木材料订货的规格、等级、数量和到货时间； ③水泥订货的品种、程度等级、数量级和到货时间	①确定临时设施和堆放场地； ②确定木材加工计划； ③确定水泥储存方式
2	特殊材料	①需要的品种、规格、数量； ②试制、加工和供应情况； ③进口材料和新材料	①制订供应计划； ②确定储存方式
3	主要设备	①主要工艺设备名称、规格、数量和供货单位； ②分批和全部到货时间	①确定临时设施和堆放场地； ②拟订防雨措施

表2-21　建设地区社会劳动力和生活设施的调查内容

序号	项目	调查内容	调查目的
1	社会劳动力	①少数民族地区的风俗习惯； ②当地能提供的劳动力人数，技术水平、工资费用和来源； ③上述人员的生活安排	①拟订劳动力计划； ②安排临时设施
2	房屋设施	①必须在工地居住的单身人数和户数； ②能作为施工用的现有房屋栋数，每栋面积，结构特征，总面积、位置、水、暖、电、卫、设备状况； ③上述建筑物的适宜用途，用作宿舍、食堂、办公室的可能性	①确定现有房屋为施工服务的可能性； ②安排临时设施
3	周围环境	①主副食品供应、日用品供应、文化教育、消防治安等机构能为施工提供的支援能力； ②邻近医疗单位至工地的距离，可能就医情况； ③当地公共汽车、邮电服务情况； ④周围是否存在有害气体、污染情况等	安排职工生活基地，解除后顾之忧

表2-22　参加施工的各单位能力调查内容

序号	项目	调查内容
1	工人	①工人数量、分工种人数，能投入本工程施工的人数； ②专业分工及一专多能的情况、工人队组形式； ③定额完成情况、工人技术水平、技术等级构成
2	管理人员	①管理人员总数，所占比例； ②其中技术人员数，专业情况，技术职称，其他人员数
3	施工机械	①机械名称、型号、能力、数量、新旧程度、完好率；能投入本工程施工的情况； ②总装备程度（瓦/全员）； ③分配、新购情况
4	施工经验	①历年曾施工的主要工程项目、规模、结构、工期； ②习惯施工方法，采用过的先进施工方法，构件加工、生产能力、质量； ③工程质量合格情况，科研、革新成果
5	经济指标	①劳动生产率，年完成能力； ②质量、安全、降低成本情况； ③机械化程度； ④工业化程度设备、机械的完好率、利用率

注：1. 调查来源——参加施工的各单位。

2. 调查目的——明确施工力量、技术素质，规划施工任务分配、安排。

3. 其他相关信息与资料的收集——现行的由国家有关部门制订的技术规范、规程及有关技术规定；企业现有的施工定额、施工手册、类似工程的技术资料及平时施工实践活动中所积累的资料等。

（3）编制施工图预算和施工预算

施工图预算是技术准备工作的主要组成部分之一，这是按照施工图确定的工程量、施工组织设计所拟订的施工方法、工程预算定额及其取费标准，由施工单位编制的确定建筑安装工程造价的经济文件，它是施工企业签订工程承包合同、工程结算、建设银行拨付工程价款、进行成本核算、加强经营管理等方面工作的重要依据。

施工预算是根据施工图预算、施工图样、施工组织设计或施工方案、施工定额等文件进行编制的，它直接受施工图预算的控制。它是施工企业内部控制各项成本支出、考核用工、“两算”对比、签发施工任务单、限额领料、基层进行经济核算的依据。

（4）编制施工组织设计

施工组织设计是施工准备工作的重要组成部分，也是指导施工现场全部生产活动的技术经济文件。建筑施工生产活动的全过程是非常复杂的物质财富再创造的过程，为了正确处理人与物、主体与辅助、工艺与设备、专业与协作、供应与消耗、生产与储存、使用与维修以及它们在空间布置、时间排列之间的关系，必须根据拟建工程的规模、结构特点和建设单位的要求，在原始资料调查分析的基础上，编制出一份能切实指导该工程全部施工活动的科学方案（施工组织设计）。

5. 物资准备

材料、构（配）件、制品、机具和设备是保证施工顺利进行的物资基础，这些物资的准备工作必须在工程开工之前完成。根据各种物资的需要量计划，分别落实货源，安排运输和储备，使其满足连续施工的要求。

（1）物资准备工作的内容

物资准备工作主要包括工程材料的准备，构（配）件和制品的加工准备，建筑安装机具的准备和生产工艺设备的准备。

工程材料的准备主要是根据施工预算进行分析，按照施工进度计划要求，按材料名称、规格、施工材料储备定额和消耗定额进行汇总，编制出材料需要量计划，为组织备料、确定仓库、场地堆放所需的面积和组织运输等提供依据。

构（配）件、制品的加工准备，主要根据施工预算提供的构（配）件、制品的名称、规格、质量和消耗量，确定加工方案和供应渠道以及进场后的储存地点和方式，编制出其需要量计划，为组织运输、确定堆场面积等提供依据。

根据采用的施工方案，安排施工进度，确定施工机械的类型、数量，进场时确定施工机具的供应办法和进场后的存放地点和方式，编制建筑安装机具的需要量计划，为组织运输，确定堆场面积等提供依据。

按照拟建工程生产工艺流程及工艺设备的布置图，提出工艺设备的名称、型号、生产能力和需要量，确定分期分批进场时间和保管方式，编制工艺设备需要量计划，为组织运输，确定堆场面积提供依据。

（2）物资准备工作的程序

物资准备工作的程序是搞好物资准备的重要手段，通常按如下程序进行：

① 根据施工预算、分部（项）工程施工方法和施工进度的安排，拟订国拨材料、统配材料、

地方材料、构（配）件及制品、施工机具和工艺设备等物资的需要量计划。

② 根据各种物资需要量计划，组织货源，确定加工、供应地点和供应方式，签订物资供应合同。

③ 根据各种物资的需要量计划和合同，拟订运输计划和运输方案。

④ 按照施工总平面图的要求，组织物资按计划时间进场，在指定地点，按规定方式进行储存或堆放。

6. 劳动组织准备

劳动组织准备的范围既有整个建筑施工企业的劳动组织准备，又有大型综合的拟建建设项目的劳动组织准备，也有小型简单的拟建单位工程的劳动组织准备。这里仅以一个拟建工程项目为例，说明其劳动组织准备工作的内容如下：

（1）建立拟建工程项目的领导机构

施工组织机构的建立应根据拟建工程项目的规模、结构特点和复杂程度，确定拟建工程项目施工的领导机构人选和名额；坚持合理分工与密切协作相结合；把有施工经验、有创新精神、有工作效率的人选入领导机构；认真执行因事设职、因职选人的等原则进行。

项目经理部的设立步骤，第一步，根据企业批准的“项目管理规划大纲”，确定项目经理部的管理任务和组织形式；第二步，确定项目经理的层次，设立职能部门与工作岗位；第三步，确定人员、职责、权限；第四步，由项目经理根据“项目管理目标责任书”进行目标分解；最后，组织有关人员制订规章制度和目标责任考核、奖惩制度。

（2）建立精干的施工队组

施工队组的建立要认真考虑专业、工种的合理配合，技工、普工的比例要满足合理的劳动组织，要符合流水施工组织方式的要求，确定建立施工队组（是专业施工队组，或是混合施工队组），要坚持合理、精干的原则；同时制订出该工程的劳动力需要量计划。

（3）集结施工力量、组织劳动力进场

工地的领导机构确定之后，按照开工日期和劳动力需要量计划，组织劳动力进场同时要进行安全、防火和文明施工等方面的教育，并安排好职工的生活。

（4）向施工队组、工人进行施工组织设计、计划和技术交底

施工组织设计、计划和技术交底的目的是把拟建工程的设计内容、施工计划和施工技术等要求，详尽地向施工队组和工人讲解，这是落实计划和技术责任制的好办法。

施工组织设计、计划和技术交底的时间在单位工程或分部分项工程开工前及时进行，以保证工程严格地按照设计图样、施工组织设计、安全操作规程和施工验收规范等要求进行施工。

施工组织设计、计划和技术交底的内容有工程的施工进度计划、月（旬）作业计划；施工组织设计，尤其是施工工艺；质量标准、安全技术措施、降低成本措施和施工验收规范的要求；新结构、新材料、新技术和新工艺的实施方案和保证措施；图样会审中所确定的有关部位的设计变更和技术核定等事项。交底工作应该按照管理系统逐级进行，由上而下直到工人队组。交底的方式有书面形式、口头形式和现场示范形式等。

队组、工人接受施工组织设计、计划和技术交底后，要组织成员认真进行分析研究，弄清关键部位、质量标准、安全措施和操作要领。必要时应该进行示范，并明确任务及做好分工协作，

同时建立健全岗位责任制和保证措施。

（5）建立健全各项管理制度

工地的各项管理制度是否建立、健全，直接影响其各项施工活动的顺利进行。有章不循其后果是严重的，而无章可循更是危险的。为此必须建立、健全工地的各项管理制度。通常内容为工程质量检查与验收制度；工程技术档案管理制度；建筑材料（构件、配件、制品）的检查验收制度；技术责任制度；施工图样学习与会审制度；技术交底制度；职工考勤、考核制度；工地及班组经济核算制度；材料出入库制度；安全操作制度；机具使用保养制度。

7. 施工现场准备

（1）现场准备工作的范围及各方职责

业主虽不是施工主体，但为确保工程顺利施工，应做好如下几项施工准备工作：办理土地征用、拆迁补偿、平整施工场地等工作，使施工场地具备施工条件，在开工后继续负责解决以上事项遗留问题；将施工所需水、电、电信线路从施工场地外部接至专用条款约定地点，保证施工期间的需要;开通施工场地与城乡公共道路的通道，以及专用条款约定的施工场地内的主要道路，满足施工运输的需要，保证施工期间的畅通;向承包人提供施工场地的工程地质和地下管线资料，对资料的真实准备性负责;办理施工许可证及其他施工所需证件、批件和临时用地、停水、停电、中断道路交通、爆破作业等的申请批准手续（证明承包人自身资质的证件除外）；确定水准点与坐标控制点，以书面形式交给承包人，进行现场交验；协调处理施工场地周围地下管线和邻近建筑物、构筑物（包括文物保护建筑）、古树名木的保护工作，承担有关费用。

施工单位作为工程施工主体，应根据工程需要，提供和维修非夜间施工使用的照明、围栏设施，并负责安全保卫；按专用条款约定的数量和要求，向发包人提供施工场地办公和生活的房屋及设施，发包人承担由此发生的费用；遵守政府有关主管部门对施工场地交通、施工噪音以及环境保护和安全生产等的管理规定，按规定办理有关手续，并以书面形式通知发包人，发包人承担由此发生的费用，因承包人责任造成的罚款除外；按专用条款约定做好施工场地地下管线和邻近建筑物、构筑物（包括文物保护建筑）、古树名木的保护工作；保证施工场地清洁符合环境卫生管理的有关规定。建立测量控制网。

工程用地范围内的七通一平，其中平整场地工作应有其他承担，但业主也可要求施工单位完成，费用仍有业主承担搭设现场生产和生活用的临时设施。

（2）施工现场准备工作内容

施工现场是施工的全体参与者为夺取优质、高速、低消耗的目标，而有节奏、均衡连续地进行战术决战的活动空间。施工现场的准备工作，主要是为了给拟建工程的施工创造有利的施工条件和物资保证。其具体内容如下：

做好施工场地的控制网测量。按照设计单位提供的建筑总平面图及给定的永久性经纬坐标控制网和水准控制基桩，进行厂区施工测量，设置厂区的永久性经纬坐标桩，水准基桩和建立厂区工程测量控制网。

做好“四通一平”。“四通一平”是指道路通、供水通、供电通、通信网络通和平整场地。

路通，施工现场的道路是组织物资运输的动脉。拟建工程开工前，必须按照施工总平面图的要求，修好施工现场的永久性道路（包括厂区铁路、厂区公路）以及必要的临时性道路，形成完整畅通的运输网络，为工程材料进场堆放创造有利条件。水通，水是施工现场的生产和生活不可缺少的。拟建工程开工之前，必须按照施工总平面图的要求，接通施工用水和生活用水的管线，使其尽可能与永久性的给水系统结合起来，做好地面排水系统，为施工创造良好的环境。电通，电是施工现场的主要动力来源。拟建工程开工前，要按照施工组织设计的要求，接通电力和电信设施，做好其他能源（如蒸汽、压缩空气）的供应，确保施工现场动力设备和通信设备的正常运行。通信通，即网络传输通道通，根据工程项目特点要求，城市区域电信管道由施工单位负责修至用地红线附近的电信支线井；电信电缆由电信网络公司负责沿电信管道敷设至用地红线附件的电信管道，郊区或其他区域采用架空光缆架设至施工区域。平整场地，按照建筑施工总平面图的要求，首先拆除场地上妨碍施工的建筑物或构筑物，然后根据建筑总平面图规定的标高和土方竖向设计图样，进行挖（填）土方的工程量计算，确定平整场地的施工方案，进行平整场地的工作。

做好施工现场的补充勘探。对施工现场做补充勘探是为了进一步寻找枯井、防空洞、古墓、地下管道、暗沟和枯树根等隐蔽物，以便及时拟订处理隐蔽物的方案并实施，为基础工程施工创造有利条件。

建造临时设施。按照施工总平面图的布置，建造临时设施，为正式开工准备好生产、办公、生活、居住和储存等临时用房。按照施工机具需要量计划，组织施工机具进场，根据施工总平面图将施工机具安置在规定的地点或仓库。对于固定的机具要进行就位、搭棚、接电源、保养和调试等工作。对所有施工机具都必须在开工之前进行检查和试运转。按照建筑材料、构（配）件和制品的需要量计划组织进场，根据施工总平面图规定的地点和指定的方式进行储存和堆放。按照建筑材料的需要量计划，及时提供建筑材料的试验申请计划。如钢材的机械性能和化学成分等试验；混凝土或砂浆的配合比和强度等试验。按照施工组织设计的要求，落实冬雨季施工的临时设施和技术措施。按照设计图样和施工组织设计的要求，认真进行新技术项目的试制和试验。按照施工组织设计的要求，根据施工总平面图的布置，建立消防、保安等组织机构和有关的规章制度，布置安排好消防、保安等措施。

8. 施工的场外准备

施工准备除了施工现场内部的准备工作外，还有施工现场外部的准备工作。

（1）材料的加工和订货

建筑材料、构（配）件和建筑制品大部分均必须外购，工艺设备更是如此。这样如何与加工部、生产单位联系，签订供货合同，做好及时供应，对于施工企业的正常生产是非常重要。对于协作项目也是这样，除了要签订议定书之外，还必须做大量的有关方面的工作。

（2）做好分包工作和签订分包合同

由于施工单位本身的力量所限，有些专业工程的施工、安装和运输等均需要向外单位委托。根据工程量、完成日期、工程质量和工程造价等内容，与其他单位签订分包合同，保证按时实施。

（3）向上级提交开工申请报告

当材料的加工和订货及做好分包工作和签订分包合同等施工场外的准备工作后，应该及时地填写开工申请报告，并上报上级批准。

2.5.2 施工准备工作

1. 施工准备工作计划

为了落实各项施工准备工作，加强对其检查和监督，必须根据各项施工准备工作的内容、时间和人员，编制出施工准备工作计划。工作计划表可参照表2-23，填写工作计划表2-24。

表2-23 施工准备计划内容

序号	施工准备工作内容	负责部门	时间安排建议
1	工程合同的签订	公司经理	接到中标通知书之日起
2	项目机构的组建、运作	公司经理	中标后立即运作
3	技术、合同交底	公司经理、技术部	合同签订后3日内
4	规范规程准备	技术部	中标后2日内
5	图样会审	技术部	按甲方安排
6	施工机械及周转材料准备	材料设备部	合同签订后2日内
7	工程预算编制	生产经营部	中标后10天之内
8	劳动力组织	项目经理	合同签订后2日内
9	项目部人员教育与培训	人力资源部	合同签订3日内
10	定位放线	总工程师	业主安排或工程开工之日

表2-24 施工准备工作计划表

序号	施工准备工作	简要内容	要求	负责单位	负责人	配合单位	起止时间		备注
							月 日	月 日	

2. 开工条件

（1）国务院关于各类投资项目开工建设条件规定

根据《国务院办公厅关于加强和规范新开工项目管理的通知》（国办发〔2007〕64号）各类投资项目开工建设必须符合下列条件：

① 符合国家产业政策、发展建设规划、土地供应政策和市场准入标准。

② 已经完成审批、核准或备案手续。实行审批制的政府投资项目已经批准可行性研究报告，其中需审批初步设计及概算的项目已经批准初步设计及概算；实行核准制的企业投资项目，已经核准项目申请报告；实行备案制的企业投资项目，已经完成备案手续。

③ 规划区内的项目选址和布局必须符合城乡规划，并依照《中华人民共和国城乡规划法》的有关规定办理相关规划许可手续。

④ 需要申请使用土地的项目必须依法取得用地批准手续，并已经签订国有土地有偿使用合同或取得国有土地划拨决定书。其中，工业、商业、旅游、娱乐和商品住宅等经营性投资项目，应当依法以招标、拍卖或挂牌出让方式取得土地。

⑤ 已经按照建设项目环境影响评价分类管理、分级审批的规定完成环境影响评价审批。

⑥ 已经按照规定完成固定资产投资项目节能评估和审查。

⑦ 建筑工程开工前，建设单位依照建筑法的有关规定，已经取得施工许可证或者开工报告，并采取保证建设项目工程质量安全的具体措施。

⑧ 符合国家法律法规的其他相关要求。

（2）基本建设大中型项目开工条件的规定

项目开工应具备如下条件：项目法人已经设立；项目初步设计及总概算已经批复；项目资本金和其他建设资金已经落实；项目施工组织设计大纲已经编制完成；项目主体工程（或控制性工程）的施工单位已经通过招标选定，施工承包合同已经签订；项目法人与项目设计单位已签订设计图样交付协议；项目施工监理单位已通过招标选定；项目征地、拆迁的施工场地“四通一平”工作已经完成，有关外部配套生产条件已签订协议；项目主体工程控制性工程施工准备工作已经做好，具备连续施工的条件；项目建设需要的主要设备和材料已经订货，项目所需建筑材料已落实来源和运输条件，并已备好连续施工三个月的材料用量；需要进行招标采购的设备、材料，其招标组织机构落实，采购计划与工程进度相衔接。

（3）光伏电站开工前应具备条件

根据《光伏发电站施工规范》关于工程开工条件的一般规定，在工程开始施工之前，建设单位应取得相关的施工许可文件；施工现场应具备水通、电通、路通、电信通及场地平整的条件；施工单位的资质、特殊作业人员资格、施工机械、施工材料、计量器等应报监理单位或建设单位审查完毕；开工所必需的施工图应通过会审；设计交底应完成；施工组织设计、重大施工方案及专项应急预案应已审批；项目划分及质量评定标准确定；施工单位根据施工总平面布置图要求布置施工临建设施应完毕；工程定位测量基准应确定。

水上光伏发电站水下测绘工作应完成，水下障碍物应全部清理完毕。如施工场地有航道交叉，应采取相应安全保障措施。对于水面作业、作业面高度在 2 m 及以上、作业面坡度大于 30° 等特殊作业环境的项目，应编制专项施工方案，采取相应的安全防护措施。水上作业平台的设置应经充分论证，并应制定专项设置方案，且水上作业平台的防坠入安全防护措施应按要求设置到位。雷雨、大雾、五级以上大风等恶劣天气，不得进行水上作业。

设备和材料的规定应符合设计要求，不得在工程中使用不合格的设备材料。进场设备和材料的合格证、说明书、测试记录、附件、备件等均应齐全。设备和器材的运输、保管、应符合本规范要求；当产品有特殊要求时，应满足产品要求的专门规定。

隐蔽工程隐蔽前，施工单位应根据工程质量评定验收标准进行自检，自检合格后向监理方提出验收申请。经监理工程师验收合格后方可进行隐蔽，隐蔽工程验收签证单位应按照现行行业标准《电力建设施工质量验收及评定规程》相关要求的格式进行填写。

综上所述，各项施工准备工作不是分离的、孤立的，而是互为补充，相互配合的。为了提高施工准备工作的质量、加快施工准备工作的速度，必须加强建设单位、设计单位和施工单位之间的协调工作，建立健全施工准备工作的责任制度和检查制度，使施工准备工作有领导、有组织、有计划和分期分批地进行，贯穿施工全过程的始终。

项目学习评价标准

评价内容		配分	评价标准	自评分
施工方案	编制依据	5	政策、规范、标准、技术文件选择合理、适用正确，每错一处（一次）扣1分	
	施工技术	10	施工方法先进、经济合理、能有效保证施工质量，设备、机具的数量、规格能满足施工需要，施工安全技术措施到位。每错一处扣1分，每漏一处扣2分	
	施工管理	10	施工方案全面完整、针对性强、切实可行，方案进度计划、施工工序、平面布置安排合理，安全组织保障有效。每错一处扣1分，每漏一处扣2分，不规范扣1分	
施工组织设计	编制依据	5	政策、规范、标准、技术文件选择合理、适用正确，每错一处（一次）扣2分	
	施工技术	10	施工技术方案内容完整、方法先进、科学合理、经济高效，施工安全技术措施到位。每错一处扣1分，每漏一处扣2分	
	施工管理	10	施工准备计划、总进度计划、总平面布置合理、内容全面完整，工程量计算准确无误、工期安排合理，安全组织保障有效。每错一处扣1分，每漏一处扣2分，不规范扣2分	
开工前施工准备	劳动组织准备	10	组织机构健全、分工合理、职责明确、管理制度完善	
	技术准备	10	施工图识读准确、原始资料调查数据准确、分析到位	
	物资准备	10	材料需要量、工具和机械、工艺设备需要量计划完整、准备工作程序安排合理	
职业素养	安全意识	2	现场勘查执行安全操作规程、设计内容符合安全规定	
	文明生产	2	质量安全管理满足招标文件要求，保证措施切实可行	
	规范意识	2	设计内容符合技术规范、准时到达工作或学习场所，操作过程中不影响他人工作	
	团队意识	2	服从组长安排，在小组合作完成工作时能积极分享建议、意见和工作成果，主动协助小组成员完成相关工作	
	职业行为习惯	2	工作认真，有良好的成本意识、环保意识	
学习能力评价		10	A1.能高质高效完成此项工作全部内容，并能指导他人完成； A2.能高质高效完成此项工作全部内容，并能解决遇到的特殊问题； A3.能高质高效完成此项工作全部内容； B.圆满完成此项工作全部内容，不需要指导； C.能圆满完成此项工作全部内容，但偶尔需要指导； D.在现场指导和帮助下，能圆满完成此项工作全部内容	

说明：学习能力评价，符合A1得10分，A2得9分，A3得8分，B得7分，C得6分，D得5分。

习　　题

1. 分析工程组织管理中项目经理、技术负责人、生产负责人、施工员及施工班组岗位职责上的有何不同？

2. 工程项目的组织施工方式有哪些？其各自有哪些特点？

3. 流水施工参数有哪些？

4. 某地面光伏电站光伏方阵施工由四道工序组成，各工序在每个单元作业时间分别为基础4天，支架构件安装8天，光伏组件安装4天，光伏电气安装8天，基础完工后，需养护4天方可进行支架构件安装，按一个方阵单元为一个段组织成倍节拍流水。要求:(1)确定各流水参数，计算总工期，绘出进度计划表。(2)若划分为三个施工段，则工期又是多少？

5. 某工程划分为A、B、C、D、E五个施工过程，六个施工段，流水节拍分别为$t_A=3$天，$t_B=5$天，$t_C=3$天，$t_D=4$天，$t_E=2$天。计算:(1)流水步距。(2)总工期。(3)绘制进度计划表。

6. 简述施工进度计划编制的主要步骤。

7. 简述单位工程施工组织设计与施工组织总设计的区别。

8. 简述施工组织设计与施工方案的区别。

光伏电站施工现场管理

项目导入

某建设公司承建一个 6 MW 光伏电站项目，现场负责人需要组织开展以下几项主要工作：

（1）编制施工现场管理岗位职责，并组织落实到位。

（2）根据施工平面布置图做好施工现场规划、布置，管理现场临时用电线路、机械、道路、安全保卫。

（3）组织施工现场技术管理，图样会审、施工图预算、施工预检、隐蔽工程检查，材料购置，技术交底、变更签证、施工组织设计与施工方案等。

（4）组织施工过程中的技术交底。

（5）根据施工进度计划合理安排施工人员，并做好人员培训、保护，技术交底，安全卫生保护。

学习目标

知识目标：（1）了解光伏电站施工现场管理的基本内容。

（2）熟悉施工现场技术管理岗位职责，各阶段技术管理主要内容。

（3）熟悉施工现场材料、机械、工具管理岗位职责和管理制度，了解相关资料管理的基本要求。

（4）了解施工现场人力资源管理的基本内容。

（5）熟悉施工现场安全、质量与环境管理的基本内容，熟悉电力工程安全生产知识。

（6）了解施工现场主要作业资料管理内容、措施及资料归档要求。

能力目标：（1）会编制施工现场管理岗位职责。

（2）能根据施工设计图编制技术交底文件。

（3）能根据施工进度计划组织施工现场材料管理。

（4）能遵守施工现场安全管理制度、安全规程等。

（5）能识别施工现场安全隐患，并及时整改。

素质目标：（1）通过学习安全规范和质量管理知识，形成安全意识、质量意识。

（2）通过学习技术规范和岗位职责，形成责任意识和规范意识。

任务1　光伏电站施工现场管理认知

施工现场管理是施工企业各项管理水平的综合反映，是整个施工企业管理的基础，做好施工现场管理具有重大意义。要做好施工现场管理工作，依靠科技手段，加强培训教育，提高企业整体素质。光伏电站工程管理重点其实是项目工地施工现场管理。不断探索出一套行之有效的管理方法，对增加施工企业的经济效益，提高其核心竞争力，树立良好的施工企业形象都有着十分重要的意义。

施工现场管理是施工项目管理的重要部分，是施工项目管理的前沿阵地，一个项目制订的各项目标能否实现均要通过施工现场这个平台来完成。施工现场是企业的对外窗口，而现场管理则是一面镜子，它能照射出施工企业的面貌，对外起到向社会宣传的作用。

建设工程施工现场，是指进行工业和民用项目的房屋建筑、土木工程、设备安装、管线敷设等施工活动，经批准占用的施工场地。

根据《建设工程施工现场管理规定》有关规定，施工单位应当贯彻文明施工的要求，推行现代管理方法，科学组织施工，做好施工现场的各项管理工作。应当按照施工总平面布置图设置各项临时设施，堆放大宗材料、成品、半成品和机具设备，不得侵占场内道路及安全防护等设施。建设工程实行总包和分包的，分包单位确需进行改变施工总平面布置图活动的，应当先向总包单位提出申请，经总包单位同意后方可实施。

施工现场必须设置明显的标示牌，标明工程项目名称、建设单位、设计单位、施工单位，目经理和施工现场总代表人的姓名，开、竣工日期，施工许可证批准文号等。施工单位负责施工现场标示牌的保护工作。施工现场的主要管理人员在施工现场应当佩戴证明其身份的证或者卡。

施工现场的用电线路、用电设施的安装和使用必须符合安装规范和安全操作规程，并按照施工组织设计进行架设，严禁任意拉线接电。施工现场必须设有保证施工安全要求的夜间照明，危险潮湿场所的照明以及手持照明灯具，必须采用符合安全要求的电压。

施工机械应当按照施工总平面布置图规定的位置和线路设置，不得任意侵占场内道路。施工机械进场必须经过安全检查，经检查合格的方能使用，施工机械操作人员必须建立机组责任制，并依照有关规定持证上岗，禁止无证人员操作。

施工单位应该保证施工现场道路畅通，排水系统处于良好的使用状态；保持场容场貌的整洁，随时清理建筑垃圾。在车辆、行人通行的地方施工，应当设置沟井坎穴覆盖物和施工标志。

施工单位必须执行国家有关安全生产和劳动保护的法规，建立安全生产责任制，加强规范化管理，进行安全交底、安全教育和安全宣传，严格执行安全技术方案。施工现场的各种安全设施和劳动保护器具，必须定期进行检查和维护，及时消除隐患，确保其安全有效。

施工现场应当设置各类必要的职工生活设施，并符合卫生、通风、照明等要求。职工的膳食、饮水供应等应当符合卫生要求。

建设单位或者施工单位应当做好施工现场安全保卫工作，采取必要的防盗措施，在现场周边设立围护设施。施工现场在市区时，应当在周围设置遮挡围栏，临街的脚手架也应当设置相应的围护设施。非施工人员不得擅自进入施工现场。

非建设行政主管部门对建设工程施工现场实施监督检查时，应当通过或者会同当地人民政府建设行政主管部门进行。

任务2 施工现场技术管理

3.2.1 施工现场技术管理概述

施工现场技术管理的主要内容包括，图样会审、施工图预算、施工预检、隐蔽工程检查与验收、材料购置、工程技术核定、工程变更签证、施工组织设计与施工方案、技术交底、施工进度计划、施工场地布置及规划、临时用电布置、绿色施工规划及实施、文明施工规划与具体措施控制等十四个方面的内容。

施工技术管理的基本任务是正确贯彻国家各项技术政策和法规，认真执行国家和部委颁布的现行施工技术规范、光伏电站接入电网测试规程和工程质量检验评定标准，严格按照承发包工程合同文件合理有效地进行技术管理工作。进行施工项目的目标控制和施工要素的优化配置，实施动态管理，以充分发挥技术人员和现有资源的作用。组织开展各项技术管理工作，特别是加强基础工作，建立正常的施工生产秩序，促进技术管理的规范化、系统化、制度化，为施工生产提供有效的技术保障。健全技术工作责任制，落实技术职责，确保技术目标的实现。积极开展技术创新、技术进步活动。加强技术交流和技能培训，以提高员工的技术素质。

施工技术管理中心环节是做好工程开工前的各项技术准备工作。注重施工过程中的组织、协调、控制、调整和检查，坚持通过以试验检测数据评定工程质量。组织有关人员及时编写工程技术总结及科研课题、"五新"项目（新技术、新工艺、新设备、新产品、新材料）的专题报告和学术论文。定期不定期对技术人员、试验和测量人员进行技术和岗位技能培训。

施工技术管理的体制实行项目、工区以总工领导下的技术岗位管理体系，行使技术管理责任制，建立有效的技术管理体系，集中领导，分工负责。根据工程大小和工程施工方式，组建项目经理部、工区相应的技术管理机构，行使技术管理职责，负责组织施工，实现技术管理目标。工程管理部在项目经理部领导下归于统一管理本标段的技术管理工作，并负责制订和实施科学的技术管理办法。

3.2.2 施工技术管理工作职责

1. 项目总工程师职责

项目总工程师是本项目的最高技术领导，直接对项目经理负责。在本职范围内对技术和质量有权做出决定和处理，并受上级总工程师的业务领导。

对项目的施工技术管理工作全面负责，进行技术分工，行使监督检查责任。贯彻执行国家、行业和上级有关技术政策、法规和各项标准。

组织技术人员熟悉合同文件，领会设计意图和掌握具体技术细节，参加设计技术交底，主持图样会审签认，对现场情况进行调查核对，处理与监理、业主之间业务工作关系等施工各项技术相关工作。

在项目经理主持下，组织编制实施性施工组织设计、关键部位施工工艺等方案及安全环保技术方案，并在施工前组织有关技术和相关人员进行全面技术交底。

督促指导施工技术人员严格按设计图样、施工规范和操作规程组织施工，负责把关控制。负责研究解决施工过程中的工程技术难题，主持召开各项技术工作会议。

领导试验检测、测量放样、计量、质检等工作，负责施工过程中发生重大技术问题时的决策或报告。分管项目质量工作和工程质量创优计划的制订，并组织实施。负责技术质量事故的调查与处理以及审核签发变更设计报告。

开展项目科研课题和“新技术、新工艺、新设备、新产品、新材料”推广活动。制订项目技术交流、职工培训、年度培训计划和支持有关部门开展 QC（质量控制）小组攻关活动。

主持竣工技术文件资料的分类、汇总及编制，参加交竣工验收。组织做好施工技术总结，督促技术人员撰写专题论文和施工工法，并负责审核、修改、签认后向上级推荐、申报。

主持对项目技术人员工作的检查、指导和考核。主持项目达标管理技术相关工作。负责 ISO 9000 质量体系的技术管理工作。

2. 项目工程技术部门职责

在项目总工程师领导下，负责本项目的施工技术和管理工作。认真执行有关的施工技术按照本部门主要工作的分工，负责相关工程施工的日常技术管理工作。在工作中要相互沟通、协作，并按规定要求，各自做好分管工作。

熟悉合同文件，了解设计意图，掌握设计要点，按照实施性施工组织设计制订的施工方案和技术措施，拟订具体的实施方法和补充必要的技术保障措施。参与技术交底，组织相关技术方案施工。

负责施工过程中的技术控制、指导，督促操作班组进行自检、互检、交接检查。认真填写各项施工原始记录和工程验收单，参加中间检查验收和隐蔽工程验收，记好施工日志。注意施工原始记录和各种签认证明的收集、分类整理，并及时上交到工程技术部。

深入基层了解和研究问题，解决和处理施工操作中出现的一般简单的技术问题，指导或帮助班组解决有关难题。及时收集资料，总结经验教训，撰写技术论文和工作小结，并积极提出合理化建议和参加 QC 小组攻关活动。

负责对一般性测量放样和试验检测取样工作的技术把关。努力学习先进技术和工艺，钻研业务，及时总结工作中的经验教训，提高专业技能和管理水平。

3.2.3 施工准备阶段的技术管理

在承接任务后，应做好各项准备工作。进行技术分工，明确相关职责，建立技术管理体系，制订技术管理制度，确保技术管理工作顺利开展。

工程图样、合同及设计文件等技术文件管理，工程承包合同及设计文件是施工技术管理的主要依据，应与上级有关主管部门进行必要的资料交接，交接时应对文件的类型和数量进行查对核实，认真做好接收记录。总工程师应在准备阶段组织有关技术人员认真学习合同文件、熟悉研究所有技术文件和设计图样，全面领会设计意图，并为现场交桩和设计交底做好准备。研究技术文件和设计图样，发现有重大缺陷、不足及存在问题时，应上报集团指挥部，同时提交业主、监理，做好技术防范措施，收集相关资料、证据为变更、索赔及预防质量事故准备相关技术资料。

总工负责组织工程技术部门和测量队的有关技术人员参加现场交桩。现场交桩的内容为：路线导线点、水准基点和固定点桩；基线桩和水准基点等主要控制桩；依据合同条件划给施工单位生活生产及附属设施用地范围、取土场和施工便道的区间方位标志桩。

总工负责组织有关技术人员参加设计技术交底。设计技术交底时，除应认真听取设计单位对工程技术特点的介绍和对施工的各项要求外，总工应根据研究图样的记录汇总以及对设计意图的理解，明确提出对设计图样的疑问、建议或变更意见，并对所探讨的问题逐一做好记录。对设计文件和图样中存在的问题，应及时会同有关单位或部门协商解决并取得书面认可依据。

现场调查核对和恢复定线，总工应组织有关技术人员和部门进行现场技术调查与核对，为施工总体部署和编制实施性施工组织设计做好准备。现场技术调查与核对的内容主要有自然条件、技术经济条件和设计与实际地形地物是否相符。

① 沿线或桥位附近的工程地质、水文、气象、地形地物环境条件及施工污染影响等。

② 当地可利用的地方材料来源及外购材料来源，自采加工材料的分布、数量、质量状况，各种材料的运输线路、运距、运输方式及道路状况等。

③ 当地劳动力资源、可利用的劳务分包单位及其技术水平状况。

④ 地方能源、可提供给本工程的用水用电状况，当地设备租赁、生活物资供应和消防治安等状况。

⑤ 路线平面、纵横断面图，沿线地质不良地段的特殊处理，构造物总体布置及桥梁结构形式、防护、导流设施等方案是否合理。

⑥ 标书文件中编列的临时便道、便桥、房屋、电力、电信设备、总体施工方案、主要施工设备、临时给排水设施等是否恰当。

⑦ 本工程与当地农田水利、航道、码头、公路、铁路、电力、电信、管道、地下文物及其他构筑物的相互干扰影响情况。

对在现场调查核对中发现的有关问题，应及时汇总研究整理，确定解决办法后，拟文报请建设单位审批。未经建设单位正式批准，施工中不得随意变动。恢复定线是对原导线、路中线、转角点、水准点、桥位桩和主要结构物的控制点等进行复测。复测的偏差值小于规定值时可设桩保护；若大于规定值，应整理资料报送原测设单位和监理，共同研究核定。恢复定线的测量资料应报监理签认后方可作为施工的依据。

施工技术方案是施工组织设计的核心部分，它的合理与否直接影响工程的施工效率、质量、工期和技术经济效果，因此，必须高度重视施工技术方案的制订工作。施工技术方案应符合工程承包合同技术规范的要求，体现设计意图，要求做到技术工艺先进、经济合理，能保证工期、质量和安全。制订方案时必须结合项目现有资源和工程实际情况，确定施工方法，选择施工机械，安排施工顺序，衔接配合组织流水作业，制订施工安全环保技术措施等。编制实施性施工组织设计，应包含主要工序和关键部位组织设计，并设立质量控制点，制订控制措施，有具体负责落实的人员和制度。

推行规范化和标准化施工，根据项目有关施工内容，由项目总工组织编写主要工序的工艺或工法，并贯彻到施工班组和现场施工技术人员。施工技术方案由总工程师主持，工程部负责，相关部门协作。

在完成各项规定的施工准备工作后，项目经理部应按要求的程序和内容向监理提交开工报告，下达开工令后方可开工。开工报告一般应附以下主要技术资料：现场材料及半成品材料的检验、混合料配比组成、恢复定线和施工测量放样记录，主要机具设备、测量和试验仪器设备到场情况，以及拟开工分项或分部工程项目的施工技术方案等。

规划项目临建布置，应结合项目实际情况，提出详细规划设计和平面布置。根据项目施工内容和总体计划安排，做好各项图表上墙工作，力求美观、完整体现项目的总体水平。

3.2.4 施工过程的技术管理

1. 技术交底

工程施工前必须进行技术交底，交底记录应作为施工管理的原始记录保管，并应满足合同文件施工技术规范、规程、工艺标准、质量检验的要求。交底必须以书面形式进行，按规定程序经项目总工程师严格审查、签认。被交底单位负责人也应履行签字手续。对特殊隐蔽工程和质量事故、工伤事故多发易发工程部位及影响制约工程进度的关键环节，应重点交底，并明确所采取的技术措施和防范对策。

技术交底应按不同层次、不同要求和不同方式进行两级交底，应使所有员工掌握所从事工作的内容、方法和技术要求。交底应层层到位，交底要有记录。

工程开工前，项目经理应组织本项目各部门负责人及全体技术人员，由项目总工负责对工程的总体情况进行技术交底，其主要内容为：①合同文件中规定使用的有关技术规范、监理办法及总工期。②设计文件、施工图样的说明和施工特点以及施工技术标准、采用的工艺。③施工技术方案、质量保证措施、安全技术措施、季节性施工措施以及有关科研项目和“五新”项目的技术要求等。

在接受项目总工交底后，由项目工程部负责组织工区技术人员和相关施工人员进行交底，其主要内容为：施工方案实施的具体措施及施工方法；交叉作业的协作及注意事项；施工质量标准及检验方法；施工安全环保技术措施等。

工区技术人员负责向具体的操作班组进行技术交底。班组长在接受技术交底后，应组织全班组人员进行认真讨论，掌握技术要求、质量标准、安全施工及操作要点，建立岗位责任，制订有关具体措施。

2. 现场施工技术管理

为保证施工技术方案的顺利实施，除要在施工前进行详细的技术交底和切实做好施工准备工作外，还应做好施工过程中的检查、控制和调整完善工作，并形成相关记录。

根据对施工技术方案执行情况的检查，发现问题须制订定期改进措施和方案，并对有关部分或指标逐项进行补充、调整，对施工技术方案进行动态管理，并在施工中逐步优化完善。试验和测量工作按《项目试验管理办法》和《项目测量管理办法》的规定执行，并编制切实有效的实施细则。

3. 施工原始记录

施工原始记录是施工活动的真实反映，是评定工程质量的主要资料。因此必须严肃对待、认真记录、如实填写、妥善保管，其主要内容为：

① 工程所使用的各种原材料试验记录、试验报告（包括各种混合料配合比）、外购半成品的试验数据和出厂检验证。

② 各种有关技术质量问题的报告、事故处理报告、业主或监理对技术质量问题的批复文件。

③ 有关设计变更报告和业主或监理批复文件以及经批复增减工程数量的附件。

④ 各项工程检查报告和隐蔽工程检查记录。工程照片和录像、重要项目的隐蔽工程部位以及新工艺、新技术和难度较大的施工作业，均应有照片或录像。

⑤ 施工日志、记录施工人员从事施工活动、日常重要事项以及测量放样、施工交底记录等。

施工原始记录应随工程进度如实填写，不得过后补填。数据不得涂改（可划改）。同时应按合同要求格式进行。对于反映施工过程的其他重要原始记录，项目经理部可自行制订格式，但内容必须完整。所有的原始记录，均需经检查、复核和项目总工程师签字方有效，并归档保存，作交竣工验收之用。

4. 设计变更

一般来说，除合同另有规定外，项目经理部无权修改设计，如确需修改，必须报业主或监理审批。对工程的重大设计变更,项目必须征得上级技术主管部门同意后方可向业主或监理申报。因原设计考虑不周或设计漏项，需增加、补强或返工重做的工程，必须报监理核准，并取得变更通知或纪要等书面依据。施工组织设计、施工技术方案、各项技术措施和单项施工技术设计一经批准，不得随意改动，因特殊原因确需改动时，需按有关规定经上级技术主管部门同意后，方可报监理审批。

5. 安全环保技术措施

安全环保技术措施是施工方案或分项工程施工方法中对事故预测预控所采取的措施，是施工组织设计的重要组成部分，是施工单位指导安全环保施工的技术性规范文件，应在开工前完成编制和审批，以便交底和实施。安全环保技术措施的编制要注意两点：第一，编制前应对该工程进行调查，了解工程概况、结构类型、工期质量要求、机具设备、施工技术条件和自然环境等资料，并根据以往同类型工程施工的经验、教训，结合工程特点、薄弱环节及关键控制部位进行预测预控分析，制订出恰当的安全环保技术措施；第二，在审批过程中提出的修改意见应视为安全环保技术措施的组成部分,一并贯彻实施。审批后的安全环保技术措施一般不得变更，如因条件变化确需修改时应履行同样的审批手续，未被批准的安全环保技术措施不得实施。安全环保技术措施的主要内容为：施工工艺、操作规程（或工法）、施工现场平面布置及防护措施。

技术交底应根据审批后的安全环保技术措施以不同层次不同深度内容，在开工前向参与工程施工的所有管理和施工人员进行交底，交底可与施工技术方案交底一并进行。监督检查应保证安全环保技术措施的贯彻实施，除加强教育提高员工执行措施的自觉性外，更重要的手段是加强执行过程中的监督管理和安全环保检查，安全环保检查应按有关安全环保管理规定执行。

6. 施工日志管理

技术人员的施工日志是技术人员工作内容凭证之一，是技术部门考核和评价其工作的重要依据。项目经理部的所有技术人员，必须认真、如实、全面的记录施工日志。

施工日志内容包括施工安排及落实情况，人工、机械情况；急需解决问题、重大技术问题处理和安排；调度会议、质量情况、监理的指示、口头要求及必须记载涉及工程的有关情况。

施工日志记载的技术问题包括：设计修改情况，材料代用情况，质量事故处理，现场技术控制及技术检查情况，存在的问题，采取的措施，技术交底情况，施工人员反映问题和情况。施工日志由技术人员妥善保存，但在管理中应接受检查和监督，在事故处理中作为重要凭证。

任务3　施工现场人员与材料管理

3.3.1　施工现场人员管理

人力资源管理在建筑项目的整个资源管理中占据很重要的地位，从经济的角度看，人是生产力要素中的决定因素。在社会生产过程中，处于主导地位，因此本文所指的人力资源是广义的人力资源，它包括管理层和操作层，只有加强这两个方面的管理，施工企业才能很好地掌握手中的材料、设备、资金，把一项建筑工程做得尽善尽美。人力资源管理的内容主要包括：人力资源的招收、培训、录用和调配（对于劳务单位）；劳务单位和专业单位的选择和招标（对于总承包单位）；科学合理地组织劳动力，节约使用劳动力；制订、实施、完善、稳定劳动定额和定员；改善劳动条件，保证职工在生产中的安全与健康；加强劳动纪律，开展劳动竞赛，提高劳动生产效率；对劳动者进行考核，以便对其进行奖惩。

3.3.2　施工现场劳动过程管理

人是直接参与施工的组织者、指挥者和操作者，作为控制的对象，就是要避免产生失误；作为控制的动力，就是要充分调动人的积极性及发挥人的主导作用。

加强对劳动者政治思想教育、劳动纪律教育、职业道德教育和专业技术培训，健全岗位责任制，改善劳动条件，公平、合理地激励劳动者的劳动热情。根据工程特点，从确保质量这一根本点出发，在人的技术水平、生理缺陷、心理行为、错误行为等方面来控制人的使用。

对技术复杂、难度大、精度高的工序或操作，应由技术熟练、经验丰富的工人来完成；反应迟钝、应变能力差的工人，不能操作快速运行、动作复杂的机械设备。对某些要求万无一失的工序和操作，管理人员一定要分析工人的心理行为，控制工人的思想活动，稳定工人的情绪，保证施工顺利完成。

对具有危险源的现场作业，应控制工人的错误行为，严禁工人在施工现场吸烟、赌博、嬉戏，避免出现误判断、误动作等。严格禁止无技术资质的人员上岗操作；对不懂装懂、图省事、碰运气、有意违章的行为，必须及时制止。

总之，在使用人的问题上，应从政治素质、思想素质、业务素质和身体素质等方面综合考虑，全面控制。

1. 做好劳动保护和安全卫生工作

施工现场劳动保护及卫生工作较其他行业复杂，存在不安全、不卫生的因素比较多，因此为保证劳动者在生产过程中的安全和健康，应做好以下几方面的工作：

① 建立劳动保护和安全卫生责任制，使劳动保护和安全卫生工作有人抓、有人管、有责任、有奖罚。

② 采取各种技术措施和组织措施，不断改善职工的作业条件和生活条件，清除生产中的不安全因素，预防工伤事故的发生，保证劳动者安全生产。

③ 对进入施工现场的人员进行教育，宣传劳动保护及安全卫生工作的重要性，增强职工自我防范意识。

④ 科学、合理地安排职工的工作时间和休息时间，减轻劳动强度，实行文明施工。

⑤ 加强劳动卫生管理，防止和控制职业中毒或职业病，保障劳动者的身体健康，并努力落实劳动保护及安全卫生的具体措施及专项奖金。

⑥ 定期进行全面的专项检查，并认真总结和交流。

2. 实施施工任务单管理

施工任务单是施工现场向施工班组或工人下达的劳动量消耗任务书，是现场劳动力管理的重要依据，是贯彻按劳分配、调动职工劳动积极性的重要手段，所以掌握并运用好施工任务单具有重要意义。

通常，施工任务单是由专人负责的施工任务单制订小组制订的。在制订前，施工任务单制订小组应展开深入的调查研究，广泛收集资料，充分发扬民主，使任务单的制订既反映国家定额标准，又反映企业劳动的实际水平。

施工任务单的形式，一般以分项工程或专业承包队为对象，也可以以职工个人为对象，其工期以半个月至1个月为宜，太长了容易与进度计划脱节，太短了又增加了施工任务单制订小组的工作量。

施工任务单的下达、回收都要及时，以便相关人员及时进行核算、分析、总结，准确反映劳动消耗的实际情况，适时对施工任务单加以调整，使现场劳动量的运动处于有效的控制之中。下达任务单时，要与施工组织设计的进度计划协调一致，以便于劳动生产率的提高。

施工任务单是施工现场劳动核算的文件，是按劳分配的重要依据，是非常重要的原始记录资料，其项目应尽量齐全，数据应当准确，以便估工、考核、统计取量和结算之用。

3. 开展劳动竞赛

劳动竞赛是促进施工队伍提前完成或超额完成施工任务的有效措施，在现场施工中必须认真组织实施。

在组织开展劳动竞赛前，应明确公布劳动竞赛的内容、范围、目的、考核条件和标准，使职工人人心中有数。制订的竞赛指标要如实反映施工现场劳动者的实际情况及工人的素质，使大家能够接受。

此外，还须做好竞赛的各级组织的落实工作，防止形式主义，走过场，从而挫伤职工的劳动积极性。

4. 开展人员培训

目前，光伏电站项目施工现场缺少的不是劳动力，而是缺少有知识、有技能、能够适应现代建筑业发展要求的新型劳动者和经营管理者。劳动者的素质和劳动技能不同，在现场施工中所起的作用和获得的劳动成果也不相同。因此，非常有必要对劳动者的素质和技能进行培训。

对劳动力进行培训，要有计划、有步骤地进行，做到与需求同步，避免造成影响正常工作或培训滞后。根据工程的需要，在安排劳动力培训计划时，要与企业其他培训相结合，争取做到结合实际，兼顾长远。应对培训工作进行有效的档案管理，以利于专业知识和技能的提高和普及，也有利于优化劳动力组合，达到形成专长劳动资源的目的。

按照培训时间的长短，可进行长期培训或短期培训。但无论选择哪种培训，均应因地制宜，因人而异，广开学路，不拘形式，讲求实效，根据各企业自身的不同特点和施工现场实际情况，以及不同工种、不同业务的工作需要，采取不同的培训方法。

如果条件允许，施工企业可自行办理，也可联合几个单位共同办理或委托社会培训单位进行培训。其采用的方式可以脱产,也可以不脱产。按其脱产程度的不同,企业培训可分为业余培训、半脱产培训和全脱产培训。培训还可采取岗位练兵、师带徒等的形式。

培训内容提高劳动力的文化水平和技术熟练程度的唯一途径，就是采取有效措施全面开展培训，通过培训达到预定的目标和水平，并经过一定考核取得相应的技术熟练程度和文化水平的合格证，才能上岗。现代施工现场管理理论的培训：任何实践活动都离不开理论的指导，现场施工也是这样。如果管理者与被管理者不掌握施工现场管理理论，就无法做到协调、高效地工作，容易造成窝工和浪费材料的现象；如果管理跟不上，现场施工水平就要落后，就不能参与市场竞争，企业就要被淘汰。所以，加强现场管理理论的培训是很有必要的。文化知识的培训：文化知识是劳动者进行业务学习、提高操作水平的基础；劳动者要运用一定的施工技术，必须要有相应的文化知识作保证；文化知识就是工具，进行岗位培训必须使职工掌握这个工具。操作技术的培训：进行培训的目的是能上岗胜任工作，所有一切培训内容都要围绕这一点进行；结合施工现场技能、技术及协作的要求，围绕施工工艺进行培训，做到有的放矢，学以致用，使职工的技术水平达到岗位或与工人工资级别相应的水平。

3.3.3 施工现场材料管理

1. 材料管理岗位职责

（1）项目经理职责

贯彻、执行上级有关料具管理的各项规定，对所辖项目的料具管理负全面领导责任。负责贯彻施工现场各级材料人员的岗位责任制及施工现场各项料具管理制度并组织执行。负责审定各项料具供应计划，以确保安全生产的顺利进行。

负责审定各项主要料具的采购计划、数量、品种、价格，并受法人代表委托负责审定和对外签署主要料具供应合同。负责与甲方签订料具因市场价格增长而导致工程造价增长的经济洽商协定。负责检查材料节约措施，及限额领料制度的落实情况。负责组织施工作业人员进行料具管理知识的教育和考核工作。定期或不定期对现场料具的采购、运输、保管、存放和使用进行检查，不断提高现场料 具管理水平。根据实际情况，制订节约和浪费料具的奖罚制度，并切实兑现。

（2）现场料具负责人职责

贯彻执行上级有关料具管理规定，对现场料具负直接管理责任。协助工地负责人落实施工现场料具管理责任制和料具管理制度。根据预算部门提供的施工图预算及大工料分析制订料具供应计划。

负责查验确认分承包方提供的产品及产品合格证书和有关资料是否符合国家质量标准。负责现场内外材料堆放管理，负责办理场外用地手续。材料码放符合规定要求。

负责施工现场料具的标识工作，产品标实应符合 ISO 9002 标准要求。负责施工现场料具的保管工作，贵重物品、易燃、易爆和有毒物品及周转材料的保管应符合有关规定。

落实限额领料制度，执行材料节约措施，并建立材料节约台账。负责现场料具作业资料的建档和管理工作。定期对现场料具的采购、验收、保管、存放和使用进行检查，提出整改意见并进行复查。协助工地负责人对施工作业人员进行料具管理知识的教育、考核。

（3）采购员职责

服从料具负责人的领导，根据材料供应计划，努力做好采购工作，做到“三比一看”，即比质量、比价格、比供应及时，看谁服务好。优先采购合格分承包方的产品及符合国家质量标准，并具有产品合格证书和有关资料的产品。主要料具采购前，应掌握预算价格，认真询价，并及时向料具负责人汇报，为领导决策提供依据。随时掌握主要料具的市场价格，对于高于预算价格的产品，要及时向料具负责人和项目经理提出经济洽商的建议。负责对主要料具提货合同的起草和审查，为签订合同做好准备工作。对采购的料具要做到，质好价低，杜绝假冒伪劣产品及质劣价高产品流入施工现场。对进入施工现场的料具做好交验工作，凡是不合格的料具，坚决退回，不准使用。

（4）现场材料员职责

负责对现场的料具进行验收。对技术要求较高的料具，应会同有关部门共同验收。进场的料具按施工现场平面图的要求码放整齐，并保持料场周围的干净、整齐。

随时掌握工程所需料具的品种、数量和施工预算提出的料具用量、确定限领额度，掌握已使用额度及剩余额度，执行限额领料制度。根据施工进度、现场大小、市场情况，及时与采购员联系，合理安排现场材料的库存，力争做到既保证生产需要又不造成积压。随时掌握现场料具的品种和数量，并根据 ISO 9002 的要求进行标识。

负责监督周转材料的使用情况，做好料具的防雨、防晒、防冻、防爆、防潮、防混放、防损坏等工作，做好料具的成品、半成品保护工作。负责对工程遗留的料具及时进行清理和码放，防止浪费和混杂。负责对料具包装品的管理和回收工作。负责及时向材料三级账提供验收单和领料单，按月和三级账核对耗料表和实物量，按月填报上级规定的统计报表。建立并认真填写料具明细账，做到账相符、账物相符。妥善保存账目和原始凭证，不损坏、不遗失。

（5）仓库保管员职责

负责对入库料具的验收和签认。入库的料具应分类码放整齐，并按ISO 9002标准进行储存、保管、标识。随时掌握仓库内料具的品种和数量，掌握工程需要料具的品种和数量。

根据库容大小、工程需要情况，合理安排库存，做到既保证生产、生活的需要，又不造成积压。做好库内料具的防火、防盗、防爆、防雨、防混放、防损坏等工作，做好成品、半成品保护工作。负责及时向材料三级账提供验收单和领料单，按月和三级账核对耗料表和实物量。建立并认真填写上级规定的统计报表。建立并认真填写料具明细账，做到账账相符、账物相符，妥善保存账目和原始凭证，不损坏、不遗失。

（6）材料会计职责

按照料具品种、规格设置各分类明细账。根据材料员和仓库保管员提供的料具验收单、当月领料单、材料消耗表及时登账。定期与材料员和仓库保管员核对料具实存数量，并与财务管理员核对金额。月末及时结账，并做出当月材料消耗表。应掌握预算部门提供的材料所需数量及预算价格。掌握预算与实际之间的价差和量差，及时做出材料采购成本分析。

2. 现场材料管理的一般要求

根据《光伏发电站施工规范》（GB 50794）的相关规定，光伏发电站施工设备的运输与保管应符合几项基本要求：在吊装、运输过程中应做好防倾覆、防震和防护面受损等 安全措施。必要时可将装置性设备和易损元件拆下单独包装运输。当产品有特殊要求时，尚应符合产品技术文件的规定。设备宜存放在室内或能避雨、雪的干燥场所，并应做好防护措施。保管期间应定期检查，做好防护工作。安装人员应经过相关安装知识培训。设备到场后应进行下列检查：包装及密封应良好；开箱检查，型号、规格应符合设计要求，附件、备件应齐全；产品的技术文件应齐全；外观检查应完好无损。

施工现场外临时存放材料，需经有关部门批准，并应按规定办理临时占地手续。材料要码放整齐，符合要求，不得妨碍交通和影响市容，堆放散料时应进行围挡，围挡高度不得低于0.5 m。贵重物品，易燃、易爆和有毒物品，应及时入库，专库专管，增加明显标志，并建立严格的管理规定和领退料手续。材料场应有良好的排水措施。做到雨后无积水，防止雨水浸泡和雨后地基沉降，造成材料的损失。

材料现场应划分责任区，分工负责以保持材料场的整齐洁净。材料进出施工现场，要遵守门卫的查验制度。进场要登记，出场有手续。材料出场必须由材料员出具材料调拨单，门卫核实后方准出场。调拨单交门卫一联保存备查。

3. 施工现场材料管理制度

（1）材料入库验收制度

物资入库，保管员要亲自同交货人办理交接手续，核对清点物资名称、数量是否一致。物资入库，应先进入待验区，未经检验合格不准进入货位，更不准投入使用。核对证件：入库物在进行验收前，首先要将供货单位提供的质量证明书或合格证、装箱单、发货明细表等进行核对，看是否同合同相符。数量验收：数量验收要在物资入库时一次进行，应当采取与供货单位统一后的计量方法进行验收，以实际验收的数量为实收数。质量检验：一般只做外观形状和外观质量检验的物资，可由保管员或验收员自行检查，验收后做好记录，填好材料进场登记表，见表3-1。

表3-1 材料进场登记表

工程名称： 年度：

序号	日期	材料名称	规格型号	单位	数量	供货单位	检验状态	收料人	备注
1									
2									
3									

材料员： 保管员：

对验收中发现的问题，如证件不齐全，数量、规格不符，质量不合格，包装不符合要求等，应及时报有关部门，按有关法律、法规的规定及时处理，保管员不得自作主张。物资经过验收合格后，应及时办理入库手续，进行登账、建档工作，以便准确的反映库存物资动态。在保管账上要列出金额，保管员要随时掌握储存金额状况。物资经过复核后，如果是自用自提，即将物资和证件全部向提货人当面点交，物资点交手续办完后，该项物资的保管阶段基本完成，保管员即应做好清理善后工作。

（2）施工现场材料发放制度

领取或借用材料器具必须经过出料登记并履行签字手续后，方可领取。仓管员负责及时发放劳保防护用品，领取数量需经安全员签字核实后，方可发放。器材收回后必须经过验收，若发现有损坏现象，根据损坏程度的轻重和器材单价，给予适当的赔偿。仓管员必须坚守岗位，设置防火防盗设施，禁止在仓库内吸烟、聚众娱乐，同时做好仓库卫生，勤清扫，保持货架及材料的清洁。

（3）施工现场领料制度

各施工队领料时必须有计划领取，按计划分期、分批领取。各施工队队长亲自到办公室经主管同意签字后领取。施工队长可委派一名材料保管员负责领取本队计划内料具，并报办公室审批后方可执行。领料具时必须填写领料单据、签字，多余材料填写退料单，经保管员签字后退回，领料单据基本样式见表3-2。

表3-2 限额领料登记表

工程名称： 年度：

日期	材料名称	规格数量	单位	数 量		节超记录		使用班组	领料人
				定额	领用	结余	超支		

材料员： 保管员：

（4）施工现场材料使用制度

施工材料的发放应严格按照材料消耗定额管理，采取分步、分项包干等管理手段降低材料消耗。项目经理部材料部门以技术部门根据工程计划和工程质量要求，提出的工程需用物资计划为基础，编制工程材料需用量，在工程施工过程中遇有设计变更或特殊要求情况下，要以技术部门和经营管理部门书面通知为准，作为调整用量的依据。

物资部对用料单位提供的用量不得超过申报的计划数。物资部根据工程量用量分项、分部把材料供应到作业队。分项、分部工程完工后由项目经理部生产、质量、材料部门共同验收并在材料承包协议书上签字。

材料定额员根据对施工队材料使用情况和分项、分部工程完成情况，对节超进行核算。

水泥库内外散落灰及时清理。搅拌机四周、拌料处及施工现场内无废弃砂浆、混凝土，运输道路和操作面落地灰及时清运，做到活完脚下清。砂浆、混凝土倒运时要采取防洒落措施。砖、砂、石和其他材料应随用随清，不留底料。

施工现场要有用料计划，按计划用料，使现场材料不积压，对剩余材料及时书面报告企业物资部门予以调剂，以减少积压浪费，减少资金占用，加速资金周转。钢材、木材等原材料下料要合理，做到优材优用。

施工现场施工垃圾分拣站标识明显，及时分拣、回收、利用、清运。垃圾清运手续齐全，按指定地点消纳。施工现场必须节约用水用电，杜绝长明灯和长流水。现场料具管理应坚持检查、整改制度，检查整改记录表见表 3-3。

表3-3　现场料具管理检查、整改记录表

工程项目部：　　　　　　　　　　　　　　　　　　年　　月　　日

参加检查人员：
存在问题（隐患）：
整改措施： 整改人：
复查结论： 复查人：

记录人：

（5）施工现场材料节约制度

水泥库内外，散落地灰要及时清理。搅拌机四周、搅拌处和现场内外无废弃砂浆和混凝土，运输道路和工作面等落地材料及时清理。砂浆、混凝土倒运时应用容器或铺垫木板，浇筑混凝土时应采取防散落措施。砖、砂石和其他散料应随时清理，不留底料。要按计划用料、进料，使材料不积压，减少退料现象，钢材、木材等料具要合理使用，长料不能短用，优料不能劣用。

施工现场要有固定的垃圾站，对散落垃圾及时分拣回收利用。现场的剩余料及包装材料要及时回收，堆放整齐，及时清退。各班组要认真负责，做到计划用料，活完脚下清。

（6）施工现场周转材料管理制度

周转材料进场后，现场材料保管员要与工程劳务分包单位共同按进料单进行点验。周转材料的使用一律实行指标承包管理，项目经理部应与使用单位签订指标承包合同，明确责任，实行节约奖励，丢失按原价赔偿，损失按损失价值赔偿，并负责使用后的清理和现场保养，赔偿费用从劳务费中扣除。

项目经理部设专人负责现场周转材料的使用和管理，对使用过程进行监督。

严禁在模板上任意打孔；严禁任意切割架子管；严禁在周转材料上焊接其他材料；严禁从高处向下抛物；严禁将周转材料垫路和挪作他用。

周转材料停止使用时，立即组织退场，清点数量；对损坏、丢失的周转材料应与租赁公司共同核对确认。负责现场管理的材料人员应监督施工人员对施工垃圾进行分拣，对外运的施工垃圾应进行检查，避免材料丢失。

存放堆放要规范，各种周转材料都要分类按规范堆码整齐，符合现场管理要求。维护保养要得当，应随拆、随整、随保养，大模板、支撑料具、组合模板及配件要及时清理、整修、刷油。组合钢模板现场只负责板面水泥清理和整平，不得随意焊接。

（7）施工现场危险品保管制度

对于贵重物品、易燃易爆和有毒物品，如油漆、稀料、杀菌药品、氧气瓶等，应根据材料性能采取必要的防雨、防潮、防爆措施，采取及时入库，专人管理，加设明显标志，严格执行领退料手续。

危险品的领取应由工长亲自签字领取，用多少领多少，用不完的及时归还库房。使用危险物品必须注意安全，采取必要的防护安全措施。使用者必须具有一定的使用操作知识，安全生产知识。

（8）施工现场成品、半成品保护制度

进场的建筑材料成品、半成品必须严加保护，不得损坏。楼板、过梁、混凝土构件必须按规定码放整齐，严禁乱堆乱放。过梁、阳台板等小型构件要分规格码放整齐，严禁乱堆乱放。钢筋要分型号、分规格隔潮、防雨码放。

木材分类、分规格码放整齐，加工好的成品应有专人保管。各种电器器件做好防腐防潮包装，并按功能、规格型号摆放，保护存放，不得损坏。水泥必须入库保存，要有防潮、防雨措施。钢门窗各种成品铁件，应做好防雨、防撞、防挤压保护。铝合金成品应进行特殊保护处理。

（9）施工现场仓库管理制度

仓库内应保持整齐、整洁，各类材料物品应按化学成分、规格尺寸和存放条件分类放置保管，并做好标识。仓库保管员必须认真学习仓储知识，熟悉和掌握建筑材料的名称、规格、用途和使用方法。仓库保管员必须做好入库材料的保管保养工作，同时应做好仓库的通风、防潮、防火、防盗方面的工作。坚决把好材料验收入库关，做到规格不符不收、数量不足不收、质量不好不收。保管员应及时通知试验员做好材料的检测复试工作。仓库材料必须按品种存放，设标志卡，做到整齐清洁，妥善保管，确保不短少、不损坏、不私借私吞、不腐朽变质。如因保管不善所造成的损失，由责任人负责赔偿。坚持定额发料的原则，定额外的用料必须严格控制，不怕麻烦。

坚持按月盘点，做到账物卡相符，及时统计和汇总材料的库存和消耗情况，做好月报工作，做到既不积压、不饱滞，又不影响工程施工，物资盘点表的基本样式见表3-4。周转材料调拨时应派专人丈量、点数、登记，做到准确无误。材料进场资料必须齐全，保管员需将质保资料送项目部技术负责人审核，对不符合要求的产品有权拒收。现场周转材料要分类型、分规格堆放整齐，不得私拉乱损，必须专材专用。项目之间调拨材料必须公平、公开，做到既不要小心眼，又不让财产无故流失，以确保工程周转材料统计账目的准确性。

表3-4 物资盘点表

序号	物资名称	型号	规格	单位	账面数			实际点交数		盘盈		盘亏		说明
					单价	数量	金额	数量	金额	数量	金额	数量	金额	

分类、分型、分规格码放整齐，做到易查、易找、易取。库存材料账目程序应与库存材料存放顺序尽可能保持一致，便于清库。出入库手续应详尽齐全，便于清仓盘库。

库房应分大料库、小料库、危险品库、油料库等。凡能以旧换新，决不可按消耗材料处理。库存材料必须做到限额领料，避免材料无故丢失或浪费。

消耗材料应做到周清、周结，随时掌握库存情况。保管员应随时观察工程进度，用料情况，及时向有关领导提供各种材料信息。易燃易爆品、有毒品应采取有效措施进行特殊保管，并且远离施工区、生活区，配备足够的消防器材。材料库房未经保管员允许，不得进入。加强库房内材料保护，保持材料干净。仓库保管员不应随意请假，仓库应保证全天为工程服务，保管人员离岗之前，必须派临时人员对仓库进行管理。易挥发、易锈蚀的材料，必须隔离存放。领料人员必须服从保管员的安排，在库房不得随意拿放材料。

易燃易爆品库房严禁烟火，严禁闲人进入，保持通风良好。易燃易爆品库房应配备足够的消防器材，并由专人管理和使用，定期检查，确保处于良好状态。易燃易爆品进库前，要认真检查，做到所进材料要与货单相符，并且做到材料不符合标准的坚决不收。在收材料时，严禁带火种进入库房。要认真对材料的质量、品种、数量进行核对，无疑问时方可入库。易燃易爆品要分类堆放整齐，并挂牌标志。

在发料时要做到没有料单不发，没有安全员签字不发，用途不明不发，没有防火措施不发。发完料后，要及时对库房材料进行清点，并及时锁好门窗。要定期检查库房备用的防火器具是否完好有效，并定期更换。

4. 施工现场料具管理资料归档

施工现场材料管理资料归档目录包括总目录、分目录两部分。其中，总目录包括：现场料具管理概况；现场料具管理岗位责任制度；现场料具管理制度；材料节约台账与料具采购成本分析报表、报告；检查与整改记录表及汇总表。

现场料具管理资料分目录包含：现场料具管理概况包括：现场料具管理系统图、现场料具存放平面图、场外占地存料批准手续、场外存料平面图、现场料具管理人员名单。现场料具管理岗位责任制应包括：项目经理料具管理岗位责任制、现场料具负责人岗位责任制、现场料具采购员岗位责任制、现场材料员岗位责任制、现场仓库保管员岗位责任制、材料会计岗位责任制。

现场料具管理制度应包括：现场料具验收制度、现场领料退料管理制度、现场材料管理制度、现场仓库管理制度、现场材料节约制度等。料具节约台账与材料采购成本分析主要有限额领料台账、料具节约台账、按月材料采购成本分析表等。检查与整改记录有现场自检情况记录表、现场自检整改情况记录表、上级检查记录与评分表、上级检查后整改情况反馈表。

任务4 施工现场安全、质量与环境管理

3.4.1 光伏电站工程安全管理

1. 电力建设工程安全管理概述

党的二十大报告提出："要坚持以人民安全为宗旨"，"建设更高水平的平安中国，以新安全格局保障新发展格局。""坚持安全第一、预防为主，建立大安全大应急框架，完善公共安全体系。""推进安全生产风险专项整治，加强重点行业、重点领域安全监管。"根据现行法律法规，涉及电力建设工程安全管理的法律法规主要有《建筑法》《中华人民共和国安全生产法》《中华人民共和国特种设备安全法》《建设工程安全生产管理条例》《电力监管条例》《生产安全事故报告和调查处理条例》《电力建设工程施工安全监督管理办法》《光伏电站安全规范》等。

电力建设工程，指火电、水电、核电（除核岛外）、风电、太阳能发电等发电建设工程，输电、配电等电网建设工程，及其他电力设施建设工程。电力建设工程施工安全包括电力建设、勘察设计、施工、监理单位等涉及施工安全的生产活动。国家能源局及其派出机构对电力建设工程施工安全实施监督管理。

电力建设工程施工安全坚持"安全第一、预防为主、综合治理"的方针，建立"企业负责、职工参与、行业自律、政府监管、社会监督"的管理机制。

电力建设单位、勘察设计单位、施工单位、监理单位及其他与电力建设工程施工安全有关的单位，应根据安全生产法律法规和标准规范，建立健全安全生产保证体系和监督体系，建立安全生产责任制和安全生产规章制度，保证电力建设工程施工安全，依法承担安全生产责任。开展电力建设工程施工安全的科学技术研究和先进技术的推广应用，推进企业和工程建设项目实施安全生产标准化建设，推进电力建设工程安全生产科学管理，提高电力建设工程施工安全水平。

2. 安全管理责任

光伏电站项目单位负责电站建设和运营，是光伏电站的安全生产责任主体，必须贯彻执行国家及行业安全生产管理规定，依法加强光伏电站建设运营全过程的安全生产管理，并加大对安全生产的投入保障力度，改善安全生产条件，提高安全生产水平，确保安全生产。

国家能源局负责全国光伏电站工程的安全监管（包括施工安全监管、质量监督管理及运行监管），国家能源局派出机构依职责承担所辖区域内光伏电站工程的安全监管，地方政府电力管理等部门依据法律法规和相关规定落实"管行业必须管安全、管业务必须管安全、管生产经营必须管安全"的相关工作。光伏电站建设、调试、运行和维护过程中发生电力事故、电力安全

事件和信息安全事件时，项目单位和有关参建单位应按相关规定要求及时向有关部门报告。

（1）建设单位安全责任

建设单位对电力建设工程施工安全负全面管理责任，具体内容包括：①建立健全安全生产组织和管理机制，负责电力建设工程安全生产组织、协调、监督职责。②建立健全安全生产监督检查和隐患排查治理机制，实施施工现场全过程安全生产管理。③建立健全安全生产应急响应和事故处置机制，实施突发事件应急抢险和事故救援。④建立电力建设工程项目应急管理体系，编制应急综合预案，组织勘察设计、施工、监理等单位制订各类安全事故应急预案，落实应急组织、程序、资源及措施，定期组织演练，建立与国家有关部门、地方政府应急体系的协调联动机制，确保应急工作有效实施。⑤及时协调和解决影响安全生产重大问题。

建设工程实行工程总承包的，总承包单位应当按照合同约定，履行建设单位对工程的安全生产责任；建设单位应当监督工程总承包单位履行对工程的安全生产责任。

建设单位应当按照国家有关规定实施电力建设工程招投标管理，具体包括：①应将电力建设工程发包给具有相应资质等级的单位，禁止中标单位将中标项目的主体和关键性工作分包给他人完成。②应在电力建设工程招标文件中对投标单位的资质、安全生产条件、安全生产费用使用、安全生产保障措施等提出明确要求。③应审查投标单位主要负责人、项目负责人、专职安全生产管理人员是否满足国家规定的资格要求。④应与勘察设计、施工、监理等中标单位签订安全生产协议。

按照国家有关安全生产费用投入和使用管理规定，电力建设工程概算应当单独计列安全生产费用，不得在电力建设工程投标中列入竞争性报价。根据电力建设工程进展情况，及时、足额向参建单位支付安全生产费用。

建设单位应当向参建单位提供满足安全生产的要求的施工现场及毗邻区域内各种地下管线、气象、水文、地质等相关资料，提供相邻建筑物和构筑物、地下工程等有关资料。建设单位应当组织参建单位落实防灾减灾责任，建立健全自然灾害预测预警和应急响应机制，对重点区域、重要部位地质灾害情况进行评估检查。

应当对施工营地选址布置方案进行风险分析和评估，合理选址。组织施工单位对易发生泥石流、山体滑坡等地质灾害工程项目的生活办公营地、生产设备设施、施工现场及周边环境开展地质灾害隐患排查，制订和落实防范措施。

建设单位应当执行定额工期，不得压缩合同约定的工期。如工期确需调整，应当对安全影响进行论证和评估。论证和评估应当提出相应的施工组织措施和安全保障措施。履行工程分包管理责任，严禁施工单位转包和违法分包，将分包单位纳入工程安全管理体系，严禁以包代管。在电力建设工程开工报告批准之日起 15 日内，将保证安全施工的措施，包括电力建设工程基本情况、参建单位基本情况、安全组织及管理措施、安全投入计划、施工组织方案、应急预案等内容向建设工程所在地国家能源局派出机构备案。

（2）勘察设计单位安全责任

勘察设计单位应当按照法律法规和工程建设强制性标准进行电力建设工程的勘察设计，提供的勘察设计文件应当真实、准确、完整，满足工程施工安全的需要。在编制设计计划书时应当识别设计适用的工程建设强制性标准并编制条文清单。勘察单位在勘察作业过程中，应当制订并落实安全生产技术措施，保证作业人员安全，保障勘察区域各类管线、设施和周边建筑物、构筑物安全。

电力建设工程所在区域存在自然灾害或电力建设活动可能引发地质灾害风险时，勘察设计单位应当制订相应专项安全技术措施,并向建设单位提出灾害防治方案建议。应当监控基础开挖、洞室开挖、水下作业等重大危险作业的地质条件变化情况，及时调整设计方案和安全技术措施。

设计单位在规划阶段应当开展安全风险、地质灾害分析和评估，优化工程选线、选址方案；可行性研究阶段应当对涉及电力建设工程安全的重大问题进行分析和评价；初步设计应当提出相应施工方案和安全防护措施。

对于采用新技术、新工艺、新流程、新设备、新材料和特殊结构的电力建设工程，勘察设计单位应当在设计文件中提出保障施工作业人员安全和预防生产安全事故的措施建议；不符合现行相关安全技术规范或标准规定的，应当提请建设单位组织专题技术论证，报送相应主管部门同意。

勘察设计单位应当根据施工安全操作和防护的需要，在设计文件中注明涉及施工安全的重点部位和环节，提出防范安全生产事故的指导意见；工程开工前，应当向参建单位进行技术和安全交底，说明设计意图；施工过程中，对不能满足安全生产要求的设计，应当及时变更。

（3）施工单位安全责任

施工单位应当具备相应的资质等级，具备国家规定的安全生产条件，取得安全生产许可证，在许可的范围内从事电力建设工程施工活动。施工单位应当按照国家法律法规和标准规范组织施工，对其施工现场的安全生产负责。应当设立安全生产管理机构，按规定配备专（兼）职安全生产管理人员，制订安全管理制度和操作规程。

施工单位应当按照国家有关规定计列和使用安全生产费用。应当编制安全生产费用使用计划，专款专用。

电力建设工程实行施工总承包的，由施工总承包单位对施工现场的安全生产负总责。施工单位或施工总承包单位应当自行完成主体工程的施工，除可依法对劳务作业进行劳务分包外，不得对主体工程进行其他形式的施工分包；禁止任何形式的转包和违法分包。施工单位或施工总承包单位依法将主体工程以外项目进行专业分包的，分包单位必须具有相应资质和安全生产许可证，合同中应当明确双方在安全生产方面的权利和义务。施工单位或施工总承包单位履行电力建设工程安全生产监督管理职责，承担工程安全生产连带管理责任，分包单位对其承包的施工现场安全生产负责。施工单位或施工总承包单位和专业承包单位实行劳务分包的，应当分包给具有相应资质的单位，并对施工现场的安全生产承担主体责任。

施工单位应当履行劳务分包安全管理责任，将劳务派遣人员、临时用工人员纳入其安全管理体系，落实安全措施，加强作业现场管理和控制。

电力建设工程开工前，施工单位应当开展现场查勘，编制施工组织设计、施工方案和安全技术措施并按技术管理相关规定报建设单位、监理单位同意。

分部分项工程施工前，施工单位负责项目管理的技术人员应当向作业人员进行安全技术交底，如实告知作业场所和工作岗位可能存在的风险因素、防范措施以及现场应急处置方案，并由双方签字确认；对复杂自然条件、复杂结构、技术难度大及危险性较大的分部分项工程需编制专项施工方案并附安全验算结果，必要时召开专家会议论证确认。

施工单位应当定期组织施工现场安全检查和隐患排查治理，严格落实施工现场安全措施，杜绝违章指挥、违章作业、违反劳动纪律行为发生。

施工单位应当对因电力建设工程施工可能造成损害和影响的毗邻建筑物、构筑物、地下管线、架空线缆、设施及周边环境采取专项防护措施。对施工现场出入口、通道口、孔洞口、邻近带电区、易燃易爆及危险化学品存放处等危险区域和部位采取防护措施并设置明显的安全警示标志。

施工单位应当制订用火、用电、易燃易爆材料使用等消防安全管理制度，确定消防安全责任人，按规定设置消防通道、消防水源，配备消防设施和灭火器材。

施工单位应当按照国家有关规定采购、租赁、验收、检测、发放、使用、维护和管理施工机械、特种设备，建立施工设备安全管理制度、安全操作规程及相应的管理台账和维保记录档案。施工单位使用的特种设备应当是取得许可生产并经检验合格的特种设备。特种设备的登记标志、检测合格标志应当置于该特种设备的显著位置。安装、改造、修理特种设备的单位，应当具有国家规定的相应资质，在施工前按规定履行告知手续，施工过程按照相关规定接受监督检验。

施工单位应当按照相关规定组织开展安全生产教育培训工作。企业主要负责人、项目负责人、专职安全生产管理人员、特种作业人员需经培训合格后持证上岗，新入场人员应当按规定经过三级安全教育。对电力建设工程进行调试、试运行前，应当按照法律法规和工程建设强制性标准，编制调试大纲、试验方案，对各项试验方案制订安全技术措施并严格实施。应当根据电力建设工程施工特点、范围，制订应急救援预案、现场处置方案，对施工现场易发生事故的部位、环节进行监控。实行施工总承包的，由施工总承包单位组织分包单位开展应急管理工作。

（4）监理单位安全责任

监理单位应当按照法律法规和工程建设强制性标准实施监理，履行电力建设工程安全生产管理的监理职责。监理单位资源配置应当满足工程监理要求，依据合同约定履行电力建设工程施工安全监理职责，确保安全生产监理与工程质量控制、工期控制、投资控制的同步实施。监理单位应当建立健全安全监理工作制度，编制含有安全监理内容的监理规划和监理实施细则，明确监理人员安全职责以及相关工作的安全监理措施和目标。

监理单位应当组织或参加各类安全检查活动，掌握现场安全生产动态，建立安全管理台账，重点审查、监督下列工作：①按照工程建设强制性标准和安全生产标准及时审查施工组织设计中的安全技术措施和专项施工方案。②审查和验证分包单位的资质文件和拟签订的分包合同、人员资质、安全协议。③审查安全管理人员、特种作业人员、特种设备操作人员资格证明文件和主要施工机械、施工器具、安全用具的安全性能证明文件是否符合国家有关标准；检查现场作业人员及设备配置是否满足安全施工的要求。④对大中型起重机械、脚手架、跨越架、施工用电、危险品库房等重要施工设施投入使用前进行安全检查签证。土建交付安装、安装交付调试及整套启动等重大工序交接前进行安全检查签证。⑤对工程关键部位、关键工序、特殊作业和危险作业进行旁站监理；对复杂自然条件、复杂结构、技术难度大及危险性较大分部分项工程专项施工方案的实施进行现场监理；监督交叉作业和工序交接中的安全施工措施的落实。⑥监督施工单位安全生产费的使用、安全教育培训情况。

在实施监理过程中，发现存在生产安全事故隐患的，应当要求施工单位及时整改；情节严重的，应当要求施工单位暂时或部分停止施工，并及时报告建设单位。施工单位拒不整改或者不停止施工的，监理单位应当及时向国家能源局派出机构和政府有关部门报告。

（5）监督管理责任

国家能源局依法实施电力建设工程施工安全的监督管理。建立健全电力建设工程安全生产监管机制，制订电力建设工程施工安全行业标准。建立电力建设工程施工安全生产事故和重大事故隐患约谈、诫勉制度。加强层级监督指导，对事故多发地区、安全管理薄弱的企业和安全隐患突出的项目、部位实施重点监督检查。

国家能源局派出机构按照国家能源局授权实施辖区内电力建设工程施工安全监督管理。部署和组织开展辖区内电力建设工程施工安全监督检查。建立电力建设工程施工安全生产事故和重大事故隐患约谈、诫勉制度。依法组织或参加辖区内电力建设工程施工安全事故的调查与处理，做好事故分析和上报工作。

国家能源局及其派出机构履行电力建设工程施工安全监督管理职责时，可以采取下列监管措施：①要求被检查单位提供有关安全生产的文件和资料（含相关照片、录像及电子文本等），按照国家规定如实公开有关信息。②进入被检查单位施工现场进行监督检查，纠正施工中违反安全生产要求的行为。③对检查中发现的生产安全事故隐患，责令整改；对重大生产安全事故隐患实施挂牌督办，重大生产安全事故隐患整改前或整改过程中无法保证安全的，责令其从危险区域撤出作业人员或者暂时停止施工。④约谈存在生产安全事故隐患整改不到位的单位，受理和查处有关安全生产违法行为的举报和投诉，披露违反本办法有关规定的行为和单位，并向社会公布。⑤法律法规规定的其他措施等监管措施。

国家能源局及其派出机构应建立电力建设工程施工安全领域相关单位和人员的信用记录，并将其纳入国家统一的信用信息平台，依法公开严重违法失信信息，并对相关责任单位和人员采取一定期限内市场禁入等惩戒措施。

生产安全事故或自然灾害发生后，有关单位应当及时启动相关应急预案，采取有效措施，最大程度减少人员伤亡、财产损失，防止事故扩大和衍生事故发生。建设、勘察设计、施工、监理等单位应当按规定报告事故信息。

3. 施工现场电气管理

图例

临时用电规范图例

（1）施工现场电气特殊性

从广义上讲，每个施工现场就是一个工厂，它的产品是一个建筑物或构筑物。但是，它与一般的工业产品不同，主要有下列特殊性：

① 没有通常意义上的厂房，所设的电气工程明显带有临时性，露天作业多。

② 工作条件受地理位置和气候条件制约多。

③ 施工机械具有相当大的周转性和移动性，尤其是用电施工机具有较大的共用性。

④ 施工现场的环境比工厂恶劣，电气装置、配电线路、用电设备等易受风沙、雨雪、雷电、水溅、污染和腐蚀介质的侵害，极易发生意外机械损伤、绝缘损坏并导致漏电。

⑤ 施工现场是多工种交叉作业的场所，非电气专业人员使用电气设备相当普遍，而这些人员的安全用电知识和技能水平偏低，因此，人体电击伤害事故较其他场所更容易发生。施工现场的电力供应是保证实现高速度、高质量工程施工作业的重要前提。因此，在施工组织设计中，必须根据施工现场用电的特殊性，从节约用电、降低工程造价，保证工程质量和安全生产着手，进行周密的考虑和安排。做好施工现场安全用电是一项十分重要的工作，为了有效地防止施工现场各种意外的电击伤害事故，保障人身安全、财物安全，主要从两个方面考虑，首先，应在用电技术上采取完备、可靠的安全防护措施，严格按照国家制订的技术标准《施工现场临时用电安全技术规范》（JGJ 46）实施；其次，“安全技术”的实施与“安全管理”的执行必须同时并举，才能产生最佳效果。实践表明，只有通过严格的“安全管理”，才能保证“安全技术”得以严格地贯彻、落实，并发挥其安全保障作用，达到杜绝人身意外电击伤害事故发生的目的。

安全生产管理是一门综合性科学。当代安全管理是管理科学与安全科学的交叉和组合。当代安全管理是以降低生产劳动过程中的伤亡事故和减少职业病为目标，通过科学的组织管理方法付诸实施，使目标得以实现。施工现场电气的管理，其主要原则有以下两个方面。

（2）现场电工基本要求

年满 18 岁，无妨碍从事本职工作的病症和生理缺陷，具有初中以上文化程度和具有电工安全技术、电工基础理论和专业技术知识，并具有一定的实践经验。维修、安装或拆除临时用电工程必须由电工完成，该电工必须持有特种作业操作证，且在有效期内。对从事电工作业的人员（包括工人、工程技术人员和管理人员），必须进行安全教育和安全技术培训。培训的时间和内容，根据国家颁布的电工作业安全技术考核标准和有关规定而定。电工作业人员的考核发证工作，由地、市级以上劳动行政部门负责；电业系统的电工作业人员，由专业部门考核发证无证人员严禁进行电工作业。电工等级应同临时用电工程的技术难易程度和复杂性相适应，对于由高等级电工完成的任务，不能指派低等级的电工去做。上岗的电工必须了解电气事故的种类和危害，电气安全特点、重要性，能正确处理电气事故。同时，应知道我国的安全电压等级、安全电压的选用条件。

（3）具体管理事项

施工现场电气安全管理主要有五项具体工作：①认真贯彻执行有关施工规定，现场临时用电安全规范、标准、办法、规程及制度，保证临时用电工程处于良好状态。对安全用电负直接操作和监护责任。②负责日常现场临时用电的安全检查、巡视与检测，发现异常情况及时采取有效措施，谨防发生事故。③负责维护保养现场电气设备、设施。④对现场用电人员进行安全用电操作安全技术交底，做好用电人员在特殊场所作业的监护工作。⑤积极宣传电气安全知识，维护安全生产秩序，制止任何违章指挥或违章作业行为。

4. 带电作业一般规定

为加强电力生产现场的安全管理，确保电力生产过程中人员、设备安全，根据《电力安全工作规程　发电厂和变电站电气部分》（GB 26860）规程，列出带电作业一般规定、安全技术措施与低压作业规定相关内容等内容，读者可自行参阅相关标准与规程。

表 3-5 ～表 3-8 所示的数据适用于在海拔 1 000 m 及交流 10 ～ 1 000 kV、直流 ±500 ～ ±800 kV（750 kV 为海拔 2 000 m 及以下值）的电气设备上，采用等电位、中间电位和地电位方式进行的带电作业，以及低压带电作业。

在海拔 1 000 m 以上（750 kV 为海拔 2 000 m 以上）带电作业时，应根据作业区不同海拔高度，修正各类空气与固体绝缘的安全距离、长度和绝缘子片数等，并编制带电作业现场安全规程，经本单位分管领导批准后执行。

带电作业应在良好天气下进行。如遇雷电、雪雹、雨雾等不得进行带电作业。风力大于 5 级时，或湿度大于 80% 时，不宜进行带电作业。

在特殊情况下，必须在恶劣天气进行带电抢修时，应组织有关人员充分讨论并编制必要的安全措施，经本单位分管领导批准后方可进行。

参加带电作业的人员，应经专门培训，并经考试合格取得资格、单位书面批准后，方能参加相应的作业。带电作业工作票签发人和工作负责人、专责监护人应由具有带电作业实践经验的人员担任。

带电作业应设专责监护人。监护人不得直接操作；监护的范围不得超过一个作业点；复杂或高杆塔作业必要时应增设（塔上）监护人。

带电作业工作票签发人或工作负责人认为有必要时，应组织有经验的人员到现场勘察，根据勘察结果做出能否进行带电作业的判断，并确定作业方法和所需工具及应采取的措施。带电作业有下列情况之一时，应停用重合闸或直流再启动保护，并不得强送电。

① 中性点有效接地的系统中有可能引起单相接地的作业。

② 中性点非有效接地的系统中有可能引起相间短路的作业。

③ 直流线路中有可能引起单极接地或极间短路的作业。

④ 工作票签发人或工作负责人认为需要停用重合闸或直流再启动保护的作业。

禁止约时停用或恢复重合闸及直流再启动保护。

带电作业工作负责人在带电作业工作开始前，应与值班调度员联系。需要停用重合闸或直流再启动保护的作业，带电断、接引线应由值班调度员履行许可手续。带电作业结束后应及时向调度值班员汇报。在带电作业过程中如设备突然停电，作业人员应视设备仍然带电。值班调度员未与工作负责人取得联系前不得强送电。

5. 电气施工安全技术措施

进行地电位带电作业时，人身与带电体间的安全距离不得小于表 3-5 的规定。若 35 kV 及以下的带电设备，不能满足表 3-6 规定的最小安全距离时，应采取可靠的绝缘隔离措施。

表3-5 设备不停电时的安全距离

电压等级/kV	安全距离/m	电压等级/kV	安全距离/m
10及以下	0.70	750	7.20
20、35	1.00	1 000	8.70
66、110	1.5	±50及以下	1.5

续表

电压等级/kV	安全距离/m	电压等级/kV	安全距离/m
220	3.00	± 500	6.00
330	4.00	± 660	8.40
500	5.00	± 800	9.30

注：1. 表中未列电压等级按高一挡电压等级安全距离。

2. 13.8 kV执行10 kV的安全距离。

3. 750 kV数据按海拔2 000 m校正，其他等级数据按海拔1 000 m校正。

表3-6　人员工作中与设备带电部分的安全距离

电压等级/kV	安全距离/m	电压等级/kV	安全距离/m
10及以下	0.35	750	8
20、35	0.60	1000	9.5
66、110	1.50	± 50及以下	1.50
220	3.00	± 500	6.80
330	4.00	± 660	9.00
500	5.00	± 800	10.10

注：1. 表中未列电压等级按高一挡电压等级安全距离。

2. 13.8 kV执行10 kV的安全距离。

3. 750 kV数据按海拔2 000 m校正，其他等级数据按海拔1 000 m校正。

绝缘操作杆、绝缘承力工具和绝缘绳索的有效绝缘长度不得小于表 3-7 的规定。

表3-7　绝缘工具最小有效绝缘长度

电压等级/kV	最小有效绝缘长度/m	
	绝缘操作杆	绝缘承力工具、绝缘绳索
10	0.7	0.4
35	0.9	0.6
66	1.0	0.7
110	1.3	1.0
220	2.1	1.8
330	3.1	2.8
500	4.0	3.7
750	—	5.3
1 000	—	6.8
± 500	3.5	3.2
± 660	—	5.3
± 800	—	6.6

注： 500 kV紧凑型线路相地最大操作过电压倍数在1.80及以下时为3.2 m，过电压倍数在1.80以上时为3.4 m。

带电作业不得使用非绝缘绳索（如棉纱绳、白棕绳、钢丝绳）。带电更换绝缘子或在绝缘子串上作业，应保证作业中良好绝缘子片数不少于表 3-8 的规定。

表3-8 良好绝缘子最少片数

电压等级/kV	片数/片	电压等级/kV	片数/片
35	2	750	25
66	3	1 000	37
110	5	± 500	22
220	9	± 660	25
330	16	± 800	32
500	23	—	—

注：单片结构高度195 mm。

在绝缘子串未脱离导线前，拆、装靠近横担的第一片绝缘子时，应采用专用短接线或穿屏蔽服方可直接进行操作。

在市区或人口稠密的地区进行带电作业时，工作现场应设置围栏，派专人监护，禁止非工作人员入内。

6. 低压带电作业规程

低压带电作业应设专人监护。使用有绝缘柄的工具，其外裸的导电部位应采取绝缘措施，防止操作时相间或相对短路。工作时,应穿绝缘鞋和全棉长袖工作服,并戴手套、安全帽和护目镜，站在干燥的绝缘物上进行。禁止使用锉刀、金属尺和带有金属物的毛刷、毛掸等工具。

高低压同杆架设，在低压带电线路上工作时，应先检查与高压线间的距离，采取防止误碰带电高压设备的措施。在低压带电导线未采取绝缘措施时，作业人员不得穿越。在带电的低压配电装置上工作时,应采取防止相间短路和单相接地的绝缘隔离措施。上杆前,应先分清相线、零线，选好工作位置。断开导线时，应先断开相线，后断开零线。搭接导线时，顺序应相反。人体不得同时接触两根线头。

7. 电气工程作业安全操作规程

电气作业人员必须经过专业培训并经考试合格，取得电工作业证后方可上岗。

应按规定穿戴好劳动保护用品和正确使用符合安全要求的电气工具，绝缘工具应定期校验。任何电器设备未经验电,一律视为有电,不准用手触摸。不可绝对相信绝缘体,应视其为有电操作。

在未确定电线是否带电的情况下，严禁用老虎钳或其他工具同时切断两根及以上电线。

停电应先断空气断路器，后断开隔离开关，送电时与上述操作顺序相反。动力配电箱的闸刀开关，禁止带负荷拉合闸。电器或线路拆除后，可能来电的裸露线头必须及时用绝缘包布包扎好。

在停电线路和设备上装设接地线前，必须放电验电，确认无电后，在工作地段两侧挂接地线，凡有可能送到停电设备和线路工作地段的分支线，也要挂接地线。

不准在电气设备、供电线路上带电作业（无论高压或低压），停电后，应在电源开关处上锁和拆下熔断器，同时挂上“禁止合闸，有人工作”等标示牌，工作未结束或未得到许可时，不准任何人随意拿掉标示牌或送电。

必须带电检修时，应经主管电气的工程技术负责人员批准，并采取可靠的安全措施。作业人员和监护人员应有带电作业实践经验的人员担任，危险工作严禁单独作业。

动力配电盘、配电箱、开关、变压器、高压线路等各种电气设备附近，必须设安全警示标志或配置防雨防尘设施，严禁堆放各种易燃、易爆、潮湿、腐蚀的物件。

使用喷灯时，油量不得超过容积的 3/4；打气要适当；不得使用漏油、漏气的喷灯；不准在易燃物品附近将喷灯点火。

使用测电工具时，要注意测试范围，禁止超出范围使用，电工人员一般使用的电笔，只许在 500 V 下电压使用。使用万用表后，打到电压最高档再关闭电源，养成习惯，预防烧坏万用表。电器着火应立即将有关电源切断，使用干粉或二氧化碳灭火器灭火，严禁用水灭火。

工作结束，必须拆除临时地线、警告牌、材料、工具、仪表等，及时清理现场，原有防护装置随时安装好。送电前必须认真检查，看是否合乎要求并和有关人员联系好，方能送电。施工用电采用三相五线制（TN-S）供电系统方式，电气设备的金属外壳必须接地（接零），电器、电缆必须规范化安装架设。凡需用行灯照明时，必须采用安全电压 36 V 及以下。

安装检修电气设备时，须参照其他有关技术规程，如不了解该设备规范注意事项，则不允许私自操作。每个电工必须熟练掌握触电急救方法，有人触电时应立即切断电源，按触电急救方案实施抢救。

3.4.2 光伏电站电气工程施工质量管理

1. 光伏电站电气工程施工质量控制的特点

首先，电气工程施工是一项隐蔽性非常强的系统工程，管、线、盒、孔洞等的预埋预留工作是电气专业与结构、土建等专业相互配合的重点，因其暗敷设在建筑结构主体内部，一旦出现施工质量问题则很难被察觉，而且返工难度非常大，因此对电气工程施工质量控制提出相当高的要求；其次，电气工程施工工序较多、周期也较长，电气工程整个施工过程基本贯穿于整个建筑主体施工全过程，甚至还超过主体施工全过程；最后，光伏电气工程中各分项子系统较多，主要包括：组件系统、直流系统、电力电缆施工、高压系统等电气工程施工建设过程中，要从施工全过程各环节对电气工程施工质量进行动态监督控制。

2. 光伏电站电气安装施工中常见质量问题和防治措施

（1）电缆敷设施工

若施工时只追赶进度而忽视质量要求、现场人员防火及防鼠患意识不强、支架质量不合格或电缆在桥架内填充率太大、材料采购时没有备足施工所需的各种颜色的导线，或现场人员为了节省时间混合使用材料，则容易产生以下质量问题：垂直敷设的电缆固定的支架太软、太小、向下倾斜；电缆敷设后未及时整理、挂牌；电缆过墙处及进机柜、配电箱等处未做防火隔堵；电气配线颜色混乱，三相线、工作地、保护地色标不一致，给以后的维修维护带了较大困难；汇流箱，交、直流配电柜，机柜，配电箱，插座及开关内的接线零乱，有时几根导线接在一个端子上；多股导线未压铜接头，又不挂锡直接连接；有的带屏蔽的电缆未做好屏蔽接地，造成了信号干扰。

防治措施：开工前认真交底，加强施工人员对工艺和质量的意识，加强对规范的学习和技能培训；在桥架内的电缆填充率不应大于40%（控制电缆要小于50%），电缆垂直敷设时，上端及每隔1～1.5 m处应固定；水平敷设时，首、尾、转弯及每隔5～10 m处应固定，电缆桥架转弯处选择配件要与电缆弯曲半径相适应；使用多相位电源时，保护地线应是黄绿相间色，零线用淡蓝色，相线是A相为黄色、B相为绿色、C相为红色。直流电缆，正极电缆用红色、负极电缆用黑色。同构筑物的电线绝缘层颜色选择应与接地保护保持一致；直接与设备、器具的端子连接的单股铜芯线截面积小于10 mm^2；与设备、器具的端子连接的多股铜芯线截面积在2.5 mm^2及以下的，拧紧搪锡或接续端子后再连接；截面积大于2.5 mm^2的多股铜芯线，除了设备自带插接式端子外，接式端子后与设备或器具的端子连接，多股铜芯线与插接式端子连接前，端部都要拧紧搪锡。

（2）配电箱安装

常见质量问题：有些铁制配电箱体是用电、气焊割大孔，孔的边缘往往不够平整，留有会损害电线外包绝缘层的毛刺；配线管插入箱内长短不一，不顺直；入箱导管入箱位置随意布置，盘后接线混乱；箱体零线、保护地线未从汇流排接出。配电箱的安装质量如果不能得到保障，那么从其箱体内接出去的线路的使用都会受到很大影响，不容忽视。

防治措施：配电箱要用专用工具开圆孔，配线管接入箱体要采用成品接头，开孔时应使用开孔器开孔或钻扩孔后再用锉刀去毛刺，防止穿线时损伤电气绝缘层；电线管导入配电箱时应平整，管口用护套锁紧，防止倾斜；引入引出线应有适当余量，以便检修，应成束放置，尤其是多回路导线不能有交叉现象；同一端孔上导线不可多于2根，须保证防松垫圈等零件齐全。对于很难明显分开的电线层可用小水泥块将其隔开。安装完成后，应作相间、相对地的绝缘电阻测量，并仔细检查配电回路，检查无误后方可送电。

（3）防雷接地施工

施工过程中，由于以下原因，对接地系统不够重视，现场施工管理人员技术交底深度不够，对施工及验收规范的有关规定执行力度不够或施工管理经验不丰富；现场焊接人员为非专业人员或技术不过关、操作技能差、责任心不强；专业分包单位施工中预留的接地未到位或损坏时未及时整改，就直接进行下道工序施工，这些不规范施工均会使工程产生一些质量问题。

常见的质量问题：避雷带、引下线、均压环及接地装置搭接长度不够，搭接处焊缝不饱满，有虚焊、焊瘤、夹渣、咬肉、焊接处不刷防锈漆等缺陷；或用螺纹钢替代圆钢作搭接钢筋，甚至直接利用对头焊接的主钢筋作防雷导引；利用屋面栏杆做接闪器时，存在壁厚和连接方式等不符合规范要求；二、三类防雷建筑物的钢筋混凝土结构及出屋面垂直安装的金属管道、金属物体等的顶端未与防雷装置连接，或仅低端与接地装置连接；在有雷击的情况下这些导电体因不能与接地装置构成电气回路，不能形成等电位而导引一部分雷电位。

防治措施：增强施工人员的责任心，开工前严格执行技术交底和安全交底制度，让操作人员了解施工工艺要求和质量标准，质检员加强现场检查力度，确保施工质量符合规定要求；施工前还要加强对焊工的技能培训，经考核合格后再进场施工；施工时应严格按设计要求《建筑物防雷设计规范》《民用建筑电气设计规范》《电气装置安装工程接地装置施工及验收规范》来施工；根据接地规范要求，圆钢的搭接长度应大于其直径的六倍（直径不同时以直径大的为准），双面施焊；扁钢的搭接长度应大于其宽度的二倍（宽度不同时以宽的为准），三面施焊；圆钢与扁钢连接时，其搭接长度应大于圆钢直径的六倍，双面施焊；除埋设在混凝土中的焊接接头外，其他均应有防腐措施。

3.4.3 光伏组件运输、安装质量控制

由于光伏组件成本在光伏电站建设总投资所占投资比重达45%～50%，其成品本身具有易碎性，因此光伏组件成品质量直接影响整个电站建设工程质量，因此，光伏电站建设过程中应把光伏组件的运输、安装质量作为质量控制的关键点来抓，做好光伏组件运输、安装质量控制，可从以下几方面开展工作。

1. 光伏组件卸货与倒运质量控制

组件到达现场后，施工人员应确认组件包装箱是否完好，若出现包装箱破损、组件外露等情况应及时与供货单位联系，并对箱体进行标识，在指定地点存放；在装卸组件的过程中，应指定专人监督光伏组件的卸货工作，保证组件在装卸与现场放置过程中不受损伤;电站建设初期，现场路况较差，应保证组件质量的前提下规定单次卸货的最大允许箱数；在光伏组件的装卸和保管过程中要轻搬轻放，并避免不当的外力使组件碰撞;光伏组件集中放置地应尽量平坦、坚实;在光伏组件由集中放置地点拉往安装地点的倒运环节中，应熟悉各规格组件的安装位置，尽量避免颠簸，保证组件包装完整；组件宜放置在安装位置附近的平整地面上，且不影响车辆通行。

2. 光伏组件拆箱质量控制

拆箱过程中应避免组件向空隙处倾斜、相互撞击；组件拆箱后，不得踩踏、拖拉组件，或在组件上坐、躺，更应避免拆箱时组件的铝边框边角对其他组件背板或玻璃造成划伤等现象的发生；拆箱后组件尽可能竖排放置，这样可避免横向放置使下层组件产生隐裂。

3. 光伏组件安装质量控制

在组件安装时要将组件的四个包角拆卸完全，不得将包装箱上的胶带粘贴到组件表面，不得将木板等杂物夹杂在组件中；待安装的组件在搬运过程中应由两人同时搬运且轻拿轻放，降低组件产生隐裂的概率；保证安装支架质量合格，确认螺母固定锁紧，充分考虑风载荷的影响，当组件遇强风时，支架不应有晃动；保证线缆的正确排布，并注意保护线缆，若长期在支架上可能会因环境腐蚀过快而产生断路等；对于目前采用的横向四排安装方式，应上下对齐，禁止组件拆卸、弯曲、硬物冲击、在上行走、抛扔等现象；组件安装应从下排开始，下排组件安装完成定位后，再进行上排组件的安装，安装上部电池板时施工人员不得踩踏下排组件，不得将上排待安装的组件放置在已安装的下排组件上，并要注意避免在安装上排组件的过程中组件铝边框划伤已安装好的电池板。

图例

消防安全图例

3.4.4 施工现场环境管理

施工单位应当严格依照《中华人民共和国消防条例》的规定，在施工现场建立和执行防火管理制度，设置符合消防要求的消防设施，并保持完好的备用状态。在容易发生火灾的地区施工或者储存、使用易燃易爆器材时，施工单位应当采取特殊

的消防安全措施。

施工现场发生的工程建设重大事故的处理，依照《工程建设重大事故报告和调查程序规定》执行。

施工单位应当遵守国家有关环境保护的法律规定，采取措施控制施工现场的各种粉尘、废气、废水、固体废弃物以及噪声、振动对环境的污染和危害。施工单位应当采取下列防止环境污染的措施。

① 妥善处理泥浆水，未经处理不得直接排入城市排水设施和河流。

② 除设有符合规定的装置外，不得在施工现场熔融沥青或者焚烧油毡、油漆以及其他会产生有毒有害烟尘和恶臭气体的物质。

③ 使用密封式的圈筒或者采取其他措施处理高空废弃物。

④ 采取有效措施控制施工过程中的扬尘。

⑤ 禁止将有毒有害废弃物用作土方回填。

⑥ 对产生噪声、振动的施工机械，应采取有效控制措施，减轻噪声扰民。

建设工程施工由于受技术、经济条件限制，对环境的污染不能控制在规定范围内的，建设单位应当会同施工单位事先报请当地人民政府建设行政主管部门和环境保护行政主管部门批准。

3.4.5 安全生产案例分析

1. 变配电工岗位事故案例分析

事故经过：某年10月3日，××35 kV变电所检修完毕后，变配电工马××在维修工未拆除接地线的情况下送电，造成全厂范围的停电。

事故原因：首先，马××安全意识淡薄，工作前未检查确认各开关柜是否具备送电条件，在接地线未拆除情况下贸然送电，是此次事故的直接原因。第二，同组值班员未能有效进行安全监督、提醒。第三，马××在工作中不执行规章制度，疏忽大意，凭经验、凭资历违章作业。

防范措施：①采取有力措施，严格执行《规程》和企业的规章制度，加强对现场工作人员执行规章制度的监督、落实，杜绝违章行为的发生；②完善设备停送电制度，制定设备停送电检查注意事项。③加强职工的技术培训和安全知识培训，提高职工的业务素质和安全意识，让职工切实从思想上认识作业性违章的危害性。

2. 技术员施工措施不到位导致工人击伤事故案例

事故经过：某年×月×日，××矿××单位井下电工3名，在安装小绞车搭火时，变电所有人突然送电使正在搭火的张××被电火花击中，造成面部严重灼伤的事故。

事故原因：一是职工违章作业和安全措施不全，落实不到位。二是技术员在施工的安全施工措施中对停送电的规定没有写清，致使工人没有在馈电开关上挂停电牌和对三项电源线进行短路接地，是造成这次事故的主要原因。三是职工及领导安全防范意思差，对施工人员措施教育不到位，是造成这次事故的另一原因。

防范措施：一是全区人员应严格按照规程措施施工，认真吸取事故的教训，举一反三，杜绝无规程措施施工，规程措施落实不到位施工的事故隐患。二是技术人员编写措施要系统全面，需停电的施工项目要写清施工方法，严格执行停电规定，做到一人停电一人送电。三是各项目施工前要集中认真对施工措施进行学习，加强措施的落实工作，对施工措施不明了的人员，严禁参加施工。

3. 电工违章操作导致触电事故

事故经过：某年7月某日，某市某十字路口交通指挥岗亭2名民警到电力管理单位联系处理交通指挥岗亭电源不正常问题，在没有找到负责人的情况下，恰巧遇到了1名熟悉的电工，就要求其帮忙处理。

于是这名电工独自一人带上工具和他们一起来到16号杆下，在穿戴好登杆用具准备登杆时，电工不顾民警的提醒"这杆很危险，注意点"就向上登杆，等到达接线头处他才系好安全带，开始观察交通指挥岗亭电源线的接头情况，发现右边（西边）接线（即火线）有点松，就解开，没有发现问题又重新接上。接着又解左边（东边）接线（即零线），解开发现接头已烧断，他右手拿着钳子，左手拿着线开始剥线的绝缘层时突然一声大叫，接着钳子掉下来，安全帽也掉下来，人身体后仰倒挂在杆子上。看到这个情况，2名民警立即打电话给110、120及电力调度，要求停电救人。5 min后，抢救人员把他从杆子上救下并急送医院抢救，但因伤势过重抢救无效死亡。

事故原因：一是电工单独带电工作，且未使用绝缘柄工具、戴手套及采取其他安全措施。违反了《电业安全工作规程》（发电厂和变电所电气部分）第164条之规定。二是电工上杆前，不清楚电源的接线情况，因此在拆、接线中，随意拆、接好一相（实际是火线）后，再拆剥另一相（实际是零线）的绝缘层。此时，因交通指挥岗亭内电源刀闸及红绿灯控制开关均没有断开，火线已接好，已人为地使零线带电，当右手触到裸露线，电击使人向后仰（安全带系住腰部）。严重地违反了《电业安全工作规程》（发电厂和变电所电气部分）第16条之规定。三是单位对职工安全培训教育和业务知识培训不到位。四是现场人员不知道如何救护，失去了抢救时机。

防范措施：反思在每年《电业安全工作规程》学习考试中存在的不足，要针对岗位工种的实际实施有效学习考试；加强对职工的业务培训，严格考试，做到持证上岗，特别是特种作业人员；加强管理，严格工作制度，严禁未经批准外出工作；将这起事故通报全单位，使人人受到教育，杜绝类似事故的发生。

4. 检修设备未断电电弧灼伤险丧命

事故经过：某年5月23日，某工厂电位车间维修班维护电工赵某，在检修二级中控配电室低压电容柜时，在未断电的情况下，直接用手钳拔插式保险。因操作不当，手钳与相邻的保险搭接引起短路，形成的电弧将面对电容柜的赵某的双手、脸、颈脖等部位大面积严重灼伤。幸亏及时被送进医院救治，赵某才脱离了生命危险。但电气短路烧毁了电容柜上不少电气元件，造成该柜联接系统单体停车长达3.5 h，给生产造成了较大损失。

事故原因：一是赵某严重违反《电气安全检修规程》中"不准带电检修作业"的规定。在该电容柜完全可以断电检修的情况下，却带电检修作业，这是发生事故的主要原因。二是岗位当班操作工严重失职失责。本来已发现赵某在岗位上转来转去不愿离去，已意识到他可能有什么事情要做，但不闻、不问、不沟通、不追查、不提醒，互联互保不到位。三是车间安全管理不到位，不严格，有死角。规章制度制定的不少，讲的也多，但落实不够，违章行为没有真正得到有效消除。

预防措施：第一，在全车间范围内开展事故案例教育。发动全体员工学习讨论赵某为什么会违章，为什么会受伤，展开深刻的剖析，以此达到对员工的警示教育的目的。同时要求员工在自查的同时，还要注意身边同事的不足。第二，重新修订车间安全管理制度，不但要大力宣传，而且要求员工们必须认真落实到工作中，执行在行动上。采取联防制的方法，一人违章，全体受罚。达到事前讲到，事中互相提醒、互相监督、全员制约的效果。第三，在全车间范围内开展学业务、学技术、学规程、学制度活动。同时比学习、比思想、比技能、比遵章、比零违章，力求把事故消灭在萌芽状态。

5. 协调不到位险些酿大祸

事故经过：某厂车间需要拆除一套设备，由于人手不足请安装公司帮助拆除。安装公司于是安排5人进驻该厂，其中包括当地的工人3人。第二天开始进行设备拆除工作。三天后，设备外部管道全部拆除，准备拆除主体设备上的电动机。第四天上午8点安装公司施工负责人找到该厂现场管理人员甲，要求厂方将电动机电源切断，并告知甲，安装公司的施工人员要在下午开始拆除电动机及其他辅机，另外，设备附近的低压配电柜及电力电缆也请厂方协助拆除。甲按照施工单位的要求将控制电动机的低压配电柜断电，为了以防万一，还将隔离开关的熔断器取出。

由于施工单位在上午10点就将所有电动机及辅机拆除，为了及早完成任务，施工队长在没有与厂安全负责人沟通的情况下就要求工人乙拆除低压配电柜。乙打开配电柜门，看见所有开关已经断开，便从开关下端开始拆除电缆，不到2 h，乙将开关下端电缆线全部拆除。随后，他又拆除总开关电源进线，他用一把活动扳手拧住A相接线柱螺母，一使劲，扳手碰到B相接线柱，只听一声巨响伴有强烈弧光从配电柜喷出，车间内立即断电。

此次事故导致车间停电15 min，间接损失达5万余元，施工人员乙因穿了绝缘性良好的防护鞋，没有受到严重的伤害，不过还是被强光烧伤眼睛，住院休息了3天。事后，该厂对此次事故进行了调查分析，认定这是一起人为责任事故，对相关事故责任人进行了处理并在全厂范围内进行了相关的安全知识教育。

事故原因:一是施工人员在拆除电力设备作业时，没有进行验电是导致此次事故的主要原因。二是缺乏有效的沟通协调也是导致此次事故的主要原因之一。在本次事故中施工单位已通知该厂现场管理人员甲，由该厂协助配合拆除低压配电柜及电力电缆。然而，施工单位为了提前完成工作任务，在11日上午未通知某厂的情况下就开始拆除电压配电柜及电力电缆。三是现场管理人员跟踪不到位，没能及时阻止安装公司的不安全行为。四是施工单位安全意识淡薄。电工作业属于特种作业，应持证上岗，而本次事故中的施工人员乙既不是电工更没有证书，属于违法作业。

预防措施:第一,在全厂员工范围内进行事故通报,从中吸取教训,加强员工的安全意识培训。员工在特殊作业时必须按照要求作业。认真开展危险源辨识，梳理检修作业特别是有外包单位参与作业的危险源并严格控制。第二，细化、完善危险源辨识，落实有效的防范措施，坚持标准化作业，防止事故的发生。第三，要求各级管理者加强对员工的安全意识培训，加强安全指导和检查力度,在生产设备检修、维护作业时,要确保安全第一。严格按照《电业安全工作规程》和“三方确认制度”进行作业。第四，严格按照《职业健康安全管理体系》的要求从事企业安全管理，将外包单位、来访人员的安全管理纳入企业安全管理体系，不留空点。

项目学习评价标准

评价内容		配分	评价标准	自评分
施工管理前期规划	管理目标、制度和计划的确立	10	确定质量、安全、人员物资的目标，质量、安全、人材物的管理计划和管理体系常见任务单，每错、漏一处扣1分	
	管理岗位的职责和内容	15	参与各方的责任，管理岗位人员职责、管理详细内容、常见工单，每错、漏一处扣1分	
施工管理执行	进度及纠偏	10	日常管理进度安排有序、合理和纠偏措施，步骤不正确扣2分，不合理扣1分	
	日常日志或者纪要填写	15	对日常材料分类管理、按照进度执行的人员、设备、材料的进场、出厂、使用的实际记录，每错、漏一处扣1分	
	文件归档与档案整理	5	资料及时归档和记录，有序分类管理，以及汇总。每不规范扣1分，每错、漏一处扣1分	
突发事情的分析与解决	安全、质量或其他突发事故	10	常见的安全、质量事故的问题及采用措施，分析其原因，每漏一处扣2分	
	分析突发事情的原因及处理措施	15	处理的流程步骤错误扣2分，突发事情原因分析不正确，采取措施不正确、不合理扣1分	
职业素养	安全意识	2	执行安全操作规程、设计内容符合安全规范规定	
	质量意识	2	控制工程的质量，遵循国家的工程质量的相关规定	
	规范意识	2	符合技术规范、准时到达工作或学习场所，依照规范操作过程中不影响他人工作	
	团队意识	2	有良好的合作意识、服从安排	
	职业行为习惯	2	工作认真，有良好的成本意识、协调意识、创新意识	
学习能力评价		10	A1.能高质高效完成此项工作全部内容，并能指导他人完成； A2.能高质高效完成此项工作全部内容，并能解决遇到的特殊问题； A3.能高质高效完成此项工作全部内容； B.圆满完成此项工作全部内容，不需要指导； C.能圆满完成此项工作全部内容，但偶尔需要指导； D.在现场指导和帮助下，能圆满完成此项工作全部内容	

说明：学习能力评价，符合A1得10分，A2得9分，A3得8分，B得7分，C得6分，D得5分。

习　题

1. 施工现场技术管理包含哪些方面的内容？
2. 光伏电站施工技术员的现场技术管理职责有哪些？
3. 施工过程的技术管理工作包含哪些内容？
4. 光伏电站施工规范对光伏电站施工现场提出了哪些材料管理要求？
5. 光伏电站施工现场人力资源管理包含哪些内容？
6. 你认为应该如何建立施工过程人力资源管理体系？
7. 光伏电站建设施工现场具有哪些电气特殊性？
8. 你认为光伏电站电气工程施工人员应具备哪些基本素质？
9. 《光伏发电站施工规范》（GB 50794）中关于电气施工有哪些必须执行项和禁止项？
10. 光伏电站电气施工中存在哪些常见质量问题？你认为应该采取哪些有效措施？
11. 光伏电站施工现场应该采取哪些措施有效防止环境污染？
12. 进行地电位带电作业时，人身与带电体间的安全距离不得小于多少米？
13. 电气作业人员必须获得哪项资格证才能上岗，为什么？

项目4 光伏电站支架与组件安装

项目导入

某建设公司承建一个 6 MW 光伏电站支架与组件安装工程，工程部经理及技术人员需要完成以下几项主要工作：

（1）根据施工图、现场施工条件确定支架基础施工方法。

（2）根据施工图、现场光伏电站支架基础条件，确定支架模式，组织支架施工。

（3）根据支架施工图，结合支架模式确定组件安装方法，组织施工，并完成检测。

（4）根据施工图，组织光伏路灯施工、检测、调试。

（5）根据施工技术文件，实施户用光伏电站施工。

学习目标

知识目标：（1）了解光伏支架基础的施工规范。

（2）掌握光伏电站支架基础的施工工艺流程和施工方法，以及施工注意事项。

（3）掌握光伏电站光伏组件的施工技术以及注意事项。

（4）了解太阳能路灯的安装技术规定。

（5）掌握太阳能路灯的施工工艺流程和施工方法，以及施工注意事项。

（6）熟悉光伏电站适用的主要技术规范。

能力目标：（1）能根据支架基础施工方案组织施工。

（2）会编制支架施工方案，能根据施工图安装支架。

（3）会编制光伏组件施工方案，能根据施工图安装组件并实施调试。

（4）能根据施工方案组织路灯施工，会根据路灯接线图完成路灯接线。

（5）能根据施工方案组织户用光伏电站施工，会根据接线图完成线路施工、调试。

素质目标：（1）通过学习相关技术规范，形成规范意识、质量意识。

（2）通过光伏电站安装实训，培养劳动光荣、精益求精的工匠精神、团队协作精神。

任务1　光伏电站支架基础施工

4.1.1　光伏支架基础的分类及施工要求

1. 支架基础的分类

支架基础是将支撑、固定太阳能发电站光伏组件、聚光集热器、定日镜等的支架结构所承受的各种作用传递到地基上的结构组成部分。支架基础可根据承载性状分为桩基础、扩展式基础和锚杆基础。

（1）桩基础

桩基础可分为预制桩基础和灌注桩基础。预制桩可分为钢桩、混凝土预制桩和预应力混凝土桩。钢桩按施工方式可分为螺旋桩和锤击（静压）型钢桩。混凝土预制桩和预应力混凝土桩的分类应按现行行业标准《建筑桩基技术规范》（JGJ 94）的相关规定执行。桩基础是设置于岩土中的与支架立柱直接连接以及成一体的桩基础或桩与连接于桩顶的承台共同组成的基础。微型短桩基础是指桩径或边长小于或等于 300 mm，桩长小于或等于 5 m 的桩基础。螺旋桩、桩杆上连接一个或多个螺旋状叶片，并通过在桩顶施加扭矩旋拧钻入土中形成的一种可承受竖向和水平向荷载作用的桩。

（2）扩展式基础

扩展式基础是通过向侧边扩展一定底面积，扩散上部结构传来的荷载，使作用在基底的压应力满足地基承载力的设计要求，并主要通过自重提供抗拔、抗倾覆、抗滑移承载力的基础。扩展式基础宜采用混凝土独立基础和条形基础，当采用条形基础时应采用配筋扩展式基础。

（3）锚杆基础

锚杆基础是由设置于岩土中的锚杆和与锚杆相连的混凝土承台或型钢承压板共同组成的基础。

2. 支架基础施工基本要求

根据《光伏发电站施工规范》（GB 50794），混凝土独立基础、条形基础的施工应按照现行国家标准《混凝土结构工程施工质量验收规范》（GB 50204）的相关规定执行，并应符合下列要求：

① 在混凝土浇筑前应先进行基层验收，轴线、基坑尺寸、基地标高应符合设计要求。基坑内浮土、杂物应清除干净。

② 基础拆模后，应对外观质量和尺寸偏差进行检查，并及时对缺陷进行处理。外露的金属预埋件应进行防腐处理。

③ 在同一支架基础混凝土浇筑时，宜一次浇筑完成，混凝土浇筑间隙时间不应超过混凝土初凝时间，超过混凝土初凝时间应做施工缝处理，施工缝应留在结构受力较小且便于施工的部位。

④ 混凝土浇筑时就防止离析，并应振捣密实。混凝土浇筑完毕后，应及时采取有效的措施做好混凝土养护工作。

⑤ 支架基础在安装支架前，混凝土养护应达到 50% 的强度后方可安装上部支架，当采用焊

接工艺时，养护应达到 70% 的强度后方可施工。

⑥ 支架基础的混凝土施工应根据与施工方相一致且便于控制施工质量的原则，按工作班次及施工段划分为若干检验批。

⑦ 预制混凝土基础不应有影响结构性能、使用功能的尺寸偏差，对超过尺寸允许偏差且影响结构性能、使用功能的部位，应按技术处理方案进行处理，并重新检查验收。

混凝土独立基础，条形基础的尺寸允许偏差应符合表 4-1 的规定，桩式基础尺寸允许偏差应符合表 4-2 的规定，支架基础预埋螺栓（预埋件）允许偏差应符合表 4-3 的规定。

表4-1　混凝土独立基础，条形基础的尺寸允许偏差

项目名称		允许偏差/mm
轴线		± 10
顶标高		0，−10
垂直度	每米	≤5
	全高	≤10
截面尺寸		± 20

表4-2　桩式基础尺寸允许偏差

项目名称		允许偏差/mm
桩位		D/10且小于或等于30
桩顶标高		0，−10
垂直度	每米	≤5
	全高	≤10
桩径（截面尺寸）	灌注桩	± 10
	混凝土预制板	± 5
	钢桩	± 0.5%D

注：若上部支架安装具有高度可调节功能，桩顶标高偏差则可根据可调节范围放宽；D为直径。

表4-3　支架基础预埋螺栓（预埋件）允许偏差

项目名称		允许偏差/mm
标高偏差	预埋螺栓	± 20.0
	预埋件	0，−5
轴线偏差	预埋螺栓	2
	预埋件	± 5

3. 桩基础施工

桩基础的施工应执行国家现行标准《建筑地基基础工程施工质量验收标准》（GB 50202）、《太阳能发电站支架基础技术规范》（GB 51101）及现行行业标准《建筑桩基技术规范》（JGJ 94）的相关规定，并应符合下列要求：

（1）预制桩施工要求

预制桩在进场后和施工前应进行外观及桩体质量检查。预应力混凝土桩到货检查中，宜抽样做破坏性检查，确认内部配筋符合标准要求。成桩设备的就位应稳固，设备在成桩过程中不应出现倾斜和偏移。压桩过程中应检查压力、桩垂直度及压入深度。预制桩施工过程中，桩身应保持竖直，不应偏心加载。在密实的沙土和碎石土中施工打桩时，如遇钻进困难可预成小孔后再打桩，预成孔孔径不应超过桩杆直径。水上打桩过程应视土质和贯入速率及时调整桩锤的振幅和频率，低幅高频和高幅低频交替运用，宜采用经纬仪及时跟踪观测桩身状态。桩打（压）入过程如遇贯入度剧变，桩身突然发生倾斜、位移或有严重回弹桩顶或桩身出现裂缝、破碎、变形等情况时，应暂停打桩并分析原因，采取相应措施。预制桩基础的承载力检测，宜按照控制施工质量的原则，分区域进行抽检。采用静载法或高应变法检测单桩承载力，抽检比例宜不低于总桩基数的4‰，且每阵列不应少于3根。预应力混凝土桩桩头外露的金属件应进行防腐处理。

（2）灌注桩施工要求

灌注桩施工宜采用干作业成孔。灌注桩施工中应对成孔、清渣、放置加筋笼、灌注等进行全过程检查。钻孔过程中钻杆应保持竖直稳固，位置准确。钻进过程中应随时清理孔口积土，成孔达到设计深度后孔口宜及时保护，混凝土灌注前应再次测量孔深，孔内虚土厚度不应超过20 mm。灌注桩成孔质量检查合格后，应尽快灌注混凝土（或水泥砂浆），雨后应清理孔中积水，每根桩宜一次灌注完毕，并随即振捣密实。灌注桩基础的承载力检测，宜按照控制施工质量的原则，分区域进行抽检。采用静载法或高应变法检测单桩承载力，抽检比例宜不低于总桩基数的4‰，且每阵列不应少于3根。露出地面的混凝土基础帽的设置应按设计要求，施工中混凝土宜分层加料、两次振捣，基础帽的模板应及时清理。

4. 锚杆基础施工要求

锚杆基础的现浇混凝土承台应与岩石连成整体，施工应符合《光伏发电站施工规范》（GB 50794）关于混凝土基础施工的相关规定。锚杆基础的施工应按照现行国家标准《太阳能发电站支架基础技术规范》（GB 51101）的相关规定执行并应符合下列要求：

（1）植筋锚杆施工要求

成孔后应及时清孔，确保孔内灰渣清除干净，并保持孔道干燥。注胶时从孔底往外注胶，边注边退，注胶应饱满，注胶量不应少于80%，且应确保钢筋植入后孔口溢胶并应防止漏胶。钻孔内注完胶后，把经除锈处理过的钢筋立即放入孔口，然后慢慢单向旋入，不可中途逆向反转，直至钢筋伸入孔底。植筋胶的固化时间应按产品的技术要求确定，并不应少于48 h。植筋胶固化前不得扰动钢筋，不宜在锚固钢筋上施焊或使用气焊切割。

（2）岩石锚杆施工要求

锚杆筋体上宜焊接对中支架。在灌注灌浆前应将锚杆孔清理干净。对于易风化的岩石，应缩短从开孔至灌注的间歇时间。灌浆料应振捣密实。

5. 屋面支架基础的施工要求

支架基础的施工不应损害原建筑物主体结构及防水层。新建屋面的支架基础宜与主体结构一起施工。采用钢结构作为支架基础时，屋面防水工程施工应在钢结构支架施工前结束，钢结构支架施工过程中不应破坏屋面防水层。金属结构屋面采用夹具作为支架基础时，应与屋面波峰结构相匹配，拉拔、防滑试验应满足设计要求。对原建筑物防水结构有影响时，应根据原防水结构重新进行防水处理。接地的扁钢、角钢均应进行防腐处理。

4.1.2 混凝土基础施工

图例

混凝土基础施工参考标准

1. 钢筋施工顺序

钢筋进场和复试必须严格按照要求抽检，未拿到质保书和复试报告，不得使用，对锈蚀等不符合规范要求的钢筋不得使用，底板钢筋保护层应符合图样要求。钢筋制作安装应严格按照翻样单进行，成型钢筋编号挂牌，以免混用，绑扎按翻样要求顺序进行，钢筋焊接接头必须现场进行抽样，进行物理焊接试拉试验，合格后方可进行下道工序。钢筋加工的各道工序，都应建立质量交接制度。钢筋绑扎安装完毕后，必须经过检验，并办理隐蔽工程验收签证手续。钢筋施工顺序如图 4-1 所示。基础示意图如图 4-2 所示，基础配筋图如图 4-3 所示。

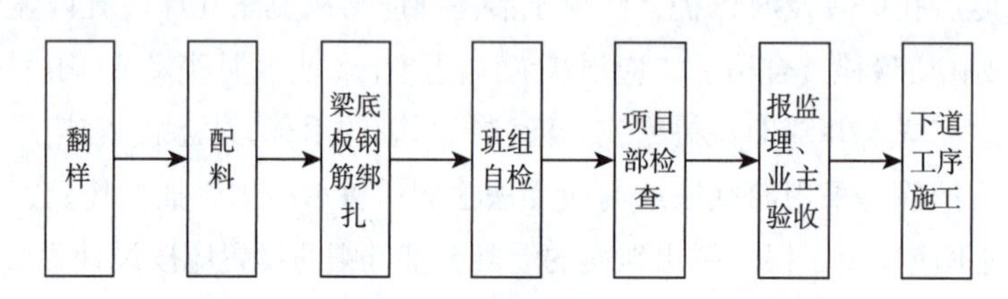

图4-1　钢筋施工顺序

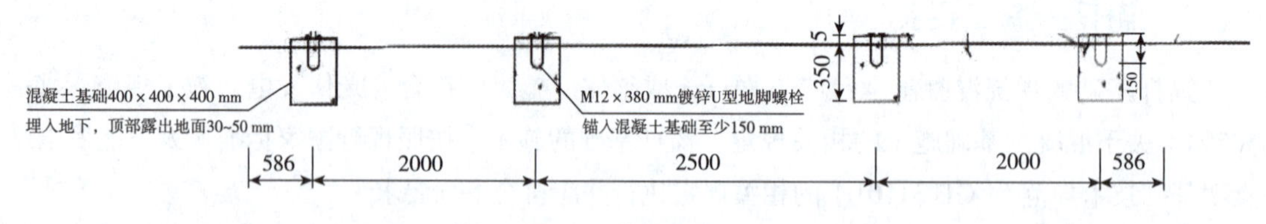

图4-2　基础示意图

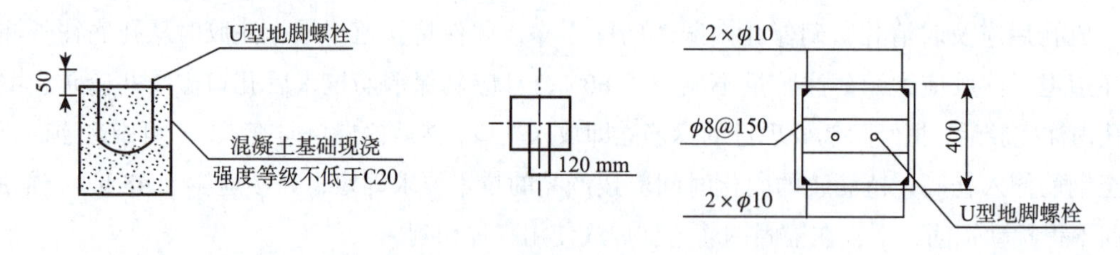

图4-3　基础配筋图（单位：mm）

2. 基础模板施工

电池组串支架基础采用小钢模模板，模板的图示尺寸按大样图施工，尺寸不得随意修改。模板制作按模板翻样要求进行编号备用。确保模板、支撑的可靠性并且有足够的强度和刚度，对模板工程所用的材料必须认真检查选取，不得使用不符合质量要求的材料。模板工程施工应具有制作简单、操作方便、牢固耐用、运输整修容易等特点。

施工时，先放样弹线，根据图样弹出工程结构的外轮廓线，然后弹出模板的安装线或检查线，施工轴线、标高线、几何尺寸必须正确。

模板施工前，要求场地干净、平整，所有预埋件及预留孔洞，必须检查验收，确认准确无误后，请监理工程师验收签证。

模板施工，必须严格按弹出线施工，保证构件轴线尺寸、结构标高、几何尺寸准确，立模时严格按立模翻样详图施工，保证模板、支撑的可靠性，若有影响模板施工处应及时整改，竖向结构的钢筋和管线应先用架子临时支撑好，以免其任意歪斜造成模板跑位。所有可调节的模板及支撑系统在模板验收后，不得随意碰撞。

文本

光伏电站混凝土工程施工安全技术交底

3. 基础混凝土浇筑

振动棒插点梅花形插入，间距 300 ～ 500 mm。振捣时，要“快插”“慢拔”，以防止混凝土表面先振实，而下面混凝土发生分层、离析现象；防止快拔时，混凝土来不及补充，留下空间。振动棒插入混凝土后应上下抽动，幅度 5 ～ 10 cm，以排除混凝土中的空气。振动时视混凝土表面呈水平不再下沉，不再出现气泡，表面泛出灰浆水为止停止振捣。

振捣时振动棒不宜紧靠模板，且应尽量避免振动棒碰撞模板、钢筋、预埋件，以防止跑模、钢筋移位等。当混凝土分层浇筑时，振捣上一层混凝土时，应插入下一层中 50 mm 左右，以消除两层之间的接缝。浇捣混凝土后，需外露钢筋必须随时清理干净，落下混凝土及其模板跟部水泥浆应及时清理。基础回填采用人工分层回填，夯实机人工夯实。

图例

灌注桩施工参考标准

4.1.3 桩基础施工

1. 钻孔灌注桩基础施工

（1）工艺特点

钻孔灌全站仪桩适用于碎（砾）石土、风化岩层，以及地质情况复杂、夹层多、风化不均、软硬变化较大的岩层；适用于山地地质条件的光伏电站粧基础施工。其具有以下特点：①降低造价，灌全站仪桩为工厂预制，保证质量。取消现场钢筋笼制作工序，节省成本，经济效益明显。②缩短工期，钻孔灌全站仪桩基础比传统的独立基础、条形基础施工方便快捷，能缩短工期。③保护环境，钻孔灌全站仪桩基础可最大限度减少土方开挖、回填，能最大程度减少对环境的破坏。钻孔灌全站仪桩基础施工工艺流程如图 4-4 所示。

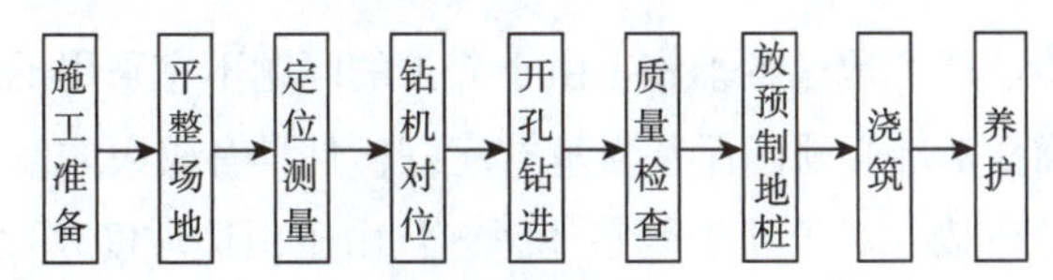

图4-4 钻孔灌桩基础施工工艺流程

（2）施工工艺

① 施工准备。熟悉现场及施工图纸，进行施工准备工作，收集水文地质等资料，人员、机具准备及现场临设搭建等，结合设计、规范要求对施工人员进行有针对性的交底工作。

② 定位测量。工程采用全站仪定位测量。灌注桩采用四级测量，即一级阵列测量控制、二级方阵测量控制、三级子方阵支架单元测量控制、四级单个支架基础控制。其中，支架基础点

位与轴线为主要控制项目。根据现场对每个一级阵列采用全站仪测量，然后采用钢尺测量方法依据设计图纸所标出的尺寸进行子阵列基础点位放样，根据技术要求，测量精度须控制在 1 ～ 3 cm 的范围内。

按照桩位布置图统一进行测放桩位线，在单个支架基础点位放样的基础上采用钢尺加密的测量方法进行加密测量放样。利用钢尺测量有两个优点：可以有利地分解每个点产生的点位误差积累；放样速度快。

桩位中心点用钎子插入地下，系好红丝带并用白灰明示，桩位偏差为 D/10 且 < 30 mm（D 为桩直径）。

③ 钻机对位。钻机就位前，应检查周围场地状况，需满足机械工作的空间；钻机就位过程中，应加强对测量点的保护，避免破坏。钻机孔位偏差要求一般不得超出 10 mm，孔间和排距尽量一致。切断行走电源，缓慢放下钻具，至钎头距地面约 30 mm 时停止，安装好防尘罩，按孔位计划要求使滑架方位角度正确，根据机架上的吊锤校正垂直度，应保持平稳，不发生倾斜和位移，机身安稳牢靠，以免在施工工程中发生倾覆。

④ 开孔钻进。为避免移动过程中压坏成品孔，采用退打法施工，即由一个方向往另一个方向退打。钻头应根据地质情况选择；开动鼓风机，接通提升推进机构下降按钮，下放钻具；当钎头触及岩石时，冲击器便开始工作，进行开孔。如发生卡钻或偏斜，应立即提起钻具，重复上述程序，直至冲击器开始正常钻进为止。根据岩石的情况，将冲击器操纵阀全部打开或扳到合适开度的位置。为准确控制桩的深度，要在机架或机管上做出控制深度的标尺，以便在施工中进行观测和记录。

（3）钻孔注意事项

各电动机应无异响，温升正常。中齿轮啮合正常，运行时无杂音。根据孔底岩石情况和电流表读数，随时调节钻具轴压，避免回转机过载。当电流超过额定应立即提出钻具，检查处理正常后，方可继续作业。滑架摆动严重时，应减少轴压。发生卡钻时，应根据具体情况进行处理，不得强行提升钻杆。如遇较厚夹层或孔内出水时，要先提钻、后停风，以免堵塞冲击器。遇风压突然降低、冲击器不响时，应查明原因并及时处理。推压气缸架的限位开关应经常操持灵活有效，以免发生过载或拉断钢丝绳等事故。

图例

地锚桩基础施工参考标准

2. 植筋锚杆基础施工

在寒冷、严寒地区冬季施工由于养护的问题不宜采用现浇混凝土基础。岩石地层中采用锚杆基础必须确保基岩基本完好，且具有较大体量，能承担对支架基础的锚固和全部荷载。对于处于严寒地区，且由于山体坡度较大（大于 30°）的光伏电站项目，其支架基础施工时根据实际情况可以采用植筋锚杆基础。植筋锚杆基础施工工艺流程如图 4-5 所示。

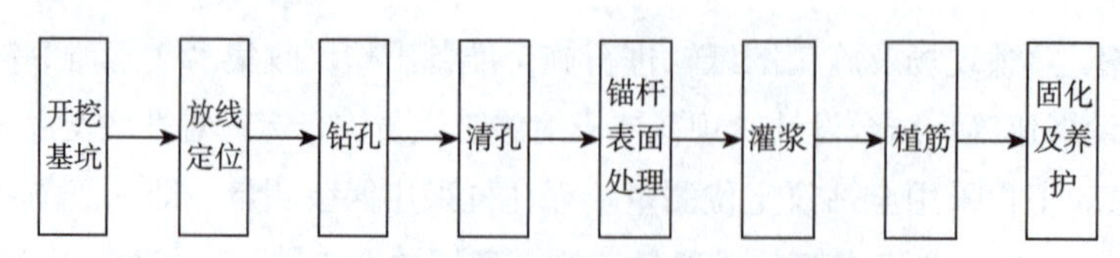

图4-5 植筋锚杆基础0施工工艺流程

（1）开挖基坑

将上层土层全部挖除，开挖到岩石表面。并将表面岩石凿毛，凿毛深度 >4 mm，剔除疏松的岩石，并用高压冷水将表面冲洗干净，保证混凝土与岩石能够牢靠的结合、协同受力。

（2）放线定位

根据设计图纸，首先对锚杆统一编号，然后根据工程定位点及施工图纸在岩石表层上的基础混凝土垫层放出每根锚杆的具体位置，并用红色油漆标注，并采取必要的复核和维护，反复复核无误后报监理验收。

（3）钻孔

用冲击钻钻孔，钻头直径不小于 45 mm，选用合金钢钻头。孔深大小 15d（375 mm），实际钻深 400 mm，钻孔时，保持钻头和柱面垂直。控制钻孔质量是锚杆施工的关键之一，锚杆孔的质量指标主要是钻孔弯曲率即锚杆孔要求圆直不得弯曲。因此在保证钻机安装质量的前提下，一定要选择圆直、刚性好的粗径钻具和锋利的钻头，并使钻机始终保持垂直。钻进过程中通过测量仪器随时检测钻头的垂直度，保证钻孔底部偏斜尺寸不大于锚杆长度的 2%。为降低对岩石的干扰，植筋施工过程中最好不要采用水钻钻孔，宜选用振动性很小的电钻钻孔。

（4）清孔

清除孔内风化岩芯、碎块、粉尘、异物等。将加长棒套在不掉毛的毛刷上，伸到孔底并反复多次刷洗，将里面的碎渣和灰尘带出，之后再用吹风机将孔内粉尘和细小颗粒物吹出。采用脱脂棉清理孔壁粉尘等异物。遇有地下水的孔内用端部捆有棉纱的木棍伸入孔底将水吸干。孔中有压力水的将孔内杂物清理干净即可。为防止灰尘等杂物进入孔隙，在孔洞清理后应做好半成品保护。将表面岩石凿毛，凿毛深度 >4 mm，剔除疏松的岩石，并用高压冷水将表面冲洗干净，保证混凝土与岩石能够牢靠的结合、协同受力。清孔完成后，施工单位自检合格后，交监理验收，待验收结果合格才能开展下一步操作，即注料植筋。

（5）锚杆表面处理

锚杆表面应进行除油和除锈处理，可用棉丝浸泡酒精和丙酮液擦洗，清除锚杆表面附着的粉尘、油污等异物。用钢丝球或钢刷将其表面的浮锈、污物刷除，清理后采用环氧树脂进行防腐处理。将处理后的钢筋放置在清洁地面上的支架上 3 ～ 5 min。处理部位长度须为种植深度 +5d（d 为种植钢筋直径）+200 mm。

（6）灌浆

为提高粘接强度，确保结构料和被粘接面的浸润性，应严格依照设计标准确定灌浆料，采用高压灌装设备灌料。灌料深度达到孔深的 2/3。为防止潮气影响黏结质量，应充分烘干孔壁。采用强度为高等级的掺微膨胀剂的水泥砂浆进行填孔，并确保充实孔内。灌浆时缓慢导入灌浆料，谨防速度过快，灌浆料不能充实孔内。严格选择合格的灌浆料及相关产品，保证所用全部产品都有合格证明，符合施工要求。灌浆料必须满足相关规范标准要求，必须在工厂添加黏结剂，严禁掺合挥发性有害溶剂及非反应性稀释剂。

（7）植筋

将料灌入孔内后，再插入钢筋至孔底，顺时针旋转钢筋，中途禁止逆向反转，确保料混合均匀。

旋转 1 ～ 2 min，合理调整钢筋位置并加以固定。水平孔植筋，预埋铝管注料和排气，注料后封堵。均匀用力旋入钢筋，防止速度过快形成空腔，影响植筋质量。

（8）固化及养护

依照产品说明书，固化所用的各种锚固料，要求固化期间不得搅动钢筋，直到结料固化后方可受力，固化时间为 24 h。

3. 抗浮锚杆桩基础施工

抗浮锚杆施工一般包括两个阶段，前期试验锚杆施工和后期工程锚杆施工，前期试验性锚杆施工应注意选点的代表性、施工工艺匹配性，主要是验证锚固体和岩土体的黏结强度是否满足要求。施工单位往往需要赶工期，可以采用高等级的灌浆材料，加早强剂，同时灌浆应预留试块进行抗压试验，待强度达到试验要求时提前进行试验。工程锚杆的施工应按照调整后的正式设计文件要求进行，一般程序和技术要求如下：

① 定位放线。根据设计图纸，首先对锚杆统一编号，然后根据工程定位点及施工图纸在岩石表层上的基础混凝土垫层放出每根锚杆的具体位置，并用红色油漆标注，并采取必要的复核和维护，反复复核无误后报监理验收。

② 钻孔、清孔。采用地质钻孔机或专用锚杆机成孔。一般采用履带式锚杆成孔机。孔位误差不宜大于 100 mm。锚孔垂直度偏差≤ 1%。孔深大于设计锚固深度 50 mm 以上。采用压力清水洗孔，将孔中的泥浆冲洗干净，尽量排出沉渣，确保浆体与岩土层充分胶结。实际施工中一般是钻至孔位后送风吹出孔内岩屑。

③ 锚杆杆体制作与安装。杆体不宜焊接。清除钢筋表面的油污和铁锈，按设计要求绑扎钢筋；将 2 根注浆管与钢筋或者波纹管绑扎在一起。对用于二次注浆的高压注浆管出浆孔和端头应封口。为保证锚杆直立，除设置对中环外，应在孔口设置限位钢筋将锚杆悬空，使锚杆利用重力保持直立、居中。采用钻机（或其他方式）下锚杆时，沿孔壁将杆体缓慢置入，不得挤压注浆管，确保注浆管完好。

④ 注浆。设计要求二次注浆工艺。第一次注浆压力为 0.5 ～ 0.8 MPa，从孔底开始，注至孔口反浆，一次注浆管必须拔除；一次注浆后宜在 80 ～ 120 min 内（两次注浆间隔可根据现场实际情况调整）采用高压注浆泵进行二次注浆，压力为 2.5 ～ 4.5 MPa。由于浆体凝结收缩，应在孔口处随时补浆。实践证明，此注浆方法给施工带来不便；二次高压注浆，理论可行，实际操作困难（二次高压注浆有时间间隔，工序多、耗时，二次高压注浆易爆管，浆液易喷射眼睛）；若采用水泥砂浆则注浆管要求高，设计一般要求水泥浆水灰比在 0.4 ～ 0.5，实际操作有 0.55 ～ 0.6，真正达到 0.4 ～ 0.5 水灰比时，浆液较浓，易堵管，注浆困难；水灰比低于 0.45 时，泥浆基本呈干塑状态。

抗浮锚杆施工质量控制的关键在于注浆环节，因此，一定要控制好注浆质量。须有专人负责监督施工，严禁孔口灌浆，否则易成空口注浆（表面有浆，下部无浆）。避免将成品锚杆体转运以防注浆管压破、压断，锚杆下孔时严禁将注浆管挤断，以免出现断浆现象。满足施工条件下，浆液应尽量浓，注浆一段时间后应及时补浆，避免出现注浆不饱满现象。

⑤ 养护。锚杆养护期间，不得随意碰撞。移动机械设备时，不允许利用锚杆作为辅助点。

4. 螺旋桩基础施工

（1）施工准备

① 人员准备。螺旋桩钻机 2 ～ 3 min 可完成一个桩基础。以总量 10 000 个桩基础为例，每台钻机 2.5 min 完成一个基础，每天正常工作 8 h 计算，则一台钻机每天可完成基础数量 N_1=8 × 60/2.5=192 个，10 000 个基础需要一台钻机正常工作天数 N_2=10 000/192=52 天，若配 5 台桩机，则需要 10.42 天。每台钻机配备 2 名施工人员，5 台钻机只需配备 10 名施工人员。

② 技术准备。厂区四通一平，确保施工保障。探明和清除场地内一切空中、地面及底下障碍物、管线、电缆等。根据桩位平面图在预先测放的桩位上插钢钉（每组距离见图 4-6）。组织施工人员熟悉图样，并进行必要的技术、安全交底。根据所提供的桩位轴线及水准点测放桩位，设置样桩。（正式施工时对样桩进行复核，以免样桩移动而影响施工质量）。根据总平面图、桩位平面图以及规划提供的红线控制坐标点，用全球导航卫星系统测放工程桩的位置，初测误差控制在 7 mm 内，并需经不同的技术员复测，复测时超出 7 mm 的样桩必须重新测放。

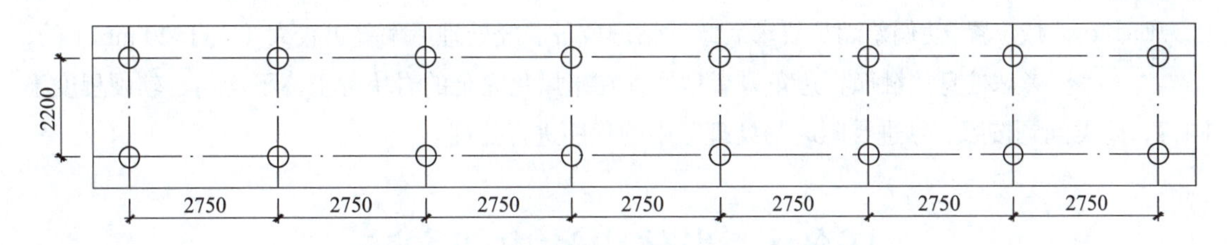

图4-6　支架桩位布置图

③ 材料的运输及存放。螺旋桩表面以热镀锌防腐处理。钢桩出库运输时，用板车托运，零散的钢桩与钢桩之间用泡沫板隔离，防止叶片磕碰导致钻进效率降低。成品钢桩到场后应及时记录入库，将装箱的钢桩整齐放置在钢架上，架离地面。零散的钢桩存放时必须做到下垫防水膜上盖防雨布，做好防潮防水措施。库房本身要做好防水防潮处理，保持清洁，晴天开窗通风，雨天关闭防潮，保证适宜的储存环境。

（2）螺旋桩施工方法

螺旋桩施工工序如图 4-7 所示。安装地锚桩是螺旋桩施工的重点。打桩机操作依据测量放线的桩位进行施工，履带式打桩机打桩前选择较为平整稳妥的地方就位，如果地面坡度较陡，则用卷扬机对打桩机进行牵引。首先将钻机头前后左右进行调整，初步调整好后用水平尺或线锤吊垂直度，确认无误后进行下一步施工，要求桩位偏差 <50 mm，垂直度 90° ± 3°。

图 例

钢管螺旋桩施工标准

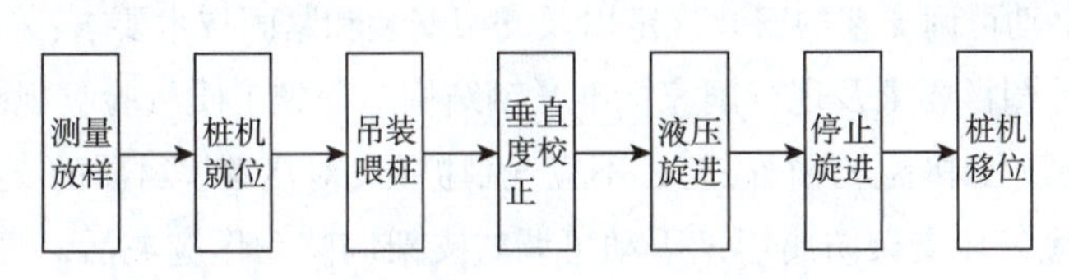

图4-7　螺旋桩施工工序

待钻机调整完毕后安装地锚桩。地锚桩使用前应对材料进行各项检查，尺寸、孔位、叶片材质等是否符合要求，特别是检查地锚桩加强板与叶片焊接是否牢固，若符合要求则依据检验批进行报验，然后安装施工。各项工作准备完毕后，将地锚桩安装在桩机上，然后用磁性水平尺校正桩机的水平度与垂直度，符合要求后开始钻桩。钻桩时，先对中，钻到 1/3 深度时观察锚桩是否有偏差；若有偏差，进行调整后钻至 1/2 再观察，无误后钻至设计深度。

（3）钻进受阻及桩位偏差处理

① 钻进受阻时的处理。螺旋桩钻进时遇到地下较大孤石不能继续钻进的，采用风镐引孔后再按照原施工方案中的方法继续施工。将风镐头安装在钻机上，连接空气压缩机，对地下孤石进行振动锤击破除，引孔至设计深度。上下扫孔两遍确保引孔的垂直度符合要求后，利用气举清空。用砂质黏性土与符合硅酸盐水泥按 1∶1 比例拌合成填充物。用上述填充物对引孔进行回填。回填过程中，每 30 cm 用捣棒捣密压实。再按照正常的施工工序进行施工。成桩后要避免扰动，以防因拌合物强度不够造成桩位偏差较大。

图例

其他管桩基础施工

② 桩位有偏差时的处理。桩位的偏差问题，要坚持“预防为主，防治结合”的工作方式。首先从源头控制误差，测量放样时要精益求精；施工过程中要随时复测及时调整，使桩位偏差在允许误差范围（D/10=7.6 mm）内。对于桩位偏差较小（不大于 20 mm）的螺旋桩，在成桩结束前，操作工人用 5 m 钢卷尺校核，调整机械位置，使偏差满足要求后继续钻进成桩。经处理后偏差仍较大（大于 20 mm）的，考虑桩身接触孤石边角或者地底存在未风化完全的岩块、土体不均匀、软硬程度不同等，此类问题按照“钻进受阻时的处理”中的程序进行处理。

任务2　光伏电站支架安装

4.2.1　光伏支架施工准备

1. 技术要求

文本

光伏支架技术交底

支架安装前应做好准备工作，采用现浇混凝土支架基础时，需在混凝土强度达到设计强度的 70% 后进行支架安装。支架到场后应检查外观及防腐涂镀层是否完好无损，型号、规格及材质是否符合设计图样要求，附件、备件是否齐全。

对存放在滩涂、盐碱等腐蚀性强的场所的支架应做好防腐蚀措施。支架安装前，安装单位应按照“中间交接验收签证单”的相关要求对基础及预埋件（预埋螺栓）的水平偏差和定位轴线偏差进行查验。

固定式支架、手动可调支架的安装规定以及支架安装和紧固技术要求：采用型钢结构的支架，其紧固度应符合设计图样要求及现行国家标准《钢结构工程施工质量验收规范》（GB 50205）的相关规定；支架安装过程中不应强行敲打，不应气割扩孔；对热镀锌材质的支架，现场不宜打孔。支架安装过程中不应破坏支架防腐层；手动可调式支架调整动作应灵活，高度角调节范围应满足设计要求。

支架倾斜角度偏差度不应大于 ±1°；固定及手动可调支架安装的允许偏差应符合表 4-4 中的规定。

表4-4 固定及手动可调支架安装的允许偏差

项目名称	允许偏差/mm
中心线偏差	≤2
梁标高偏差（同组）	≤3
立柱面偏差（同组）	≤3

跟踪式支架的安装技术要求：跟踪式支架与基础之间应固定牢固、可靠；跟踪式支架安装的允许偏差应符合设计文件的规定；跟踪式支架电动机的安装应牢固、可靠，传动部分应动作灵活；聚光式跟踪系统的聚光部件安装完成后，应采取相应防护措施。

支架的现场焊接工艺技术要求，首先应满足设计要求，同时支架的组装、焊接与防腐处理应符合现行国家标准《冷弯薄壁型钢结构技术规范》（GB 50018）及《钢结构设计规范》（GB 50017）的相关规定；焊接工作完毕后，应对焊缝进行检查；支架安装完成后，应对其焊接表面按照设计要求进行防腐处理。

2. 技术准备

根据相关国家标准及制造厂安装说明书编写施工技术措施，上报监理审批。由专业测量人员按照图样准确放出支架的基础高程、中心线，标记清晰，以便安装和复核。组织所有施工人员熟悉图样和安装说明书，进行技术交底。设备到货后，会同厂家代表和监理工程师根据供货清单共同开箱清点，检查设备型号、规格、数量是否符合合同文件的规定，同时检查设备外壳有无变形、碰伤等，并做好设备验收记录。地面基础支架结构如图 4-8 所示。

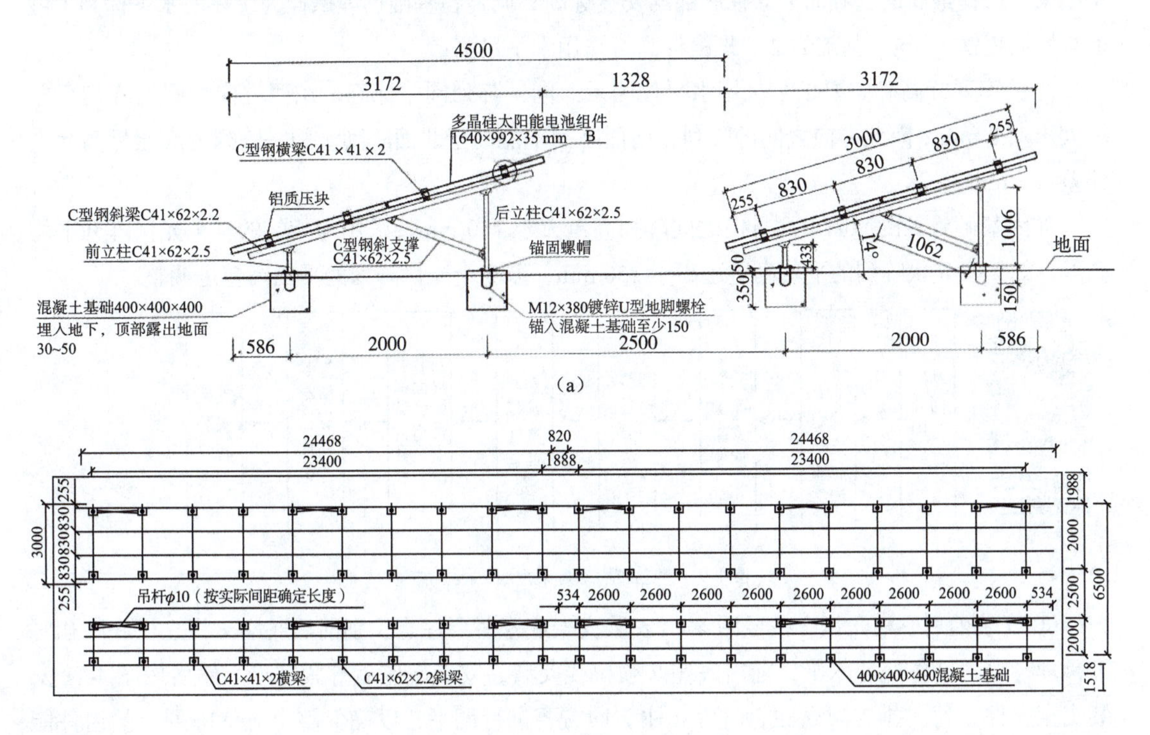

图4-8 地面基础支架结构示意图

视 频

施工阶段（上）

视 频

施工阶段（下）

3. 施工设备准备

在不影响施工及设备运行的区域设办公用房，办公区与货物区分开，对临时设置货物及施工的区域，临时场地以便堆放到货设备及施工垃圾。准备好倒运设备所需吊车、载重汽车等起重运输设备，光伏支架采用有 M8、M10、M14 的螺栓，应准备 13 mm、16 mm、21 mm 的扳手，水平仪，经纬仪，标杆等测量仪器和尼龙小线，记号笔以及其他安装工具。检查设备的到货情况是否满足连续施工要求。

4. 施工场地准备

土建工作面具备移交条件，且混凝土养护期已满足施工要求；施工道路满足施工要求；施工用电已设置到施工现场。

4.2.2 地面光伏支架安装工艺

1. 光伏支架施工方法

地面光伏支架施工工艺流程如图 4-9 所示，具体施工方法如下：

① 清理基础面和预埋螺栓。安装前应清理基础面砂土和杂物，用水冲洗干净。调直螺栓，清理预埋螺栓螺纹。

② 测量基础面标高，确定支架底座标高。采用水平仪测量光伏阵列的基础面标高，记录测量结果。选择最高的基础面为立柱底部的安装标高。调整各基础预埋螺栓为统一的水平标高（可适当增加垫铁），同一基础的 2 个螺栓标高可采用水平尺测量。

光伏阵列标高确定要求：采用水平仪测量。同一阵列同一标高；东西方向之间的阵列高差不大于 150 mm；南北方向之间的阵列，南面阵列不能高于北面阵列；同一阵列的底座标高允许偏差 ±2 mm。

如因基础施工的原因东西方向之间阵列高差大于 150 mm，采用与相邻的 2 个光伏阵列平均高差，如 2 个光伏阵列的平均高差还高于 150 mm，取 3 个光伏阵列的平均高差进调整。

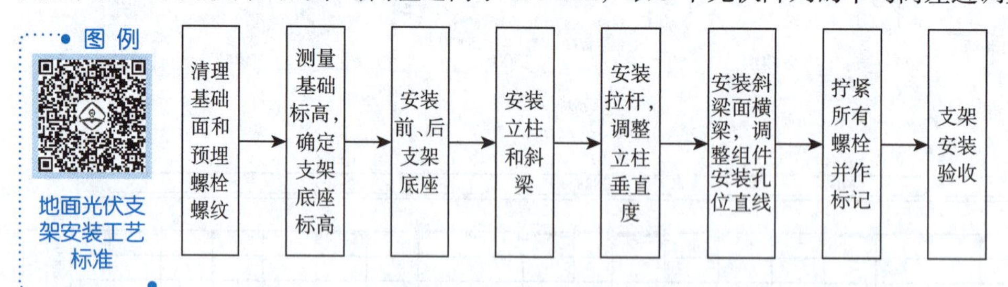

图4-9　地面光伏支架施工工艺流程

③ 安装前后立柱角钢。按照图 4-10 安装支架底座时要注意识别前后底座，将立柱底座孔对准预埋螺栓，调整底座水平，前后底座必须拉线安装，安装底座后拧紧螺母。然后按图 4-11 安装支架立柱，每一排支架立柱（前后立柱）均需要进行调平，以确保整个光伏阵列上的组件能在一个平面上。

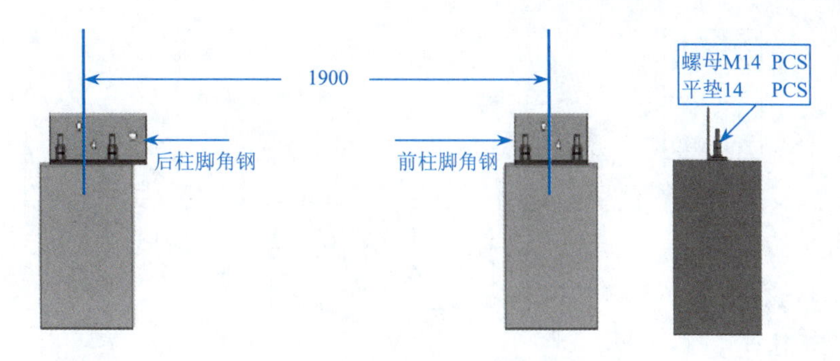

图4-10 前后立柱底座角钢安装示意图

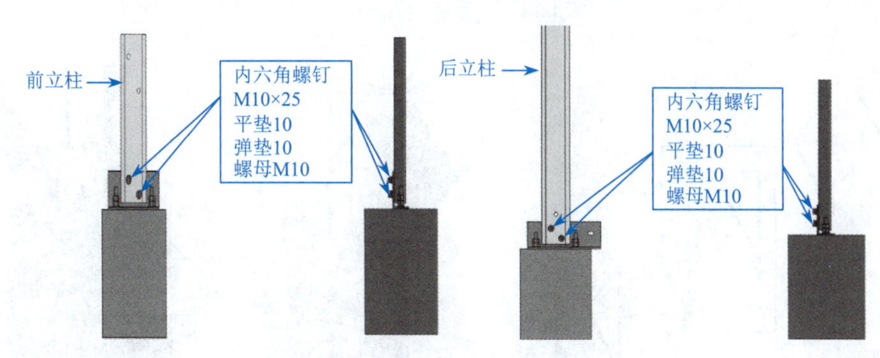

图4-11 前后立柱安装示意图

④ 安装斜梁。按照图 4-12 依次安装支架斜梁，注意控制斜梁倾角，对于用 C 型钢做的斜梁，因其安装螺孔并非专用孔，一般是双 U 型孔，因此，安装时应该注意控制前后端部间距。

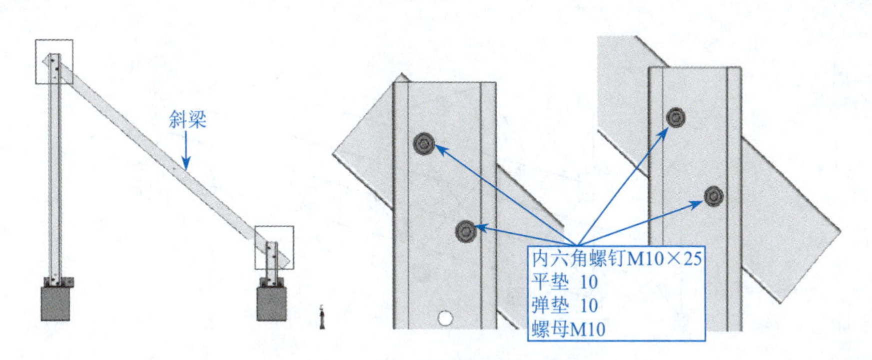

图4-12 支架斜梁安装示意图

⑤ 按照图 4-13 所示，调整立柱前后垂直度，安装斜支撑架，并依次安装一个阵列的斜支撑架。按照图 4-14 所示，将花篮拉杆装于每组光伏阵列支架最中间的两根后立柱上，安装时两根拉杆应形成剪刀叉结构，以保证光伏阵列左右抗风能力。

调整立柱左右垂直度：拉杆上有花篮螺栓张紧器，花篮螺栓张紧器的作用是使立柱垂直，垂直度全高允许偏差≤3 mm。

⑥ 安装横梁。图 4-15 为横梁安装示意图，图 4-16 为图 4-15 中连接板安装放大图，按照图 4-15 和图 4-16 所示安装横梁、横梁连接板，先调整最低一排横梁的直线度，采用经纬仪测量（或拉线），边调整边拧紧螺栓。

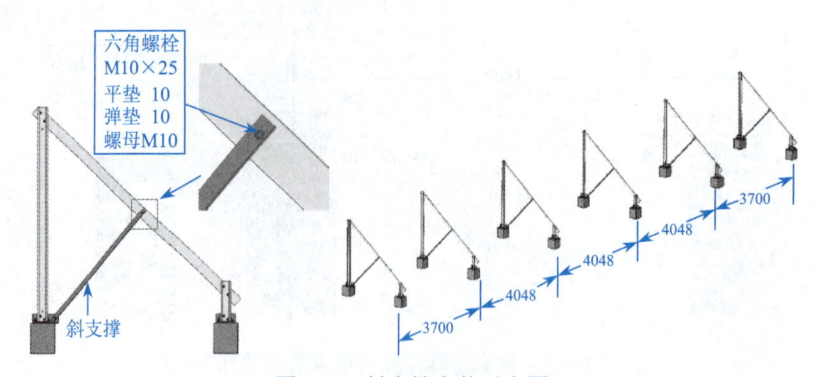

图4-13　斜支撑安装示意图

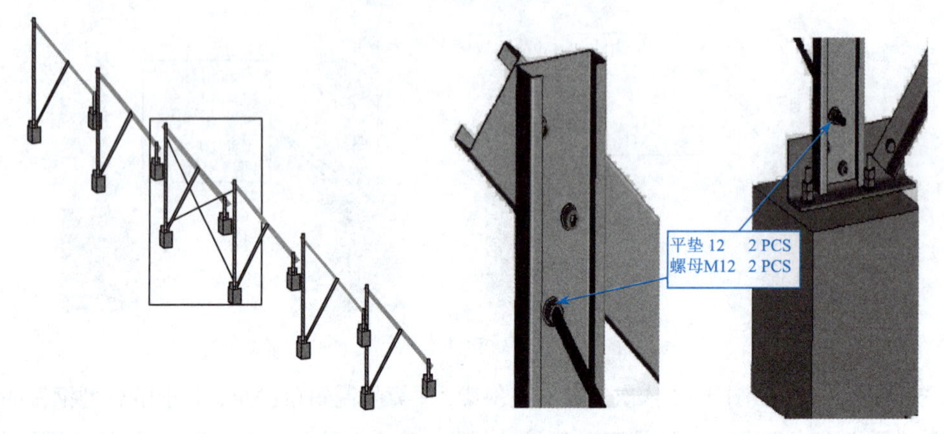

图4-14　剪刀叉拉杆安装放大示意图

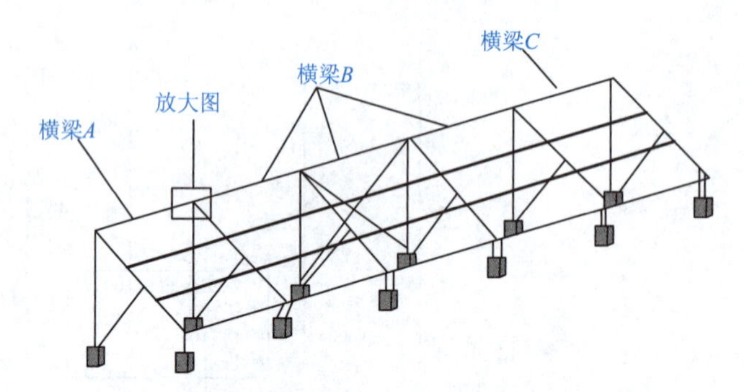

图4-15　横梁安装示意图

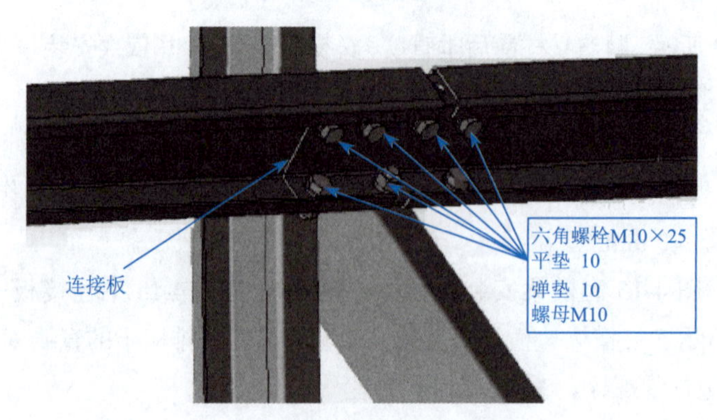

图4-16　连接板安装示意图（图4-15放大图）

按上述方法，依次检查后面三排的直线度，调整方法同第一组的调整方法。

整个阵列上的横梁安装完后应检查上下横梁面是否在同一平面，防止安装光伏组件时会损坏光伏组件。最后必须检查所有螺栓的拧紧度，逐根螺栓检查完成后，逐根在螺栓与螺母的交接处作标记，标记采用红色的油性记号笔。

阵列支架质量要求：同一阵列支架底座必须在同一水平面；固定光伏组件的横梁面必须调整在同一平面；各组件安装孔的位置应对整齐并在一条直线上，上下安装孔的位置应成直角；阵列全长的直线度误差小于 ± 5 mm；构件连接螺栓必须加防松垫片并拧紧。

2. 光伏支架施工安全注意事项

① 支架在吊装、运输过程中应做好防震、防弯和防镀锌层漆面受损等保护措施。当制造厂有特殊要求时，应按照制造厂的要求进行吊装和运输。

② 支架到场后应检查外观及漆面是否完好无损；检查型号、规格及材质是否符合设计图样要求，附件、备件是否齐全。

③ 支架安装前安装单位应按照光伏阵列土建基础“中间交接验收签证单”的技术要求对水平偏差和定位轴线的偏差进行查验，不合格的项目应进行整改，然后再进行安装。

④ 支架安装。

a. 支架安装和紧固。钢构件拼装前应检查清除飞边、毛刺、焊接飞溅物等，摩擦面应保持干燥、整洁，拼装工作不宜在雨雪环境中作业。支架的紧固度应符合设计图样要求及《钢结构工程施工质量验收规范》（GB 50205）的相关规范的要求。支架主要构件就位后将螺栓穿入孔内，初拧作临时固定，同时进行垂直度校正和最后固定，及支架垂直度用挂线锤检查。主要构件经校正后，即可安装各类支撑及连接件等，并终拧螺栓作最后固定。螺栓的连接和紧固应按照其规格和设计图上要求的数目和顺序穿放。不应强行敲打，不应气割扩孔。

b. 支架安装的垂直度和角度。用水平靠尺和挂线锤现场测量，支架垂直度（每米）偏差不应大于 1 mm。立柱安装标高偏差不应大于 5 mm，轴线前后偏差不应大于 5 mm，左右偏差不应大于 5 mm。用量角器现场测量，支架角度偏差度不应大于 ± 0.5°。

c. 安装调整。整套支架安装完成后用施工线、钢卷尺和扳手现场调整。检测支撑光伏组件的支架构件倾角和方位角偏差是否符合设计要求。

d. 支架安装的垂直度和角度必须符合下列规定。支架垂直度偏差每米不应大于 ± 1°，支架角度偏差度不应大于 ± 1°。固定支架安装的允许偏差应符合表 4-5 中的规定。

表4-5 固定支架安装的允许偏差表

项目	允许偏差/mm	
中心线偏差	≤2	
垂直度（每米）	≤1	
水平偏差	相邻横梁间	≤1
	东西向全长（相同标高）	≤10
立柱面偏差	相邻立柱间	≤1
	东西向全长（相同轴线）	≤5

4.2.3 混凝土平屋面支架安装

视频 结构施工（上）

视频 结构施工（下）

1. 施工准备

根据设计图样确定施工范围，项目经理及施工人员到现场进行施工范围确认。

（1）技术准备

项目部技术负责人会同设计部门核对施工图样，并对施工作业人员进行安装施工技术交底。项目部要熟悉、会审图样，充分了解设计文件和施工图样的主要设计意图，明确工程所采用的设备和材料，明确图样所提出的施工要求，以便及早采取措施，确保施工顺利进行。倾角支架安装图如图 4-17 和图 4-18 所示。

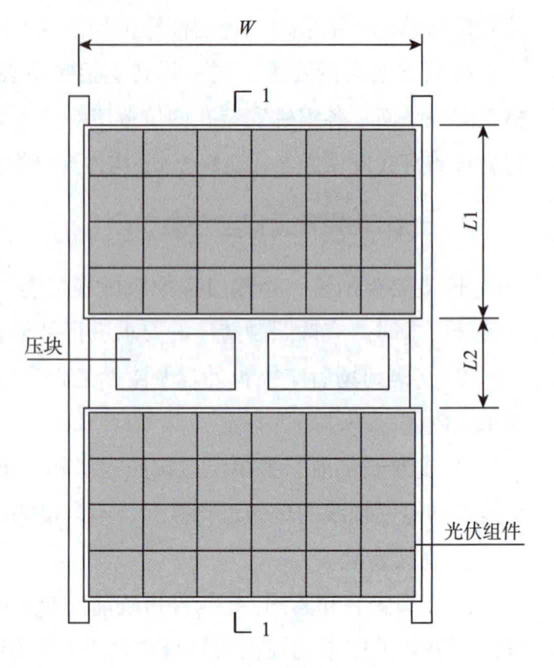

图4-17 倾角支架平面图

施工项目部应熟悉与工程有关的其他技术资料，如施工合同，施工及验收规范、技术规范、质量检验评定等强制性文件条文。

项目经理编制施工组织设计并针对有特殊要求的分项工程编制专项施工方案。根据光伏工程设计文件和施工图样的要求，结合施工现场的客观条件、设备器材的供应和施工人员数量等情况，安排施工进度计划和编制施工组织计划，做到合理有序的安装施工。安装施工计划必须详细、具体、严密和有序，以便监督实施和科学管理。

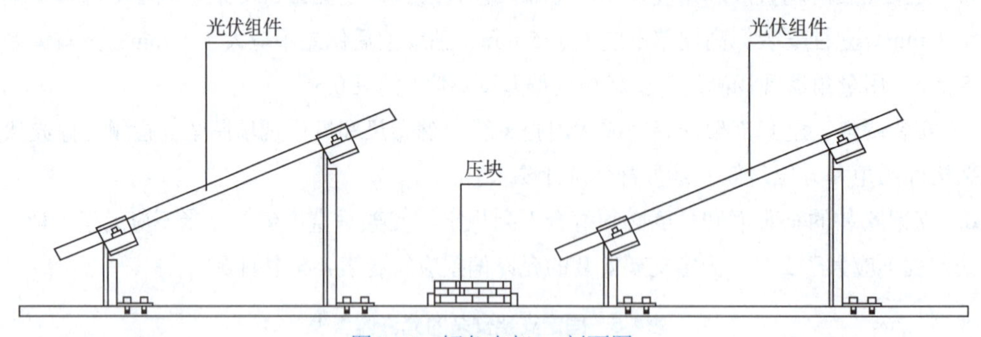

图4-18 倾角支架1-1剖面图

（2）材料及主要工具

根据目前混凝土屋面施工的光伏工程，支架结构涉及的主要材料有：角钢支架、连接型材、C 型钢横梁、配套螺栓组、混凝土压块及相关附件等。根据光伏工程施工特点总结支架安装主要工具如下：

① 切割机。用于角钢、槽钢、圆钢、钢管、C 型钢等现场下料切割。

② 电钻。用于钢材现场开孔及机制钉配孔作业。

③ 电焊机。用于现场光伏支架的焊接。

④ 各种型号的扳手。用于各种螺栓、螺钉的安装作业。

⑤ 测量放线工具。根据施工队伍情况自定，用于现场测量、排尺及自检等。

（3）作业条件

在环境温度低于0℃条件下进行电弧焊时，除遵守常温焊接的有关规定外，应调整焊接工艺参数，使焊缝和热影响区缓慢冷却。风力超过四级，应采取挡风措施；焊后未冷却的接头，应避免碰到冰雪。严禁在未有施工保护措施的高处作业。施工人员严禁酒后进入施工现场，严禁穿拖鞋、凉鞋、高跟鞋进入施工现场。

图 例

平屋面支架安装工艺标准

2. 施工工艺

屋面支架安装方法与支架基础模式不同，可以采用不同的施工工艺方法，混凝土平屋面可以采用预制混凝土底座预埋螺栓的安装方式，也可以采用直接焊接支架加混凝土配重块的安装方式，对于前者安装工艺可以参照地面支架安装方法，以焊接支架安装工艺为例介绍支架安装过程，具体安装工艺流程图如图4-19所示。

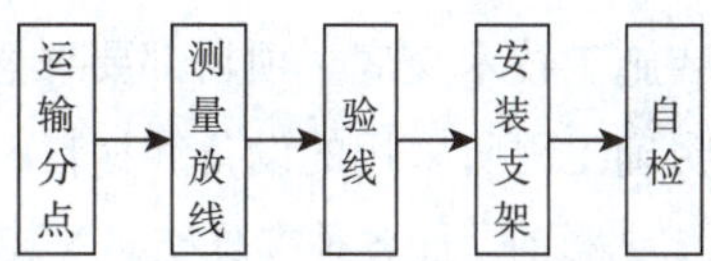

图4-19 屋面支架安装工艺流程图

（1）运输、分点

可通过吊车将支架等施工材料按照工程需要，分点吊运到屋面。

（2）测量、放线

① 平面控制测量。根据施工设计图样及设计要求将光伏组件支架平面布置尺寸测放到屋面相应位置。为施工提供测量放线标志，亦可作为按图施工的标志。根据施工图样确认建筑物朝向及屋面障碍物的位置是否正确，若不正确，第一时间与技术部协调、确认。

视 频

系统安装（上）

② 高程控制测量。利用水准仪，选定屋面支架平面中最高点为基准，测定屋面施工范围内的起伏高差，做好标记，便于支架安装时调平零件的统计、制作及后续工作的施工。

（3）支架和方阵拼装

支架批量安装前要做好样件的试焊接。待质检及设计确认合格、封样后方可批量焊接支架。

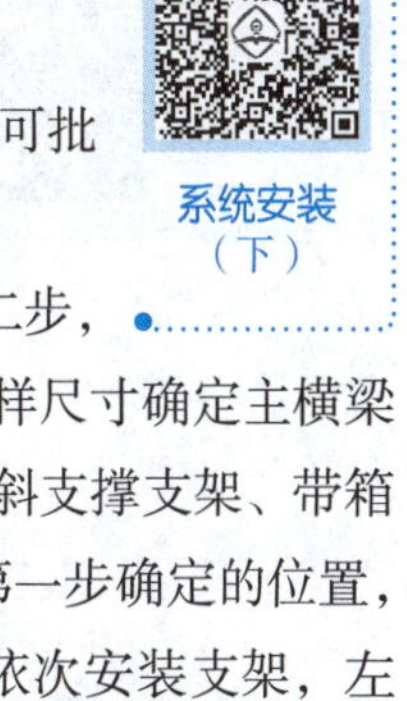

视 频

系统安装（下）

第一步，根据设计图样及现场测量结果定位第一组支架安装起始位置。第二步，按施工图样和相关技术要求，焊接底横梁和左右榀支架。第三步，按照设计图样尺寸确定主横梁位置，用螺栓固定主横梁，完成独立标准支架的组装作业。特殊位置支架（带斜支撑支架、带箱柜支架）的焊接。第四步，独立支架焊接组装完成后，首先将独立支架摆放到第一步确定的位置，垫橡胶垫片，禁止钢结构支架与屋面防水层直接刚性接触。再按照图样尺寸依次安装支架，左右连接螺栓固定。完成单排支架安装作业。在第四步的基础上，按照设计图样确定第二排安装位置。进行第二排支架的安装作业。两排之间用构件螺栓连接牢固。依次完成样板方阵安装作业。样板支架方阵安装完毕后放置配重混凝土压块，配重压块按照设计图样位置及方式放置。按照设计图样进行屋面组件支架的整体安全固定及组件避雷连接。

以上步骤完成之后，对屋面防水破坏处进行修补施工，对支架焊接及支架构件切割处进行防腐处理。完成支架样板方阵全部安装作业后报检，并根据质检结果整改。样板方阵合格后，按照上述步骤依次完成单体建筑屋面支架安装工程。

以上安装方法是以整体式焊接式支架为例进行阐述，不同支架基本安装方法不尽相同。

（4）质量控制

在混凝土屋面支架安装过程中需对以下控制点进行质量控制：支架组装尺寸，支架焊接质量，方阵安装位置螺栓连接质量，与屋面柔性接触安装质量，防水、防腐处理。

4.2.4 彩钢房屋面支架安装

1. 施工准备

根据设计图样确定施工范围，项目经理及施工人员到现场进行施工范围确认。

① 技术准备。项目部技术负责人会同设计部门核对施工图样，并对施工作业人员进行安装施工技术交底。项目部要熟悉、会审图样，充分了解设计文件和施工图样的主要设计意图，明确工程所采用的设备和材料，明确图样施工要求，以便及早采取措施，确保施工顺利进行。

彩钢屋面各种夹具支架安装示意图如图 4-20 ～图 4-22 所示。

施工项目部应熟悉与工程有关的其他技术资料，如施工合同，施工及验收规范、技术规范、质量检验评定等强制性文件条文。

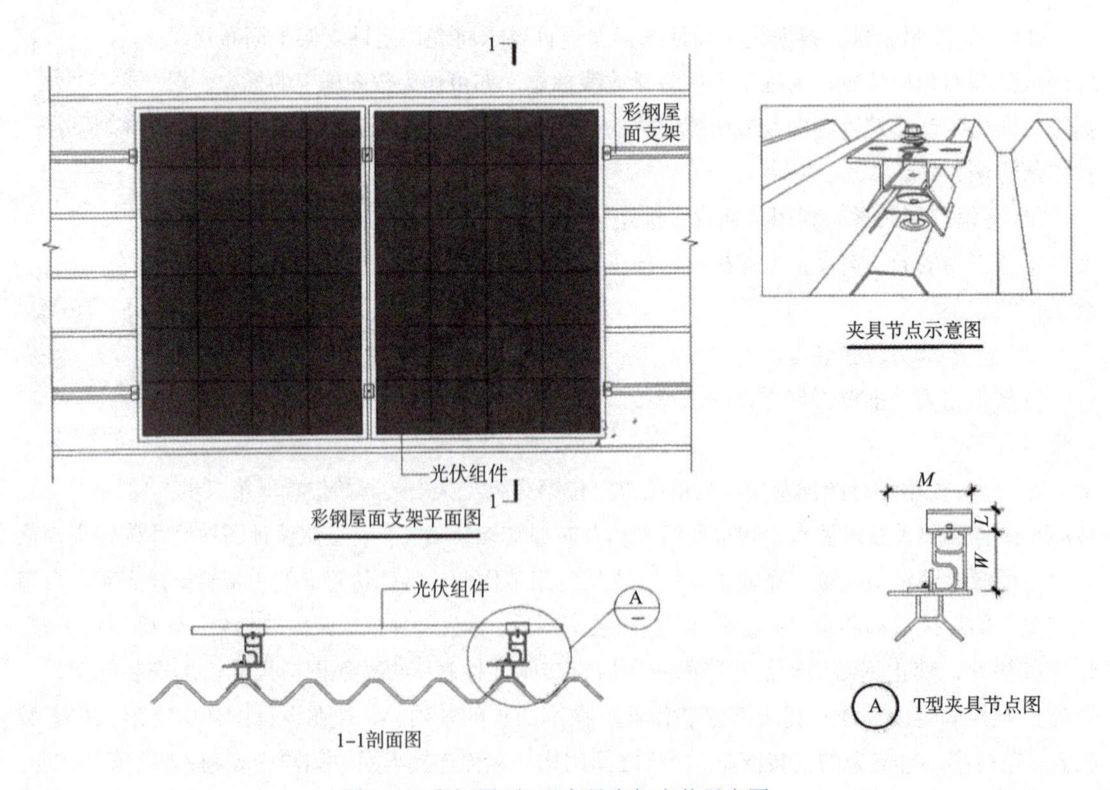

图4-20　彩钢屋面T形夹具支架安装示意图

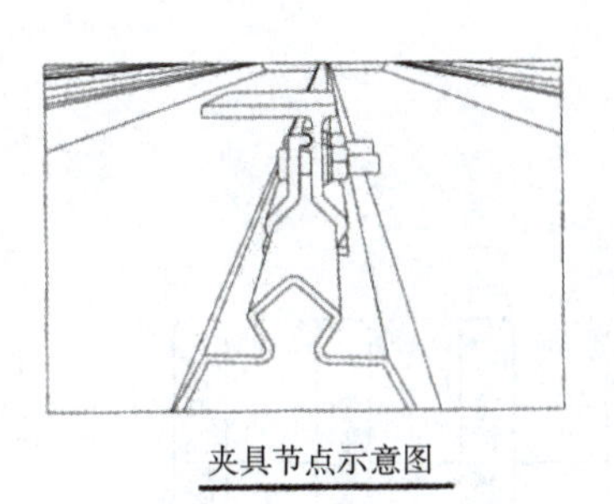

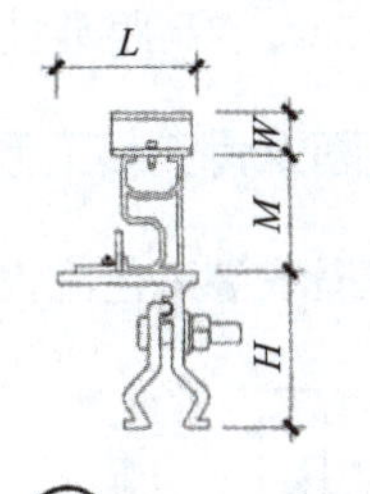

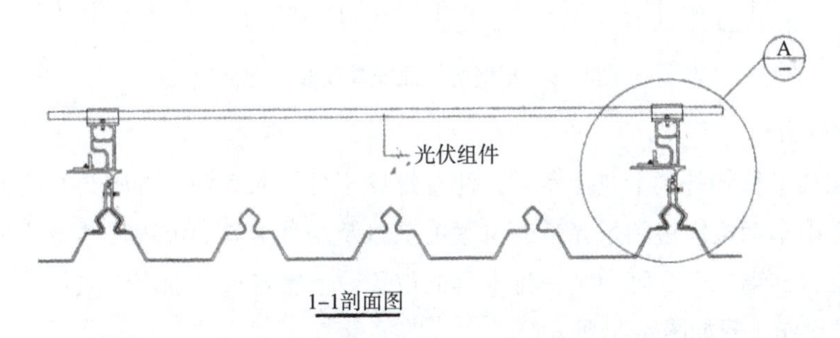

图4-21 彩钢屋面角驰型夹具支架安装示意图

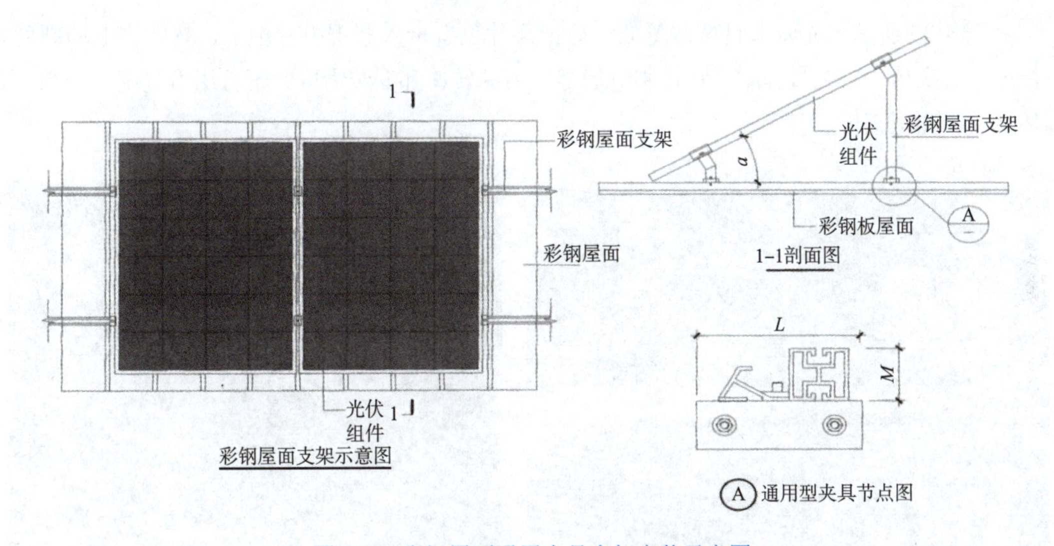

图4-22 彩钢屋面通用夹具支架安装示意图

项目经理编制施工组织设计并针对有特殊要求的分项工程编制专项施工方案。根据光伏工程设计文件和施工图样的要求，结合施工现场的客观条件、设备器材的供应和施工人员数量等情况，安排施工进度计划和编制施工组织计划，做到合理有序地进行安装施工。安装施工计划必须详细、具体、严密和有序，以便监督实施和科学管理。

② 材料及主要工具。根据彩钢房屋面具体情况，选择适应当材料，如C型钢、彩钢卡具、螺栓组，不同的彩钢结构，其卡具形式会不一样，在施工准备过程中应注意区分。主要工具通常有电钻、各种型号的扳手。

③ 作业条件。严禁在无施工保护措施的高处作业；工作人员严禁酒后进入施工现场；严禁

施工人员穿拖鞋、凉鞋、高跟鞋进入施工现场。

2. 彩钢房屋面龙骨安装工艺

彩钢房屋面龙骨安装工艺流程如图 4-23 所示。

图例

彩（轻）钢屋面支架安装工艺标准

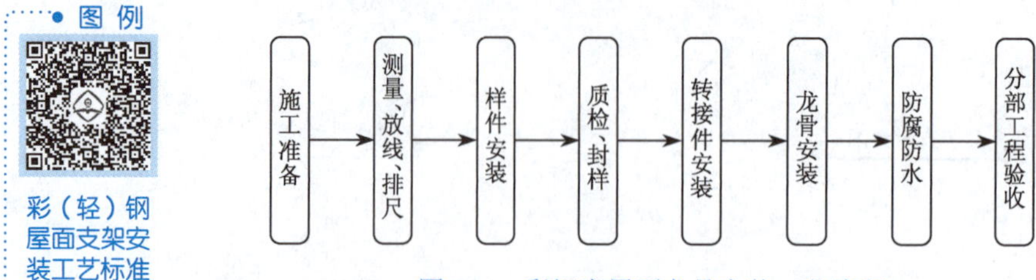

图4-23　彩钢房屋面龙骨安装工艺流程

（1）准备工作

首先把螺栓平行轻拧到卡具上备用，注意螺栓不可拧入太深，否则会影响卡具安装。然后根据设计图样中彩钢板锁边和采光带的位置关系以及龙骨卡具的位置尺寸定位第一个方阵中第一排的卡具位置和第二个方阵中第一排卡具的位置。依次排尺，确定屋面各排方阵龙骨卡具安装位置，具体操作步骤如图 4-24 所示。

（2）安装固定卡具

如图 4-25 所示，先将卡具按测量放线标记尺寸位置卡入彩钢板脊椎上，然后用电动螺丝刀以慢速拧紧螺栓，安装过程中注意控制电动螺丝刀的转速和安装力度，不可用力过度，否则，会损坏螺栓头和彩钢板。

图4-24　测量放线

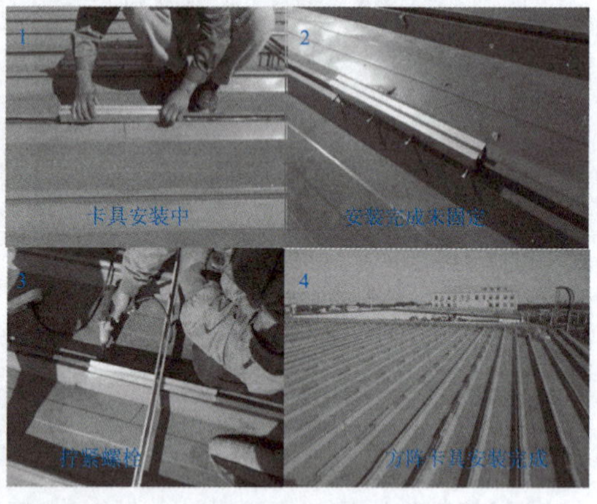

图4-25　卡具安装

（3）安装组件龙骨

如图 4-26 所示步骤，按照设计图样安装组件龙骨。屋面龙骨安装施工中按照设计要求做好样件及样板方阵的安装，报检、待质检及设计确认合格后方可批量安装。

（4）防水修补

对破坏原有彩钢屋面，机制钉连接处进行防水修补处理。对施工中造成原有屋面防水层失效部位进行防水修补。

4.2.5 柔性支架安装

柔性支架广泛适用于需要大跨度安装的建筑廊道、空间要求高的农（林）（渔）光互补、不规则山地、大型工厂屋顶、大型水库、水池、污水处理厂、障碍物多等项目。它可以充分节约土地资源，发挥了“光伏+”的天然优势，是综合利用土地资源，节约光伏工程造价成本、实现低碳零排放路径、促进绿色融合的健康可持续发展。图4-27为柔性支架在污水处理厂的应用场景。

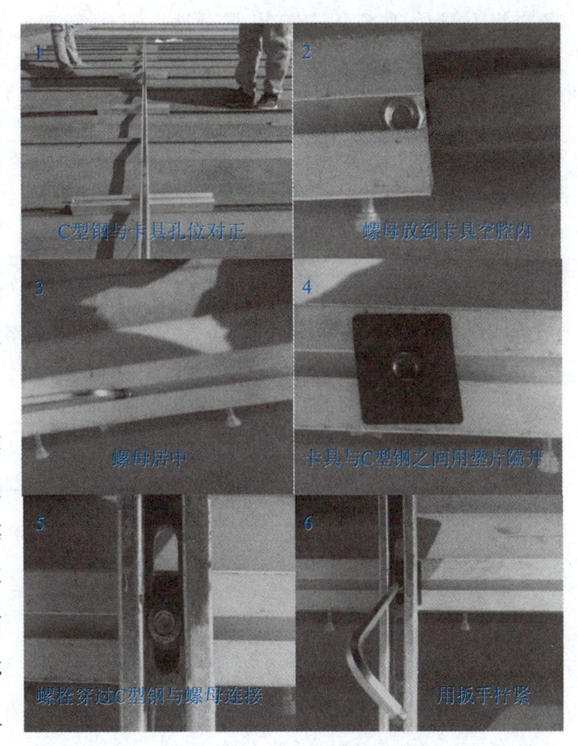

图4-26 龙骨安装

柔性支架光伏项目最大特点是高空作业，安装作业面有限，下方有障碍物或污水池等特殊因素，如果发生人员坠落及落物等事件，会造成严重后果，所以施工安装前要做好防护措施。利用平整地面或池上原有地面进行吊装及安装作业时，应尽量利用移动脚手架等有效措施，以减少高空作业掉入池中的危险。对于大跨度水面，应采用浮筒等措施，解决运输安全及转运问题；浮筒上的钢架平台或者吊篮作业，人员必须系好安全带，增加一道防护措施，要使用移动脚手架及钢架平台的应具备自锁、吊装孔、防护栏等功能；对高温天气下的作业，长时间作业不超过3～4 h，每隔一定时间需要休息一段时间，应集中安装点设置遮阳大伞，以减少工人高温中暑的概率。高空作业区域设置隔离警示带。高空作业采用至少2人一组，作业人员穿戴好救生衣，作业前系好安全绳、已确认停电、已确定作业面下方安全、已采取安全防护等做好交叉检查及确认工作；组件安装及吊装作业应采用平台化作业。多准备些备用绳索，方便组件平台通过钢梁进行转移，减少经常上下高空引起的危险；恶劣天气如大雨天禁止接线作业、高空作业等特种作业，风力六级以上时，应立即停止作业等措施。

图4-27 柔性支架在污水处理厂的应用场景

施工过程中遵循“先地下，后地上，再空中；先结构，后安装，再调试”的原则。施工方案应根据具体现场及施工特点设计，组织管理人员及劳动力、材料、机械资源精准施工。通常柔性光伏工程主要安装包括基础安装、支架支护安装、柔性钢索安装、光伏组件安装，电气设备安装等内容，基础安装与地面支架基础安装基本一致，这里重点介绍基础支架支护、柔性钢索的安装。

1. 基础支架支护安装

基础支架支护安装过程主要包含基础复测、放线、基础闭合、验线，钢立柱、柱支撑安装，钢立柱找正、固定，光伏钢梁（桁架梁）安装，钢梁校正、固定，钢结构施工设施拆除等过程，具体工艺流程如图 4-28 所示。

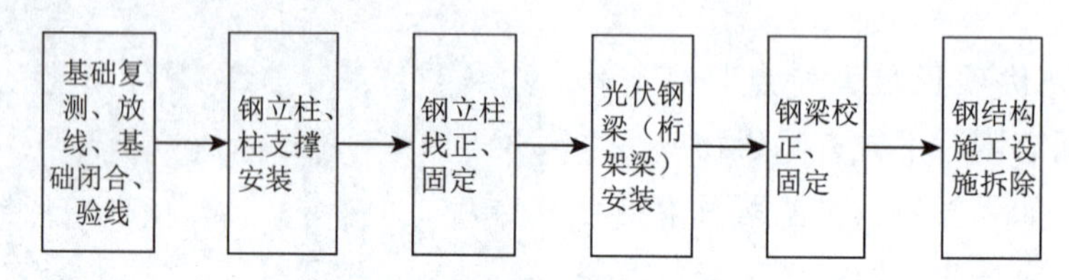

图4-28　基础支架支护安装流程

（1）基础复测、放线、基础闭合、验线

基础施工按照图样要求完成后，主要钢构件吊装前应做好包括测量放线、预埋件定位安装、后置埋件化学螺栓植筋、构件的运输、堆放、就位、拼装加固、检查清理、弹线编号以及吊装机具、安全设施的准备等工作，构件运到现场后，安装前需对所有预埋件及预埋螺杆进行数据复测，以保证钢结构的拼装、焊接需求。必须对工厂焊缝进行抽检，出具检验报告。

（2）钢立柱、柱支撑安装

① 准备工作。基础上弹出纵、横定位轴线和钢柱的吊装基准线，最后钢柱四面中心标记鲜明。作为钢柱对位校正的依据。然后检查预埋件的施工精度，尺寸的允许偏差见表 4-6。

表4-6　尺寸的允许偏差

项目名称	允许偏差/mm
底面标高	0.0～0.5
垂直度	H/100，且不应大于1.0
位置	1.0

② 钢柱的绑扎和吊点设置。根据钢柱的形状、长度、质量、起吊方法及吊机性能等因素，采用 U 型卡扣垂直吊装，吊点设在柱的顶部，吊装回直后，由吊机单机吊装就位，部分钢柱吊装时吊绳若与构件相碰，可在吊装时增设吊装扁担。吊耳及吊装扁担制作材料根据现场材料负荷计算后确定。

③ 钢柱的吊装。钢柱的吊装由各区主吊机以单机旋转法就位为主，柱脚放预埋钢板上，对位后立即将钢柱与预埋件对接好，拉上缆风绳方可放松吊钩。

④ 柱间支撑安装。钢柱吊装初校固定后即可进行柱间支撑的安装，柱间支撑吊装前须再次检查钢柱缆风绳是否固定，确保钢柱固定牢靠再进行吊装，柱间支撑斜撑在水平支撑螺栓安装

好后，利用倒链调节进行安装。

（3）钢立柱找正、固定

钢柱校正是指钢柱安装就位后，应及时对柱的平面位置、标高及垂直度进行校正。标高的控制与校正应在基础准备中和柱吊升就位前完成。

① 平面位置校正。钢立柱校正时，首先校正钢立柱的平面位置，宜采用千斤顶辅助加链条套的方法。通常在钢立柱对位时应完成平面位置的校正。

② 标高校正。钢柱安装前，根据钢柱肩梁到柱底板的实际长度，通过调节固定后置埋件螺栓找平，采用水准仪观测，使得柱基准点标高达到设计值，确认水平后在埋件下部填充 C40 细石混凝土。

③ 垂直度校正。在光伏钢结构施工前，应按下列方法对钢柱进行测量控制。用经纬仪瞄准柱子下部已标注的中线标志，再用望远镜进行观测，若经纬仪的竖丝始终与柱子中心线重合，则说明柱子是垂直的，否则将进行重新定位。实测柱顶的垂直度偏差，首先仰视柱顶端的中心点，然后再俯视柱子底部中心点，若不重合，则投射出一点，量取该点至柱底中心标志的距离，即为柱子的垂直偏差值。柱身垂直允许偏差：根据规范规定，当柱高≤10 m 时，为±10 mm；当柱高超过 10 m 时，则为柱高的 l/1 000，但不得大于 15 mm。钢柱安装允许偏差见表 4-7。当采用螺母调整法校正柱的垂直度时，应在确定好调整方向后，松开柱底板上相应位置上的螺母，然后调整柱脚底板下的螺母来校正柱的竖向偏移。在夏季，柱的校正应考虑温度的影响，尽量选择早晚气温适宜时进行。

在对钢柱复测结束后，需要在柱顶上进行中心定位，做好十字线，标记鲜明，以便于梁落位时对位。

柱子的标高和中心轴线及垂直度经检查合格后，方可进行下道工序。

柱校正后，应立即进行最后固定，将柱脚与埋件拧紧。

表4-7　钢柱安装允许偏差

项　目	允许偏差/mm	检 验 方 法
柱脚底座中心线对定位轴线偏差	5.0	用吊线和钢尺检查
柱基准点标高	+3.0，−5.0	用经纬仪或拉线和钢尺检查
柱轴线垂直度（单层柱≤10 m）	± 10	用经纬仪或吊线和钢尺检查

（4）光伏钢梁吊装

安装采用分区安装法，即一区域内支架梁之间的所有构件全部吊装完成后，再接着吊装下一区域跨梁。吊装前应再次检查柱垂直度，及时纠正累积误差。支架梁安装时应测量中心位移、跨距、垂直度、起拱度和侧向挠度值，特别注意第一根梁和第一节构件的安装质量，以确保后续梁的正常安装。

（5）钢梁校正、固定

钢梁初步固定后要用各种方法进行校正，完成后再进行紧固或焊接，进行校正的参数包括标高、平面位置（中轴线）、垂直度和跨度等。

① 标高校正，用水准仪测量每个梁两端的标高，首先用千斤顶或链条将梁的一端吊起，然后调整梁垫块的厚度，直至标高符合设计要求。

② 平面位置校正，通过经纬仪仪器校准方法用撬棍或千斤顶拨动偏置梁，使梁中心线至设计位置，平面将被校正。

③ 垂直度校正，在校正平面位置的同时，用线坠和钢尺校正垂直度。当轴承面一侧有间隙时，应用楔形铁片塞紧，以保证轴承对接面不小于70%。

④ 跨度修正，同跨度梁校正后，用拉力计数器和钢尺检查梁的跨度，其偏差值不应大于10 mm，若偏差过大，应按梁中心轴线校正。然后根据设计的连接方式进行钢梁与钢柱安装。

（6）钢结构施工设施拆除

当螺栓连接和焊接完成，强度达到设计要求后，对其支护系统和临时校正设备进行拆除，拆除要注意循序渐进，按相关施工规范执行。

2. 柔性钢索安装

柔性钢索安装应在钢架基础及支架安装完成全部验收合格后进行，特别是钢梁应满足设计要求。柔性钢索安装流程如图4-29所示。

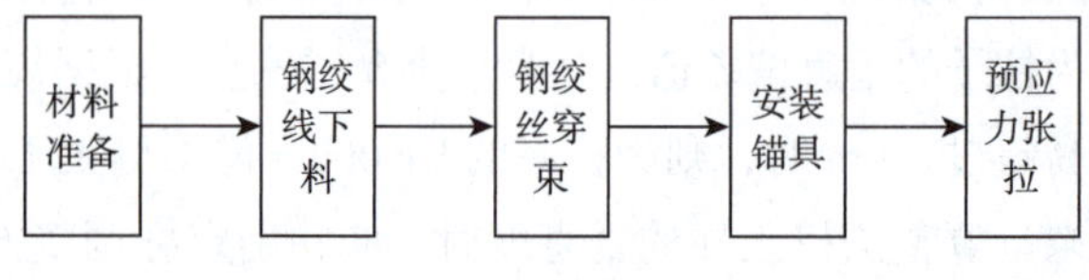

图4-29　柔性钢索安装流程

（1）材料准备

承重索采用高强度低松弛钢绞线，钢绞线的极限抗拉强度根据设计需要，锚具采用夹片锚具，也可采用挤压锚具或压接锚具，锚具的质量、性能、检验和验收应符合《预应力筋用锚具、夹具和连接器》（GB/T 14370）和《预应力筋用锚具、夹具和连接器应用技术规程》（JGJ 85）的规定。

（2）钢绞丝下料

下料前将钢绞线包装铁皮拆去，拉出钢绞线头，由工人牵引在调直台上缓缓顺直拉出钢绞线，按技术要求尺寸画线、下料，每次只能牵引一根钢绞线。预应力钢绞线的下料长度 = 工作长度 + 预留长度。预应力钢绞线采用砂轮锯切断，严禁用电弧切断，不得经受高温焊接火花或接地电流影响，下料后钢绞线不得散头。预应力钢绞线下料，在清理干净的硬化场地进行。钢绞线成捆打开时，要用型钢或钢管制作“井”字架进行固定，防止钢绞线弹开伤人。

（3）钢绞丝穿束

穿束是指将预应力钢绞丝穿过横钢梁的预留孔道，然后进行张拉等后续作业。先将钢绞丝固定端挤压头，穿束前应检查预留孔道是否通顺，假如出现堵塞孔道征象，必须采取措施疏通。钢绞线端头必须做成锥型并包裹，可行使人工或卷扬机进行牵引穿束时在预留孔道内穿入一根引索，行使引索将钢丝引出，将钢丝另一端与钢束拖头连在一路，用卷扬机将钢束拉出。

（4）安装锚具

在张拉端锚垫板上，沿工作锚板相接处的地方涂一层宽3 cm、厚3 mm的玻璃胶，以便在进行张拉后工作锚板与锚垫板之间紧贴。对于纵向预应力束，安装张拉端承压板时锚垫板应与钢梁上孔道垂直，锚固面与钢束垂直。

（5）预应力张拉

① 承重索应在一榀钢架安装完成且相邻钢架形成稳定结构后进行张拉。索张拉过程中应考虑力之间的相互影响，按照分级对称的原则进行张拉。在预应力张拉和正常使用状态下，为了保证拉索不弯曲，拉索应力不应小于 100 MPa。

② 张拉顺序。东西侧锚固端对称张拉，对应位置同步张拉，保证结构的稳定性。整体张拉顺序按照仿真模拟工序进行，每榀钢架立柱间钢绞线对称张拉。

③ 张拉工艺注意事项。钢绞线到现场查验出厂合格证，认真检查钢绞线的外观质量，如发现钢绞线面锈蚀严重或有裂纹缺陷的予以剔除。张拉时锚头垫板保证强度要求后方可张拉，锚头垫板洗净油污并擦拭干净。在锚头垫板上，检查垫板与轴线是否正交。若偏斜则不能张拉，予以更换或加楔形垫板。张拉用油保持清洁，注入油泵时必须过滤，保证无铁屑、微砂等有害杂质混入油液中，并根据具体情况定期更换油，储油量不少于张拉过程中总输油量的 150%。油管保持顺直或大半径的弯曲，在接头处应有 100 mm 以上的直线段，在其余部位不得有小于 90° 的锐角弯折。油泵泵油时，油面必须高于进油孔 5 cm 以上，以防止将空气泵入千斤顶内。

张拉机具搬运转移时保持平稳，防止倾倒。锚具使用时保持其成套匹配，不能混用。张拉千斤顶在使用前必须与其配套使用的油压表共同进行拉力——油压值的标定工作。现场装千斤顶和油压表的配置必须与试验一致。标定千斤顶工作由专职计量人员进行，试验室根据标定结果写出标定报告并通知施工技术室，将标定结果列入千斤顶校验台账中。

④ 预应力钢绞线张拉施工安全措施。场地内严禁动用电焊设备，防止电焊弧击伤钢绞线，造成钢绞线在张拉时断裂伤人。

夹片、锚具进场后仔细检查夹片、锚具的硬度和圆锥度以及夹片有无裂纹、有无锈蚀现象，以保证夹具具有足够的自锚能力，防止夹片、锚具弹出伤人。

钢绞线施工采用两端同时张拉，钢绞线张拉应对称分级张拉，张拉顺序从中间往两头进行，防止不均匀荷载造成的结构不稳。

采用油顶、油表相互匹配的预应力张拉施工设备，在使用一定时间或次数后及时校验，防止因油顶、油表不匹配造成张拉力控制不准确，产生安全事故。

锚垫板安装角度位置严格按设计要求，并采取锚筋与梁体钢筋焊接的方法确保锚垫板角度、位置准确，以防应力过大，造成锚垫板松动，导致预应力施工安全事故。

在张拉施工时，精确调整油顶位置，确保油顶、工具锚、锚具、锚垫板位于同一条线上，确保预应力施工安全。张拉油顶采用安全可靠的钢支架配合导链吊挂，以防油顶掉落，伤及张拉操作人员。张拉作业区设立 1.8 m 高封闭围挡，并设立安全防护标志，严禁非作业人员进入。张拉或退锚时，张拉油顶后面严禁站人，并在张拉作业区后方设置木防护板以防预应力筋拉断或锚具、夹片弹出伤人。张拉作业时设置专人负责指挥，测量伸长量时，停止油顶张拉。张拉作业结束要对伸长量和油压表读数做好记录，便于后期进行检查。张拉液压系统的高压油管的接头应加防护套，以防漏油伤人。高压油管在正式使用前做油管承压检查，保证油管的正常使用。

在施工过程中，始终保持现场整齐干净，清理掉所有多余的材料、设备和垃圾，拆除不再需要的临时设施，做好文明施工。

任务3　光伏组件安装

4.3.1　地面光伏组件安装

1. 光伏组件施工准备

（1）人员准备

施工前应根据施工期、工程量合理安排施工人员，对进场施工人员进行安全教育。由于光伏组件相互串联后电压叠加，远高于安全电压，因此严禁触摸光伏组件串的金属带电部位，严禁在雨中进行光伏组件的连接工作。

（2）工具及材料

施工前应准备安装工具、清点安装材料、检查安全防护措施。安装工具包括：内六角扳手（6 mm）、梯子、平梯、脚手架、手电钻、手套、剪刀、锉刀、内六角扳手（5 mm）、钻头（3.9 mm）、胶枪、皮锤、卷尺、角磨机、活动扳手、铅笔等。安装材料包括:组件、防水胶条、防水胶棉、螺栓、中压块、压块螺母、燕尾丝、边压块、密封胶垫、密封胶、导水槽等，同时也包括保险绳、手套、安全帽等安全防护用品。

2. 作业条件

光伏组件安装前应验收支架的安装是否合格。宜按照光伏组件的电压、电流参数进行分类和组串，光伏组件的外观及各部件应完好无损。

光伏组件应按照设计图样的型号、规格进行安装。光伏组件固定螺栓的力矩值应符合产品或设计文件的规定；光伏组件安装允许偏差应符合表 4-8 规定。

表4-8　光伏组件安装允许偏差

项　目	允许偏差	
倾斜角度偏差	± 1°	
光伏组件边缘偏差	相邻光伏组件间/mm	≤2
	同组光伏组件间/mm	≤5

光伏组件之间的接线技术要求，光伏组件连接数量和路径应符合设计要求；光伏组件间接插件应连接牢固；外接电缆同插接件连接处应搪锡；光伏组件进行组串连接后应对光伏组件串的开路电压和短路电流进行测试；光伏组件间连接线可利用支架进行固定，并应整齐、美观；同一光伏组件或光伏组件串的正负极不应短接。

由于光伏组件相互联连后电压叠加，远高于安全电压，因此严禁触摸光伏组件串的金属带电部位，严禁在雨中进行光伏组件的连接工作。

3. 光伏组件施工工艺

图例

地面光伏电池组件安装工艺标准

光伏组件施工工艺流程如图 4-30 所示。光伏组件施工前将组件倒运至施工子方阵内，并按照事先计划好的数量整齐布放在各施工区域内。每个子方阵电池组件进行安装前要对组件开箱验收。施工队开箱前通知项目部，由项目部通知监理、业主及厂家等进行验收，并做好验收记录。

光伏组件安装前，要对支架进行复查，主要检查横梁的水平度、直线度、连接件的牢固度等，防止支架水平、高程等的变化对组件安装质量产生影响。组件安装时，先分别在支架和组件做好定位标志；光伏组件放到支架上并用螺栓初紧，再用靠尺调好组件的平直度并紧固螺栓；从装好的组件引一条施工线，后续组件按照该施工线进行调整安装。组件要按照厂家编好的子阵号进行安装，严禁混用。

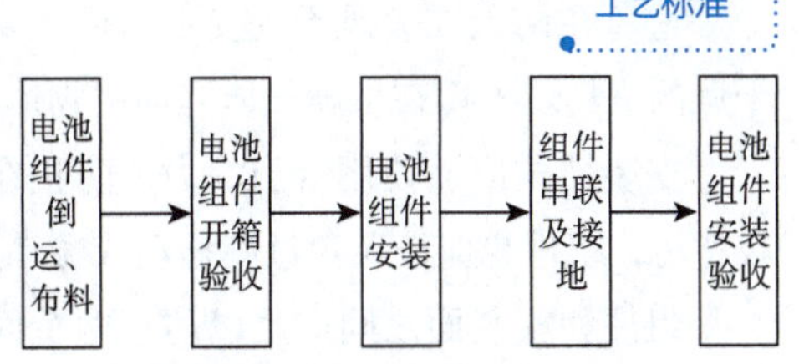

图4-30 光伏组件施工工艺流程

按照设计图样要求确定串联数量、串联路径。要求光伏组件之间接插件互相连接紧固。接线时应注意勿将正负极接反，保证接线正确。每串电池板连接完毕后，应检查电池板串联开路电压是否正确，连接无误后断开一块电池板的接线，保证后续工序的安全操作。

组件接地通过组件接地孔、导线与接地体良好连接。在需要更多接地孔时候，按照组件生产商要求在相应位置打孔。

组件安装完成，由作业人员自检后，再经施工队技术员复检，最后由项目部质检人员终检，项目部终检合格后报监理验收。

4. 光伏组件施工安全注意事项

电池组件在运输和装卸过程中不得倒置、倾翻、碰撞和受到剧烈的振动。制造厂有特殊规定标记的，应按制造厂的规定装运。

设备安装前对其外观进行详细检查，设备应清洁完整、附件齐全、无锈蚀和机械损伤等缺陷，其检查标准见表 4-9。

表4-9 组件安装质量标准表

项目		质量要求
受光面外观	外表面	表面无污物、电池片无裂纹
	玻璃划痕	划痕长度≤5 mm；划痕数量≤1
	电池片细栅线断裂	数量≤3，且不连续分布
铝合金边框		无鼓包划痕长度≤10 mm；划痕数量≤2
背板		无皱痕，表面干净，接线盒粘接牢固，表面干净，无划痕

安装前，应测试光伏板的电气性能，如开路电压等，若不符合要求，不得安装。

电池组件与支架连接牢固，电池组件连接孔不得出现裂纹等局部损坏。电池组件接地线接地连接可靠、牢固。电池组件之间的连线应按照制造厂家的规定进行。在安装电池组件时做好二极管的防护工作，防止损坏二极管。

电池板安装时暴露的载流部件采用绝缘、隔离或短路措施，正确使用有绝缘保护的工具。所有安装组件的工作人员都应佩戴绝缘手套和适合的防护衣物，摘除所有金属饰品，降低受伤或意外触电的概率。

在电缆连接过程中，预先做好防护措施，切勿拿着导电物体靠近连接器的金属件。安装期间应当谨慎操作，避免组件碰撞、划伤、掉落，人员不可在组件上坐立。

避免在雨天或大风天气安装组件。安装只能在干燥的条件下进行，安装干燥的组件并使用干燥的工具。不得在可燃气体或易爆物体附近进行安装工作。

安装结构应该使用恰当的力，防止在安装时组件发生变形或扭曲。即使周围的环境条件比较恶劣，组件也应该避免过度移动或振动。

组件和安装面之间应足以防止两个面接触到电缆，防止因为受挤压摩擦导致电缆损坏。组件不得放置在任何坚硬或粗糙表面上，或将组件的一个角放置在该坚硬、粗糙表面上。

在从集装箱拿出组件之前，应该检查组件表面。小心移动组件，避免碰到另一片组件或其他硬物。不要让玻璃接触任何有可能造成划痕的东西。为了避免触电、受伤或损坏组件，在移动和组件安装过程中不要拉拽组件的电缆和接线盒。

4.3.2 混凝土平屋面组件安装

文本

光伏电池组件安装技术交底

1. 施工准备

（1）人员准备

施工前应根据施工期、工程量合理安排施工人员，对进场施工人员进行安全教育。由于光伏组件相互串联后电压叠加，远高于安全电压，因此严禁触摸光伏组件串的金属带电部位，严禁在雨中进行光伏组件的连接工作。

（2）工具与辅料

水平仪、内六角L型扳手、长条螺母、内六角螺栓、卷尺、记号笔、光伏组件、安全帽、手套、安全绳等。

（3）技术准备

组件支架安装工程验收合格，组件外观及部件完好无损并根据组件的实际电压、电流参数进行分类。项目部技术负责人会同设计部门核对施工图样，并对施工作业人员进行安装施工技术交底。项目部要熟悉、会审图样，充分了解设计文件和施工图样的主要设计意图，明确工程所采用的设备和材料，明确图样所提出的施工要求，以便及早采取措施，确保施工顺利进行。施工项目部应熟悉与工程有关的其他技术资料，如施工合同，施工及验收规范、技术规范、质量检验评定等强制性文件条文。项目经理编制施工组织设计，并针对有特殊要求的分项工程编制专项施工方案。根据光伏工程设计文件和施工图样的要求，结合施工现场的客观条件、设备器材的供应和施工人员数量等情况，安排施工进度计划和编制施工组织计划，做到合理有序地进行安装施工。安装施工计划必须详细、具体、严密和有序，以便监督实施和科学管理。（施工图参见图4-31～图4-33，组串编号参见表4-10）

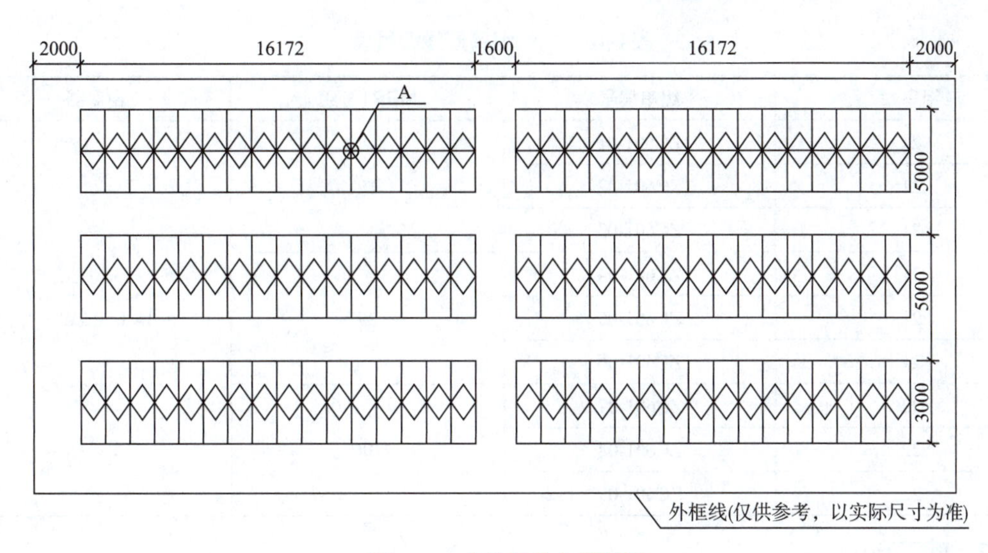

图4-31 光伏组件布置图例

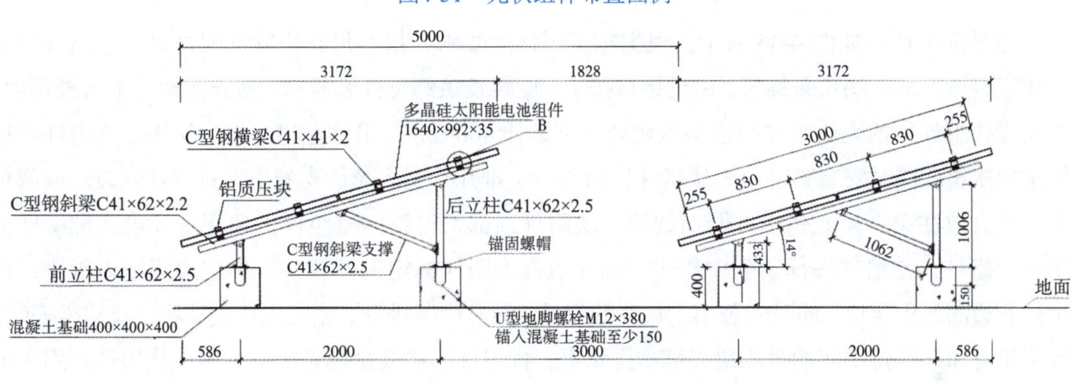

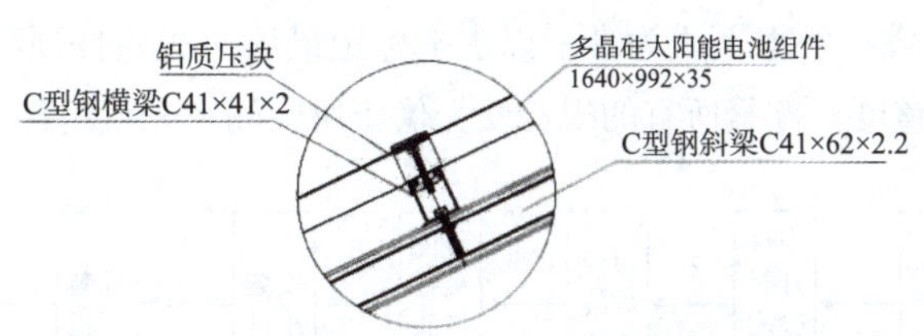

图4-32 光伏组件安装图例

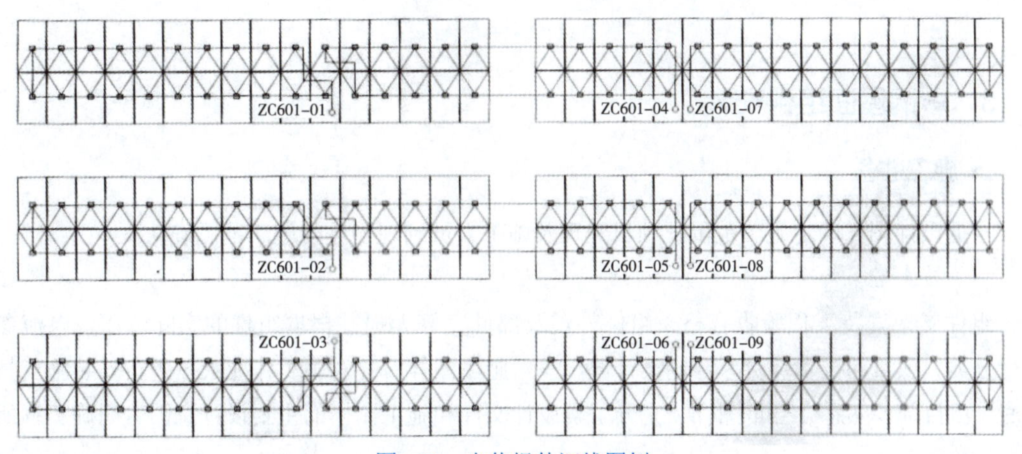

图4-33 光伏组件汇线图例

表4-10　光伏组串汇线编号表

组串数	组串编号	MPPT分组	逆变器
21	ZC601-01	1#	1#（50 kW）
21	ZC601-02		
21	ZC601-03		
21	ZC601-04	2#	
21	ZC601-05		
21	ZC601-06		
22	ZC601-07	3#	
22	ZC601-08		
22	ZC601-09		

2. 施工方法

组件安装流程如图 4-34 所示。根据施工图样的要求，用卷尺在矩阵支架横梁上量出安装边压块安装点。取一块长条螺母，沿槽钢口按下，旋转长条螺母安装旋柄，使长条螺母卡入槽钢内。安装光伏组件，使光伏组件底边从压块处向下延伸 400 mm，组件左边固定边压块，在组件右边固定中压块，同时安装第二块光伏组件，向右一字排开，完成光伏支架第一排组件安装。取两种中压块，放在第一排光伏组件开始的第一块组件顶部，沿第一排组件的顶部安装第二排组件的第一个组件，使组件底部紧贴中压块。调整组件到图样标定的位置，组件左边固定边压块，在组件右边固定中压块，同时安装第二块光伏组件，向右一字排开，完成光伏支架第二排组件安装。取下第一和第二排中间的中压块。第一排和第二排组件的接线盒端背靠背安装光伏组件。用水平标定第一排组件底部成一条水平线为准。以水平标定最后一排组件顶部成一条水平线为准。检查组件的整体效果平整度。拧紧所有的螺栓及光伏压块，固定光伏组件。

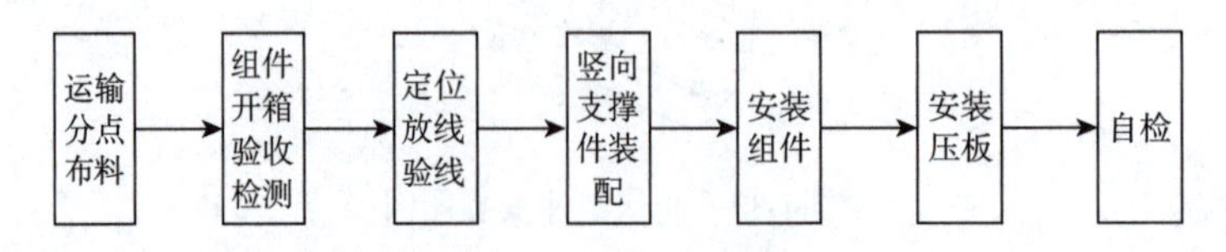

图4-34　组件安装流程

4.3.3　彩钢屋面组件安装

1. 施工准备

根据设计图样确定施工范围，项目经理及施工人员到现场进行施工范围确认。

（1）技术准备

组件支架安装工程验收合格，组件外观及部件完好无损并根据组件的实际电压、电流参数进行分类。项目部技术负责人会同设计部门核对施工图样，并对施工作业人员进行安装施工技术交底。项目部要熟悉、会审图样，充分了解设计文件和施工图样的主要设计意图，明确工程所采用的设备和材料，明确图样所提出的施工要求，以便及早采取措施，确保施工顺利进行。施工项目部应熟悉与工程有关的其他技术资料，如施工合同，施工及验收规范、技术规范、质量检验评定等强制性文件条文。项目经理编制施工组织设计，并针对有特殊要求的分项工程编制专项施工方案。根据光伏工程设计文件和施工图样的要求，结合施工现场的客观条件、设备器材的供应和施工人员数量等情况，安排施工进度计划和编制施工组织计划，做到合理有序地进行安装施工。安装施工计划必须详细、具体、严密和有序，以便监督实施和科学管理。

（2）材料及主要工具

根据光伏工程项目，组件安装时常用主要材料有：光伏组件、螺栓组、铝型材压块、等电位连接材料等；主要工具有：相应规格扳手、电气性能测试设备（万用表等）。

（3）作业条件

现场风力达到四级或四级以上时，禁止组件安装作业。严禁在未有施工保护措施的高处作业。施工人员严禁酒后进入施工现场。施工人员严禁穿拖鞋、凉鞋、高跟鞋进入施工现场。严禁在雨中进行组件的连线作业。

图例

彩钢（轻钢）屋面组件安装

2. 彩钢屋面组件安装工艺

彩钢屋面组件安装工艺流程如图4-35所示。

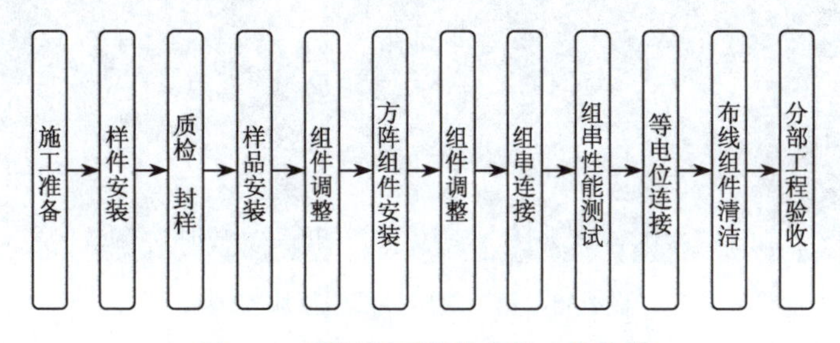

图4-35 彩钢屋面组件安装工艺流程

安装过程中必须轻拿轻放以免破坏组件，具体安装步骤如下：

① 根据图样尺寸和技术要求，确定好第一个方阵中的第一块组件的位置，放置好组件，如图4-36所示。

图4-36 第一块组件定位

② 用侧压块和 T 型螺栓固定，如图 4-37 所示。

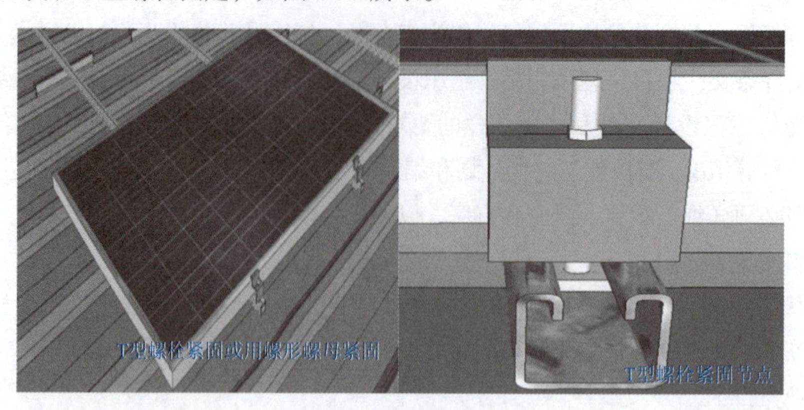

图4-37　边压块安装

③ 如图 4-38 所示，摆放第二块组件，同时按技术要求以第一块组件为参照排齐，之后两组件夹紧中压块，用螺栓拧紧。

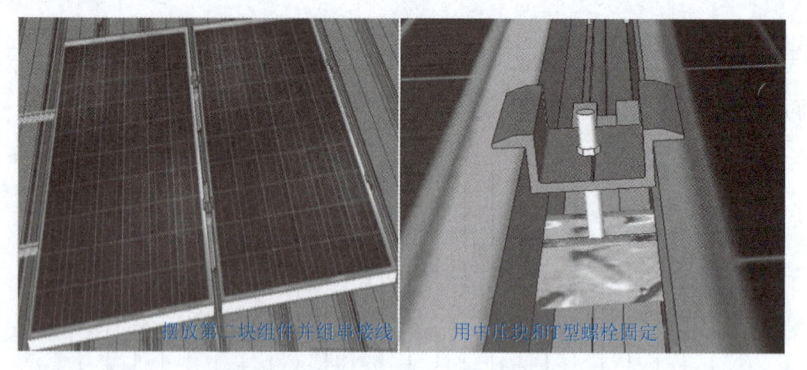

图4-38　第二块组件及中压块安装

④ 按照设计图样接线顺序安装组件，重复以上步骤，完成组串和组件的安装。每串电池板连接完毕后，应检查电池板串开路电压是否正确，连接无误后再进行下一组串的安装和接线，重复以上工作，完成组件的安装，如图 4-39 所示。

图4-39　样品方阵

4.3.4 柔性支架系统光伏组件安装

光伏组件安装前应完成对上一工序环节的验收。钢架基础及钢索安装紧固应全部验收合格，特别是钢索预应力要满足设计要求。

组件安装主要施工工序如图4-40所示。操作流程按顺序进行，不得跨越施工。桥架安装及电缆测量等工作在其他分项工作中同步进行。

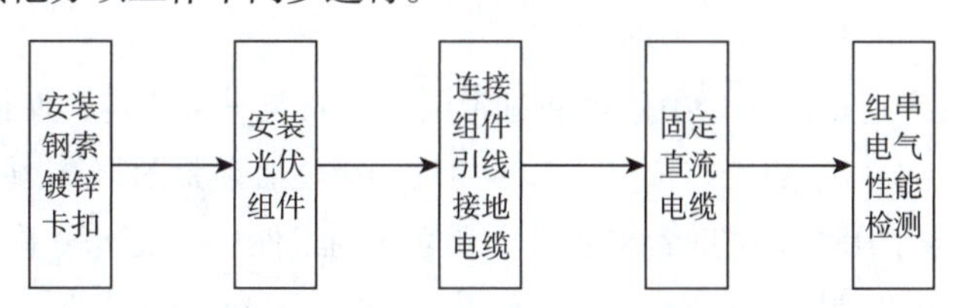

图4-40 组件安装施工工序

1. 预应力钢索镀锌卡扣的安装

设置安装平台等利用辅助索实现，尽量避免利用安装索导致后续工作扰动造成的安装误差。利用经纬仪按图样对卡扣的安装点进行精准定位，采用细钢丝绳作为放线定位，根据各定位点放线，要进行复测，确保施工精度，以减少后道工序调整量。然后进行卡扣件的安装，并用螺栓将卡扣件与钢索锁死，注意调整镀锌卡扣的垂直度。

2. 光伏组件的安装

① 根据施工图样，确定光伏组件的安装区域，根据不同组件不同的安装区域，检查支架及钢索是否符合设计要求。

② 为确保施工精度，减少定位放线误差，减少后面工序调整工作量。放线时，不能在安装索上放置组件，避免因钢索下垂引起误差。放线前要对定位点进行复测，并以定位点为基准点或起点进行放线。放线定位工具一般采用细钢丝绳，可避免风力摆动造成定位误差。

③ 组件的吊装。组件竖直方向的手动拉升：采用在吊篮上安装4个手动葫芦的方式，实现组件从地面吊送到钢索安装位置。吊篮四周做好组建防止滑落的挡板，如图4-41所示。手拉葫芦上升时要保持匀速稳定，每次运送组件为2～4块。为提升效率，组件要事先搬运到方便吊运的位置。利用平台套在钢索上的4个滑轮实现组件在东西方向的移动。

图4-41 组件安装吊篮图

④ 组件在钢索上的安装位置及接线盒排列方式应符合施工设计规定，固定螺栓应拧紧。安装时，使用的安装平台应具有保护挡板（防止组件及人员坠落）和防护锁链，还应较为轻便和方便转移。安装平台的高度设置合理，方便人在站立时准确完成组件对齐及孔位固定。平台的转移及再利用由专人根据进度负责提前安装好。安装平台的大小应可同时兼顾两排组件的安装及接线。安装平台可满足 3 人同时站立，两人负责对孔安装，一人负责平台平衡、接线电缆安装及其他辅助工作。

⑤ 电池板的安装应自东向西，吊篮可通过牵引绳和安装平台相连，使得安装人员方便将组件拉动到钢索东西方向上指定的安装位置。安装组件的螺栓必须紧固牢靠，弹垫必须紧固到平整，组件安装及接线平台：采用 2 根辅助索来实现，和之前的组件吊装及运输平台结构差不多，只不过不具备手拉葫芦的吊装功能。逐块安装，螺杆的安装方向为自内向外，并紧固电池板连接螺栓。电池板的连接螺栓应有弹簧垫片和平垫圈，紧固后应将螺栓露出部分及螺母涂刷油漆，做防松处理。电池板连接后，一定要做自检和交叉检查，确保每颗螺栓都必须紧固，确保组件安装可靠。

⑥ 根据细钢索的放线定位位置安装电池板，且必须做到横平竖直，同方阵内的电池板间距保持一致，间距符合设计规定。为统一间距和提升安装效率，可根据设计要求加工制作专用标准间距卡具作为度量件。

3. 连接组件引线与接地电缆

由于组件固定在钢索上，相对于钢结构支架来说，是悬空状态，因此组件安装完成后，应同步完成组件引线、接地电缆的连接和电缆绑扎固定工作。

① 各组件的接线严格按照设计安装图分组进行串联连接，接线前必须认真识读施工图样，熟悉施工技术要求，并由每组安装工人的负责人来完成。接线时应注意勿将正负极接反，保证接线正确。接线如采用多股铜芯线，接线前应先对线头做镀锡处理。

② 对每组连接进行细化分工，加强自检和互相监督，确保连接无误，不得多接和少接。电线或电缆的接头应牢固，不脱线、漏线。专用接插件必须严格安装组装工序，合理组合，连接时专用接插件必须接插到位。

③ 按照设计图样的要求，完成组件之间、组件与钢索之间、钢索与钢架的接地连接，同时要保证钢架接地可靠。

④ 按照设计图样的要求，对组件之间的电缆、跨排之间的电缆进行可靠固定，如图 4-42 所示，以防止电缆的脱落、摆动，影响使用寿命。接插件连接要牢固，引出线应预留一定的余量。每串电池板连接完毕后，应检查电池板串开路电压是否正确，连接无误后应将光伏组串中靠近钢架的某个组件引出接头拔出，使组串处于断路状态，以确保后续工序的安全操作。

⑤ 光伏组件连接线和逆变器的连接，每个组串的连接线端头部分按照施工图样给出的编号进行标记。在逆变器安装到位进行必要的检查后可以进行连接安装，安装同样采用分组专人负责制，严格按施工图样施工，按照先接正极，再接负极的顺序安装。连接时必须先断开逆变器的开关，防止电流下引，造成电击事故。

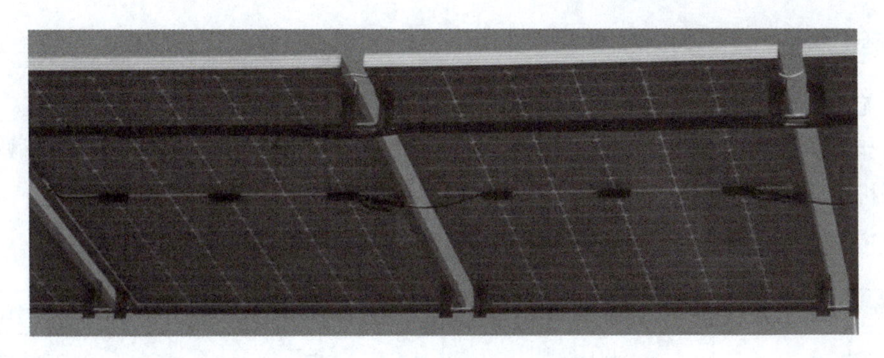

图4-42　组件线缆连接图

4. 组串连接性能的电气检测

① 光伏组件安装完毕，进行组串测试工作，以检验连接可靠情况。

② 分组检测光伏组件各组串连接状态和参数，需要检测的物理量有输出电压、输出电流和绝缘电阻等，以检测组串连接是否正常，并做好相应的记录。测量时必须与生产厂家的说明书进行比较，判断其运行状况，光伏组件的现场测量结果，与产品说明书给出的数据误差应控制在5%以内。

③ 确保光伏组件和支架的可靠连接，确保和逆变器的可靠连接以及光伏组件的可靠接地与绝缘。

④ 开路电压的测量必须在电池组件被日光照射前进行，因为组件的输出电压会随着温度的上升而下降；短路电流的测量直接受日照强度的影响，需要用辐照计对光照强度进行测量，并根据光照强度对光伏组件的输出电流做准确估算。

任务4　光伏路灯及户用光伏电站施工

4.4.1　光伏路灯施工

1. 路灯安装技术要求

同一街道、公路、桥梁的路灯安装高度（从光源到地面）仰角、装灯方向宜保持一致；基础坑开挖尺寸符合设计要求，基础混凝土强度不低于C30，基础内电缆管道应超出基础平面30～50 mm；灯具安装纵向中心线和灯臂中心线应一致，灯具横向水平线应与地面平行，紧固后目测应无歪斜;灯头牢固可靠，在灯臂、灯盘、灯杆内不能有线缆接头，穿线孔口光滑无毛刺，最好采用绝缘套管包扎，包扎长度不小于200 mm；路灯安装使用的灯臂、灯杆、抱箍、螺栓等金属件要进行防腐处理。

进场人员严格遵守安全施工和文明施工条例，施工期间不吸烟、不喝酒、佩戴安全帽、不赤膊施工，料场与基础坑在施工完成后设置反光条围栏，施工单元附近设置警示标识。

2. 施工准备

（1）施工人员与机械

施工组织人员主要根据路灯安装所涉及的技术工种和工程量进行安排，施工机械根据施工需要安排机械设备，施工人员安排可参照表4-11，施工机械设备安排见表4-12。

表4-11 施工人员安排

序　号	职　务	姓　名	专　业
1	项目经理	张三	土木工程
2	电工	李四	
3	电工	王五	
4	司机		吊车
5	司机	赵六	小型车辆
6	钢筋工	周七	
7	技术员	吕九	
8	力工		灯杆基础开挖、浇筑、灯杆吊装
9	力工		

表4-12 施工机械设备安排

序　号	设备名称	单　位	数　量	备　注
1	小型车辆	台	1	
2	振动棒	只	1	
3	发电机组	台	1	
4	吊车	台	1	
5	施工工具	批	1	铁锹、镐、瓦刀等

（2）施工材料设备

施工方根据施工所需材料编制料表，及时采购，保证工程如期完成，组织材料进场并与建设单位共同保护好材料。按量提料，避免浪费和污染。

（3）建设单位配合

为保证工程顺利进行，应事先与施工单位沟通做好配合准备，无偿为施工方提供料场存放到场的设备，并确保进场设备的安全不丢失、不损坏。为施工单位无偿提供混凝土搅拌场地。建设单位为施工单位提供一名技术员，与施工单位共同确定安装位置。建设单位为施工单位出具开工证明及动火、用电报告。建设单位负责养护施工单位因施工而剪除的草坪直至施工完成，草坪的运输剪除及恢复由施工单位负责。

3. 太阳能路灯施工方法

（1）安装工艺流程

太阳能路灯安装工程首先要与业主代表确定灯位，并按施工图挖好路灯基坑、蓄电池井，砌好电池房，浇注路灯基础，安排电工组装路灯、安装电气设备，组织吊装，试验、调试，并进行自检，待全部合格后，准备好相关技术文件资料，组织竣工验收，验收合格全部工程完成，其工艺流程如图4-43所示。

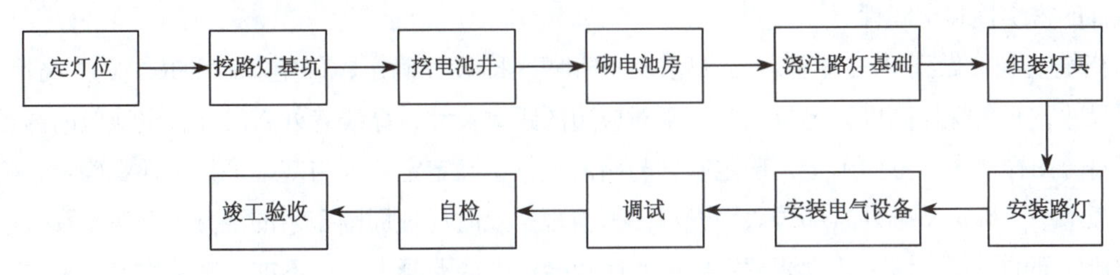

图4-43 太阳能路灯安装工艺流程

(2)地基浇筑

定灯位按照施工图及勘察现场地质情况，以技术设计方案确定的灯位间距为基准确定路灯安装位置。定灯位时要做到“一问二看”，即询问相关人员地下是否有管道、电缆等妨碍施工的设施；看点位上空是否有电缆、电线、光缆等妨碍灯具安装使用的障碍；看点位东、南、西三方向是否有树木、建筑物等影响灯具采光的遮挡物，否则要适当地更换路灯安装位置。

挖灯基坑及电池房以施工图样为基础，在路灯基础位置挖路灯基坑、电池房。电池房用砖砌墙，大小、深度、预埋管件如图4-44所示。挖基坑要做到“一读一画一测量”，即读懂读透基础图、施工图、点位图等相关图样；根据点位图确定安装位置，根据基础图和施工图在确定位置画出基础坑的平面尺寸;基础坑挖完后，用卷尺测量坑的长、宽、深各尺寸，确定符合图样要求。同时，注意渣土的堆放要整齐划一，不得随意堆放、散放，渣土不允许直接放在草坪等绿化带上，施工完毕要清理现场。

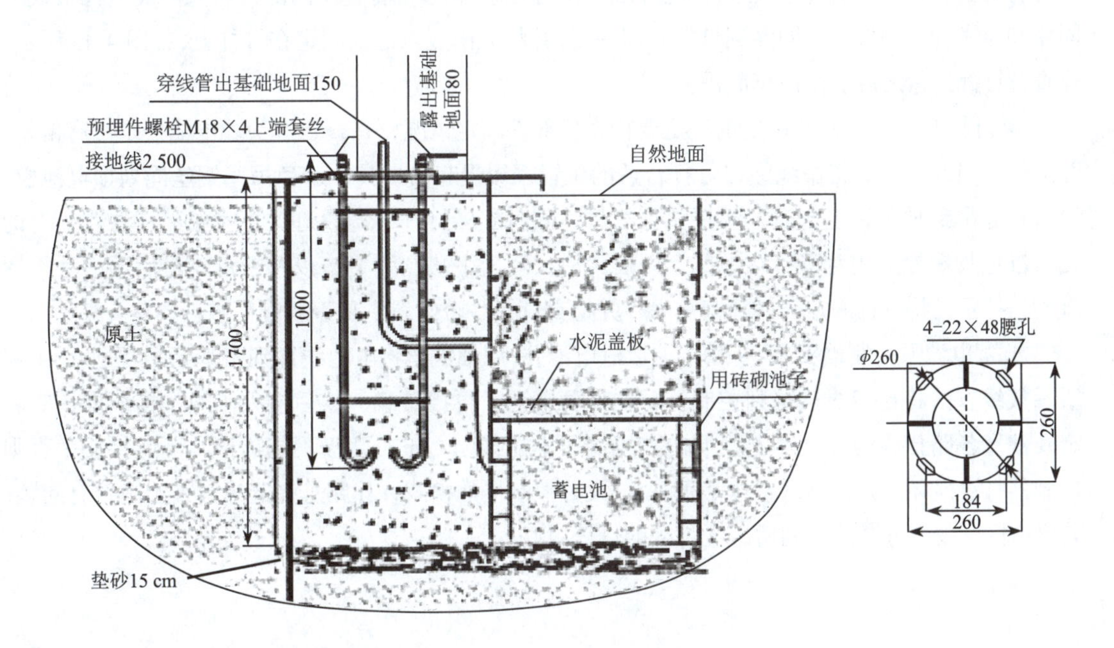

图4-44 路灯基础施工图（单位：mm）

浇筑路灯基础预埋件：在开挖的 1 m 深的坑中，把预先焊接的预埋件放置到坑中，并将钢丝管一端放到预埋件正中间，另一端放到埋放蓄电池处，并保持预埋件、地基与地面在同一个水平面上。然后用 C20 混凝土对预埋件进行浇筑固定。浇筑过程中不断振捣匀称，以保证整个预埋件的密实性和牢固性。

浇筑基础要做到“三确定，三清理，三不准”，即尺寸确定，确定基础的长、宽、高尺寸，外露尺寸，底角螺栓高度，定位板与基础对应边的距离尺寸，穿线管外露尺寸，电池舱的内径尺寸等符合图样要求；方向确定，确定基础与路向平行，确定定位板与基础平行；外观确定，确定定位板水平，确定基础外露部分表面光滑。三清理，及时清理周围多余的混凝土碎渣；及时清理电池舱底部的混凝土渣；及时清理定位板和底角螺栓上的混凝土。三不准，基础坑尺寸不对不准打基础；混凝土不准直接放在地面上；没有确定各尺寸符合要求和未三清理不准进行下一个工序。

施工完毕，及时清理定位板上的残渣，待混凝土完全凝固之后（一般是 4 天，如遇晴天 3 天即可），才可以进行太阳能路灯的安装。

（3）太阳能路灯组件安装

① 太阳能电池板安装。将太阳能电池板放到电池板支架上，并用螺钉拧紧，使其牢固可靠。连接太阳能电池板的输出线，注意正确连接电池板的正负极，并将电池板的输出线用扎带扎牢。接好线之后对电池板接线处进行镀锡，以防止电线氧化。然后将接好线的电池板放到一边，等待穿线。

② 灯具安装。将灯线从灯臂中穿出，在安装灯头处一端留出一段灯线，以便安装灯头。将灯杆支起，将灯线另一端从灯杆预留的顺线孔处穿出，将灯线顺到灯杆顶头一端，并在灯线的另一端安装好灯头。将灯臂与灯杆上的螺钉孔对准好，然后用快速扳手将灯臂用螺钉拧紧。目测灯臂无歪斜后对灯臂进行紧固。把灯线穿出灯杆顶端的一端做好标记，与太阳能电池板线一同用细穿线管将两根线一同穿到灯杆底部一端，并将太阳能电池板固定在灯杆上，如图 4-45 所示。检查螺钉都拧紧之后等待吊车起吊。

③ 灯杆起吊。灯杆起吊之前一定要检查各部件固定情况，并查看灯头和电池板是否有偏差，并进行适当的调整。将吊绳穿在灯杆合适的位置，缓慢起吊灯具。避免吊车钢丝绳划损电池板。当灯杆起吊到地基正上方时，缓慢放下灯杆，同时旋转灯杆，调整灯头正对路面，法兰盘上的孔对准地脚螺栓。法兰盘落在地基上以后，依次套上平垫、弹簧垫以及螺母，最后用扳手将螺母均匀拧紧，将灯杆固定。撤掉起吊绳，并检查灯杆是否倾斜，是否对灯杆进行调整。

④ 蓄电池及控制器安装。将蓄电池放进电池井，用细铁丝将电池线穿到路基上面。按照图 4-46 所示接线方法将连接线连接到控制器；先接蓄电池，再接负载，然后接太阳板；接线操作时一定要注意各路接线与控制器上标明的接线端子不能接错，正负两极不能碰撞，不能接反；否则控制器将被损坏。调试路灯工作是否正常；设置控制器的模式，让路灯亮起来，查看是否有问题，若没有问题设置好亮灯时间后，把灯杆的灯盖封好。

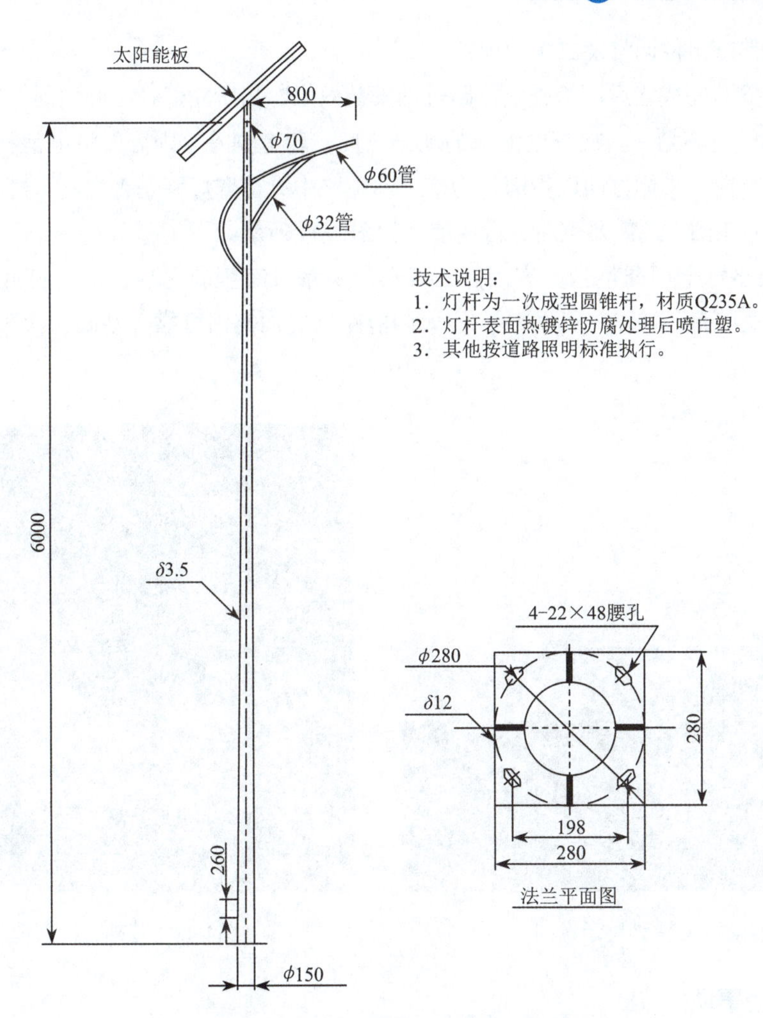

图4-45 路灯安装图（单位：mm）

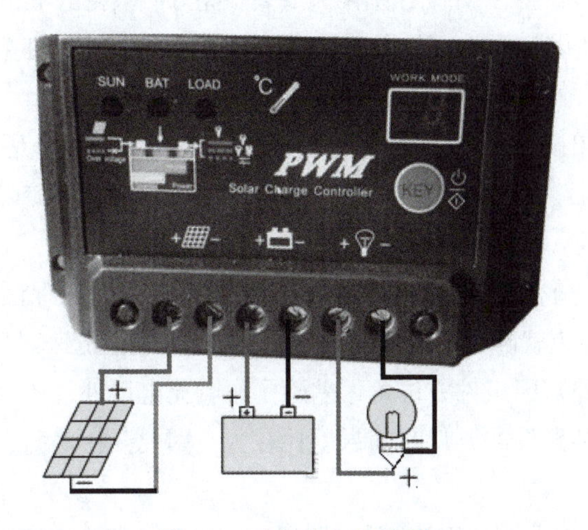

图4-46 路灯电气连接图

（4）太阳能路灯组件调整及二次预埋

太阳能路灯安装完成之后，检查整体路灯的安装效果，当所立灯杆有倾斜时，需重新调整，最终使所安装路灯整齐划一。检查电池板的朝阳角度，若有偏差，则需要将电池板朝阳方向调整为完全朝正南方向，具体方向以指南针为准。站在路中央检查灯臂是否歪斜，灯头是否正当。若灯臂或者灯头不正的，还需要重新进行调整，如图 4-47 所示。

待到所安装路灯全部调整到整齐划一，灯臂灯头都没有歪斜之后，对灯杆底座进行二次预埋。用水泥将灯杆底座砌成一小方块，使太阳能路灯更加牢固可靠。基础二次预埋如图 4-48 所示。

图4-47　灯具调整示意图

图4-48　基础二次预埋

4. 安装注意事项

① LED 路灯应在晴天安装，如果在阴雨天安装，亮灯后只耗电不充电，会达不到设计要求。

② 安装完当天不应该亮灯。许多工程商为了急于看到亮灯效果，安装完当晚就会亮灯。

因为新的蓄电池在出厂时并不是满电，如果安装完毕就亮灯，是达不到设计的阴雨天数的。安装完毕后，接好控制器，但不接负载，第二天白天充一天电后，傍晚时再接负载，这样电池的容量能达到较高的程度。当然，这样做会增加一部分人工费用。

③ 电池板的角度，一般厂家是按 45° 倾角设计的，这样是为了保证冬天能有较好的充电量。电池组件安装好后，基本上就确定了组件方位角，但当灯杆树立起来以后，发现角度有偏差，一般不太好调整。太阳能路灯因组件方位角偏差除了影响充电以外，还会影响同一光照度下的太阳板电压，会导致太阳能路灯的开灯时间误差比较大。因此，在地面组装时，尽量调整使太阳板的方位角保持一致。

④ 控制器的连接。应尽量使用防水的控制器，在保证长期稳定的同时，还能避免用户随意更改亮灯时间。如使用不防水的控制器，应将接线端子朝下，接线弯成 U 型，这样能防止水从线上淋进控制器。应尽量说服客户使用质量较好的铜芯线。由于电导率的原因，电流和电压在

输出的过程中会有一定的损耗，这样不仅增加功耗，严重情况下还能导致 LED 的驱动电源不能正常工作。

视 频

户用光伏电站施工（上）

视 频

户用光伏电站施工（下）

4.4.2 户用光伏电站施工

1. 施工准备

瓦片倾斜面屋顶安装也是比较危险的施工场地，所以在施工前安全措施一定要做好。

① 复核房屋屋顶结构与瓦片状况良好、木板厚度（≥2 cm）或木椽子尺寸[≥5 cm（宽度）×2 cm（厚度）]或混凝土厚度（≥8 cm）、屋顶安装组件阵列区域无遮挡等重要信息。

② 项目施工人员复核设计图样可行性，图样如图 4-49～图 4-52 所示。

③ 实际测量屋面尺寸、检查房屋结构强度、确认现场环境是否可按设计图样进行施工。

④ 对施工人员做好三交三查，进行安全技术交底，并形成交底记录，由施工人员签字确认，特别强调安全防护用品的穿着，高空坠物区域的安全警示标志与警戒线的布设、用电安全及防火安全注意事项等。

⑤ 施工人员严禁踩踏光伏组件，禁止没有征得户主同意使用户主物品，禁止施工影响户主正常作息，施工过程中注意施工卫生及环境保护，施工结束后及时清理施工场地，将安装过程中产生的包装及废弃材料进行统一堆放。

⑥ 核对施工关键节点，光伏支架锚固点的结构强度、光伏组件阵列的排布方式、组串的连接、遮挡物移除情况等，避免出现返工现象。

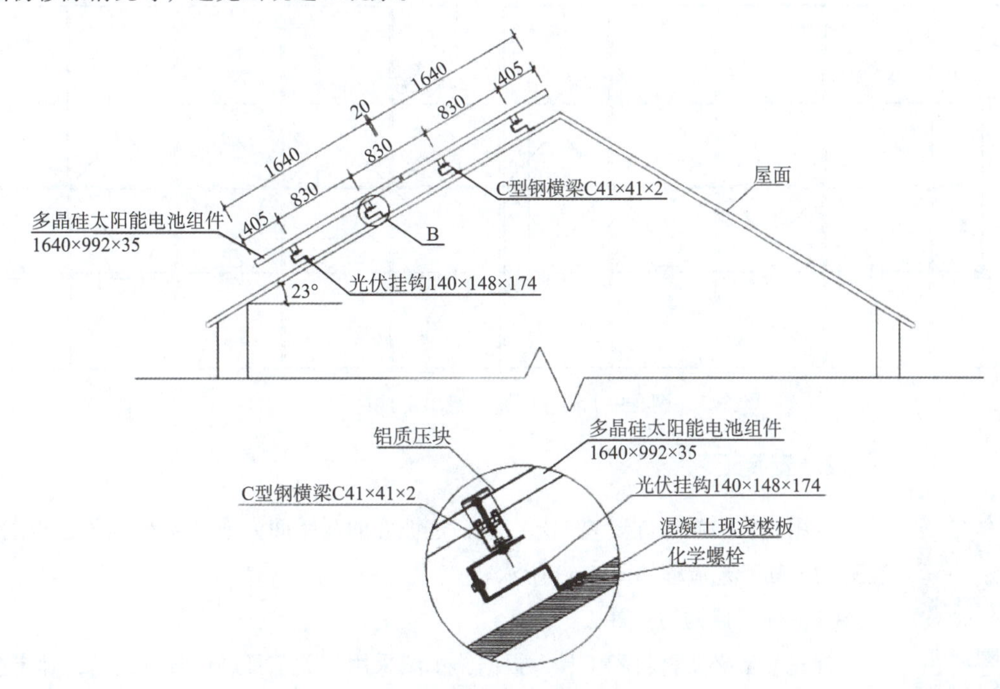

图4-49 坡屋面光伏支架结构断面图例

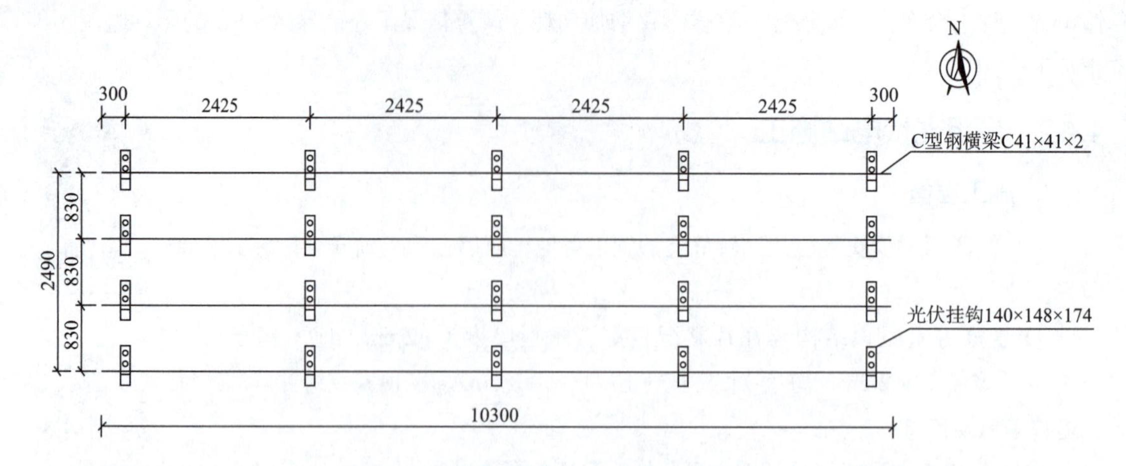

图4-50　坡屋面光伏支架结构平面图例

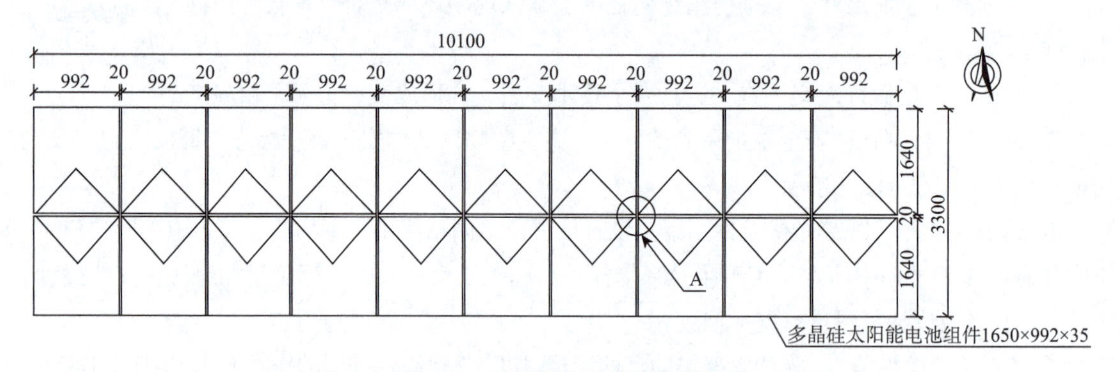

图4-51　坡屋面光伏组件布置图例

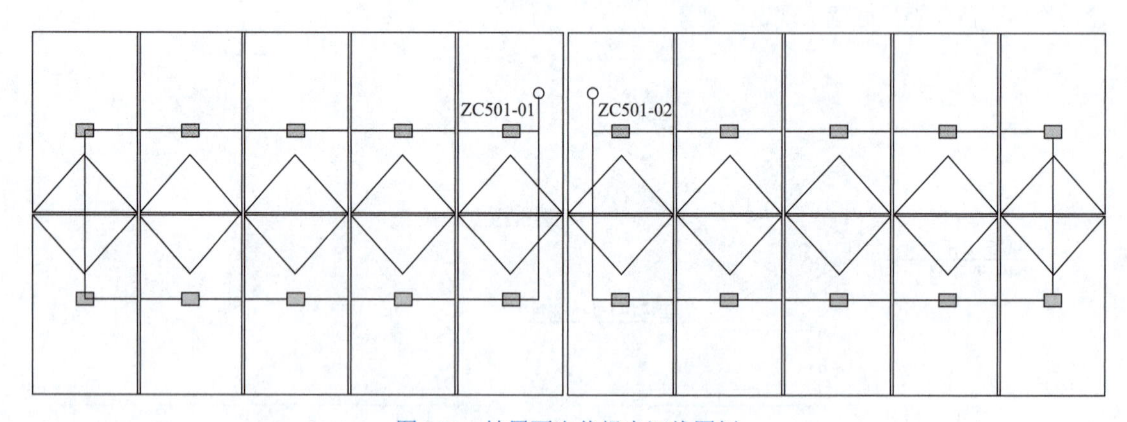

图4-52　坡屋面光伏组串汇线图例

2. 安装工艺

户用光伏电站组件安装工艺以有一定坡度的瓦屋面为施工场景介绍光伏组件安装工艺，其工艺流程如图 4-53 所示。

（1）确定挂钩的位置

首先准备必要材料和工具，根据施工图采用相关工具进行测量放线，确定挂钩的位置。

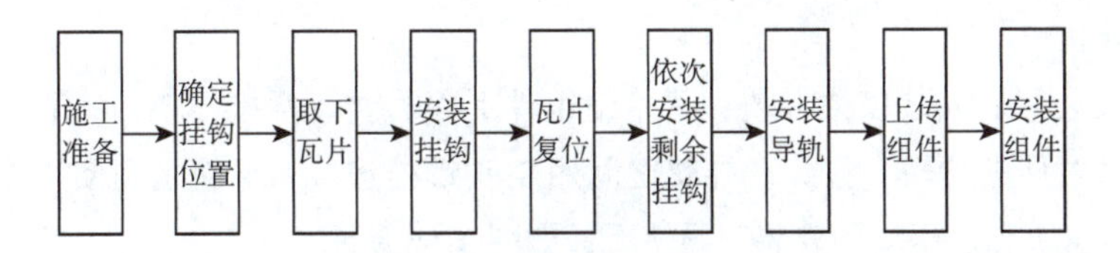

图4-53 户用光伏电站支架与组件安装工艺流程

（2）取下瓦片

取下需要安装挂钩所在部位的瓦片，具体操作步骤如图 4-54 所示。摘取瓦片时应注意，轻拿轻放，保护好其他位置瓦片不产生松动、位移。

图4-54 取下瓦片

（3）安装挂钩

根据施工图样和屋面实际状况确定挂钩安装位置，在安装位置用木螺钉固定好挂钩，瓦片复位，如图 4-55 所示。瓦片复位时同样需要注意，不要扰动其他瓦片，防止松动、移位，造成屋面漏水。

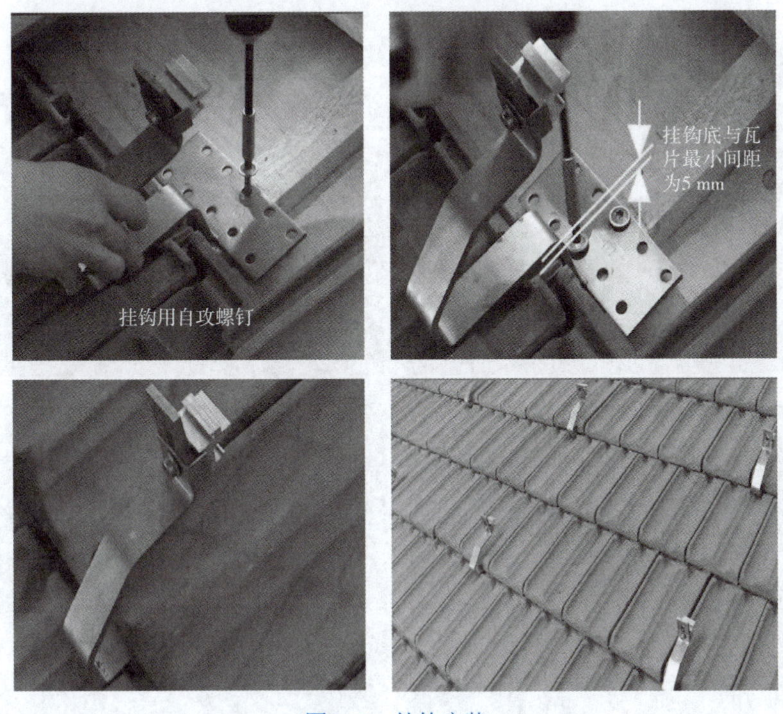

图4-55 挂钩安装

（4）安装导轨

整排挂钩安装好后安装横梁导轨，每一组组件下面需要有两排导轨，一般采用不锈钢材质的挂钩和铝合金材质的导轨，挂钩和导轨之间用T头螺栓连接，导轨之间使用连接键连接。安装导轨时应将中压块和边压块预安装于导轨上，如图4-56所示。

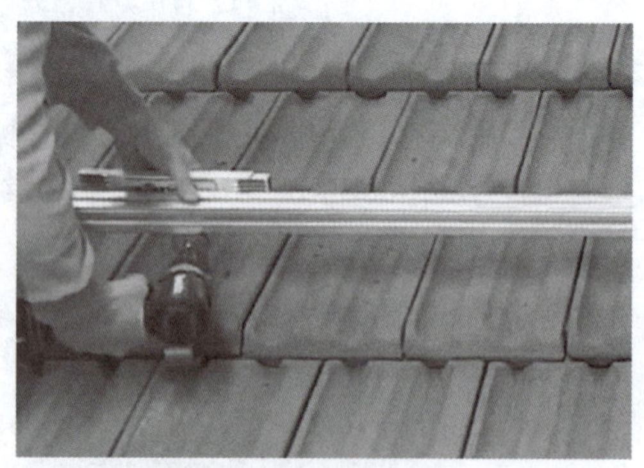

图4-56　导轨安装

（5）组件安装

上传组件，利用压块将光伏组件固定在导轨上，先安装边压块，边上光伏组件使用边压块压紧，安装边压块并引出接地电缆，组件之间使用中压块压紧，如图4-57所示。通常第一块组件的安装位置、水平度是否正确，直接影响方阵的整体质量。因此，在安装第一块组件时，应调整好组件的水平线，并保证每一排的第一块组件均在一条线上，可在导轨安装写成后做好测量放线、定位工作。

图4-57　组件安装

3. 注意事项

① 安装紧固件螺栓时应注意四点：一是螺母必须垂直于螺杆的轴线进行旋合，不得倾斜；二是尽可能使用扭力扳手或者套筒扳手，避免使用活动扳手或者电动扳手进行安装；三是旋拧螺栓时，注意转速不能太高，避免温度急速上升而导致锁死；四是安装时不得超过螺栓的安全扭矩，螺栓安全扭矩见表4-13。

表4-13 螺栓安全扭矩表

规格	M8	M10	M12
安全扭矩/（N·m）	14	29	49

② 施工人员在屋面上行走，必须穿软底鞋，避免损坏瓦片。

③ 安装中每天必须清除屋面瓦上杂物，防止锈蚀和划伤屋面板。

④ 屋面瓦片的拆除及恢复均要十分小心，避免造成瓦片损坏，或其他瓦片松动下滑移位。

⑤ 组件安装时，要轻拿轻放，禁止损坏组件。

⑥ 严禁在组件上踩踏，禁止组件遭受撞击。

⑦ 禁止拆除组件上的任何铭牌或者部件，此种行为会使产品质保失效。

⑧ 如遇雨、雪天气等状况，需对组件上未连接的T4接头做防水防尘保护。

⑨ 各组件间的上表面和侧面的平齐度以及边距的安装公差见表4-14。

表4-14 组件安装公差（mm）

项目	允许偏差	
倾斜角度偏差	±1	
光伏组件边缘偏差	相邻光伏组件间	≤2
	同组光伏组件间	≤5

项目学习评价标准

评价内容		配分	评价标准	自评分
施工过程	工具选择	5	工具选择合理、使用正确、操作规范，每错一处（一次）扣2分	
	安装流程	10	施工流程、操作有序无误。每错一处扣1分，每漏一处扣2分	
	系统调试	10	调试方法选择合理，操作步骤合理，测试数据记录完整无错漏，调试仪器操作正确。每错一处扣1分，每漏一处扣2分，不规范扣2分	
施工管理	施工准备	5	施工前技术文件、施工材料、工具准备齐全，技术交底充分	
	进度控制	10	施工进度安排有序、合理	
	材料管理与验收	10	对材料分类管理、按照设计参数验收设备/材料、验收测试记录完整、数据无错漏。每错、漏一处扣2分	
	文件归档与档案整理	10	图样、方案等资料有序、分类管理，文件档案完整无缺漏。每错一处扣1分，每漏一处扣2分，不规范扣2分	

续表

评价内容		配分	评价标准	自评分
施工质量	支架安装质量	10	支架尺寸允许偏差符合质量要求，支架安装牢固可靠，支架接地可靠。无螺栓断裂现象	
	组件安装质量	10	组件安装尺寸允许偏差符合质量要求，表面无划痕，接地及等电位连接可靠，接线正确	
职业素养	安全意识	2	现场勘查执行安全操作规程，设计内容符合安全规定，人员无磕碰、受伤情况	
	文明生产	2	注意对现场进行6S整顿，文明生产，现场无工具、材料遗漏现象	
	规范意识	2	设计内容符合技术规范、准时到达工作或学习场所，操作过程中不影响他人工作	
	团队意识	2	服从组长安排，在小组合作完成工作时能积极分享建议、意见和工作成果，主动协助小组成员完成相关工作	
	职业行为习惯	2	工作认真，能有意识控制材料消耗，无浪费现象，环保意识强，能克服困难，积极思考	
学习能力评价		10	A1.能高质高效完成此项工作全部内容，并能指导他人完成； A2.能高质高效完成此项工作全部内容，并能解决遇到的特殊问题； A3.能高质高效完成此项工作全部内容； B.圆满完成此项工作全部内容，不需要指导； C.能圆满完成此项工作全部内容，但偶尔需要指导； D.在现场指导和帮助下，能圆满完成此项工作全部内容	

说明：学习能力评价，符合A1得10分，A2得9分，A3得8分，B得7分，C得6分，D得5分。

习　题

1. 光伏电站施工有哪些技术规范？
2. 光伏电站施工要点中有哪些要素是涉及施工人员生命安全的？
3. 组件安装时，哪些是必备的施工工具？
4. 光伏支架安装的允许误差是多少？
5. 混凝土平屋面光伏电站支架施工的要点是什么？
6. 彩钢瓦屋面光伏支架和混凝土平屋面光伏支架有什么区别？
7. 结合项目施工训练实际，编制一份光伏组件支架施工方案。
8. 结合项目施工训练实际，编制一份光伏组件施工方案。

光伏电站电气工程施工

项目导入

某工程公司承建一个6 MW光伏电站的发电单元施工工程，作为工程部经理或技术员需要组织完成以下几项工作：

（1）按照施工图和电气接线图完成汇流箱安装、接线、检查。

（2）按照施工方案、施工图实施成套配电柜安装。

（3）按照逆变器施工方案、施工图实施逆变器施工。

（4）按照逆变器施工方案、施工图实施变压器施工。

（5）根据电缆施工方案和施工图实施电缆敷设、电缆头制作、接线施工。

（6）根据防雷接地施工方案组织防雷接地施工，包括避雷网、接地体敷设安装、避雷针安装和避雷器安装。

（7）根据防雷接地技术规范实施接地电阻测试与质量检查。

（8）根据调试工作方案组织电气系统检查调试。

学习目标

知识目标：（1）了解汇流箱安装技术规定。

（2）掌握汇流箱的机械安装要求和电气接线步骤。

（3）掌握汇流箱的试运行、验收及维护注意事项。

（4）掌握成套配电柜柜体的安装工艺流程。

（5）了解逆变器安装技术规定。

（6）掌握逆变器、交流配电柜、变压器等电力设备的安装方法及要求。

（7）掌握电缆施工工艺流程。

（8）熟悉防雷和接地技术规定和施工质量标准，掌握其施工工艺流程和安装方法。

（9）了解光伏电站安装完成后进行光伏电站设备和系统调试的内容。

（10）掌握电气工程施工安装规程与注意事项。

能力目标：（1）能正确选用工具安装汇流箱。

（2）能正确选用安装小型逆变器，组织大型逆变器施工。

（3）能正确组织蓄电池安装施工。

（4）能正确选用工具敷设电缆、制作电缆头、接线绑扎。

（5）能根据施工方案组织防雷接地系统施工，能正确使用接地电阻测试仪检测接地电阻。

（6）能根据调试方案完成光伏组件、汇流箱等光伏发电单元设备调试。

素质目标：（1）通过学习相关技术规范，形成规范意识、质量意识。

（2）通过光伏电站电气设备安装实训，培养劳动光荣、精益求精的工匠精神、团队协作精神。

任务1　光伏电站电气设备施工工艺

视频

电气设备施工

5.1.1　汇流箱安装

1. 汇流箱安装技术要求

汇流箱内元器件应完好，连接线应无松动；汇流箱的所有开关和熔断器应处于断开状态；汇流箱进线端及出线端与汇流箱接地端绝缘电阻不应小于 20 MΩ。

安装位置应符合设计要求；支架和固定螺栓应为防锈件；汇流箱安装的垂直偏差应小于 1.5 mm；汇流箱内光伏组件串的电缆接引前，必须确认光伏组件侧和逆变器侧均有明显断开点。

文本

直流汇流箱安装施工技术交底

2. 安装前检查

按照机箱内的装箱单，检查交付完整性，通常装箱单中会列出光伏阵列汇流箱、钥匙、合格证、保修卡、产品使用手册、出厂检查记录等材料。虽然产品出厂前已经测试和检测过，但是在运输过程中可能会出现损坏情况，所以在安装之前还应进行检查一下，若检测到任何损坏情况可与运输公司或产品提供公司联系，并应拍有照片以作考证。

3. 需要使用的安装工具及零件

光伏电站电气设备安装常用的工具见表 5-1。

表5-1　安装工具参考

名　称	功　能	名　称	功　能	名　称	功　能
一字螺丝刀	紧固螺钉	十字螺丝刀	紧固螺钉	扳手	紧固螺栓
力矩扳手	紧固膨胀螺栓	斜口钳	修剪线扣	剥线钳	剥离线缆外皮
液压钳	压接铜鼻扣	电钻	钻孔	卷尺	测量距离
角尺	测量距离	水平尺	检查是否水平	铅垂测量仪	检查垂直偏差
线扣	绑扎线缆	手套	安装时佩戴	绝缘胶带	包扎裸线
万用表	测量电阻、电压及电流				

4. 机械安装基本要求

① 外形尺寸。各类型汇流箱体积尺寸一般相同，区别是输入端子数目不同，其正面外形如图 5-1 所示。

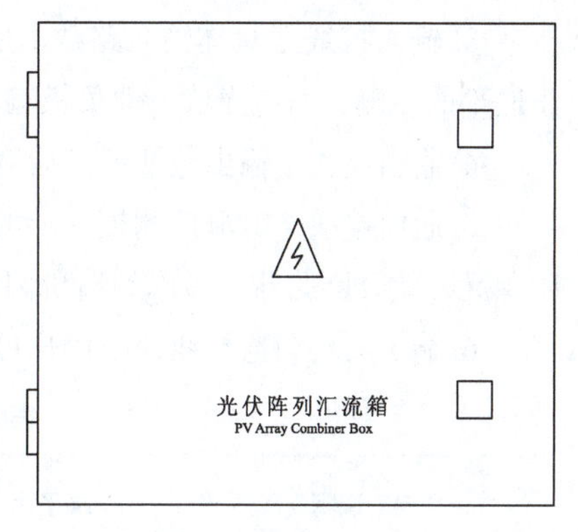

图5-1 汇流箱正面外形图

② 安装汇流箱箱体时应注意：汇流箱的防护等级满足户外安装的要求。但汇流箱是电子设备，因此尽量不要将其放置在潮湿的地方。一般的汇流箱冷却方式为自然冷却，为了保证汇流箱正常运行及使用寿命，尽量不要将其安装在阳光直射或者环境温度过高的区域。请确定汇流箱安装墙面或柱体有足够的强度承重。户外安装的汇流箱，在雨雪天时不得进行开箱操作！白天安装光伏组件时，应用不透光的材料遮住光伏组件。否则在太阳光下，光伏组件会产生很高的电压，可能导致电击危险。箱体的各个进出线孔应堵塞严密，以防小动物进入箱内发生短路。

③ 选择安装方式时应注意：光伏汇流箱安装方式可以根据工作现场的实际情况做出选择，通常采用的有挂墙式、抱柱式、落地式。挂墙式：建议采用膨胀螺钉，通过汇流箱左右两边的安装孔，将其固定在墙体上。抱柱式：建议使用抱箍，角钢作为支撑架，用螺栓将汇流箱安装在其上。

5. 电气接线及步骤

图例

汇流箱安装工艺标准

① 汇流箱电气安装注意事项：只有专业的电气或机械工程师才能进行操作和接线。所有的操作和接线必须符合所在国家和当地的相关标准要求；安装时，除接线端子外，请不要接触机箱内部的其他部分；汇流箱安装前，用兆欧表对其内部各元件做绝缘测试；箱内元件的布置及间距应符合有关规程的规定，应保证调试、操作、维护、检修和安全运行的要求。输入输出均不能接反，否则后级设备可能无法正常工作甚至损坏其他设备；将光伏防雷汇流箱按原理及安装接线框图接入光伏发电系统中后，应将防雷箱接地端与防雷地线或汇流排进行可靠连接，连接导线应尽可能短直，且连接导线截面积不小于 16 mm^2 多股铜芯。接地电阻值应不大于 4 Ω，否则，应对地网进行整改，以保证防雷效果；对外接线时，请确保螺钉紧固，防止接线松动发热燃烧。确保防水端子拧紧，否则有漏水将导致汇流箱故障的危险；在箱内或箱柜门上粘贴牢固的不褪色的系统图及必要的二次接线图；配线要求使用阻燃电缆，要排列整齐、美观，安装牢固，导线与配置电器的连接线要有压线及灌锡要求，外用热塑管套牢，确保接触良好。

② 对外接线端子：汇流箱的输入输出以及通信、接地等对外接口位于机壳的下部，外形如图 5-2 所示。

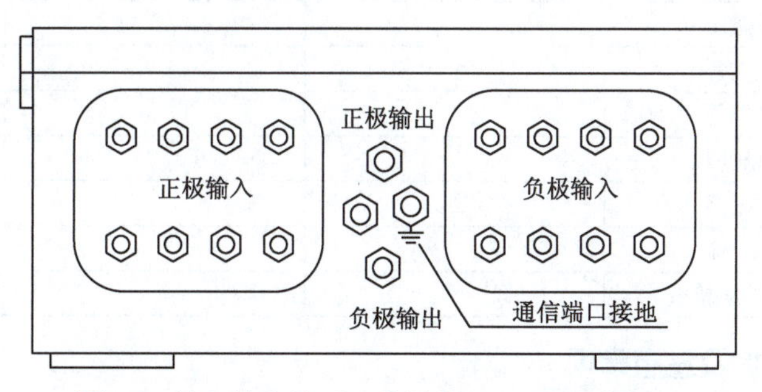

图5-2 输入输出端子（此图片以PVS-8M为例）

③ 输入接线：具体输入路数由所用机型决定。注意与光伏组件正极输出连接的连线输入位于底部的左侧，而与光伏组件负极输出连接的连线位于底部的右侧。

④ 输出连线：输出包括汇流后直流正极、直流负极与接地，接地线为黄绿色。

⑤ 通信接线：电流监测模块检测到某支路电流跳跃变化时，先进行报警，然后延时驱动跳闸单元，跳开断路器。考虑到造价因素，可以不增加。

⑥ 端子大小与连接线径：用户可以根据表 5-2，对不同的端子选择合适的电缆。

表5-2 端子尺寸及线径参考表

端子说明	端子大小	使用电缆外径/mm	推荐接线	
			8路	16路
直流正极输入	PG9-09G	4.5～8	4～6 mm	
直流负极输入	PG9-09G	4.5～8	4～6 mm	
直流正极汇流输出	PG21-18G	10～18	35 mm	70 mm
直流负极汇流输出	PG21-18G	10～18	35 mm	70 mm
接地端子	PG11-10G	6～10	16 mm	
通信端子	PG16-14G	8.5～14	1.5 mm低阻四芯屏蔽双绞线	

6. 汇流箱的试运行

汇流箱通电后自动运行，断电后停机。通过内部的断路器，可以关停汇流箱的直流输出。试运行前应满足几项要求：①检查母线、设备上有无遗留下的杂物。②逐步检查汇流箱内部接线是否正确。③使用万用表对每路电压进行测量，查看每路电压是否显示正常。④所有检查都合格后方可送电试运行。

7. 汇流箱的验收

汇流箱经送电运行一段时间后，无异常现象、方可办理验收手续。汇流箱验收时，应移交的资料和文件主要包括两个方面内容：其一，投标人的应答书应提供设备详细说明书，其中包括设备规格、技术指标、电路原理、系统方框图以及机械结构尺寸、安装要求（走线方法、防雷接地、地面负荷等）、机架满负荷时的质量、环境条件、防震要求和详细布线图；其二，投标人应随每套设备提供 1 套技术文件，包括系统和设备说明书、使用手册、维护手册、技术规范、安装测试说明，并应附有设备及构件的详细清单，验收时应按表 5-3 所示的样式做好验收记录。

表5-3 汇流箱验收记录表

序　号	测试项目	标　准	检测方法	验收结果
1	环境温度			
2	安装位置			
3	水平偏差			
4	汇流箱外观			
5	防护等级			
6	使用寿命			
7	箱内部接线检查			

8. 汇流箱的维护及注意事项

电站运行期间应定期检查汇流箱内熔断器，防止熔断器熔断后电池板处于开路状态，光伏电池电能不能输出;检测或维护汇流箱时，注意输入输出均可能带电，防止触电或损坏其他设备;用户单位应制订防雷设施管理制度，并指定专人管理；光伏防雷汇流箱属于电器类产品，非专业人员，请不要擅自拆卸。光伏防雷汇流箱一般不用特别维护，为防止防雷模块失效，应对其工作状态作定期的检查。特别是雷电过后,应及时检查。如发现面板上的故障指示灯由“绿色”变为“红色”时，应及时与销售商或生产商联系。光伏防雷汇流箱属于电器类产品，非专业人员不要擅自拆卸。必须更换与原型号相同等级的熔丝。安装熔断器时，请确保熔断器座夹紧。箱内所装电器元件均为光伏防雷汇流箱专门定制的产品，不可与普通产品混用，若需更换请与销售商或生产商联系,且更换熔断器熔芯（专用直流高压熔芯）时注意防止太阳能光伏电池的高电压电击伤人。

5.1.2 成套配电柜安装

1. 施工准备

(1) 设备及材料要求

设备及材料均符合国家或部委颁发的现行技术标准，符合设计要求，并有出厂合格证。设备应有铭牌，并注明厂家名称，附件、备件齐全。安装使用的型钢应无明显锈蚀，并有材质证明，二次接线导线应有带“CCC”标志的合格证。

镀锌螺钉、螺母、垫圈、弹簧垫、地脚螺栓。其他材料：铅丝、酚醛板、相色漆、防锈漆、调和漆、塑料软管、异型塑料管、尼龙卡带、小白线、绝缘胶垫、标志牌、电焊条、锯条、氧气、乙炔等均应符合质量要求。

(2) 主要机具

吊装搬运机具主要有汽车、汽车吊、手推车、卷扬机、倒链、钢丝绳、麻绳索具等。安装工具一般有台钻、手电钻、电锤、砂轮、电焊机、气焊工具、台虎钳、锉刀、扳手、钢锯、榔头、克丝钳、螺丝刀、电工刀等。测试检验工具有水准仪、兆欧表、万用表、水平尺、试电笔、高压测试仪器、钢直尺、钢卷尺、吸尘器、塞尺、线坠等。送电运行安全用具有高压验电器、高压绝缘靴、绝缘手套、编织接地线、干粉灭火器。

(3) 作业条件

成套配电柜地基及房屋等，土建工程施工标高、尺寸、结构及埋件均符合设计要求；墙面、屋顶喷浆完毕、无漏水、门窗玻璃安装完、门上锁，室内地面工程完工、场地干净、道路畅通；施工图样、技术资料齐全。技术、安全、消防措施落实；设备、材料齐全，并运至现场库。

(4) 质量要求

柜（盘）的试验调整结果必须符合施工规范规定。目测高压瓷件表面应无裂纹、缺损和瓷釉损坏等缺陷,低压绝缘部件完整。柜(盘)内设备的导电接触面与外部母线连接处必须接触紧密。应用力矩扳手紧固。紧固力矩见“母线安装”要求。

柜（盘）与基础型钢间连接紧密，固定牢固，接地可靠，柜（盘）间接缝平整。盘面标志牌、标志框整齐、正确并清晰。小车、抽屉式柜推拉灵活，无卡阻碰撞现象；接地触头接触紧密、调整正确，投入时接地触头比主触头先接触，退出时接地触头比主触头后脱开。小车与抽屉式柜动、静触头中心线调整一致，接应触紧密；二次回路的切换接头或机械、电气联锁装置的动作正确、可靠。油漆完整均匀，盘面清洁，小车或抽屉互换性好。

柜（盘）内的设备及接线应完整齐全，固定牢靠。操动部分动作灵活准确。有两个电源的柜（盘）母线的相序排列一致，相对排列的柜（盘）母线的相序排列对称，母线色标正确。二次小线接线正确，固定牢靠，导线与电器或端子排的连接紧密，标志清晰、齐全。盘内母线色标均匀完整；二次结线排列整齐，回路编号清晰、齐全，采用标准端子头编号，每个端子螺丝上接线不超过两根。柜（盘）的引入、引出线路整齐。

柜（盘）及其支架接地（零）支线敷设，连接紧密、牢固，接地（零）线截面选用正确，需防腐的部分涂漆均匀无遗漏。线路走向合理，色标准确，涂刷后不污染设备和建筑物。柜（盘）安装的允许偏差和检验方法见表5-4。

表5-4　柜（盘）安装允许偏差和检验方法

项次	项　目			允许偏差/mm	检验方法
1	基础型钢	顶部平直度	每米	< 1	拉线尺量检查
			全长	< 5	
2		侧面平直度	每米	< 1	
			全长	< 5	
3	柜（盘）安装	每米垂直度		< 1.5	吊线、尺量检查
4		柜（盘）顶平直度	相邻两柜	< 2	直尺、塞尺检查
			成排柜顶部	< 5	拉线、尺量检查
5		柜（盘）面平整度	相邻两柜	< 1	直尺、塞尺检查
			成排柜面	< 5	拉线、尺量检查
6		柜（盘）间接缝		< 2	塞尺检查

2. 安装工艺

配电柜安装工艺流程如图5-3所示。

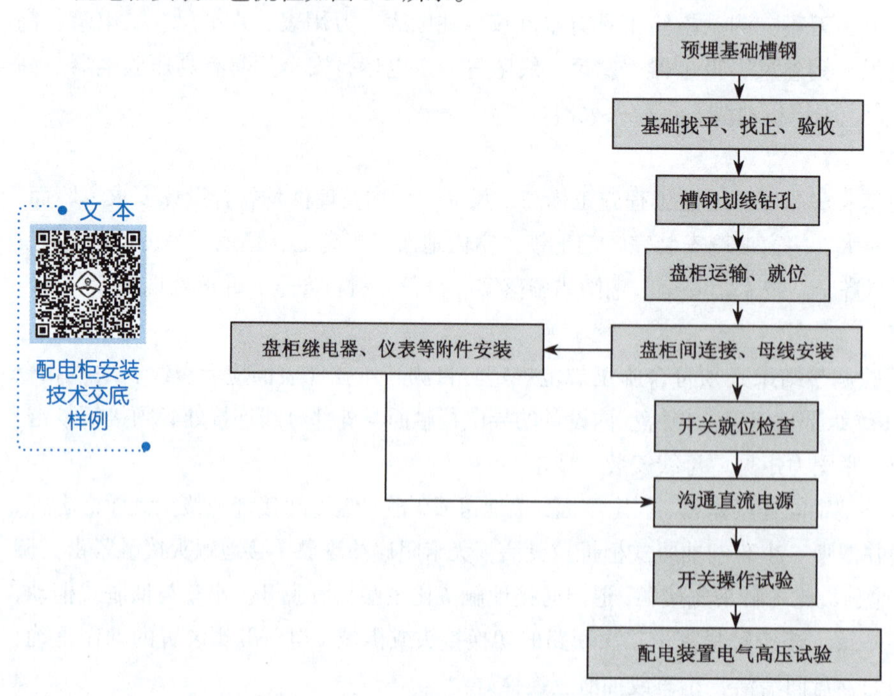

图5-3　配电柜安装工艺流程

（1）预埋基础槽钢

由于土建的地坪水平度不易满足电气的要求，没有预埋盘柜基础槽钢时，一排配电盘的找平比较困难，建议采用预埋基础槽钢的施工工艺，在槽钢与配电盘之间采用螺接或焊接方式联接，施工起来比较方便，且便于盘柜的整体找平。基础槽钢的位置和标高经检查验收合格后，按图样上盘柜底部的螺孔位置在槽钢上划出配电盘的螺孔中心线，钻孔攻螺纹。

（2）设备开箱检查

安装单位、供货单位或建设单位共同进行，并做好检查记录。按照设备清单、施工图样及设备技术资料，核对设备本体及附件、备件的规格型号是否符合设计图样要求；附件、备件齐全；产品合格证件、技术资料、说明书齐全。柜（盘）本体外观检查应无损伤及变形，油漆应完整无损。柜（盘）内部检查：检查电器装置及元件、绝缘瓷件是否齐全，无损伤、裂纹等。

（3）盘柜运输和就位

设备运输过程中应由起重工作业，电工配合。根据设备质量、距离长短可采用汽车、汽车吊配合运输、人力推车运输或卷扬机滚杠运输。设备运输、吊装时注意事项如下所述。

① 道路要事先清理，保证平整畅通。

② 设备吊点。柜（盘）顶部有吊环者，吊索应穿在吊环内，无吊环者吊索应挂在四角主要承力结构处，不得将吊索吊在设备部件上。吊索的绳长应一致，以防柜体变形或损坏部件。

③ 汽车运输时，必须用麻绳将设备与车身固定牢，开车要平稳。

配电柜运输到现场，用液压小车运至开关室内，运输过程中防止盘柜倾倒和损坏设备，严禁采用滚杠置于盘底移动盘柜，防止盘柜底部变形。盘柜的安装，从边上第一个盘柜或从中间的一个盘柜开始，第一个盘柜安装要特别仔细，位置应准确，盘柜的垂直误差不大于1 mm。调整柜体垂直度和水平度，使断路器进入时能平滑通畅，然后固定。以安装好的第一块盘柜为基础，依次安装同一列其他的盘柜，垂直度误差小于1 mm，相邻两柜的间隙不大于1 mm，整列盘柜的柜面不平度小于3 mm，水平误差小于3 mm。

母线安装，拆下有关的盖板，确保母线安装通道畅通。按照制造商规定处理好母线的接触面。按照制造商提供安装程序上规定的力矩值，用合适的力矩扳手紧固母线连接螺栓，并做好标记。再次检查母线表面绝缘层是否完好，清理灰尘。检查柜内，确认没有遗留的工具和杂物，恢复所拆下的部件和盖板。每段母线安装完毕，均应进行检查并及时填写有关记录，签上名字和日期。测量母线的绝缘电阻，并做好记录。

配电柜安装后需进行开关就位检查、开关柜的断路器和接触器检查，确保主开关的动、静触点接触良好。开关五防试验要全部做完。检查所有机械部分都涂上润滑油，电气接触部分都涂上润滑脂。清洁所有的绝缘装置、插入部件。

开关柜安装完，为防受潮结露，应及时投入加热器，并对易碰损处加以保护。若需要，在配电柜顶部铺设特制木板，防止踩坏设备或开关柜变形。

（4）柜（盘）安装

将有弯曲变形的型钢调直后按图样要求预制加工基础型钢架，并刷好防锈漆。按施工图样所标位置，将预制好的基础型钢架放在预留铁件上，用水准仪或水平尺找平、找正。找平过程中，需用垫片的地方最多不能超过三片。然后，将基础型钢架、预埋铁件、垫片用电焊焊牢。最终基础型钢顶部宜高出抹平地面10 mm，手车柜按产品技术要求执行。基础型钢安装允许偏差见表5-4。

基础型钢与地线连接：基础型钢安装完毕后，将室外地线扁钢分别引入室内（与变压器安装地线配合）与基础型钢的两端焊牢，焊接面为扁钢宽度的二倍。然后将基础型钢刷两遍灰漆。

按照施工图样的布置，按顺序将柜放在基础型钢上。单独柜（盘）只找柜面和侧面的垂直度。成列柜（盘）各台就位后，先找正两端的柜，再从柜下至上2/3高的位置绷上小线，逐台找正，柜不标准以柜面为准。找正时采用0.5 mm铁片进行调整，每处垫片最多不能超过三片。然后按柜固定螺孔尺寸，在基础型钢架上用手电钻钻孔。一般无要求时，低压柜钻ϕ12.2 mm孔，高压柜钻ϕ16.2 mm孔，分别用M12、M16镀锌螺丝固定。允许偏差见表5-4。

柜（盘）就位，找正、找平后，除柜体与基础型钢固定。柜体与柜体、柜体与侧挡板均用镀锌螺丝连接。柜（盘）接地：每台柜（盘）单独与基础型钢连接。每台柜从后面左下部的基础型钢侧面上焊上鼻子，用6 mm^2铜线与柜上的接地端子连接牢固。

（5）柜（盘）二次小线连接

按原理图逐台检查柜（盘）上的全部电器元件是否相符，其额定电压和控制、操作电源电压必须一致。按图敷设柜与柜之间的控制电缆连接线。敷设电缆要求见“电缆敷设”。控制线校线后，将每根芯线煨成羊眼状圆圈俗称“眼圈”（软导线压线鼻），用镀锌螺钉、眼圈状芯线、弹簧垫连接在每个端子板上。一般端子板每侧一个端子压一根线，最多不能超过两根，并且两根线间加眼圈。多股线应涮锡，不准有断股。

（6）柜（盘）试验调整

高压试验应由当地供电部门许可的试验单位进行。试验标准符合国家规范、当地供电部门的规定及产品技术资料要求。试验内容：高压柜框架、母线、避雷器、高压瓷瓶、电压互感器、电流互感器、高压开关等。调整内容：过流继电器调整，时间继电器、信号继电器调整以及机械连锁调整。

二次控制小线调整及模拟试验。将所有的接线端子螺钉再紧一次。绝缘摇测：用500 V兆欧表在端子板处测试每条回路的电阻，电阻必须大于0.5 MΩ。二次小线回路如有晶体管、集成电路、电子元件时，该部位的检查不准使用摇表和试铃测试，使用万用表测试回路是否接通。接通临时的控制电源和操作电源；将柜（盘）内的控制、操作电源回路熔断器上端相线拆掉，接上临时电源。模拟试验：按图样要求，分别模拟试验控制、连锁、操作继电保护和信号动作，正确无误，灵敏可靠。拆除临时电源，将被拆除的电源线复位。

（7）送电运行验收

① 送电前的准备工作。一般应由建设单位备齐试验合格的验电器、绝缘靴、绝缘手套、临时接地编织铜线、绝缘胶垫、干粉灭火器等。彻底清扫全部设备及变配电室、控制室的灰尘。用吸尘器清扫电器、仪表元件，另外，室内除送电需用的设备用具外，其他物品不得堆放。检查母线上、设备上有无遗留下的工具、金属材料及其他物件。明确试运行的组织工作和试运行指挥者、操作者和监护人。安装作业全部完毕，质量检查部门检查全部合格。试验项目全部合格，并有试验报告单。继电保护动作灵敏可靠，控制、联锁、信号等动作准确无误。

② 送电步骤。第一步，由供电部门检查合格后，将电源送进室内，进行验电、校相，确保无误。第二步，由安装单位合进线柜开关，检查 PT 柜上电压表三相是否电压正常。第三步，合变压器柜子开关，检查变压器是否有电。第四步，合低压柜进线开关，查看电压表三相是否电压正常。按第二～第四步，给其他配电柜送电。

③ 相序校验。在低压联络柜内，在开关的上下侧（开关未合状态）进行同相校核。用电压表或万用表电压挡 500 V，并且用表的两个测针，分别接触两路的同相，此时电压表无读数，表示两路电同一相。用同样方法，检查其他两相。

④ 验收。送电空载运行 24 h，无异常现象，办理验收手续，交建设单位使用。同时提交变更洽商记录、产品合格证、说明书、试验报告单等技术资料。

(8) 成品保护

设备运到现场后，暂不安装就位，应及时用苫布盖好，并把苫布绑扎牢固，防止设备被风吹、日晒或雨淋。设备搬运过程中，不许将设备倒立，防止设备油漆、电器元件损坏。设备安装完毕后，暂时不能送电运行，变配电室门、窗要封闭，设人看守。未经允许不得拆卸设备零件及仪表等，防止损坏或丢失。成套配电柜（盘）及动力开关柜安装常见的质量问题和防止措施见表 5-5。

表5-5 常见的质量问题和防治措施

序号	常见的质量问题	防止措施
1	基础型钢焊接处焊渣清理不净，除锈不净，油漆刷不均匀，有漏刷现象	增强质量意识，加强作业者责任心，做好工序搭接和自检、互检检查
2	柜（盘）内，电器元件、瓷件油漆损坏	加强责任心，保护措施具体
3	柜（盘）内控制线压接不紧，接线错误	加强技术学习，提高技术素质。加强学习，提高工作责任心
4	手车式柜二次小线回路辅助开关切换失灵，机械性能差	反复试验调整，达不到要求的部件要求厂方更换

5.1.3 逆变器安装

1. 逆变器安装技术要求

室内安装的逆变器安装前，建筑工程应具备的条件，屋顶、楼板应施工完毕，不得渗漏。室内地面基层应施工完毕，并应在墙上标出抹面标高；室内沟道无积水、杂物；门、窗安装完毕。

进行装饰时有可能损坏已安装的设备或设备安装后装饰工作应全部结束。对安装有妨碍的模板、脚手架等应拆除，场地应清扫干净。混凝土基础及构件应达到允许安装的强度，焊接构件的质量应符合要求。预埋件及预留孔的位置和尺寸应符合设计要求，预埋件应牢固。检查安装逆变器的型号、规格应正确无误，逆变器外观检查应完好无损。运输及就位的机具应准备就绪，且满足荷载要求。大型逆变器就位时应检查道路通畅，且有足够的场地。

逆变器的安装与调整应具备以下技术条件：采用基础型钢固定的逆变器，逆变器基础型钢安装的允许偏差应符合表 5-6 的规定。

基础型钢安装后，其顶部宜高出抹平地面 10 mm。基础型钢有明显的可靠接地。逆变器的安装方向应符合设计规范。逆变器与基础型钢之间固定应牢固可靠。

表5-6 逆变器基础型钢安装的允许偏差

项　目	允许偏差	
	mm/m	mm/全长
不直度	<1	<3
水平度	<1	<3
位置误差及不平行度	—	<3

逆变器交流侧和直流侧电缆接线前应检查电缆绝缘，校对电缆相序和极性。逆变器直流侧电缆接线前必须确认汇流箱侧有明显断开点。电缆接引完毕后，逆变器本体的预留孔洞及电缆管口应进行防火封堵。

勿将逆变器安装在阳光直射处，否则可能会导致逆变器内部温度升高，逆变器为保护内部元件将降额运行。若温度过高将引发逆变器温度故障。安装场地应足够坚固能长时间支撑逆变器的质量。安装场地环境温度为 −25 ～ +50℃，安装环境清洁。安装场地环境湿度不超过 95%，且无凝露。逆变器前方应留有足够间隙以便观察数据和维修。尽量安装在远离居民生活的地方，因其运行过程中会产生一些噪声，且安装地方确保不会晃动。

2. 逆变器的运输

在运输逆变器的过程中，应注意的主要事项，为了安全起见，工作人员需戴头盔、手套、穿安全鞋（建议使用皮质手套）；在运输逆变器的过程中，需要使用可承载至少 1 500 kg 重的升降叉车、起重机、绑带等；运输过程中，机柜必须一直竖直运输。

使用叉车转运时必须拧开螺钉取下底座面板，以便运输不带栈板的机柜，这样叉车的叉子可以插入机柜底部，如图 5-4（a）所示。调整叉车两脚间的距离，至少需要间隔 300 mm；运输时，确保机柜前门已用锁扣锁紧，两侧面板及后面板已用螺钉拧紧。直到如图 5-4（b）所示叉车点出现才证明叉车完全叉入。

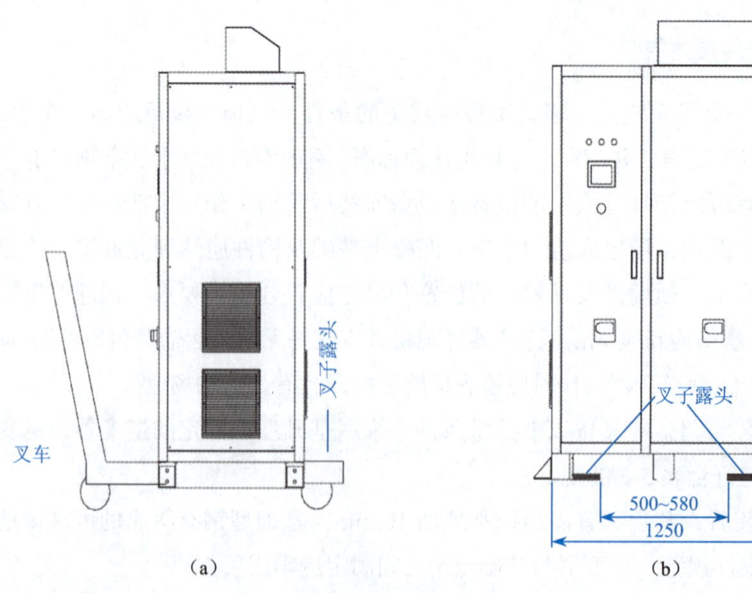

图5-4 底座运输尺寸（单位：mm）

装箱，在机器底部和地板之间插入一块栈板来平衡支撑机器，按照机器尺寸位置来安排栈板的位置；机器通过底座固定架上 4 × M12 膨胀螺钉与木箱栈板紧固于一体；在前门和木箱之间插入一块宽、厚的软垫，以便在木箱和机器表面之间提供足够的缓冲空间，后面板与前门相同，如图 5-5 所示；机柜倾斜度不能大于 5°。注意机柜质量！注意运输过程中的倾斜危险！

3. 开箱检查

用户收到设备后，请检查包装和设备是否损坏，并核对装箱清单内容，如果有损坏或与交货内容不符，应立即按保修单上的地址联系生产企业。

开箱时应保留好“设备”的原包装箱。开箱后首先请按照装箱单核对随机附件，检查整机外壳有没有明显缺陷；如果随机附件不齐全或者整机有明显缺陷，请按保修单上的地址联系生产企业。

图例

逆变器安装工艺标准

4. 安装要求

地基必须保护逆变器安装位置的稳固和安全。地基必须有必要的承载力以支撑逆变器的质量。逆变器的放置和地基板尺寸的标注须由用户执行，如图 5-6 所示。

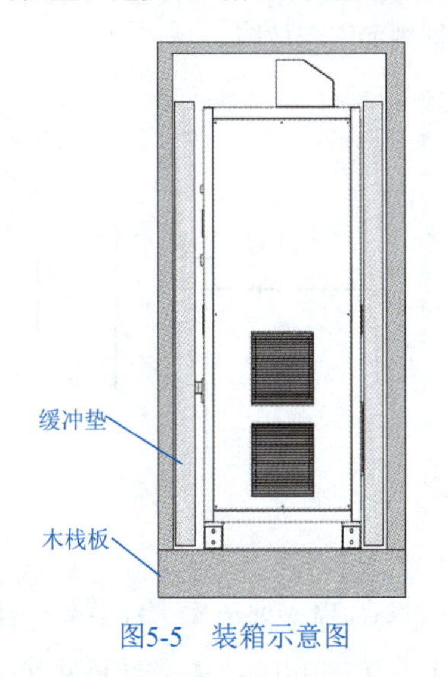

图5-5 装箱示意图

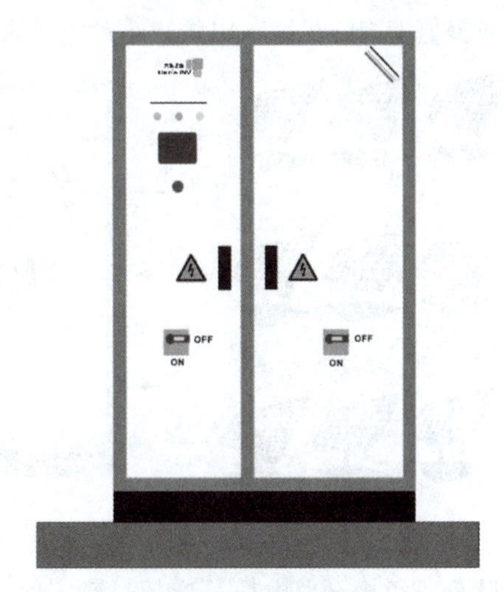

图5-6 安装地基

放置地基座并对其进行结构检查应现场执行。逆变器机柜必须安装在水平面上。若有任何凹陷或倾斜，安装前必须整平。当放置地基时，请记住电缆和导管应从下面电缆沟接入逆变器。这意味着合适的导管或电缆馈通口应在放置前安装。电缆必须从底部开孔接入逆变器。

当安装逆变器时，必须注意保持与固定对象和邻近逆变器的适当间隙。请一定要保证最窄通道宽度、逃逸路线和维持最佳通风效果的最小间隙。当完全开着柜门时，必须保持 500 mm 的最窄通道宽度（逃逸路线）。为保持最窄的通道要求，逆变器系统中具有两排对立的机柜，它们的机柜门一次只可开一边。

根据 IP21 保护等级，逆变器适合处在干燥、少尘的环境的室内安装。

为给逆变器散热，通风系统必须不能有任何障碍，这是为了确保要求的入口、出口正常的通风和散热。为能安全运行并发挥最高的送电性能，允许的环境温度是在 −25 ～ +50 ℃之间。

逆变器进风口为机柜左右侧门和后门下侧的过滤网，机柜顶上向前出风，逆变器安装需要保证其左右侧和后面有足够的进风空隙，周围 300 mm 不得有障碍物遮挡进风口，以保证通风顺畅。当多台逆变器并列安装在同一空间内时，逆变器相互间要求有一定的维护间隔，周围间隙不得小于 500 mm，相应设备通风口必须保持畅通和清洁，室内下方有相应的进风窗，上方有相应的排气窗。禁止把逆变器安装在封闭的环境里。

定期清洁外部进气口和内部过滤网罩。该设备为室内机，禁止安装在阳光直射的环境中，同时，也禁止安装在含盐高的空气环境中。

逆变器进气必须满足空气质量相关要求，逆变器适合在相对湿度为 15% ～ 95% 的环境下运行。请注意空气质量、相对湿度、新鲜空气量和允许的环境温度要求。

5. 现场安装

光伏并网逆变器必须安装在地基或地基板上。逆变器在存储状态和运输状态中须将蓄电池外置接线端子断开。安装好逆变器后，须将蓄电池外置接线端子连接好。

（1）电气连接

光伏并网发电系统连接如图 5-7 所示。连接线完毕后，应将机器进出线孔的空隙部分使用电缆泥密封或聚氨酯泡沫封堵，以防止小动物进入到逆变器内而引起故障。

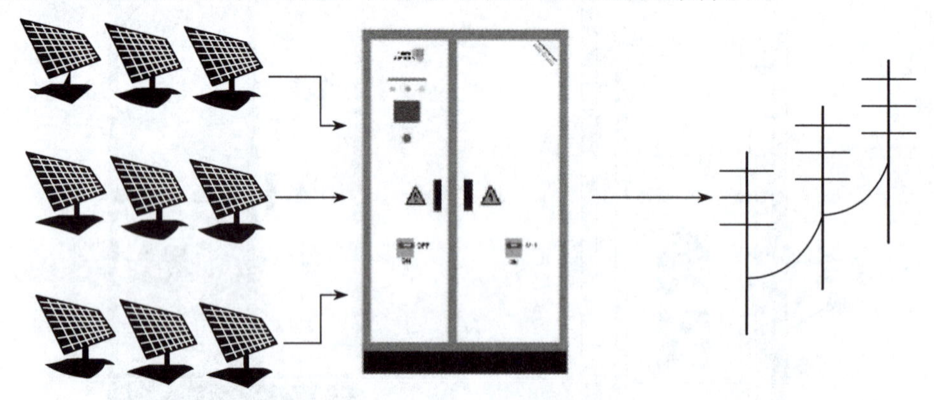

图5-7　电气连接示意图

光伏阵列正负极开路电压不应超过额定值，否则可能会使逆变器损坏。对于单台 HS150K3 并网逆变器，光伏阵列的功率最大可配置到 165 kW。电网为三相电网，在安装该并网逆变器前应得到当地电力部门的允许。线缆规格要求见表 5-7。

表5-7　线缆规格参考

线　缆	线径要求/mm^2	电 气 要 求	备　注
光伏阵列PV+、PV−	1路BVR120；或2路每路BVR70；或3路每路BVR50	额定电压大于900 V	共3路输入，紧固力矩70 N · m
地线	>16		从地线端子引出，紧固力矩70 N · m
通信线	0.75		推荐使用2芯屏蔽双绞线，紧固力矩0.3 N · m
电网相线L1、L2、L3	BVR70	额定电压大于500 V	从交流输出铜排引出，紧固力矩70 N · m
电网中性线N	BVR7	额定电压大于500 V	从中性线铜排引出，紧固力矩70 N · m

（2）打开前门

用户在接线前需要打开该并网逆变器前门后才能进行输入、输出及通信接线，其外观如图 5-8 所示。将断路器把手逆时针旋转至水平，把手箭头对应标识 O 位置，关断直流和交流侧断路器。按照图 5-9 所示步骤开启前门按压门锁，打开前门。

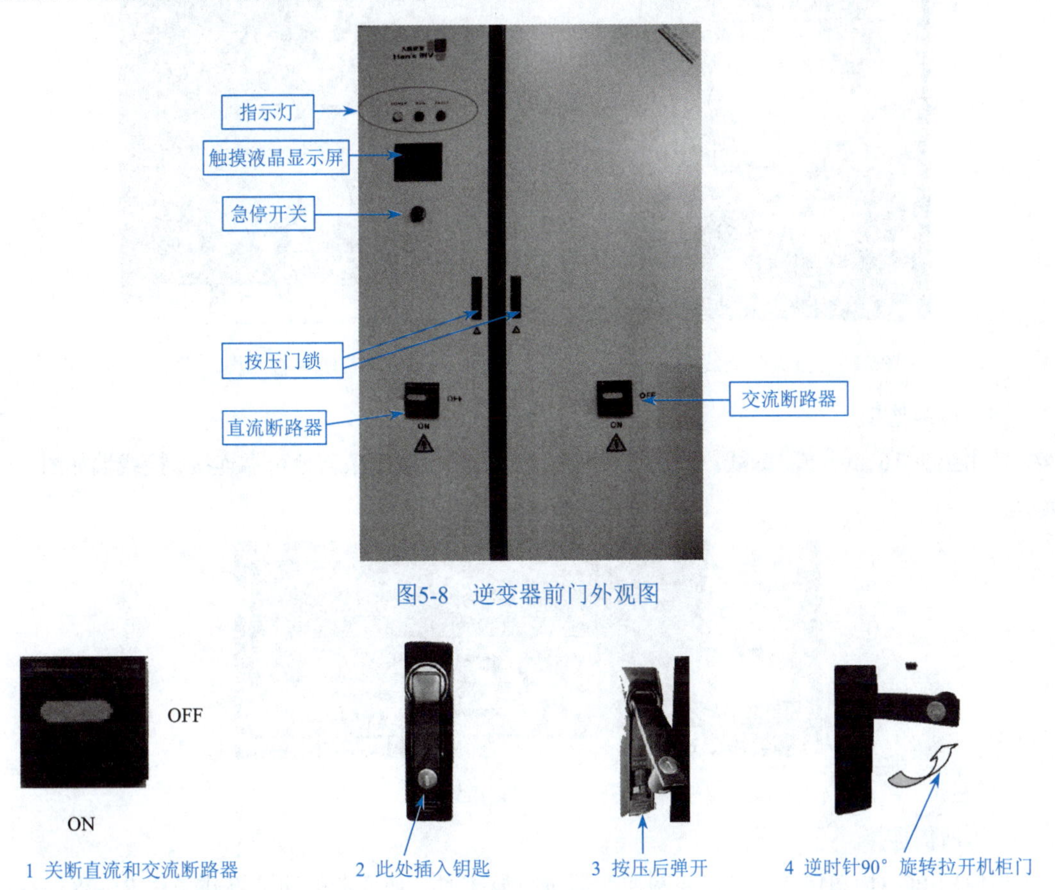

图5-8　逆变器前门外观图

图5-9　前门锁开启步骤示意图

（3）直流侧接线

直流侧接线主要工作是将光伏阵列输出端的电缆连接到逆变器的直流输入端子上，其接线端如图 5-10 所示。光伏逆变器直流侧预留了 3 × M8 接线位置，用户接入输入线径规格见表 5-9，断开直流侧断路器，在确认直流侧端不带电时进行安装操作，首先，使用万用表测量光伏阵列的开路电压，开路电压不超过 880 V；接着使用万用表确认正负极；然后，依次将光伏阵列的正极连到直流输入的“PV+”、将光伏阵列的负极连到直流输入的“PV−”；最后确认接线是否牢固。

（4）交流侧接线

交流侧接线的主要工作是将图 5-11 所示光伏逆变器输出端用电缆连接到交流电网。用户从交流断路器下端输出线，输出线径规格见表 5-9，断开交流侧断路器，在确认交流侧端不带电时进行交流引出线连接操作，首先，依次将交流输出的“L1”连到电网的“L1”相（A 相）；交流输出的“L2”连到电网的“L2”相（B 相）；交流输出的“L3”连到电网的“L3”相（C 相）；交流输出的“N”连到电网的“N”；最后确认接线牢固。

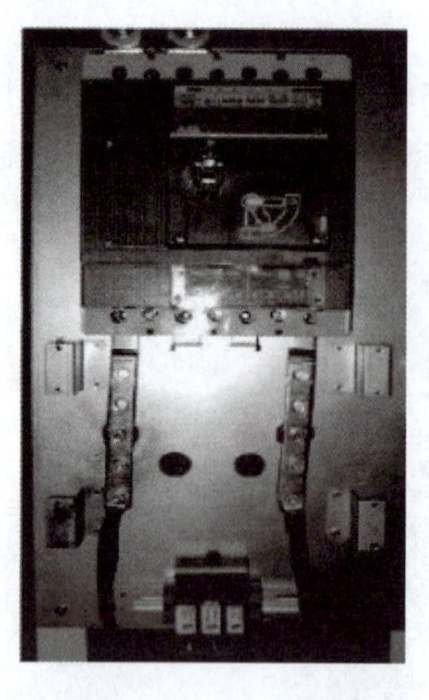

图5-10　直流侧接线图

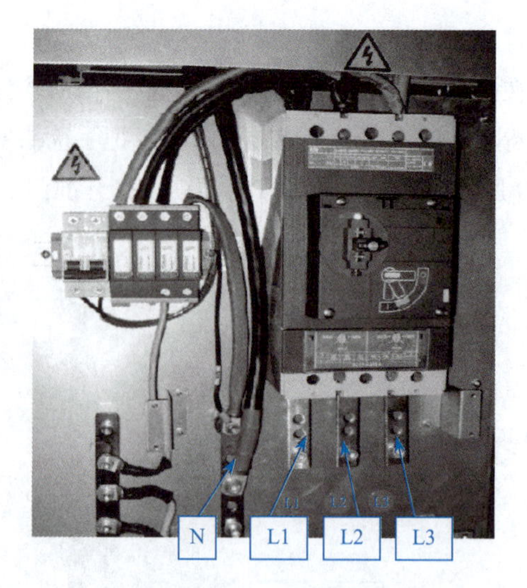

图5-11　交流侧接线图

（5）接地连接

使用至少 16 mm² 黄 / 绿线，保证该并网逆变器内的接地铜条与地可靠连接，接线端如图 5-12 所示。

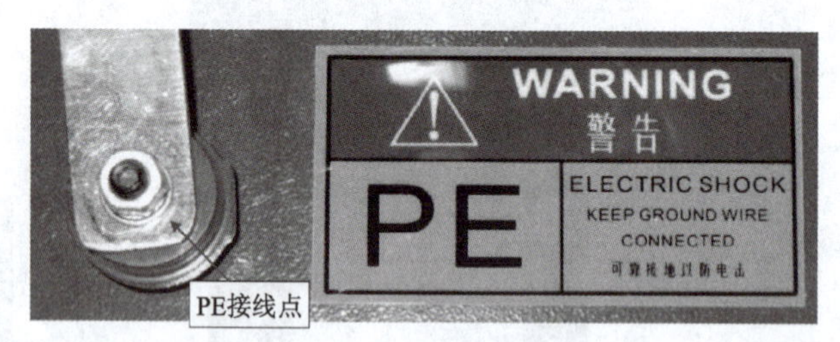

图5-12　地线接线图

（6）通信连接

当使用 PC 对 HS150K3 光伏并网逆变器进行监控时，逆变器的通信方式采用 RS-485 总线，PC 和 RS-485 总线间有一数据采集器，并通过网线接口 RJ-45 进行通信。图 5-13 所示为通信系统框图及位置图。

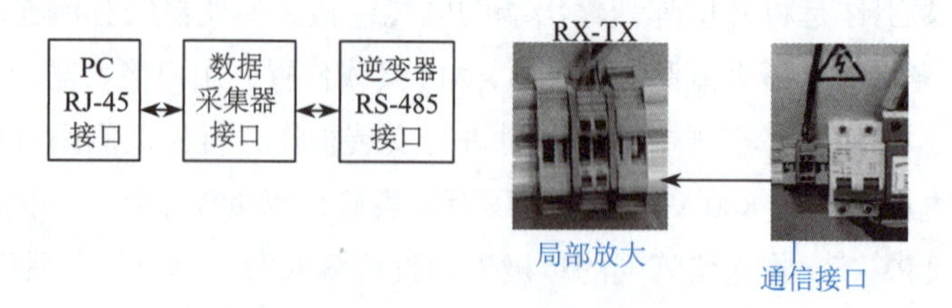

图5-13　通信系统框图及位置图

5.1.4　变压器安装

1. 施工前准备

按规程、厂家安装说明书、图样、设计要求及施工措施对施工人员进行技术交底，交底要有针对性；根据安装工程需要组织好技术负责人、安装负责人、安全质量负责人和技术工人等相关人员按时就位；按施工要求准备机具并对其性能及状态进行检查和维护；同时还应准备焊条、螺栓、油漆等材料。变压器安装工艺流程如图 5-14 所示。

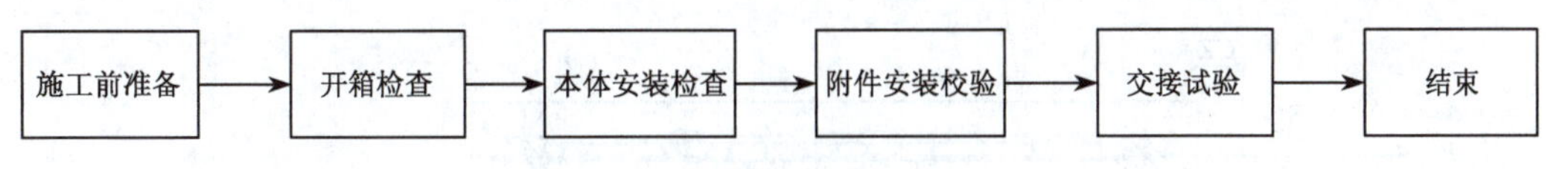

图5-14　变压器安装工艺流程

2. 开箱检查

箱式变压器到达现场后，会同监理、业主代表及厂家代表进行开箱检查，该设备应有设备的相关技术资料文件，以及产品出厂合格证。设备应装有铭牌，铭牌上应注明制造厂名，额定容量，一、二次额定电压、电流、阻抗，及接线组别等技术数据，这些技术数据应符合设计要求。箱式变压器及设备附件均应符合国家现行有关规范的规定。变压器应无机械损伤、裂纹、变形等缺陷，油漆应完好无损。变压器高压、低压绝缘瓷件应完整无损伤、无裂纹等。

3. 箱式变压器型钢基础的安装

型钢金属构架的几何尺寸、应符合设计基础配制图的要求与规定，如设计对型钢构架高出地面无要求，施工时可将其顶部高出地面 10 mm。型钢基础构架与接地扁钢连接不宜少于两点，符合设计、规范要求。箱变基础平面布置参考样图如图 5-15、图 5-16、图 5-17 所示。

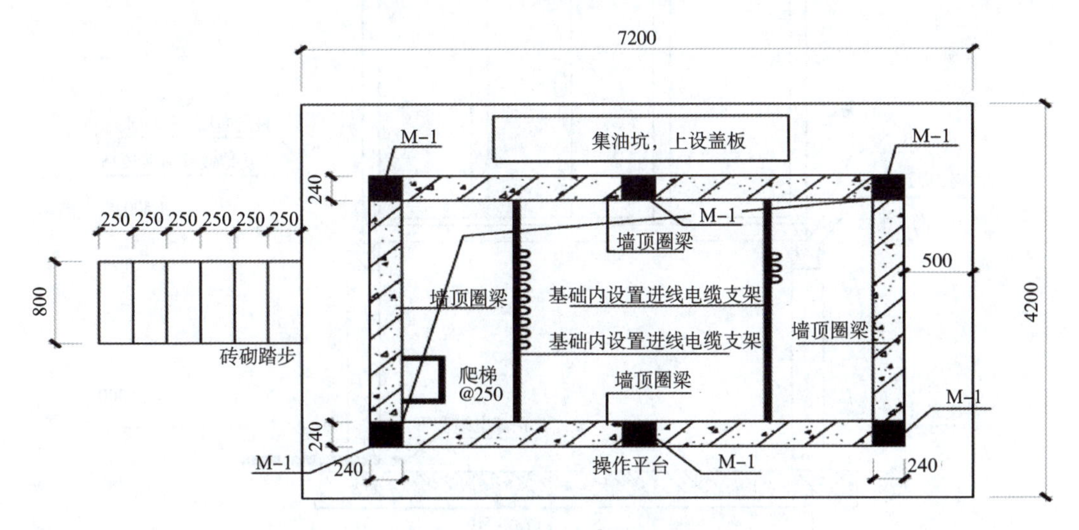

图5-15　箱变基础顶部平面布置参考样图

4. 变压器附件检查安装

一次元件应按产品说明书位置安装，二次仪表装在便于观测的变压器护网栏上。温度补偿导线应符合仪表要求，并加以适当的附加温度补偿电阻，校验调试合格后方可使用。软管不得有压扁或死弯，富余部分应盘圈并固定在温度计附近。

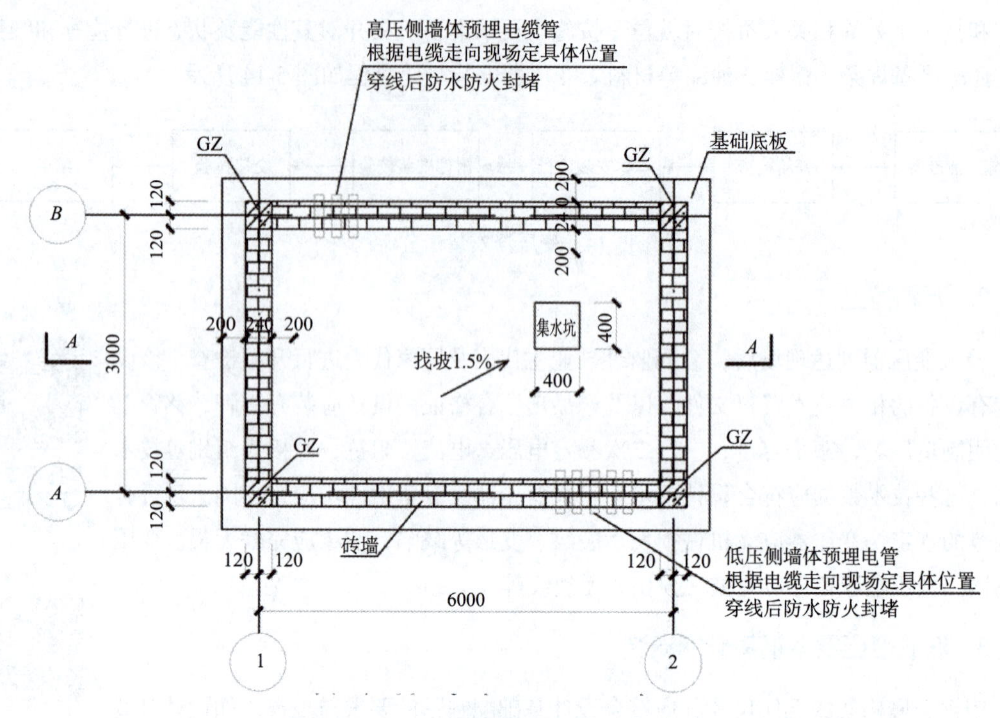

图5-16　箱变基础底板平面布置样图

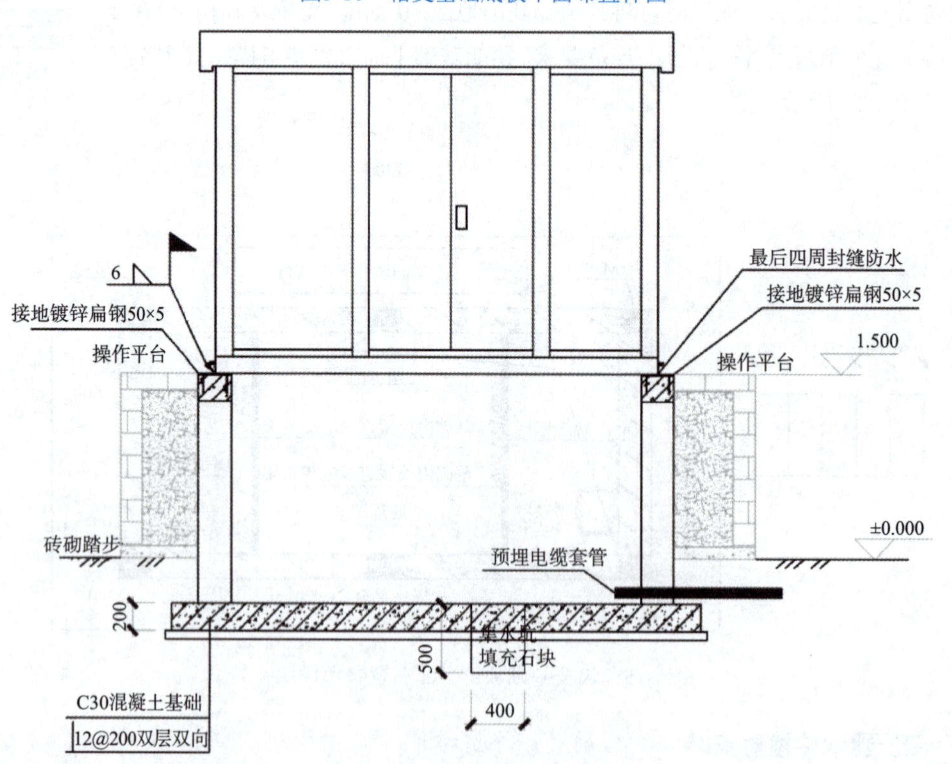

图5-17　箱变基础A—A剖面图

变压器电压切换装置各分接点与线圈的连接线压接正确，牢固可靠，其接触面接触紧密良好。切换电压时，接线位置应正确，并与指示位置一致。

5. 箱式变压器连线及检查

变压器的一次、二次联线，地线，控制管线均应符合现行国家施工验收规范规定。变压器的一次、二次引线连接，不应使变压器的套管直接承受应力。变压器中性线在中性点处与保护接地线同接在一起，并应分别敷设，中性线宜用绝缘导线，保护地线宜采用黄/绿相间的双色绝缘导线。变压器中性点的接地回路中，靠近变压器处，宜做一个可拆卸的连接点。电流互感器二次输出采用控制电缆接入设计指定间隔的零序保护和测量表计。检查、紧固柜内所有固定及连接螺栓，保证零部件装配牢固，电气连接可靠。

6. 变压器交接试验内容

测量线圈连同套管一起的直流电阻，检查所有分接头的变压比，测量线圈同套管一起的绝缘电阻，线圈连同一起做交流耐压试验，试验全部合格后方可使用。

5.1.5 蓄电池安装

1. 施工准备

（1）技术准备

①搬运蓄电池过程中，要求小心轻放，不得有强烈冲击和振动，不得倒置、重压和日晒雨淋。

②蓄电池到达现场后，应在规定期限内作验收检查：清点到货的蓄电池的型号、规格是否符合设计要求，所配备的连接片、螺栓等是否齐全，设备是否有损坏的现象。

③产品的技术文件应齐全。

④蓄电池到达现场后，不立即安装时，其保管应符合以下要求：蓄电池不得倒置，开箱存放时，不得重叠。

⑤蓄电池应存放在清洁、干燥、通风良好、无阳光直射的室内，存放过程中，严禁短路、受潮，并应定期清除灰尘，保证清洁。

⑥蓄电池的保管室温宜为5～40 ℃。

⑦安装前应按下列要求进行外观检查：蓄电池槽应无裂纹、损伤，槽盖应密封良好。

⑧检查蓄电池的正负极端是否正确，极板应无变形。

⑨连接条、螺栓及螺母应齐全。

⑩蓄电池室各方面的建筑物应通过有关的验收合格后，才可进行蓄电池的安装。

⑪将蓄电池架及池身用干燥的布擦干净，清扫现场，保持场地干燥。

蓄电池充放电前应检查的主要内容包括：单体电池的电压是否满足要求，检查蓄电池极性连接是否正确；电缆连接是否符合有关要求；直流屏与蓄电池的有关监控及信号的连接是否满足要求。

（2）工具材料准备

准备好充放电的有关用具，例如，万用表、记录本、笔、电筒、微调电阻器、计时表、温度计及电炉丝。

2. 蓄电池安装及施工工序流程

平稳就位蓄电池，间距均匀，同一排、同一列的蓄电池要高低排列整齐；连接电缆引出线，电缆的引出线要求搪锡并压好铜鼻子，挂好电缆牌，指明电池的极性；电缆的引出线用塑料色带标明正、负极的极性，正极为赭色，负极为蓝色；电缆穿出蓄电池室的孔洞及保护管的管口处，应用耐酸的材料密封好；正确连接连接条及抽头，接头部分涂以导电膏或凡士林，使其接触良好；用耐酸材料在每个蓄电池表面标明编号。蓄电池安装施工工序流程如图 5-18 所示。

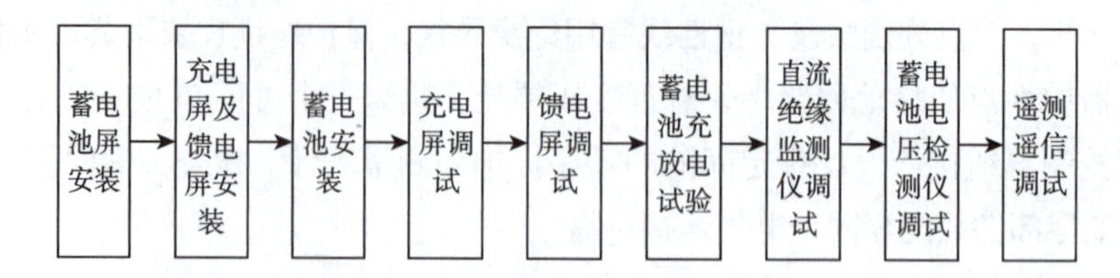

图5-18　蓄电池安装施工工序流程

图 例
蓄电池工程质量图例

3. 蓄电池充放电

蓄电池的首次充放电，应按产品技术条件的规定进行，不得过充过放，应符合下列要求：

① 初充电前，应对蓄电池组及其连接条的连接情况进行检查，看连接的极性是否正确，连接是否牢固，接触是否良好。

② 检查交流充电电源是否正常，应保证电源可靠，不得随意中断充电电源。

③ 按厂家的要求，电池一般无须充电，但如果每次放电结束后，须短期内充足电或电池在正常浮充电下单体电压小于 2.20 V 时，请使用均衡充电模式蓄电池进行充电，充电电压选择在 2.30 V ± 0.01 V（25 ℃），当均衡充电 8 ～ 10 h 后，电池达到 90% 额定容量时，采用浮充方式充电 10 h 即可达到 100% 额定容量，电池即可投入使用。

④ 充放电过程中，每隔 1 h，将每个蓄电池的电压值、当时的温度及电流值记录下来，测量的数据应保证其正确性。

⑤ 首次充电结束后，利用负载（电炉丝）进行放电，500 A · h 以 50 A 电流放电，放电的时间应为 10 h，终止电压单体为 1.80 V，低于 1.80 V 则为不合格品，各电池之间的压差应在 ± 50 mV 之内，否则电池不合格，首次放电完毕后，应按产品技术要求进行充电，间隔时间不宜超过 10 h。

⑥ 充放电结束后，应检查蓄电池内部情况，极板不得有严重弯曲、变形等现象。

4. 施工安全措施

蓄电池的材料特性决定了其安装时存在一定的安全风险，因此，安装时应采取必要的安全措施。

① 蓄电池搬运、安装过程中，应小心轻放，不能碰撞蓄电池，不能将导电物置于蓄电池上，以防正、负极短路，损坏蓄电池。

② 安装过程中所使用的工具应用绝缘带将其操作手柄部包扎起来，以防操作时工具滑落在蓄电池上造成短路。

③ 蓄电池充电时，严禁明火。

④ 充放电过程中，对于带电部分的充电柜、蓄电池等应用红线围起来，并挂上明显的标识牌“设备已带电”，在临时电源箱内接交流充电电源的断路器边挂上“禁止拉闸”的标识牌。

⑤ 充放电过程中，有关的馈线回路应明显地断开，防止馈线处接线人员触电或设备带电。

任务2 电缆施工工艺

视 频

电缆施工（上）

视 频

电缆施工（下）

5.2.1 电缆敷设施工

1. 施工准备

电缆运输和敷设通道畅通，电缆沟道排水良好，安全防护设施齐全，敷设区域的照明充足；电缆敷设用的存放场地保持平整、结实，电缆分类区域标志清楚；场地防护棚搭设完好，架轴器等辅助工器具准备齐全；技术员核对施工图样、现场桥架安装、就地设备的布置，编制完整的电缆清册；电缆清册按照中压电缆、低压电缆、控制电缆、低电平电缆等分别编制，并且合理考虑敷设顺序；根据电缆清册绘制电缆的通道断面图，检查电缆布置的合理性；对参加电缆敷设的人员进行培训，掌握电缆敷设中的技能。

2. 电缆敷设施工

在核查电缆的型号、规格、绝缘，确保与施工图样中要求的相一致后，将电缆盘及电缆敷设所需的机械工具运至敷设现场，用电缆敷设专用架进行敷设。在电缆支架上敷设电缆时，电力电缆与控制电缆尽可能分开或分隔敷设，且从上到下的排列顺序一般为从高压到低压，从强电到弱电，从主回路到次要回路；同一层托架电缆排列以少交叉为原则；不同单元的电缆应尽量分开放置。电缆敷设施工流程如图 5-19 所示。

准备工作

电缆敷设

N

敷设检查通过

Y

电缆整理绑扎

电缆切割

电缆头制作

图5-19 电缆施工工艺流程

电缆进入电缆沟、隧道、竖井、建筑物盘柜以及穿入管子时，出口应封闭，管口应密封；将电缆头拉上支架并由一人专门负责牵引电缆头，施工人员依照指挥口令协调一致地拉动电缆，严禁步调不一致地进行拉动，造成电缆损坏。电缆敷设时，电缆各支持点间的距离以及电缆的最小弯曲半径应符合规范要求。

图 例

地面电站电缆及附属设备安装

当电缆头到达终点后，应先根据电缆的具体接线位置留出合适的长度（对于未给出具体位置的电缆应预留至最远端子的长度），再固定电缆在盘内或设备出口的位置，然后是盘或导管到桥架之间的固定（注意：除应保证盘下的电缆弧度能够满足电缆的弯曲半径要求外，还应适当的留一点裕度，以保证终端不合格切除后仍能重新做电缆终端）。

每敷设完一根电缆，立即从电缆端头将电缆按顺序依次放到电缆支架上，并保证电缆的整齐美观。在电缆敷设完成后，再进行一次统一整理。电缆之间避免交叉。同时注意电缆弯曲半径符合规定。在电缆支架宽度不够时，相同规格型号、相同起止点的电缆可以重叠布放。

电缆在敷设过程中需要分阶段进行整理，并经质检部门验收后再进行下一阶段的敷设工作整理的重点应放在盘柜进口处的一段，避免电缆的交叉错层；同一层内的电缆不扭曲、不交叉，使整理固定后的电缆整齐、美观；电缆敷设完成后，经甲方、监理公司、项目部质检部门、质检员及施工负责人共同检查验收签字后，将电缆沟内清理干净后盖好盖板。

在电缆整理完毕后，对电缆进行绑扎、挂牌。电缆除了在终端头、拐弯处等要绑扎及挂牌外，还需每隔 5 m 交叉绑扎一次，转弯和穿管进出口处挂电缆牌。电缆牌内容包括电缆编号、电缆型号规格、电缆长度、电缆起止点等信息。电缆敷设后或在接线前应该对电缆进行绝缘检查，避免人力和材料的浪费。电缆敷设过程中常用的技术表格见表 5-8 ～表 5-10。

表5-8　电缆清册

序号	电缆编号	起点	终点	设计型号	设计长度	实际长度	路径	完成时间	施工负责人

表5-9　电缆日检敷设记录

序号	电缆编号	起点	终点	设计型号	起点标尺	终点标尺	电缆轴号	长度	路径	完成时间	施工负责人

表5-10　电缆跟踪记录

质保书编号	电缆轴号	电缆规格型号	电缆总长	剩余电缆长度	最终去向
使用情况					
序号	电缆编号	电缆绝缘	电缆长度	敷设时间	备注

图 例

电缆工程质量图例

5.2.2　电缆接线施工

1. 动力电缆接线施工

制作电缆终端和接头前，应熟悉安装工艺资料，做好检查；电力电缆接地线应采用铜绞线或镀锡铜编织线，电缆线芯截面在 120 mm^2 及以下时，接地线不小于 16 mm^2，电缆线芯在 150 mm^2 及以上时，接地线截面为 25 mm^2，并应符合设计规定。

电力电缆终端头的制作：电缆终端制作时，应严格遵守工艺规程及说明书的要求。在室外制作 10 kV 电缆终端头时，其空气相对湿度宜为 70% 以下，当湿度大时，可提高环境温度或加热电缆。高压电缆终端头施工时，应搭设临时防护棚，环境温度应严格控制，宜为 10 ～ 30℃。制作塑料绝缘电力电缆终端头时，应防止尘埃杂物落入绝缘内，且严禁在雨雾中施工。

电缆接线施工工艺流程如图 5-20 所示。

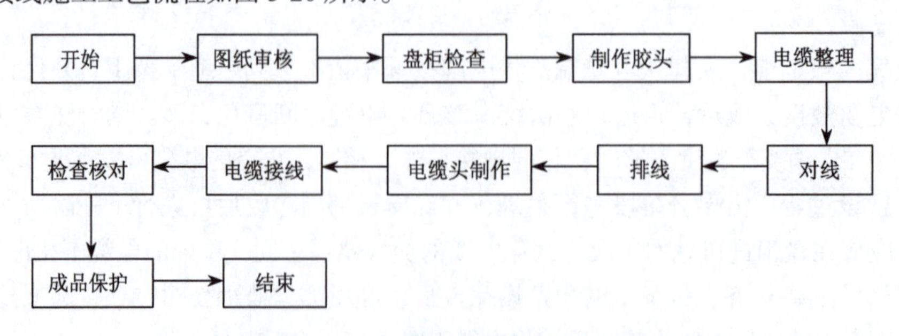

图5-20　电缆接线施工工艺流程

制作电缆终端头从剥切电缆开始应连续操作直至完成，缩短绝缘暴露时间。附加绝缘的包绕、装配、热缩等应清洁。

塑料绝缘电缆在制作终端头和接头时，应彻底清除半导体屏蔽层；电缆线芯连接时，应除去线芯和连接管内壁油污及氧化层。压接模具与金具应配合恰当。压接后应将端子或连接管上的凸痕修理光滑，不得残留毛刺。

三芯电力电缆接头两侧电缆的金属屏蔽层、铠装层应分别连接良好，不得中断，跨接线的截面不应小于电缆头接地线的截面。直埋电缆接头的金属外壳及电缆的金属护层应做防腐处理。

三芯电力电缆终端头的金属护层必须接地良好，塑料电缆每相铜屏蔽和钢铠应用锡焊接地线，电缆通过零序电流互感器时，电缆金属保护层和接地线应对地绝缘，电缆接地点在互感器以下时，接地线应直接接地，接地点在互感器以上时，接地线应穿过互感器接地。

2. 控制电缆接线施工

控制电缆通常采用屏蔽电缆，屏蔽电缆头制作如图5-21所示。控制电缆头制作安装时，做头位置应整齐划一，在同一直线上，线号管用适合电缆芯截面的白色PVC管，号码用专用计算机打号机打印，保证长度相同、字迹清晰不褪色、美观统一。

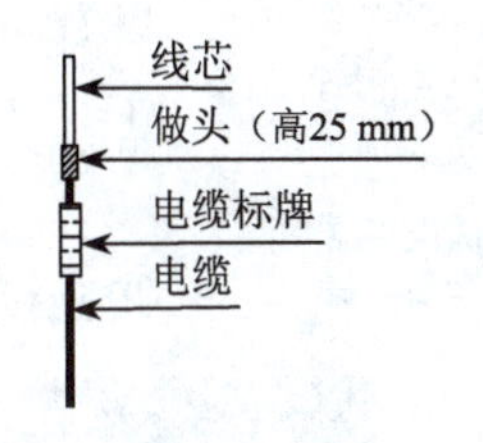

图5-21 屏蔽电缆头制作示意图

屏蔽电缆头制作（以盘内电缆为例）时，首先将盘内的电缆按图样位置排列整齐，然后根据盘内的空间确定电缆头的安装高度；将盘内的电缆按统一高度在外皮上划线定位，确保电缆头的安装高度一致。将电缆外皮剥去，内部的绝缘物、保护层等清理干净，保留好电缆的总屏、分屏蔽线；将总屏蔽线及所有分屏蔽线在根部聚合，并绕成一股，然后穿入一根比屏蔽线稍短的、外径略大的、韧性好的透明塑料管内。屏蔽线从电缆头的下部引出，并隐蔽在电缆的后面。

电缆线芯在成束绑扎前必须进行调直，电缆的线芯束绑扎成圆柱形，线束结实无松动；线芯在接入端子前需要预留一定的长度，在端子排前的弯曲弧度应一致、线芯间距排列应均匀美观；严格按照设计图施工，接线正确；导线与元件之间采用螺栓连接、插接、焊接或压接等，均应牢固可靠。盘柜内的导线不应有接头，导线线芯无损伤；在端部压接接线子后，电缆的屏蔽线芯单独绑扎成束，统一接到专用的接地部位，同时套上标有电缆编号的端子号头；接入端子的线芯号头排列整齐，号头的朝向统一；每个接线端子的接线宜为一根，不得超过两根。

对于插接式端子，不同截面的两根导线不得接在同一端子上；对于螺栓连接端子，当有两根导线时，中间应加平垫；配线正确、整齐、清晰、美观，导线绝缘良好、无损伤。

电缆牌采用PVC白色塑料牌，用专用的打牌机打印；标牌为白色、规格为30 mm × 70 mm、字体为黑色；电缆牌安装高度一致，每根电缆挂一个；为使接线正确率达到100%，在接线前必须进行校线，在接线后进行复校；调试人员进行查线、静态试验后，对设备的接线及时进行修复和整理，完成后如图5-22所示。

图5-22　电缆接线示意图

5.2.3　光伏专用电缆接线

视 频

光伏连接器制作与安装

1. 光伏电缆接头制作

以 DY-616 连接器为例，介绍光伏电缆接头制作安装步骤。

① 将剥头后的电缆线放进连接器金属正极（或负极）的 U 型槽内，如图 5-23 所示。

② 连接器螺母的安装步骤如图 5-24 所示。

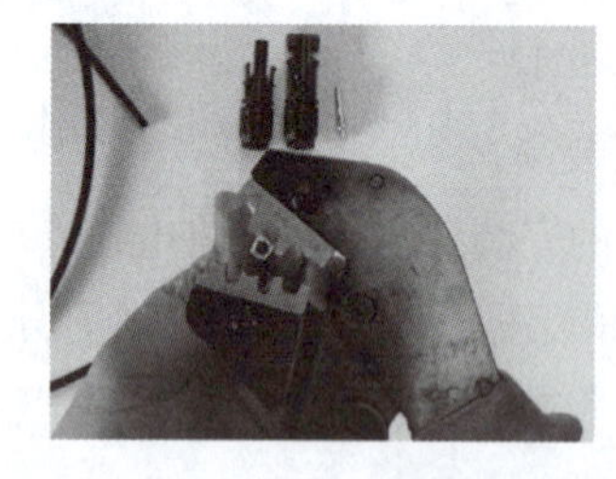
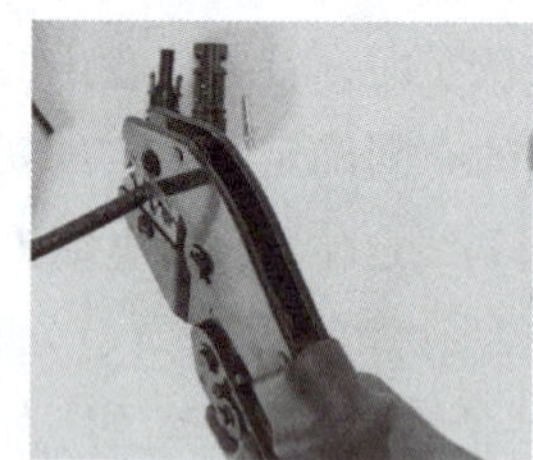
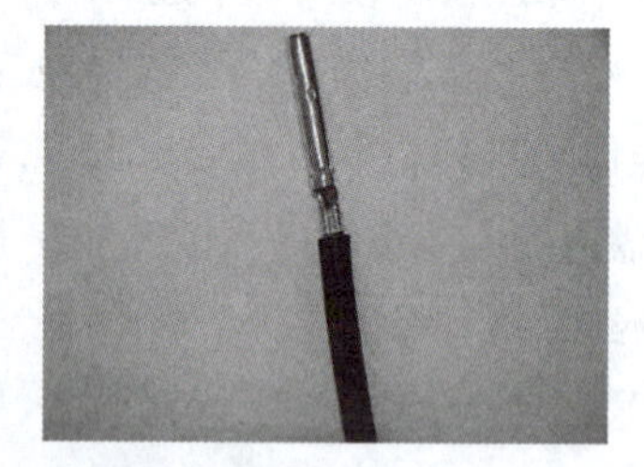

图5-23　光伏电缆头与专用接头连接示意图

视 频

光伏连接器制作规范

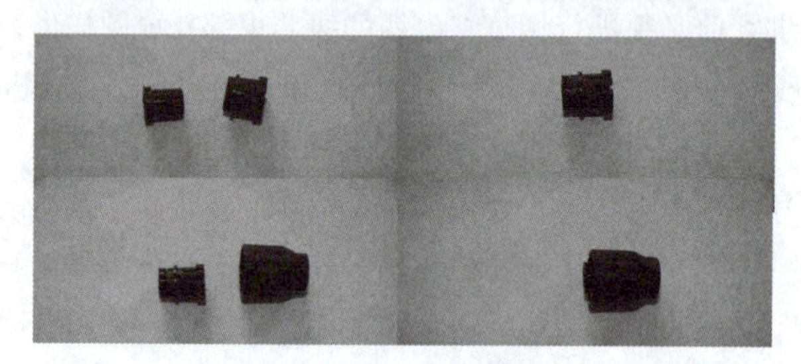

图5-24　连接器螺母安装

③ 将连接器穿过螺母，如图 5-25 所示。

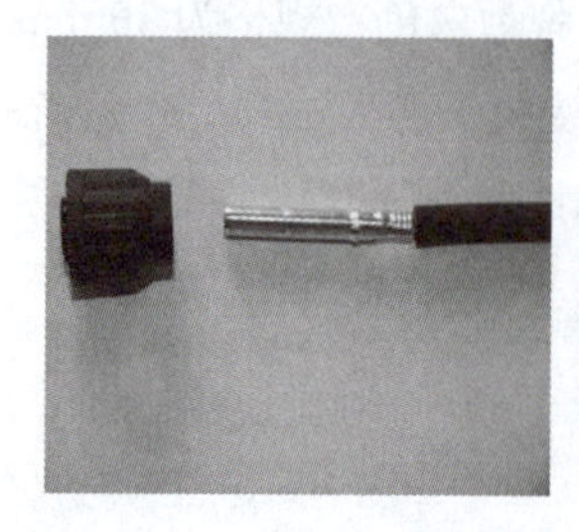
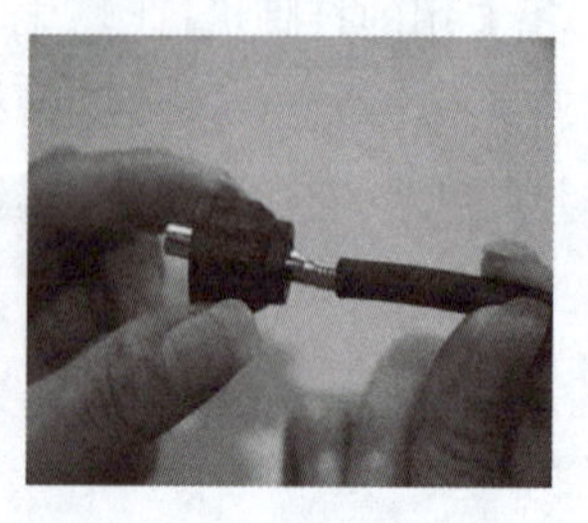
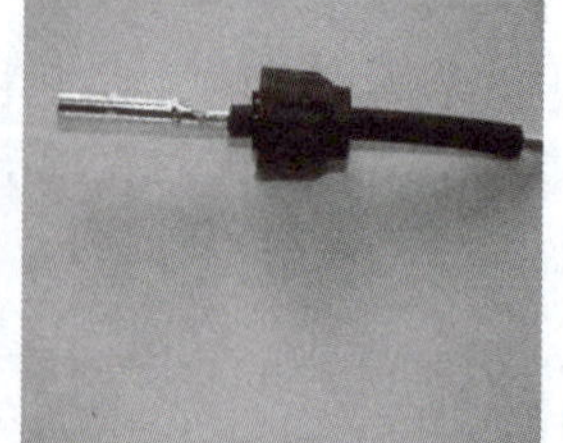

图5-25　连接器螺母穿接

④ 将连接器金属正极（或负极）插入连接器正极（或负极）插接头内，并能听到“咔”的一声，如图 5-26 所示。

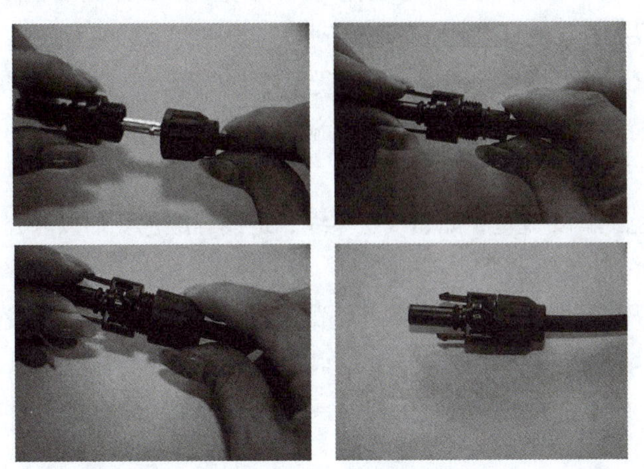

图5-26 电极安装

注意事项：禁止使用刀具剥线，避免削断线芯；压线时尽量使用专用压线钳，避免造成虚接；节约使用接线芯，按照每人每天工作量分发，避免造成插芯不够用；组件出线用绑扎带固定在支架横梁上，要求平顺、一致、美观。

2. 电缆的敷设与连接

光伏发电系统的电缆敷设与连接主要以直流布线工程为主，而且串联、并联接线场合较多，因此施工时要特别注意正负极性。

① 在进行光伏方阵与直流汇流箱之间的线路连接时，所使用电缆的截面积要满足最大短路电流的需要。各组件方阵串的输出引线要进行编号和正负极性的标记，然后引入直流汇流箱。

② 电缆在进入接线箱或房屋穿线孔时，要做防水弯，以防积水顺电缆进入屋内或机箱内。当线缆敷设需要穿过楼面、屋面或墙面时，其防水套管与建筑主体之间的缝隙必须做好防水密封处理，建筑表面要处理光洁。

③ 对于组件之间的连接电缆及组串与汇流箱之间的连接电缆，一般利用专用连接器连接，电缆截面积小、数量大，通常情况下敷设时尽可能利用组件支架作为电缆敷设的通道支撑与固定依靠。

④ 当光伏方阵在地面安装时要采用地下布线方式，地下布线时要对导线套线管进行保护，掩埋深度距离地面 0.5 m 以上。

⑤ 交流逆变器的输出有单相线制、单相三线制、三相三线制、三相四线制等，要注意相线和零线的正确连接，具体连接方式与一般电力系统连接方式相似。

⑥ 电缆敷设施工中要合理规划电缆敷设路径，减少交叉，尽可能地合并敷设，以减少项目施工过程中的土方开挖量以及电缆用量。

3. 光伏发电系统连接电缆敷设注意事项

① 在建筑物表面敷设光伏电缆时，要考虑建筑的整体美观。明线走线时要穿管敷设，线管

要做到横平竖直，应为电缆提供足够的支撑和固定，防止风吹等对电缆造成机械损伤。不得在墙和支架的锐角边缘敷设线缆，以免切割、磨损伤害电缆绝缘层引起短路，或切断导线引起断路。

② 电缆敷设布线的松紧度要均匀适当，过于张紧会因四季温度变化及昼夜温差造成电缆断裂。

③ 考虑环境因素影响，电缆绝缘层应能耐受风吹、日晒、雨淋、腐蚀等。

④ 电缆接头要特殊处理，要防止氧化和接触不良，必要时要镀锡或锡焊处理。同一电路馈线和回线应尽可能绞合在一起。

⑤ 电缆外皮颜色选择要规范，如相线、零线、地线等颜色要加以区分。敷设在柜体内部的电缆要用色带包裹为一个整体，做到整齐美观。

⑥ 电缆的截面积要与其工作电流相匹配。截面积过小，可能使导线发热，造成线路损耗过大，甚至使绝缘外皮熔化，产生短路甚至火灾。特别是在低电压直流电路中，线路损耗尤其明显。截面积过大，又会造成不必要的浪费。因此，系统各部分电缆要根据各自通过电流的大小进行选择确定。

任务3　防雷与接地工程施工

5.3.1　防雷与接地技术要求

光伏发电站防雷系统的施工应按照设计文件的要求进行。光伏发电站防雷系统的施工工艺及要求除应符合现行国家标准《电气装置安装工程接地装置施工及验收规范》（GB 50169）的相关规定外，还应符合设计文件的要求。地面光伏系统的金属支架应与主接地网可靠连接；屋顶光伏系统的金属支架应与建筑物接地系统可靠连接或单独设置接地。

带边框的光伏组件应将边框可靠接地；不带边框的光伏组件，其接地做法应符合设计要求。

盘柜、汇流箱及逆变器等电气设备的接地应牢固可靠、导通良好，金属盘门应用裸铜软导线与金属构架或接地排可靠接地。光伏发电站的接地电阻阻值应满足设计要求。

接地体顶面埋设深度应符合设计规定。当无规定时，不应小于 0.6 m。角钢及钢管接地体应垂直配置。除接地体外，接地体引出线的垂直部分和接地装置焊接部位应作防腐处理；在作防腐处理前，表面必须除锈并去掉焊接处残留的焊药。

垂直接地体的间距不应小于其长度的二倍。水平接地体的间距应符合设计规定。当无设计规定时不宜小于 5 m。除环形接地体外，接地体埋设位置应在距建筑物 3 m 以外。距建筑物出入口或人行道也应大于 3 m，如小于 3 m 时，应采用均压带做法或在接地装置上面敷设 50 ～ 90 mm 厚度的沥青层，其宽度应超过接地装置 2 m。接地体敷设完毕后的土沟其回填土内不应夹有石块和建筑垃圾等；外取的土壤不得有较强的腐蚀性；在回填土时应分层夯实。

接地装置由多个分接地装置部分组成时，应按设计要求设置便于分开的断接卡。自然接地体与人工接地体连接处应有便于分开的断接卡，断接卡应有保护措施。

以三类防雷要求为例，应采取以下措施。

防直击雷的接闪器利用ϕ10 mm 镀锌圆钢为避雷带，设于建筑物顶部屋檐上，凡屋顶裸露的金属构件和金属管道均需与避雷装置焊接。

引下线利用四根以上框架柱主筋作防雷引下线，引下线与避雷带均通过预留埋件焊接，引下线各连接处主筋均由土建施工时已进行可靠焊接，并于室外地平下 0.8 m 处由预留埋件焊接出，并出墙外皮 1.0 m 以上，另在建筑物四角结构柱距室外地平 0.5 m 处各预留暗装断接卡子盒与柱主筋焊接，以便实测接地电阻。

利用基础钢筋网及钢筋桩为防雷及电气保护共用接地电极，接地连接线利用建筑物桩台板外圈 $>\phi 10$ mm 的两根桩台板板面钢筋作环形连接，环形连接线需与所经过的钢筋桩的四根主筋可靠焊接。建筑物上部所需接地线均从环形连接线引出，接地极接地电阻不大于 1 Ω，达不到要求，需增加人工接地极。

5.3.2 防雷与接地施工准备

文本

防雷接地施工技术交底

1. 技术准备

施工前应审核确认施工图样和技术资料是否齐全。施工方案编制完毕并经审批。施工前应组织参与施工的人员熟悉图样、方案，并进行安全、技术交底。

2. 材料准备

① 接地装置主材：扁钢、角钢、圆钢、钢管、铜排等的规格型号符合设计要求，且全部为镀锌材料，产品有材质证明及产品出厂合格证。

② 辅料有铅丝、各种螺栓、垫圈、支架等均为镀锌制品。

③ 电焊条、沥青漆、油漆、支架、预埋铁架、水泥、砂子等。

3. 机具设备及劳动力准备

① 手动工具：电工组合工具、手锤、钢锯、压力案子、台钳、铁锹、铁镐等。

② 电动工具：电锤、冲击锤、电焊机、角磨机等。

③ 测试工具有小线、线坠、卷尺、粉线袋、水平尺等。

④ 其他工具：大绳、倒链、紧线器等。

⑤ 劳动力：根据现场实际情况拟安排焊工 2 人，小工 2 人，电工 1 人。

4. 作业条件

① 接地装置防雷引下线及均压环安装作业条件应满足敷设接地极及干线的沟槽开挖完毕；随土建基础地板及结构钢筋施工过程中。

② 室内接地干线作业条件应满足，支架安装完毕；保护管已预埋；土建初装修已完毕。

③ 屋顶避雷带、避雷网、避雷针安装作业条件。避雷带、避雷网支架已经做完；防雷引下线施工完毕，避雷端子已留好；具备调直场地和垂直运输条件；需要脚手架处脚手架已搭设完毕。

5.3.3 防雷与接地施工质量标准

1. 主控项目

人工接地装置或利用建筑物基础钢筋的接地装置必须在地面以上按设计要求位置设测试点。测试接地装置的接地阻值必须符合设计要求。防雷接地的人工接地装置的接地干线埋设，人行通道处的埋地深度不小于 1 m，且应采取均压措施或其上方铺设卵石或沥青地面。接地模块顶面深度不应小于 0.6 m，接地模块间距应大于模块长度的 3～5 倍，接地模块埋设基坑，一般为模块外形尺寸的 1.2～1.4 倍，且开挖深度内应详细记录底层情况。接地模块应垂直或水平就位，不应倾斜设置，保持与原上层接触良好。暗敷在建筑物抹灰层内的引下线应有卡钉分段固定；明敷的引下线应平直，无急弯。与支架焊接处，采用油漆防腐且无遗漏。变压器、高低压开关室内的接地线应有不少于 2 处与接地装置引出干线连接。当利用金属构件、金属管道做接地线时，应在构件或管道上与接地干线间焊接金属跨接线。建筑物顶部的避雷针、避雷带等必须与顶部外露的其他金属物体连成一个整体的电气通路，且与避雷引下线连接可靠。

2. 一般项目

避雷针、避雷带应位置正确，焊接固定的焊缝饱满无遗漏，螺栓固定用的应备帽等防松动零件齐全，焊接部分补刷的防腐油漆应完整。

避雷带应正平顺直，固定点支持件间距均匀，固定可靠，每个支持件应能承受大于 49 N（5 kg）的垂直拉力，当设计无要求时支持件间距符合相关规范的要求。

当设计无要求时，接地装置埋设深度不应小于 0.6 m。圆钢、角钢及钢管接地极应垂直埋入深度不小于 2.5 m，间距不应小于 5 m。接地体（线）的连接应采用焊接，焊接处焊缝应饱满并有足够的机械强度，不得有夹渣、咬肉、裂纹、虚焊、气孔等缺陷，焊接处的药皮敲净后，刷沥青漆做防腐处理，接地装置的焊接应采用搭接焊，搭接长度应符合下列规定：

①扁钢与扁钢搭接为扁钢宽度的 2 倍，不少于三面施焊，当扁钢宽度不同时，搭接长度以宽的为准。

②圆钢与圆钢搭接，圆钢与扁钢搭接为圆钢直径的 6 倍，双面施焊，若直径不同时，以大直径为准。

③扁钢与钢管、扁钢与角钢焊接，紧贴角钢外侧两面，或紧贴 3/4 钢管表面，上下两侧施焊。

④除埋设在混凝土中的焊接接头外其余均应有防腐措施。

当设计无要求时，接地装置的材料采用钢材，热浸镀锌处理，最少允许规格尺寸符合表 5-11 所示的规定。

表5-11　接地装置尺寸要求

种类、规格及单位		地　上		地　下	
		室内	室外	交流电流回路	直流电流回路
圆钢直径/mm		6	8	10	12
扁钢	截面/mm^2	60	100	100	100
	厚度/mm	3	4	4	6
角钢厚度/mm		2	2.5	4	6
钢管管壁厚度/mm		2.5	2.5	3.5	4.5

接地模块应集中引线，用平线把接地模块并联焊接成一个环路，干线的材质与接地模块焊接处的材质应相同，钢制的采用热镀锌扁钢，引出线不小于 2 处。明敷接地引下线及室内接地干线的支持件间距均匀，水平直线部分 0.5～1.5 m；垂直直线部分 1.5～3 m；弯曲部分 0.3～0.5 m。

接地线穿越墙壁、楼板和地坪处应加钢套管或其他坚固的保护套管，钢套管应与接地线做电气连通。

变配电室内明敷设接地干线安装应符合下列规定：

① 便于检查，敷设质量不妨碍设备的拆卸与检查。

② 当沿建筑物墙壁水平敷设时，距地面高度 250 ～ 300 mm，与建筑物墙壁间的间隙 10 ～ 15 mm。

③ 当接地线跨接建筑物变形缝时应设补偿装置。

④ 变压器室、高压配电室的接地干线上应设置不少于 2 个供临时接地用的接地柱或接地螺栓。

⑤ 接地线表面沿长度方向，每段为 15 ～ 100 mm 分别涂以黄色和绿色相间的条纹。

⑥ 当电缆穿过零序电流互感器时，电缆头的接地线应通过零序电流互感器后接地；有电缆头零序电流互感器的一段电缆金属护层和接地线应对地绝缘。

⑦ 配电间隔和静止补偿装置的栅栏门及变配电室金属门铰链外的接地连接，应采用编织铜线，变配电室的避雷器应用最短的接地线与接地干线连接。

⑧ 设计要求接地的幕墙金属框架和建筑物的金属门窗应就近与接地干线连接可靠，连接处不同金属间应有防电化腐蚀措施。

⑨ 避雷带支架应做不小于 5 kg 的拉力实验。

⑩ 环行接地装置埋设位置距建筑不宜小于 1.5 m，除环行接地装置外，接地体埋设位置应在距建筑物 3 m 以外，当接地体装置必须埋设在距建筑物出入口或人行道小于 3 m 时，应采用均压带做法或在接地装置上面敷设 50 ～ 90 mm 厚度沥青层，其宽度应超过接地装置 2 m，当接地遇有白灰焦渣层而无法避开时，应换土或用水泥砂浆进行保护。

5.3.4 防雷与接地施工工艺

1. 接地装置安装工艺

防雷接地装置安装内容包括接地体、接地干线、避雷带、均压环、引下线敷设、避雷网、避雷针等部件安装，具体安装工艺流程如图 5-27 所示，地面电站防雷接地网样图如图 5-28 所示。

接地体安装 → 接地干线安装 → 引下线暗敷设 → 避雷网安装 → 避雷针安装
接地干线安装 → 避雷带、均压环安装 → 避雷针安装

图5-27 防雷接地施工工艺流程

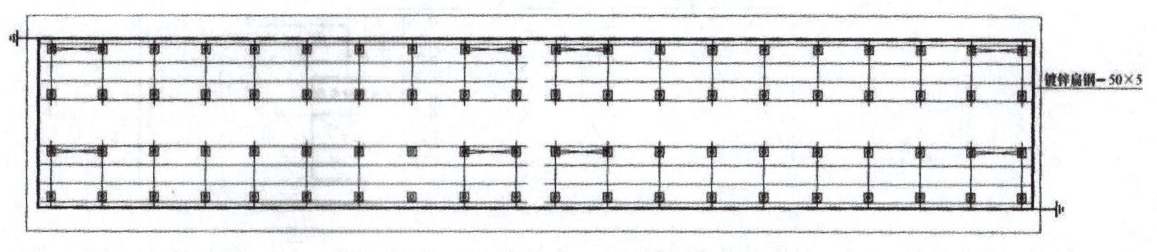

图5-28 地面电站防雷接地网样图

（1）人工接地体（极）安装

① 接地体的加工：根据设计要求的数量、材料规格进行加，材料一般采用钢管或角钢切割，长度不应小于 2.5 m。如采用钢管打入地下，应根据土质加工成一定的形状，遇松软土壤时，可切成斜面形，为了避免打入时受力不均使管子歪斜，也可加工成扁尖形；遇土质很硬时，可将尖端加工成圆锥形（见图 5-29）。如选用角钢时，应采用不小于 40 mm × 40 mm × 4 mm 的角钢，切割长度不应小于 2.5 m，角钢的一端应加工成尖头形状（见图 5-30）。

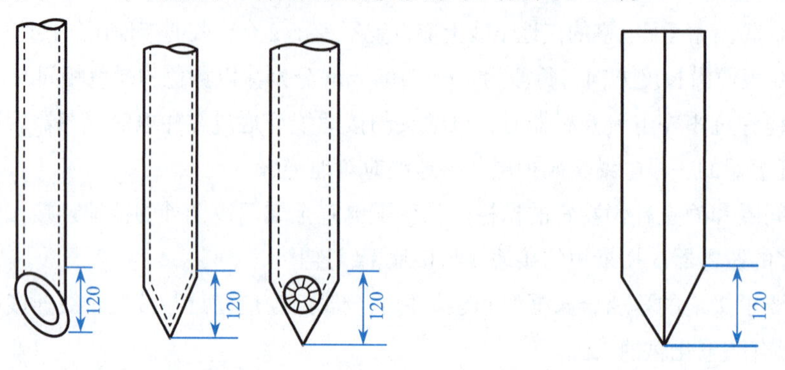

图5-29　圆钢接地极（单位：mm）　　图5-30　角钢接地极（单位：mm）

② 挖沟：根据设计图要求，对接地体（网）的线路进行测量弹线，在此线路上挖掘深为 0.8 ～ 1 m、宽为 0.5 m 的沟，沟上部稍宽，底部渐窄，沟底如有石子应清除。

③ 安装接地体（极）：沟挖好后，应立即安装接地体和敷设接地扁钢，防止土方倒塌。先将接地体放在沟的中心线上，打入地中，一般采用手锤打入，一人扶接地体，一人用大锤敲打接地体顶部。为了防止将接地钢管或角钢打劈，可加一护管帽套入接地管端，角钢接地体可采用短角钢（约 100 mm）焊在接地角钢一端。使用手锤敲打接地体时要平稳，锤击接地体正中，不得打偏，应与地面保持垂直，当接地体顶端距离地面 600 mm 时停止打入（见图 5-31）。

④ 接地体间的扁钢敷设：扁钢敷设前应调直，然后将扁钢放置于沟内，依次将扁钢与接地体用电焊（气焊）焊接。扁钢应侧放而不可平放，侧放时散流电阻较小。扁钢与钢管连接的位置距接地体最高点约 100 mm。焊接时应将扁钢拉直，焊好后清除药皮，刷沥青做防腐处理，并将接地线引出至需要位置，留有足够的连接长度，以待使用。

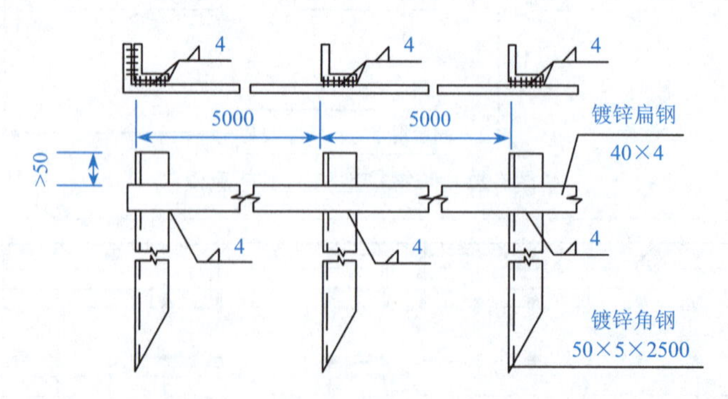

图5-31　接地体施工图（单位：mm）

⑤ 核验接地体（线）：接地体连接完毕后，应及时进行隐检核验，接地体材质、位置、焊接

质量等均应符合施工规范要求，然后方可进行回填，分层夯实。最后，将接地电阻摇测数值填写在隐检记录上。

（2）自然基础接地体安装

① 利用无防水底板钢筋或深基础做接地体：按设计图尺寸位置要求，标好位置，将底板钢筋搭接焊好。再将柱主筋（不少于 2 根）底部与底板筋搭接焊好，并在室外地面以下将主筋与连接板焊接好，清除药皮，用色漆做好标记，以便引出和检查，同时做好隐检记录。

② 利用柱形桩基及平台钢筋做接地体：按设计图尺寸位置，找好桩基组数位置，把每组桩基四角钢筋搭接封焊,再与柱主筋（不少于 4 根）焊好,并在室外地面以下,将主筋预埋好并与连接板连接，清除药皮，并将两根主筋用色漆做好标记，以便引出和检查，同时做好记录，如图 5-32 所示。

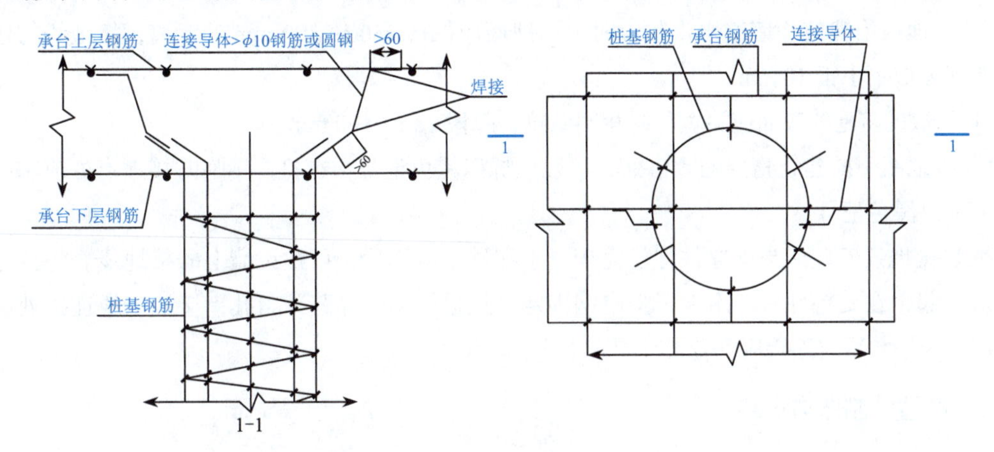

图5-32　柱形桩基及平台钢筋做接地体（单位：mm）

2. 接地干线安装

接地干线应与接地体连接的扁钢相连接，分为室内与室外连接两种，室外接地干线与支线一般敷设在沟内。室内的接地干线多为明敷设，但部分设备连接的支线需经过地面也可埋设在混凝土内。接地干线的具体安装方法如下：

（1）室外接地干线敷设

首先进行接地干线的调直、测位、打眼煨弯，并将断接卡子（或测试点）及接地端子装好。

敷设前按设计要求的尺寸位置挖沟，挖沟要求见人工接地体（极）安装第 2 条，然后将扁钢放平埋入。回填土应压实但不需打夯，接地干线末端露出地面应不超过 0.5 m，以便接引地线。

（2）室内接地干线明敷设

预留孔与埋设支持件。按设计要求尺寸位置，预留出接地线孔，预留孔的大小应比敷设接地干线的厚度、宽度各大出 6 mm 以上。其方法有以下三种：

① 施工时可按上述要求尺寸截取一段扁钢预埋在墙壁内，当混凝土还未凝固时，抽动扁钢以便待凝固后易于抽出。

② 将扁钢上包一层油毡或几层牛皮纸后埋设在墙壁内，预留孔距墙壁表面应为 15 ～ 20 mm。

③ 保护套可用厚 1 mm 以上的铁皮做成方形或圆形，大小应为使接地线穿入时，每边有 6 mm 以上的空隙。

支持件固定。根据设计要求先在砖墙（或加气混凝土墙、空心砖墙）上确定坐标轴线位置，然后随砌墙将预制成 50 mm × 50 mm 的方木样板放入墙内，待墙砌好后将方木样板剔出，然后将支持件放入孔内，同时洒水淋湿孔洞，再用水泥砂浆将支持件埋牢，待凝固后使用。现浇混凝土墙上固定支架，先根据设计图要求弹线定位、钻孔，支架做燕尾埋入孔中，找平正，用水泥砂浆进行固定。

（3）明敷接地线的安装要求

① 敷设位置不应妨碍设备的拆卸与检修。

② 接地线应水平或垂直敷设，也可沿建筑物倾斜结构平行在直线段上，不应有高低起伏及弯曲情况。

③ 接地线沿建筑物墙壁水平敷设时，离地面应保持 250 ～ 300 mm 的距离，接地线与建筑物墙壁间隙应不小于 10 mm。

④ 明敷的接地线表面应涂黄、绿相间条纹，每段 15 ～ 100 mm。

⑤ 接地线引向建筑物内的入口处，一般应标以黑色记号，在检修用临时接地点处应刷白色底漆后标以黑色记号。

明敷接地线安装。当支撑件埋设完毕，水泥砂浆凝固后，可敷设墙上的接地线。将接地扁钢沿墙吊起，在支持件一端用卡子将扁钢固定，经过隔墙时穿跨预留孔，接地干线连接处应焊接牢固。末端预留或连接应符合设计要求。

3. 避雷针制作与安装

（1）避雷针制作与安装要求

所有金属部件必须镀锌，操作时注意保护镀锌层。采用镀锌钢管制作针尖，管壁厚度不得小于 3 mm，针尖涮锡长度不得小于 70 mm。多节避雷针各节尺寸见表 5-12。

避雷针应垂直安装牢固，垂直度允许偏差为 3 。清除药皮后刷防锈漆及铅油（或银粉）。避雷针一般采用圆钢或钢管制成，其直径尺寸见表 5-13。

表5-12　针体各节尺寸

项　目	针全高/mm				
	1.0	2.0	3.0	4.0	5.0
上节	1 000	2 000	1 500	1 000	1 500
中节	—	—	1 500	1 500	1 500
下节	—	—	—	1 500	1 200

表5-13　避雷针直径尺寸

避雷针类型	直径尺寸及材料
独立避雷针	ϕ19 mm镀锌圆钢
屋面上的避雷针	ϕ25 mm镀锌钢管
水塔顶部避雷针	ϕ25 mm镀锌圆钢或ϕ40 mm镀锌钢管
烟囱顶部避雷针	ϕ25 mm镀锌圆钢
避雷环	ϕ12 mm镀锌圆钢或扁钢截面100 mm^2，厚度为4 mm

（2）避雷针制作

按设计要求的材料所需长度分上、中、下三节下料。如针尖采用钢管制作，可先将上节钢管一端锯成锯齿形，用手锤收尖后，进行焊缝、磨尖、涮锡，然后将另一端与中、下二节钢管找直、焊接。

（3）避雷针安装

先将支座钢板的底板固定在预埋的地脚螺栓上，焊上一块肋板，再将避雷针立起、找直、找正后进行点焊，然后加以校正，焊上其他三块肋板。最后将引下线焊在底板上，清除药皮刷防锈漆及铅油（或银粉）。

4. 支架安装

（1）支架安装要求

角钢支架应有燕尾，其埋植深度不小于100 mm，扁钢和圆钢支架埋深不小于80 mm。所有支架必须牢固，能承受大于49 N（5 kg）的拉拔力；灰浆饱满，横平竖直。防雷装置的各种支架顶部一般应距建筑物表面100 mm；接地干线支架的顶部应距墙面20 mm。

支架应平直。水平度每2 m段允许偏差3 mm，垂直度每3m段允许偏差2 mm；全长偏差不得大于10 mm。支架等铁件均应做防腐处理。埋植支架所用的水泥砂浆，其配合比不应低于1∶2。

（2）支架安装

支架安装过程中应尽可能随结构施工预埋支架或铁件，根据设计要求进行弹线及分档定位，用手锤、錾子进行剔洞，洞的大小应里外一致。

首先埋植一条直线上的两端支架，然后用铅丝拉直线埋植其他支架。在埋植前应先把洞内用水浇湿。如用混凝土支座，将混凝土支座分档摆放。在两端支架间拉直线，然后将其他支座用砂浆找平直。如果女儿墙预留有预埋铁件，可将支架直接焊在铁件上，支架的找直方法同上。

5. 防雷引下线暗敷设

（1）防雷引下线暗敷设要求

引下线扁钢截面不得小于25 mm × 4 mm；圆钢直径不得小于12 mm。引下线在距地面1.5～1.8 m处做断接卡子（一条引下线者除外）。断接线卡子所用螺栓的直径不得小于10 mm，并需加镀锌垫圈和镀锌弹簧垫圈。接地装置必须在地面以上按设计要求位置设测试点。

利用主筋作暗敷设引下线时，每条引下线不得少于两根主筋。按设计要求设置断接卡子或测试点。现浇混凝土内敷设引下线不做防腐处理。引下线应躲开建筑物的出入口和行人较易接触到的地点，以免发生危险。每栋建筑物至少有两根引下线（投影面积小于50 m^2 的建筑物例外）。防雷引下线最好为对称位置，例如，两根引下线成“一”字形或“乙”字形，四根引下线要做成“I”字形。引下线间距离不应大于20 m，当大于20 m时应再增加引下线。

（2）防雷引下线暗敷设方法

首先将所需扁钢（或圆钢）用手锤（或钢筋板子）进行调直或拉直。将调直的引下线运到安装地点，按设计要求随建筑物引上、挂好。及时将引下线的下端与接地体焊接好，或与断接卡子连接好，随着建筑物的逐步增高，将引下线敷设于建筑物内至屋顶为止。如需接头则应进行焊接，焊接后应敲掉药皮并刷防锈漆（现浇混凝土除外），并请有关人员进行隐检验收，做好记录。

利用主筋（直径不小于 ϕ12 mm）作引下线时，按设计要求找出全部主筋位置，用油漆做好标记，距室外地坪 1.8 m（特殊时按设计规定）处焊好测试点，随钢筋逐层串联，焊接至顶层，焊接出一定长度的引下线，搭接长度不应小于 6*D*（*D* 为下引线直径），做完后请有关人员进行隐检，做好隐检记录。

6. 接地电阻的测量

（1）接地兆欧表测量方法与步骤

① 如图 5-33 所示，沿被测接地极 E′，使电位探测针 P′ 和电流探测针 C′ 依直线彼此相距 20 m，插入地中，且电位探测针 P′ 要插于接地极 E′ 和电流探测针 C′ 之间。

② 用导线将 E′、P′ 和 C′ 分别接于仪表上相应的端钮 E、P、C 上。

③ 将仪表放置水平位置，检查零指示器的指针是否指于中心线上。若偏离中心线，可用零位调整器将其调整指于中心线。

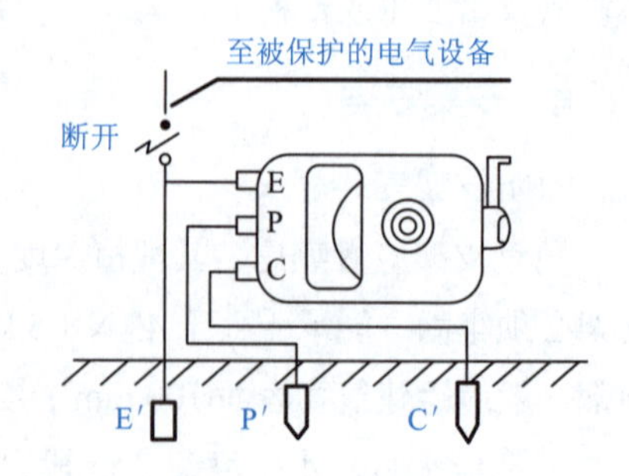

图5-33　接地兆欧表测量接地电阻接线图

④ 将“倍率标度”置于最大倍数，慢慢转动发电机的手柄，同时旋动“测量标度盘”，使零指示器和指针指于中心线。当零指示器指针接近平衡时，加快发电机手柄的转速，使其达到 120 r/min 以上。调整“测量标度盘”，使指针指于中心线上。

⑤ 如果“测量标度盘”的读数小于 1，应将“倍率标度”置于较小的倍数，再重新调整“倍率标度盘”，以得到正确的读数。

⑥ 当指针完全平衡在中心线上以后，用“测量标度盘”的读数乘以倍率标度，即为所测的接地电阻阻值。

⑦ 注意事项：

使用接地测量仪（接地兆欧表）时，应注意，当“零指示器”的灵敏度过高时，可将电位探测针插入土壤中浅一些；若其灵敏度不够时，可沿电位探测针和电流探测针注水使之湿润。

测量时接地线路要与被保护的设备断开，以便得到准确的测量数据。

当接地极 E′ 和电流探测针 C′ 之间的距离大于 20 m，电位探测针 P′ 的位置插在 E′C′ 之间的直线几米以外时，其测量的误差可以不计；但 E′C′ 的距离小于 20 m 时，则应将电位探测针 P′ 正确地插于 E′C′ 直线中间。当实测接地电阻达不到要求时，可首先采用增加接地极的方法来减小接地电阻。如仍不能满足要求，可根据实际情况采取适当措施，如置换电阻率较低的土壤；深埋接地极；人工处理，即在接地极周围土壤中加入降阻剂；使用接地模块。

（2）HT-GEO416 型接地电阻测试仪测试方法

启动仪器，按◀▶，选择 MOD，然后按▲，▼选择 3 W 选项，输入干涉电压值，如图 5-34 所示。

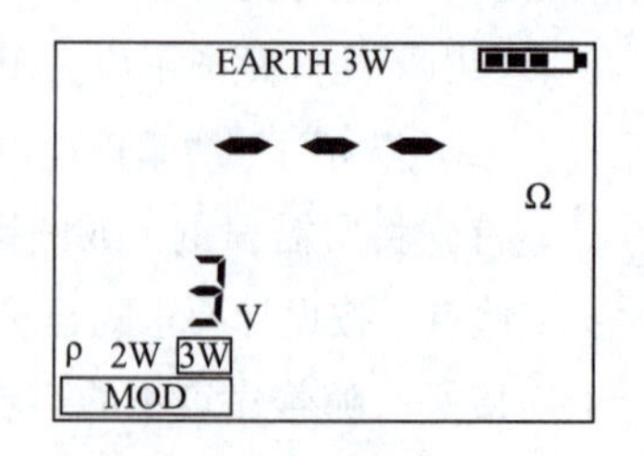

图5-34　HT-GEO416干涉电压示意图

连接蓝色、红色、绿色和黑色测试线到仪器的相应输入端 H、S、ES、E，如果有必要，加上鳄鱼夹。打入地里的辅助杠要保持一定的距离。连接鳄鱼夹到要测试的装置（见图 5-35）。

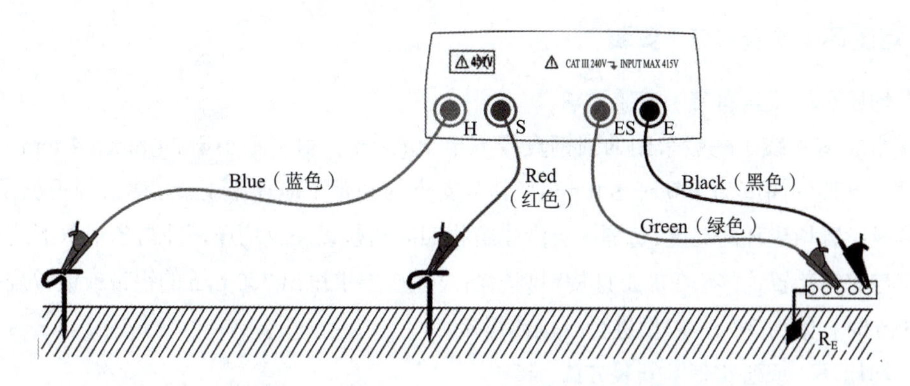

图5-35　HT-GEO416型接地电阻测试仪接线图

按 GO 键，仪器开始执行测量。当仪器正在测量时，显示如图 5-36 所示。当显示 $M_{EASURING}$......时，不要断开或接触测试线。当测量结束，如果接地电阻值低于满量程，仪器发出一个双重的声音信号表明正确的测量结果，并显示测量值和干涉电压值。当测量结束，如果接地电阻值高于满量程，仪器发出一个长的声音信号表明错误的测量结果，如图 5-36 所示。

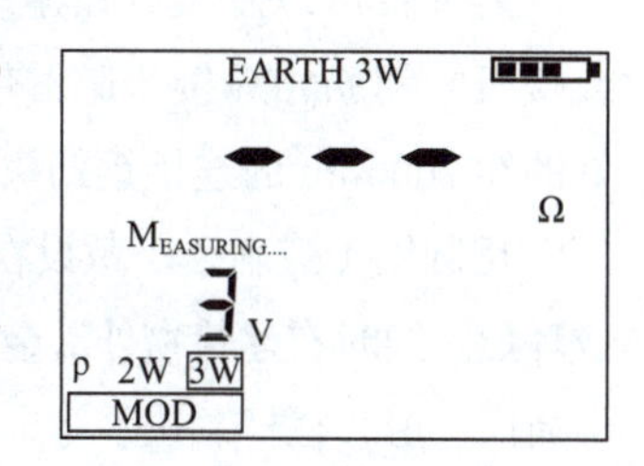

图5-36　HT-GEO416测试状态示意图

按 SAVE 键两次可以保存测量。

7. 避雷网安装

（1）避雷网安装要求

避雷线应平直、牢固，不应有高低起伏和弯曲现象，距离建筑物应一致，平直度每 2 m 检查段允许偏差 3 mm，但全长不得超过 10 mm。

避雷线弯曲处不得小于 90°，弯曲半径不得小于圆钢直径的 10 倍。避雷线如用扁钢，截面不得小于 48 mm^2；如为圆钢直径不得小于 8 mm。

焊接处焊缝应饱满并有足够的机械强度，不得有夹渣、咬肉、裂纹、虚焊、气孔等缺陷，焊接处的药皮敲净后，刷银粉漆做防腐处理，遇有变形缝处应做煨弯补偿。

（2）避雷网安装方法

避雷线如为扁钢，可放在平板上用手锤调直；如为圆钢，可将圆钢放开一端固定在牢固地锚的夹具上，另一端固定在绞磨（或倒链）的夹具上，进行冷拉调直。将调直的避雷线运到安装地点。

将避雷线用大绳提升到顶部，顺直、敷设、卡固、焊接连成一体，同引下线焊好。焊接的药皮应敲掉，进行局部调直后刷防锈漆及铅油（或银粉）。

建筑物屋顶上有突出物，如透气管、金属天沟、铁栏杆、爬梯、冷却水塔、各类天线等，这些部位的金属导体都必须与避雷网焊接成一体。顶层的烟囱、透气口应做避雷带或避雷针。

在建筑物的变形缝处应做防雷跨越处理。

避雷网分明网和暗网两种，暗网格越密，其可靠性越好。网格的密度应视建筑物的重要程度由设计而定。重要建筑物可使用 10 m × 10 m 的网格；一般建筑物采用 20 m × 20 m 的网格。

如果设计有特殊要求应按设计要求做。

8. 均压环（或避雷带）安装

（1）均压环（或避雷带）安装要求

避雷带（避雷线）一般采用的圆钢直径不小于 8 mm，扁钢不小于 24 mm × 4 mm。避雷带明敷设时，支架的高度为 100 ～ 200 mm，其各支点的间距不应大于 1 m。建筑物根据设计要求的防雷等级设置均压环的高度，每隔 3 层沿建筑物四周暗敷设一道均压环并与各根引下线相焊接。铝制门窗与避雷装置连接。在加工订货铝制门窗时应按要求甩出 300 mm 的铝带或镀锌扁钢 2 处，如超过 3 m 时，则需 3 处，以便进行压接或焊接。

（2）均压环（或避雷带）安装方法

避雷带可以暗敷设在建筑物表面的抹灰层内，或直接利用结构钢筋，并应与暗敷的避雷网或楼板的钢筋相焊接，避雷带实际上也即是均压环。利用结构圈梁里的主筋或腰筋与预先准备好的约 200 mm 的连接钢筋头焊接成一体，并与柱筋中引下线焊成一个整体。

用圆钢（或扁钢）敷设在四周，与圈梁内焊接好的钢筋头焊接，并与周围各引下线连接后形成环形。同时在建筑物外沿金属门窗、金属栏杆处甩出长 300 mm 的 ϕ12 mm 镀锌圆钢备用。外檐金属门、窗、栏杆、扶手等金属部件的预埋焊接点不应少于 2 处，与避雷带预留的圆钢焊成整体。

9. 常见质量问题与处理

（1）接地体

接地体埋深或间隔距离不够，应按设计要求执行整改接地体埋深和间距。焊接面不够，药皮处理不干净，防腐处理不好，焊接面按质量要求进行纠正，将药皮敲净，做好防腐处理。基础、梁柱钢筋搭接面积不够，应严格按质量要求搭接焊接。

（2）支架安装

支架松动，混凝土支座不稳固，分析支架松动的原因，然后固定牢靠，混凝土支座放平稳。支架间距或预埋铁件间距不均匀，直线段不直，超出允许偏差，应重新修改好间距，将直线段校正平直，不得超出允许偏差。焊口有夹渣、咬肉、裂纹气孔等缺陷，应重新补焊，不允许出现上述缺陷。焊接处药皮处理不干净，漏刷防锈漆，应将焊接处药皮处理干净，补刷防锈漆。

（3）防雷引下线暗（明）敷设

焊接面不够，焊口有夹渣、咬肉、裂纹、气孔及药皮处理不干净等现象，应按支架安装要求进行处理。漏刷防锈漆，应及时补刷。主筋错位，应及时纠正。引下线不垂直，超出允许偏差，应及时纠正至横平竖直。

（4）避雷网敷设

焊接面不够、焊口有夹渣咬肉、裂纹、气孔及药皮处理不干净等现象。按支架安装要求进行处理。防锈漆不均匀或有漏刷，应刷均匀，漏刷处及时补好。避雷线不平直、超出允许偏差，调整后应横平竖直，不得超出允许偏差。卡子螺钉松动，缺少附件，应及时将附件补齐，螺钉拧紧。及时对未做补偿处理的变形缝处进行处理。出屋面的金属管道未与避雷网连接的应及时补做。管道与避雷网连接采用暗敷设时，应做隐蔽验收。

（5）避雷带与均压环

焊接面不够，焊口有夹渣、咬肉、裂纹、气孔等，应按支架安装要求进行处理。钢门窗、铁栏杆未接地引线应及补漏，防止圈梁接头未焊。

（6）避雷针制作与安装

焊接处不饱满，焊药处理不干净，漏刷防锈漆，应及时予以补焊，将药皮敲净，刷防锈漆。针体不直，安装的垂直度超出允许偏差，应将针体重新调直，符合要求后再安装。

（7）接地干线安装

扁钢不平直的应重新进行调整。接地端子附件不全的应及时补齐。焊口有夹渣、咬肉、裂纹、气孔及药皮处理不干净的应按支架安装要求进行处理。

（8）成品保护

其他工种在挖土方时，注意不要损坏接地体。安装接地体时，不得破坏散水和外墙装修。不得随意移动已经绑好的结构钢筋。剔洞时，不应损坏建筑物的结构。支架稳注后，不得碰撞松动。

安装防雷引下线保护管时，注意保护好土建结构及装修面，拆架子时不要磕碰引下线。敷设避雷网遇坡顶瓦屋面，在操作时应采取措施，以免踩坏屋面瓦；不得损坏外檐装修；避雷网敷设后，应避免砸碰。避雷网、避雷带安装完毕后，应加强保护，避免砸碰。预留扁铁或圆钢不宜超过 30 cm。

拆除脚手架时，注意不要碰坏避雷针。注意保护土建装修，接地干线安装施工时，不得磕碰及弄脏墙面。喷浆前，必须预先将接地干线包扎好。拆除脚手架或搬运物件时，不得碰坏接地干线。焊接时注意保护墙面。

任务4　光伏电站电气设备和系统调试

5.4.1　光伏组串调试

光伏组件调试前，所有组件应按照设计文件数量和型号组串并接引完毕；汇流箱内防反二极管极性应正确；汇流箱内各回路电缆接引完毕，且标志清晰、准确；调试人员应具备相应电工资格或上岗证并配备相应劳动保护用品；确保各回路熔断器在断开位置；汇流箱及内部防雷模块接地应牢固、可靠，且导通良好；监控回路应具备调试条件；辐照度宜在大于 700 W/m^2 的条件下测试，最低不应低于 400 W/m^2。

光伏组串调试检测，汇流箱内测试光伏组串的极性应正确；同一时间测试的相同组串之间的电压偏差不应大于 5 V；组串电缆温度应无超常温的异常情况，确保电缆无短路和破损；直接测试组串短路电流时，应由专业持证上岗人员操作并采取相应的保护措施防止拉弧；在并网发电情况下，使用钳形电流表对组串电流进行检测，相同组串间电流应无异常波动或差异；逆变器投入运行前，宜将逆变单元内所有汇流箱均测试完成再投入运行；光伏组串测试完成后，应按照一定的格式填写记录，见表 5-14。

表5-14　组串回路测试记录表

序号	组件型号	组串数量	组串极性	开路电压/V	短路电流/A	组串温度/℃	辐照度/（W/m²）	测试时间

逆变器在投入运行后，汇流箱内光伏组串应满足投、退顺序要求。汇流箱的总开关具备断弧功能时，其投、退应按下列步骤执行：先投入光伏组串小开关或熔断器，后投入汇流箱总开关；先退出汇流箱总开关，后退出光伏组串小开关或熔断器。

汇流箱总输出采用熔断器，分支回路光伏组串的开关具备断弧功能时，其投、退应按下列步骤执行：先投入汇流总输出熔断器，后投入光伏组串小开关；先退出箱内所有光伏组串小开关，后退出汇流箱总输出熔断器。汇流箱总输出和分支回路光伏组串均采用熔断器时，则投、退熔断器前，均应将逆变器解列。汇流箱的监控功能要求，监控系统的通信地址应正确、通信良好并具有抗干扰能力；监控系统应实时准确地反映汇流箱内各光伏组串电流的变化情况。

5.4.2　逆变器调试

逆变器调试条件是：①逆变器控制电源应具备投入条件；②逆变器直流侧电缆应接线牢固且相序正确、绝缘良好；③方阵接线正确，具备给逆变器提供直流电源的条件。

逆变器调试前检查：逆变器接地应符合要求；逆变器内部元器件应完好，无受潮、放电痕迹；逆变器内部所有电缆连接螺栓、插件、端子应连接牢固，无松动；如逆变器本体配有手动分合闸装置，其操作应灵活可靠、接触良好，开关位置指示正确；逆变器临时标志应清晰准确；逆变器内部应无杂物，并经过清灰处理。

逆变器的调试工作宜由生产厂家配合进行。逆变器控制回路带电时，应对其作如下检查：①工作状态指示灯、人机界面屏幕显示是否正常；②人机界面上各参数设置是否正确；③散热装置工作是否正常。逆变器直流侧带电而交流侧不带电时，应进行如下工作：①测量直流侧电压值和人机界面显示值之间的偏差是否在允许范围内；②检查人机界面显示直流侧对地阻抗值是否符合要求。

逆变器直流侧带电、交流侧带电，具备并网条件时，应进行如下检查：①测量交流侧电压值和人机界面显示值之间的偏差是否在允许范围内；②交流侧电压及频率是否在逆变器额定范围内，且相序正确；③具有门限位闭锁功能的逆变器，逆变器盘门在开启状态下，不应做出并网动作。

逆变器并网后，在下列测试情况下，逆变器应跳闸解列：具有门限位闭锁功能的逆变输入电压高于或低于逆变器设定的门槛值；逆变器直流输入过电流；逆变器线路侧电压偏出额定电压允许范围；逆变器线路频率超出额定频率允许范围；逆变器交流侧电流不平衡，超出设定范围。逆变器的运行效率、防孤岛保护及输出的电能质量等测试工作，应由有资质的单位进行检测。

逆变器调试时，还应注意以下几点：

① 逆变器运行后，需打开盘门进行检测时，必须确认无电压残留后才允许作业。

② 逆变器在运行状态下，严禁断开无断弧能力的汇流箱总开关或熔断器。

③ 如需接触逆变器带电部位，必须切断直流侧和交流侧电源、控制电源。

④ 严禁施工人员单独对逆变器进行测试工作。施工人员在调试过程中应及时填写现场检查测试表，见表 5-15。

表5-15 并网逆变器现场检查测试表

<table>
<tr><td>工程名称</td><td colspan="6">测试内容</td></tr>
<tr><td>逆变器编号</td><td></td><td>测试日期</td><td></td><td colspan="2">天气情况</td><td></td></tr>
<tr><td>类别</td><td colspan="2">检查项目</td><td colspan="2">检查结果</td><td colspan="2">备注</td></tr>
<tr><td rowspan="7">本体检查</td><td colspan="2">型号</td><td colspan="2"></td><td colspan="2"></td></tr>
<tr><td colspan="2">逆变器内部清理检查</td><td colspan="2"></td><td colspan="2"></td></tr>
<tr><td colspan="2">内部元器件检查</td><td colspan="2"></td><td colspan="2"></td></tr>
<tr><td colspan="2">连接件及螺栓检查</td><td colspan="2"></td><td colspan="2"></td></tr>
<tr><td colspan="2">开关手动分合闸检查</td><td colspan="2"></td><td colspan="2"></td></tr>
<tr><td colspan="2">接地检查</td><td colspan="2"></td><td colspan="2"></td></tr>
<tr><td colspan="2">孔洞阻燃封堵</td><td colspan="2"></td><td colspan="2"></td></tr>
<tr><td rowspan="2">人机界面检查</td><td colspan="2">主要参数设置检查</td><td colspan="2"></td><td colspan="2"></td></tr>
<tr><td colspan="2">通信地址检查</td><td colspan="2"></td><td colspan="2"></td></tr>
<tr><td rowspan="5">直流侧电缆检查、测试</td><td colspan="2">电缆概数</td><td colspan="2"></td><td colspan="2"></td></tr>
<tr><td colspan="2">电缆型号</td><td colspan="2"></td><td colspan="2"></td></tr>
<tr><td colspan="2">电缆绝缘</td><td colspan="2"></td><td colspan="2"></td></tr>
<tr><td colspan="2">电缆极性</td><td colspan="2"></td><td colspan="2"></td></tr>
<tr><td colspan="2">开路电压</td><td colspan="2"></td><td colspan="2"></td></tr>
<tr><td rowspan="5">交流侧电缆检查、测试</td><td colspan="2">电缆概数</td><td colspan="2"></td><td colspan="2"></td></tr>
<tr><td colspan="2">电缆型号</td><td colspan="2"></td><td colspan="2"></td></tr>
<tr><td colspan="2">电缆绝缘</td><td colspan="2"></td><td colspan="2"></td></tr>
<tr><td colspan="2">电缆相序</td><td colspan="2"></td><td colspan="2"></td></tr>
<tr><td colspan="2">网侧电压</td><td colspan="2"></td><td colspan="2"></td></tr>
<tr><td rowspan="5">逆变器并网后检查、测试</td><td colspan="2">冷却装置</td><td colspan="2"></td><td colspan="2"></td></tr>
<tr><td colspan="2">柜门联锁保护</td><td colspan="2"></td><td colspan="2"></td></tr>
<tr><td colspan="2">直流侧输入电压低</td><td colspan="2"></td><td colspan="2"></td></tr>
<tr><td colspan="2">交流侧电源失电</td><td colspan="2"></td><td colspan="2"></td></tr>
<tr><td colspan="2">通信数据</td><td colspan="2"></td><td colspan="2"></td></tr>
</table>

检查人： 确认人：

逆变器的监控功能调试：监控系统的通信地址应正确，通信良好并具有抗干扰能力；监控系统应实时准确地反映逆变器的运行状态、数据和各种故障信息；具备远方启动、停止及调整有功输出功能的逆变器，应实时响应远方操作，动作准确可靠。

5.4.3 其他电气设备系统调试

1. 其他电气设备调试

系统电气设计包括交流控制箱、继电保护系统、安防监控设备、环境检测器等。电气设备的交接试验应符合《电气装置安装工程 电气设备交接试验标准》（GB 50150）的相关规定。

安防监控系统的调试应符合《安全防范工程技术标准》（GB 50348）和《安全防范高清视频监控系统技术要求》（GA/T 1211）的相关规定。

环境监测仪的调试应符合产品技术文件的要求，监控仪器的功能应正常，测量误差应满足观测要求。

2. 二次系统调试

二次系统的调试工作应由调试单位、生产厂家进行，施工单位配合。二次系统的调试内容主要应包括：计算机监控系统、继电保护系统、远动通信系统、电能量信息管理系统、不间断电源系统、二次安防系统等。

计算机监控系统设备的数量、型号、额定参数应符合设计要求，接地应可靠；遥售、遥测、遥控、遥调功能应准确、可靠；计算机监控系统防误操作功能应准确、可靠；计算机监控系统定值调阅、修改和定值切换功能应正确；计算机监控系统主备切换功能应满足技术要求。

继电保护系统调试时可按照《继电保护和电网安全自动装置检验规程》（DL/T 995）相关规定执行；继电保护装置单体调试时，应检查开入、开出、采样等元件功能正确，且校对定值应正确；开关在合闸状态下模拟保护动作，开关应跳闸，且保护动作应准确、可靠，动作时间应符合要求；继电保护整组调试时，应检查实际继电保护动作逻辑与预设继电保护逻辑策略一致；站控层继电保护信息管理系统的站内通信、交互等功能实现应正确；站控层继电保护信息管理系统与远方主站通信、交互等功能实现应正确；调试记录应齐全、准确。

远动通信装置电源应稳定、可靠；站内远动装置至调度方远动装置的信号通道应调试完毕，且稳定、可靠；调度方遥售、遥测、遥控、遥调功能应准确、可靠，且应满足当地接入电网部门的特殊要求；远动系统主备切换功能应满足技术要求。

电能量信息管理系统的配置应满足当地电网部门的规定；光伏电站关口计量的主、副表，其规格、型号及准确度应相同，且应通过当地电力计量检测部门的校验，并出具报告；光伏电站关口表的电流互感器（CT）、电压互感器（PT）应通过当地电力计量检测部门的校验，并出具报告；光伏电站投入运行前，电能表应由当地电力计量部门施加封条、封印；光伏电站的电量信息应能实时、准确地反映到当地电力计量中心。

不间断电源系统的主电源、旁路电源及直流电源间的切换功能应准确、可靠，且异常告警功能应正确；计算机监控系统应实时、准确地反映不间断电源的运行数据和状况。

二次安防系统安全防护应主要由站控层物理隔离装置和防火墙构成，应能够实现自动化系统网络安全防护功能；二次安防系统安全防护相关设备运行功能与参数应符合要求；二次安防系统安全防护运行情况应与预设安防策略一致。

5.4.4 跟踪系统调试

跟踪系统调试条件是：跟踪系统应与基础固定牢固、可靠，接地良好；与转动部位连接的电缆应固定牢固并有适当预留长度；转动范围内不应有障碍物。

在手动模式下通过人机界面等方式对跟踪系统发出指令，跟踪系统调试条件，跟踪系统动作方向应正确；传动装置、转动机构应灵活可靠，无卡滞现象；跟踪系统跟踪的最大角度应满足技术要求；极限位置保护应动作可靠。

自动模式调试条件是，首先完成手动模式调试；对采用主动控制方式的跟踪系统，还应确认初始条件的准确性。

跟踪系统在自动模式下调试，跟踪系统的跟踪精度应符合产品的技术要求；风速超出正常工作范围时，跟踪系统应迅速做出避风动作；风速减弱至正常工作允许范围时，跟踪系统应在设定时间内恢复到正确跟踪位置；跟踪系统在夜间应能够自动返回到水平位置或休眠状态，并关闭动力电源；采用被动控制方式的跟踪系统在弱光条件下应能正常跟踪，不应受光线干扰产生错误动作。

跟踪系统的监控功能调试，监控系统的通信地址应正确，通信良好并具有抗干扰能力；监控系统应实时准确地反映跟踪系统的运行状态、数据和各种故障信息;具备远控功能的跟踪系统，应实时响应远方操作，动作准确可靠。

5.4.5 光伏电站检修与调试安全要求

1. 一般技术要求

光伏方阵、汇流箱、配电柜、逆变器的检修与调试应满足停电、验电、接地、悬挂标示牌等有关技术要求。同一电气连接部分检修和调试工作不能同时进行。

高空工作之前，应拆除全部临时接线，恢复永久接线、无关人员应撤离现场。检修及调试工作结束，应核对逆变器及涉网设备运行参数及保护定值，恢复正常设置。

现场电气作业应有专人监护。检修作业需接引工作电源时，应装设满足要求的剩余电流动作保护器，工作前应检查电缆绝缘良好，剩余电流动作保护器动作可靠。

具有跟踪系统的光伏组件进行检修时应避免高空作业，确需高空作业时应做好相应的安全措施。工作票参照风力发电场安全规程中的工作能力票进行编写。

2. 光伏方阵检修与调试

光伏支架应具有接地连接，作业之前，必要时应进行导通测试。同一光伏组件或光伏组串的正负极不应短接。不应触摸光伏组件的金属带电部位。不应在雨中进行光伏组件的连线工作。在光伏组件有电流输出时,禁止带电直接插拔直流侧光伏电缆的接插头。光伏组串并入汇流箱时，应采取防止接弧措施。

3. 汇流箱检修与调试

汇流箱检修与调试前，应检查金属箱体的汇流箱可靠接地，并用验电设备检验汇流箱金属外壳和相邻设备是否有电。检修时，汇流箱的所有开关和熔断器应处于断开状态。汇流箱内光伏组串的电缆接引前，应确认光伏组件侧和逆变器侧均有明显断开点。投运前，应检查汇流箱接线、接地和光伏组串极性的连接正确性。

4. 配电柜检修

配电柜检修前，应检查配电柜已进行可靠接地，并且有明显的接地标识，并用验电设备检验配电柜外壳和相邻设备是否有电。检修时应断开配电柜中的所有进、出线，符合停电工作的安全要求。

5. 逆变器检修

逆变器检修前，应检查逆变器机柜内有适当的保护措施，能够防止对检修与调试人员直接接触电极部分，并确保逆变器已经可靠接地。检修时，应断开逆变器中的所有进、出线，对工作中有可能触碰的相邻带电设备应采取停电或绝缘遮蔽措施，符合停电工作的安全要求，检查和更换电容器前，应将电容器充分放电。电缆接引完毕后，逆变器本体的预留孔洞及电缆管口应进行防火封堵。投入运行前，宜将接入逆变器内的所有汇流箱调试完毕。

6. 系统整体调试

光伏发电站施工完毕，从安装到单体调试、分系统调试等各个阶段已经通过验收并提交验收文档，各阶段不遗留安全隐患，遗留问题要有记录，以防责任不清。光伏发电站分系统试运行后设备的消缺、维护、检修等工作应输工作票，招待工作票制度，工作票中要求的设备停送电，应经过就地检查，核实符合停送电要求，并无交叉作业后，方可办理停送电手续，不应口头联系停送电。电气设备带电后，现场应有明显已带电的警示或标识，应做好施工设备与带电的安全隔离。系统整体调试试运行前，所有消防设施应经消防部门验收合格并签证后方可允许使用，全部消防设施应投入使用。

新安装系统在整体启动前应具备以下条件：

① 光伏组件串、汇流箱、逆变器、隔离升压变等设备完成安装，调试工作结束。与整体启动有关的各系统控制、保护等二次回路均已试验完毕，正确可靠、符合要求；继电保护已按整定值要求调试整定完毕，并可投入运行。

② 各电缆连接正确，接触良好；设备绝缘良好。

③ 检测并网点交流侧电压、频率，判断其是否符合并网条件。

④ 逐一对逆变器进行并网操作，观察启动及系统运行情况。

⑤ 正常停机试验及安全停机、事故停机试验无异常。

⑥ 填写调试报告。

对于调试期间的重要操作以及暂时不能处理的设备系统缺陷等要做好事故应急预案。

项目学习评价标准

评价内容		配分	评价标准	自评分
施工过程	工具选择	5	工具选择合理、使用正确、操作规范，每错一处（一次）扣2分	
	安装流程	10	施工流程、操作有序无误。每错一处扣1分，每漏一处扣2分	
	系统调试	10	调试方法选择合理，操作步骤合理、测试数据记录完整无错漏，调试仪器操作正确。每错一处扣1分，每漏一处扣2分，不规范扣2分	
施工管理	施工准备	5	施工前技术文件、施工材料、工具准备齐全，技术交底充分	
	进度表	10	施工进度安排有序、合理。设计步骤不正确扣3分，不合理扣1分	
	材料管理与验收	10	对材料分类管理、按照设计参数验收设备/材料、验收测试记录完整、数据无错漏。每错、漏一处扣2分	
	文件归档与档案整理	10	图样、方案等资料有序、分类管理，文件档案完整无缺漏。每错一处扣1分，每漏一处扣2分，不规范扣2分	

续表

评价内容		配分	评价标准	自评分
施工质量	设备柜体安装质量	10	尺寸允许偏差符合质量要求，柜体安装牢固可靠，柜体接地可靠。无螺栓断裂现象	
	接线质量	10	线路接线准确无误，线路配线颜色准确、接头连接牢固可靠	
职业素养	安全意识	2	现场勘查执行安全操作规程、设计内容符合安全规定，人员无磕碰、受伤情况	
	文明生产	2	注意对现场进行6S整顿，文明生产，现场无工具、材料遗漏现象	
	规范意识	2	设计内容符合技术规范、准时到达工作或学习场所，操作过程中不影响他人工作	
	团队意识	2	服从组长安排，在小组合作完成工作时能积极分享建议、意见和工作成果，主动协助小组成员完成相关工作	
	职业行为习惯	2	工作认真，能有意识控制材料消耗，无浪费现象，环保意识强，能克服困难，积极思考	
学习能力评价		10	A1.能高质高效完成此项工作全部内容，并能指导他人完成； A2.能高质高效完成此项工作全部内容，并能解决遇到的特殊问题； A3.能高质高效完成此项工作全部内容； B.圆满完成此项工作全部内容，不需要指导； C.能圆满完成此项工作全部内容，但偶尔需要指导； D.在现场指导和帮助下，能圆满完成此项工作全部内容	

说明：学习能力评价，符合A1得10分，A2得9分，A3得8分，B得7分，C得6分，D得5分。

习　题

1. 光伏电站电气设备安装前需要准备哪些工具？
2. 汇流箱进线端、出线端与接地端绝缘电阻不应小于多少？
3. 简述汇流箱的安装注意事项。
4. 逆变器的安装要点是什么？
5. 接地安装要采用哪种方式接地？施工时需要注意哪些安全事项？
6. 直流电缆安装的要点是什么？
7. 逆变器接线要注意哪些安全技术要点？
8. 逆变器接地用什么规格的电缆？
9. 简述接地电阻的测量方法和步骤。
10. 避雷针制作有哪些要求？

光伏电站验收

项目导入

某 10 MW 光伏电站安装工程已完成，项目部需要完成以下几项工作。

（1）根据光伏电站验收规范等文件要求，编制光伏电站建设工程验收方案。

（2）组织电站验收前检查、调试。

（3）根据光伏电站验收方案，组织光伏电站各项检查、检测。

（4）根据《光伏发电建设项目文件归档与档案整理规范》组织工程文件立卷、归档。

（5）根据光伏电站建设工程验收方案组织竣工验收或达标投产验收。

学习目标

知识目标：（1）掌握验收前光伏电站检查与测试内容、方法和使用工具。

（2）掌握光伏电站验收概念、流程和参与单位的职责。

（3）了解光伏工程验收的单位验收、工程启动验收、工程试运和移交验收、竣工验收的内容，重点掌握土建工程和安装工程验收要点。

（4）掌握光伏电站验收中常见的缺陷和问题、避免问题出现的管理控制措施；强化工程资料管理能力，提高职业素养。

能力目标：（1）能根据光伏电站建设项目相关技术标准、规范进行光伏电站检查、检测。

（2）能正确使用万用表、测距仪、辐照计、热成像仪、接地电阻测试仪、电能质量测试仪等仪器设备对光伏发电单元运行参数进行检测。

（3）能正确处理各项测试数据，并依据相关标准准确判断电站工程质量。

（4）能根据检测结果编制光伏电站质量检查评价报告。

（5）能正确整理、归档光伏电站施工验收文件资料。

素质目标：（1）通过学习增强质量意识、规范意识。

（2）通过学习培养客观公正、公平公开办事的职业意识。

任务1　光伏电站验收前检查与测试

为保证并网光伏电站长期稳定运行，需要定期或不定期地对并网光伏电站进行各项检查和检测。其中，检查包括系统文件及合同的检查、电气设备的检查、土建和支座基础检查，检测包括电气设备测试及电能质量检测及安全措施系统检测等。

6.1.1 光伏电站检查与测试依据

对光伏电站的检查、检测应根据国家技术规范、标准和地方的验收政策所规定的检查条件、方法进行检查测试，并根据相关技术指标分析检查与检测数据，对于存在的问题提出整改意见。

①《光伏发电系统验收测试技术规范》(CNCA/CTS 0033)。

②《光伏发电工程验收规范》(GB/T 50796)。

③《光伏发电站施工规范》(GB 50794)。

④《建筑结构荷载规范》(GB 50009)。

⑤《钢结构工程施工质量验收标准》(GB 50205)。

⑥《混凝土结构工程施工质量验收规范》(GB 50204)。

⑦《建筑地基基础工程施工质量验收标准》(GB 50202)。

⑧《低压电气装置》(GB/T 16895)(所有部分)。

⑨《光伏（PV）组件安全鉴定　第 1 部分：结构要求》(GB/T 20047.1)。

⑩《光伏系统性能监测　测量、数据交换和分析导则》(GB/T 20513)。

⑪《交流 1 000 V 和直流 1 500 V 以下低压配电系统电气安全　防护措施的试验、测量或监控设备》(GB/T 18216)。

⑫《光伏系统并网技术要求》(GB/T 19939)。

⑬《光伏（PV）系统电网接口特性》(GB/T 20046)。

⑭《地面用晶体硅光伏组件　设计鉴定和定型》(GB/T 9535)。

⑮《并网光伏发电系统文件、试运行测试和检查的基本要求》(IEC 62446)。

⑯《剩余电流驱动保护器的一般要求》(IEC/TR 60755)。

⑰《400 V 以下低压并网光伏发电专用逆变器技术要求和试验方法》(CNCA/CTS 0004)。

6.1.2 光伏电站检查检测类别

并网光伏电站检查测试需要对构成中压及高压输电网并网光伏电站的所有系统部件进行检查检测，从功能上分为光伏子系统 [包括光伏方阵、支架（跟踪和固定）、基础和汇流箱等]；功率调节器（包括并网逆变器、配电设备等）；电网接入系统（包括升压变压器、继电保护装置、电能计量设备等）；主控和监视（包括数据采集、现场显示系统、远程传输和监控系统等）；通信系统 [通道、交换设备及不间断电源（主控和监视与通信系统是分不开的）]；土建工程设施（机房、围栏、道路等）；配套设备（包括电缆、线槽、防雷接地装置等）子系统。按照依据是否使用辅助设备来划分为光伏电站检查性内容和光伏电站检测性内容。并网光伏电站检查检测分类如图 6-1 所示。

视频

光伏电站验收（上）

视频

光伏电站验收（下）

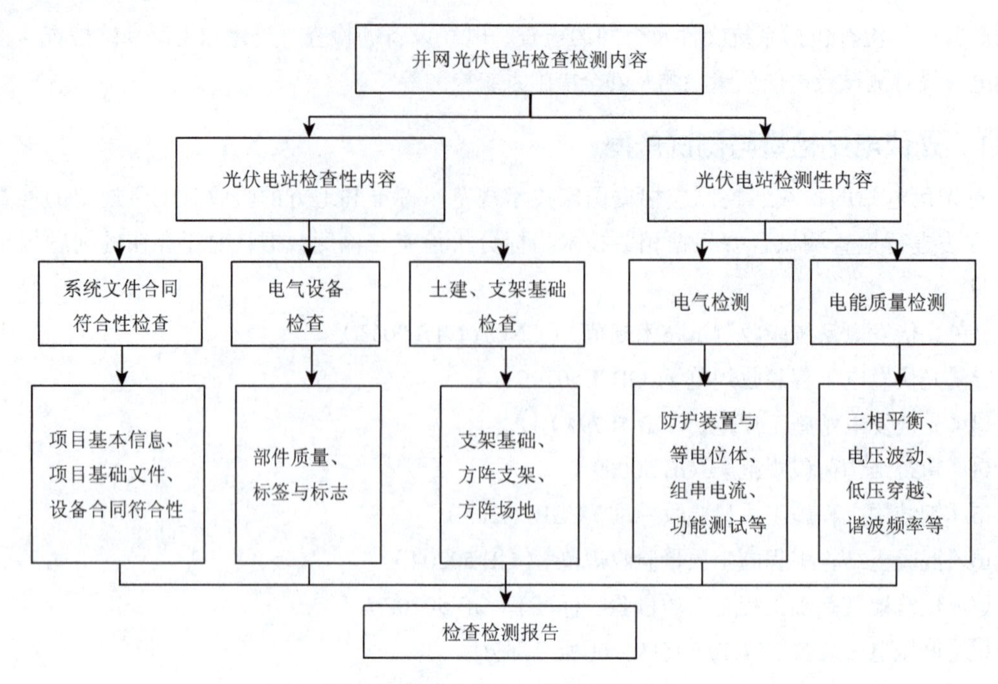

图6-1　并网光伏电站检查检测分类

6.1.3　验收前光伏电站检查

1. 工程系统文件和合同符合性检查

（1）项目基本信息检查

主要检查项目名称；额定系统峰值功率（kWp 或 kV·A）；光伏组件的制造商、型号和数量；逆变器的制造商、型号和数量；安装日期；试运行日期；客户名称；安装地点；项目的设计单位；项目的施工单位等基本信息是否完整。

（2）项目基础文件检查

主要检查立项审批文件；占用荒地的，需提交项目的用地许可；与建筑结合的，需提交建筑安装许可；并网发电项目需提交电网企业同意接入电网的文件，如享受上网电价，还需提交与电网企业签订的售购电协议；工程承包合同或具有法律依据的项目中标协议；光伏组件和逆变器的制造商、型号和数量；系统安装和运行日期；项目所有设备的采购合同；项目总体设计方案；关键部分（太阳能电池组件和并网逆变器）的测试报告和认证证书；建设单位编制的工程竣工报告；建设单位提供的工程系统维护手册等基础文件是否完整。

另外，还需要有专业资质的设计单位的名称；系统设计和集成单位的联络人；系统设计和集成单位的邮政地址、电话号码和电子邮件地址等。

工程图样包括主接线图、方阵设计资料、光伏组串信息、光伏方阵电气信息、接地和过电压保护信息、交流系统信息。

① 方阵设计资料指组件类型、组件总数、组串数量和每个组串的组件数量。

② 光伏组串信息指组串电缆规格的尺寸和类型，组串过电流保护装置（如果有）的规格、

类型和电压 / 电流等级、阻断二极管类型（如果有）。

③ 光伏方阵电气信息指方阵主电缆规格、尺寸和类型，方阵接线箱（如使用）的位置，直流隔离开关类型、位置和等级（电压 / 电流），方阵过电流保护装置（如使用）的类型、位置和等级（电压 / 电流）。

④ 接地和过电压保护信息指接地连接的详细信息的尺寸和连接点，包括详细方阵框架等电位连接线的安装；所有连接到现有的信息系统的防雷保护（LPS）；所有安装浪涌保护（包括交直流线路）设备的详细资料，包括位置、类型和等级。

⑤ 交流系统信息指交流隔离开关位置、类型和等级，交流过电流保护装置的位置、类型和等级，漏电保护器的位置、类型和等级（如果有）。

机械设计资料包含支架系统的数据表和设计图样。主设备技术规格书，主设备是指组件和逆变器，即根据 IEC 61730-1 的要求要提供系统所使用所有类型的组件的规格书，系统所使用的所有类型的逆变器的规格书，系统其他重要组成部分的规格书也应考虑提供。

运行和维护信息包括经过验证的正确的系统操作程序；系统故障处理清单；紧急关机 / 隔离程序；维修和清洁的建议（如果有）；光伏方阵形的维护文件；光伏组件和逆变器的保修文件，包括开始保修日期和保修期；易损件表。

如果是自动跟踪型系统或聚光光伏系统，还要提供经过验证的、正确的自动跟踪系统操作程序；自动跟踪系统故障处理清单；紧急关机 / 隔离程序；维修和清洁的建议（如果有）；自动跟踪系统用电功率和日最大用电量；自动跟踪系统的保修文件，包括开始保修日期和保修期。

（3）电站设备合同符合性的检查

依据合同或投标书，要对光伏组件、组串和光伏方阵的型号、规格和数量，光伏组串汇流箱的型号、规格和数量，直流配电系统的型号、规格和数量，逆变器的型号、规格和数量，交流配电系统的型号、规格和数量，升压变压器和电网接入系统的型号和规格，支架系统的类型（跟踪 / 固定）、型号和材质，电站监控系统的型号和功能等逐项检查，并作详细记录。

2. 电气设备检查

在安装期间必须检查关键电气设备的子系统和部件，对于增设或更换的现有设备，需要检查其是否符合 GB/T 16895.32 标准，并且不能损害现有设备的安全性能。首次和定期检查要求由专业人员通过专业设备来完成。

（1）部件质量检查

通过目测和感知器官检查电气设备的外观、结构、标志和安全性是否满足 GB/T 16895 要求。

直流系统检查的是直流系统的设计、说明与安装是否满足 GB/T 16895.6 要求，特别是是否满足 GB/T 16895.32 的要求；在额定情况下所有直流元器件是否能够持续运行，并且在最大直流系统电压和最大直流故障电流下是否能够稳定工作（开路电压的修正值是根据当地的温度变化范围和组件本身性能确定的，根据 GB/T 16895.32 规定，故障电流为短路电流的 1.25 倍）；在直流侧保护措施是否采用Ⅱ类或等同绝缘强度（GB/T 16895.32 类安全）；光伏组串电缆、光伏方阵电缆和光伏直流主电缆的选择与安装是否尽可能地降低接地和短路时产生的危险（GB/T 16895.32）；配线系统的选择和安装是否能够抵抗外在因素的影响，比如风速、覆冰、温度和太阳辐射（GB/T 16895.32）的影响；对于没有装设过电流保护装置的系统，组件的反向额定电流值（I_r）是否大于可能产生的反向电流，同样组串电缆载流量是否与并联组串组件的最大故障电流总和相匹配；若装设过电流保护装置的系统，要检查组串过电流保护装置的匹配性，并且根据 GB/T 16895.32 关于光伏组件保护说明来检查制造说明书的正确性和详细性；直流隔离开关的参数是否与直流侧的逆变器（GB/T 16895.32）相匹配；阻塞二极管的反向额定电压是否至少是光伏组串开路电压的两倍（GB/T 16895.32）；如果直流导线中有接地，应确认在直流侧和交流侧设置的分离装置，避免电气设备腐蚀。

检查直流系统需要依据最大系统电压和电流值。最大系统电压是建立在组串 / 方阵设计之上的，组件开路电压（U_{oc}）与电压温度系数及光照辐射变化有关。最大故障电流也是建立在组串 / 方阵设计之上的，组件短路电流（I_{sc}）与电流温度系数及光照辐射变化有关（GB/T 16895.32）。组件生产商一般不提供组件反向额定电流值，该值视为组件额定过电流保护的 1.35 倍。根据 IEC 61730-1 标准要求由生产商提供组件额定过电流保护值。

光伏组件检查。光伏组件的检查包括：光伏组件选用的是否按 GB/T 9535、GB/T 18911 或 IEC 61730-1 的要求通过产品质量认证的产品；材料和元件是否选用符合相应的图样和工艺要求的产品，并经过常规检测、质量控制与产品验收程序；组件产品是否是完整的，每个太阳能电池组件上的标志是否符合 GB/T 9535 或 GB/T 18911 中的要求，是否标注额定输出功率（或电流）、额定工作电压、开路电压、短路电流；有无合格标志；是否附带制造商的储运、安装和电路连接指示；组件互连是否符合方阵电气结构设计；对于聚光型光伏发电系统，聚光光伏型组件是否选用按 IEC 62108 的要求通过产品质量认证的产品；材料和元件是否选用符合相应的图样和工艺要求的产品，并经过常规检测、质量控制与产品验收程序；组件产品是否是完整的，每个聚光光伏组件上的标志有无额定输出功率（或电流）、额定工作电压、开路电压、短路电流；有无合格标志；是否附带制造商的储运、安装和电路连接指示。

汇流箱的检查。检查产品质量是否安全可靠，是否通过相关产品质量认证；室外使用的汇流箱是否采用密封结构，设计是否能满足室外使用要求；采用金属箱体的汇流箱是否可靠接地；采用绝缘高分子材料加工的，所选用材料是否有良好的耐候性，并附有所有材料的说明书、材质证明书等相关技术资料;汇流箱接线端子设计是否能保证电缆线可靠连接，是否有防松动零件，对既导电又作坚固用的紧固件，是否采用铜质零件；各光伏支路进线端子及子方阵出线端以及接线端子与汇流箱接地端绝缘电阻是否不小于 1 MΩ（DC 500 V）。

直流配电柜检查。在较大的光伏方阵系统中应设计直流配电柜，将多个汇流箱汇总后输出给并网逆变器柜，所以检查项目包括直流配电柜结构的防护等级设计是否能满足使用环境的要求；直流配电柜是否是可靠接地，并具有明显的接地标志，设置相应的浪涌吸收保护装置；直流配电柜的接线端子设计是否能保证电缆线可靠连接，是否有松动零件，对既导电又作坚固用的紧固件，是否采用铜质材料。

连接电缆检查。连接电缆检查包括连接电缆是否采用耐候、耐紫外辐射、阻燃等老化的电缆；连接电缆的线径是否满足方阵各自回路通过最大电流的要求，以减少线路的损耗；电缆与接线端是否采用连接端头，并且有抗氧化措施，连接牢固无松动。

触电保护和接地检查包括是否为B类漏电保护，确认漏电保护器是否能正常动作后才允许投入使用；为了尽量减少雷电感应电压的侵袭，确认是否尽可能地减少接线环路面积；光伏方阵框架是否对等电位连接导体进行接地；等电位体的安装是否把电气装置外露的金属及可导电部分与接地体连接起来；所有附件及支架都是否采用电导率至少相当于截面为35 mm^2 铜导线电导率的接地材料和接地体相连，接地是否有防腐及降阻处理；光伏并网系统中的所有汇流箱、交直流配电柜、并网功率调节器柜、电流桥架是否保证可靠接地，接地是否有防腐及降阻处理。

光伏系统交流部分的检验包含在逆变器的交流侧是否有绝缘保护；所有的绝缘和开关装置功能是否正常；逆变器是否有保护。

逆变器是电站的主要设备，逆变器质量的好坏直接影响电站的运行，因此应选用通过认证的产品。光伏电站并网前应参照6.1.4所述内容与步骤对逆变器进行必要检查。

交流配电柜是指在光伏系统中实现交流/交流接口、部分主控和监视功能的设备。交流配电设备容量的选取应与输入的电源设备和输出的供电负荷容量匹配。交流配电设备主要特征参数包括标称电压、标称电流。

自动跟踪系统的检查包含自动跟踪系统的导线是否具备防护措施；自动跟踪系统在电源停电或控制失效时，方阵是否可手动调整为正向朝南位置；自动跟踪系统在风速超过最大允许风速时，方阵是否可自动调整为水平方向。

系统运行检查。逆变设备是否有主要运行参数的测量显示和运行状态的指示。参数测量精度是否不低于1.5级。测量显示参数是包括直流输入电压、输入电流，交流输出电压、输出电流，功率因数；状态指示显示逆变设备状态（运行、故障、停机等）。

显示功能。显示内容是否为直流电流、直流电压、直流功率、交流电压、交流电流、交流频率、功率因数、交流发电量、系统发电功率、系统发电量、气温、日射量等。状态显示主要包括运行状态、异常状态、解列状态、并网运行、应急运行、告警内容代码等。并网光伏发电系统须配置现场数据采集系统，能够采集系统的各类运行数据，并按规定的协议通过GPRS/CDMA无线通道、电话线路或Internet上传。交（直）流配电设备是否具有输出过载、短路保护，过电压保护（雷击保护），漏电保护功能。

（2）标签与标志检查

光伏系统标签与标志的检查包含所有的电路、开关和终端设备是否都粘贴了相应的标签；所有的直流接线盒（光伏发电和光伏方阵接线盒）是否粘贴警告标签，标签上是否说明光伏方阵接线盒内含有的源部件，并且当光伏逆变器和公共电网脱离后是否仍有可能带电；交流主隔离开关是否有明显的标志；双路电源供电的系统，是否在两电源点的交汇处粘贴警告标签；是否在设备柜门内侧张贴系统单线图；是否在逆变器室内合适的位置粘贴逆变器保护的设定细节的标签；是否在合适位置粘贴紧急关机程序；所有的标志和标签是否以适当的形式持久粘贴在设备上。

3. 土建和支架结构基础检查

（1）方阵支架检查

方阵支架可以是固定的或间断/连续可调的，系统设计时应为方阵选择合适的方位，光伏组件一般应面向正南；在为避免遮挡等特定地理环境情况下，可考虑在正南 ±20° 内调整设计。

检查包括方阵安装位置的选择是否避免其他建筑物或树木阴影的遮挡，各方阵间是否有足够间距，以保证方阵不相互遮挡。

固定式方阵安装倾角的最佳选择取决于诸多因素，如地理位置、全年太阳辐射分布、直接辐射与散射辐射比例、负载供电要求和特定的场地条件等。方阵支撑结构设计是否综合考虑地理环境、风荷载、方阵场状况、光伏组件规格等，保证光伏方阵的牢固、安全和可靠。

地面安装的光伏方阵支架是否采用钢结构，支架设计是否保证光伏组件与支架连接牢固、可靠、底座与基础连接牢固，组件距地面不宜低于 0.6 m，是否考虑站点环境、气象条件是否可适当调整。

方阵支架钢结构件是否经防锈涂镀处理，满足长期室外使用要求。光伏组件使用的坚固件是否采用不锈钢件或经表面涂镀处理的金属件或具有足够强度的其他防腐材料。钢结构的支架是否遵循《钢结构工程质量验收标准》（GB 50205）。

（2）基础检查

对于安装在地面方阵基础是否符合《建筑地基基础工程施工质量验收标准》（GB 50202）的要求。

（3）光伏方阵检查

方阵场的选择是否避免阴影影响，各方阵间是否有足够间距，是否保证冬至时的上午 9 时至下午 3 时之间光伏组件接受太阳直射光无阴影遮挡。

对于安装在地面的光伏系统，方阵是否夯实表面，松软土质是否夯实；对于年降水量在 900 mm 以上地区，是否有排水设施以及考虑在夯实表面铺设砂石层等，以减小泥水溅射；是否考虑周围环境变化对光伏方阵的影响；光伏方阵是否配备相应的防火设施。

6.1.4 验收前光伏电站检测

1. 测试前准备及并网调试步骤

（1）测试前准备

光伏电站验收测试前应先对逆变器进行必要的检查，具体如下：

① 检查确保直流配电柜及交流配电柜断路器均处于 OFF 位置。

② 检查逆变器是否已按照用户手册、设计图样、安装要求等安装完毕。

③ 检查确认机器内所有螺钉、线缆、接插件连接牢固，器件是否（如吸收电容、软启动电阻等）无松动、损坏。

④ 检查确认防雷器、熔断器是否完好、无损坏。

⑤ 检查确认逆变器直流断路器、交流断路器动作是否灵活，正确。

⑥ 检查确认 DC 连接线缆极性正确，端子连接牢固。

⑦ 检查 AC 电缆连接、电压等级、相序正确，端子连接是否牢固。（电网接入系统，对于多台 500KTL 连接，要禁止多台逆变器直接并联，可通过各自的输出变压器隔离或双分裂及多分裂变压器隔离；另外，逆变器的输出变压器 N 点不可接地）

⑧ 检查所有连接线端是否无绝缘损坏、断线等现象，用绝缘电阻测试仪，检查线缆对地绝

缘阻值，确保绝缘良好。

⑨ 检查机器内设备设置是否正确。以上检查确认没有问题后，对逆变器临时外接控制电源，检查确认逆变器液晶参数是否正确，检验安全门开关、紧急停机开关状态是否有效；模拟设置温度参数，检查冷却风机是否有效（检查完成后，参数设置要改回到出厂设置状态）。

⑩ 检查确认后，除去逆变器检查时临时连接的控制电源，置逆变器断路器于OFF状态。

在完成对逆变器的必要检查工作后还要对逆变器周边设备进行检查，例如电池组件、汇流箱、直流配电柜、交流配电柜、电网接入系统，对这些设备的检查应按照相关调试规范进行检查确认。

（2）并网调试步骤

在并网准备工作完毕，并确认无误后，可开始按照如下步骤进行并网调试。

① 合上逆变器电网侧前端空气开关，用示波器或电能质量分析仪测量网侧电压和频率是否满足逆变器并网要求。并观察液晶显示与测量值是否一致（若两者不一致，且误差较大，则需核对参数设置是否与所要求的参数一致，若两者不一致，则修改参数设置，比较测量值与显示值的一致性；若两者一致，而显示值与实测值误差较大，则需重新定标处理）。

② 在电网电压、频率均满足并网要求的情况下，任意合上一至两路汇流箱内的控制开关，并合上相应的直流配电柜的控制开关及逆变器的控制开关，观察逆变器状态；测量直流电压值与液晶显示值是否一致（若两者不一致，且误差较大，则需核对参数设置是否与所要求的参数一致，若两者不一致，则修改参数设置，比较测量值与显示值的一致性；若两者一致，而显示值与实测值误差较大，则需重新定标处理）。

③ 交流、直流均满足并网运行条件，且逆变器无任何异常，可以点击触摸屏上“运行”图标并确定，启动逆变器并网运行，并检测直流电流、交流输出电流，比较测量值与液晶显示值是否一致；检测三相输出电流波形是否正常，机器运行是否正常。

注意：如果在试运行过程中，听到异响或发现逆变器有异常，可通过液晶屏上停机按钮或前门上紧急停机按钮停止机器运行。

④ 机器正常运行后，可在第②步中任意并入的两路太阳能汇流箱接入的功率状态下，验证功率限制、启停机、紧急停机、安全门开关等功能是否正常。

⑤ 以上功能均验证完成并无问题后，逐步增加直流输入功率，可考虑分别增加到10%、25%、50%、75%、100%功率点。通过合上汇流箱与直流配电柜的断路器并改变逆变器输出功率限幅值来调整逆变器运行功率，试运行逆变器，并检验各功率点运行时的电能质量PF（功率因数）值、THD（谐波失真）值、三相平衡等。

以上各功率点运行均符合要求后，初步试运行调试完毕。上述各步骤需由电力公司人员在场指导、配合调试，同时需有相关设备供应商、系统集成商等多个单位紧密配合，相互合作，共同完成。

2. 电站设备参数测试

（1）测试的一般要求

验收时除上述项目需要检查外，还需要对电气设备进行测试，要求电气设备参数必须符合国家标准GB/T 16895.23的要求。测量仪器和监测设备及测试方法要符合GB/T 18216的相关部分要求。如果使用替代设备，设备必须达到标准要求的同一性能和安全等级。测试内容及顺序如图 6-2 所示。

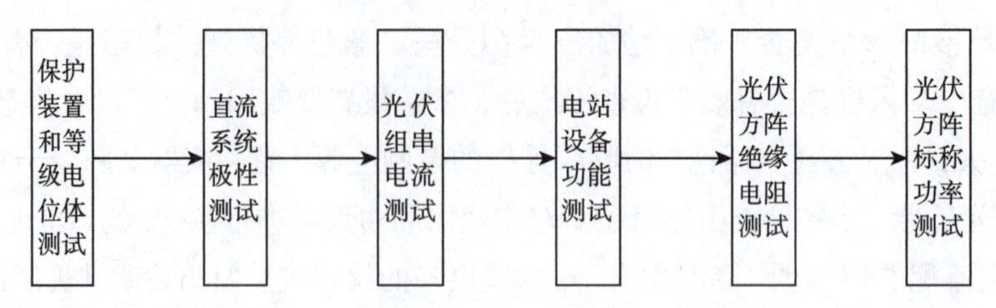

图6-2　光伏电站电气设备及系统测试流程

（2）保护装置和等电位体测试

等电位连接是在一个特定的范围内进行的连接，比如在家庭中的浴室和厨房等经常相对处于潮湿环境的地方将导体（金属水管等能导电物体）进行连接引入大地，但不会与线路的接地点连接在一起，使人体在即使遇到触电的情况下也可因此处与漏电处处于等电位状态，减小对人的伤害，这是一种保护措施。此项测试是检测保护装置或连接体是否为可靠连接。

（3）直流系统极性测试

此项测试是检测所有直流电缆的极性以及是否标明极性，电缆连接是否正确。为了安全起见和防止设备损坏，极性测试一般在进行其他测试和开关关闭或组串过电流保护装置接入前进行。在测量前，先关闭所有的开关和过电流保护装置，再测量每个光伏组串的开路电压。比较测量值与预期值，将比较结果作为检查安装是否正确的依据。对于多个相同的组串系统，要在稳定的光照条件下对组串之间的电压进行比较。在稳定的光照条件，可以采用延长测试时间；或用多个仪表，一个仪表测量一个光伏组串；或用辐射表来标定读数等方法进行检测。若测试电压值低于预期值，通常表明一个或多个组件的极性连接错误，或者绝缘等级低，或者导管和接线盒有损坏或有积水；高于预期值并有较大出入通常是由于接线错误引起。

（4）光伏组串电流测试

对光伏组串电流进行测试的目的是检验光伏方阵的接线是否正确，该测试不能用来衡量光伏组串 / 方阵的性能。测量每一光伏组串的短路电流，有一定的潜在危险性，所以要按规定的测试步骤进行测试。测量值必须与预期值作比较。对于多个相同的组串系统并且在稳定的光照条件下，单个组串之间的电流也要进行比较。在稳定的光照条件下组串短路电流值应该是相同的，误差范围应在 5% 内。对于非稳定光照条件，可以采用延长测试时间；或采用多个仪表，一个仪表测量一个光伏组串；或使用辐照表标定当前读数的方法进行测试。短路电流测试步骤如下：

第一步，确定所有光伏组串是相互独立的，所有的开关装置和隔离器处于断开状态。第二步，用钳形电流表和同轴电流表测量短路电流。

（5）电站设备功能测试

功能测试是指对于开关设备和控制设备、逆变器、电网故障进行的测试。其中逆变器的测试过程由逆变器供应商提供；电网故障测试步骤为先断开交流主电路隔离开关，光伏系统应立即停止运行，然后将交流隔离开关重合闸，确定光伏系统是否恢复正常的工作状态。

（6）光伏方阵绝缘电阻测试

测试时非授权人员不得进入工作区，不得用手直接触摸电气设备，绝缘测试装置要具有自动放电的能力；测试期间穿好个人防护服。测试时可采用下列两种方法：

① 先测试方阵负极对地的绝缘电阻，然后测试方阵正极对地的绝缘电阻。

② 测试光伏方阵正极与负极短路时对地的绝缘电阻。绝缘电阻最小值见表 6-1。

表6-1 绝缘电阻最小值

测试方法	系统电压/V	测试电压/V	最小绝缘电阻/MΩ
测试方法1	120	250	0.5
	< 600	500	1
	< 1 000	1 000	1
测试方法2	120	250	0.5
	< 600	500	1
	< 1 000	1 000	1

对于方阵边框没有接地的系统（如有Ⅱ类绝缘），可以采用下列两种方法：

① 在电缆与大地之间作绝缘测试。

② 在方阵电缆和组件边框之间作绝缘测试。

（7）光伏方阵标称功率测试

现场功率的测试可以采用由第三方检测单位校准过的太阳能电池方阵测试仪抽测太阳能电池支路的 *I—U* 特性曲线，抽检比例一般不得低于 30%。由 *I—U* 特性曲线可以得出该支路的最大输出功率，为了将测试得到的最大输出功率转换到峰值功率，需要经光强、温度、组合损失、最大功率点、太阳能电池朝向的校正得到电站的峰值功率。

① 光强校正：在非标准条件下测试应当进行光强校正，光强按照线性法校正最大功率点。

② 温度校正：结温一般估计为 60 ℃，按照高于 25 ℃时每升高 1 ℃，功率下降 2‰ 计算（晶体硅按照 5‰ 计算），合计下降 7‰。

③ 组合损失校正：太阳能电池组件串并联后会有组合损失，应当进行组合损失校正，太阳能电池的组合损失应当控制在 5% 以内。

④ 最大功率点校正：工作条件下太阳能电池很难保证工作在最大功率点，需要与功率曲线对比进行校正；对于带有太阳能电池最大功率点跟踪（MPPT）装置的系统可以不进行此项校正。

⑤ 太阳能电池朝向校正：不同的太阳能电池朝向具有不同的功率输出和功率损失，如果有不同朝向的太阳能电池接入同一台逆变器的情况下，需要进行此项校正。

3. 电能质量测试及安全措施

根据《光伏系统并网技术要求》（GB/T 19939）等相关并网规范，光伏电站并网前应对电能质量相关关键技术指标进行测试，最终结果需由电力部门认可的机构确认。

（1）电能质量测试

光伏电站电能质量测试前，应进行电网侧电能质量测试。电能质量测试装置应满足 GB 19862、DL/T 1028 的技术要求，并符合 IEC 61000-4-30 测量精度要求。电能质量测试示意图如图 6-3 所示。

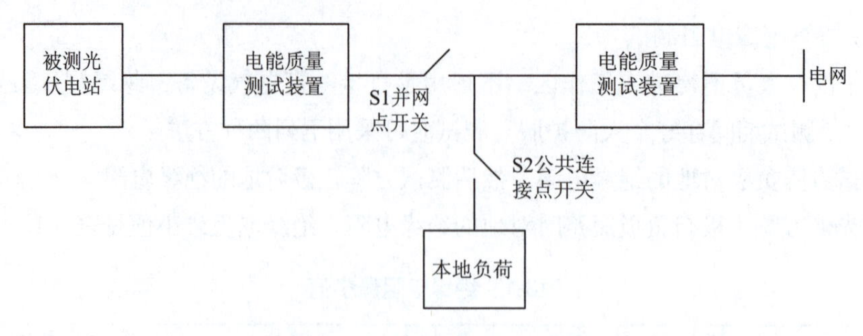

图6-3　电能质量测试示意图

电能质量测试步骤：第一步，选择合适的测试点，电能质量测试点应设在光伏电站并网点和公共连接点处。第二步，校核被测光伏电站实际投入电网的容量。第三步，测试各项电能质量指标参数，在系统正常运行的方式下，连续测量至少满 24 h（具备一个完整的辐照周期）。第四步，读取测试数据并进行分析，输出统计报表和测量曲线，并判别是否满足《电能质量　电压波动和闪变》（GB/T 12326）、《电能质量　公用电网谐波》（GB/T 14549）、《电能质量　三相电压不平衡》（GB/T 15543）、《电能质量　电力系统频率偏差》（GB/T 15945）的国家标准要求。

（2）电压异常（扰动）响应特性测试

电压异常（扰动）响应特性测试示意图如图 6-4 所示，可以通过电网扰动发生装置和数字示波器或其他记录装置进行测试。选择电网扰动发生装置时，要注意该装置应具备输出电压调节能力，同时，不能对电网的安全性造成影响。

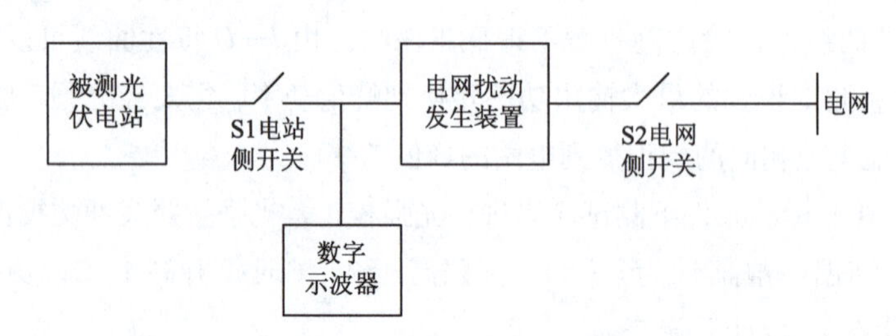

图6-4　电压异常（扰动）响应特性测试示意图

电压异常（扰动）响应特性测试步骤：第一步，选择测试点，电压异常（扰动）测试点应设置在光伏电站或单元发电模块并网点处。第二步，通过电网扰动发生装置设置光伏电站并网点处电压幅值为额定电压的 50%、85%、110% 和 135%，并任意设置两个光伏电站并网点处电压（$0 \leqslant U \leqslant 135\%U_e$），电网扰动发生装置测试时间持续 30 s 后将并网点处电压恢复为额定值。第三步，通过数字示波器记录被测光伏电站分闸时间和恢复并网时间。第四步，读取数字示波器数据并进行分析，输出报表和测量曲线，并判别是否满足 Q/GDW 617 要求。

（3）频率异常（扰动）响应特性测试

频率异常（扰动）响应特性可通过电网扰动发生装置和数字示波器或其他记录装置测试，如图 6-5 所示。测试用电网扰动发生装置应具备频率调节能力，且不会影响电网的安全性。

频率异常（扰动）响应特性测试步骤：

第一步，选择测试点，频率异常（扰动）测试点应设置在光伏电站或单元发电模块并网点处。

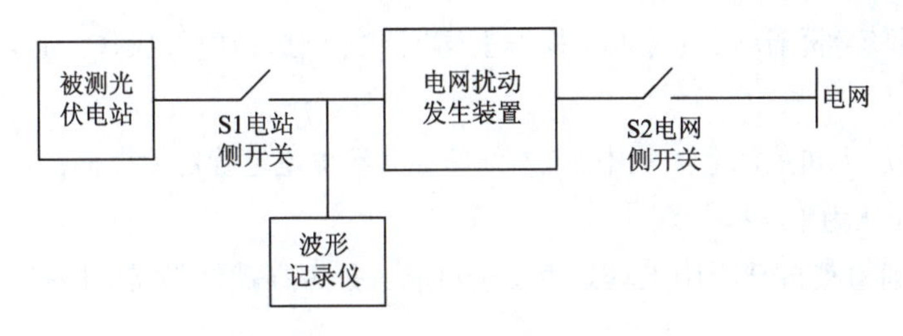

图6-5 频率异常（扰动）响应特性测试示意图

第二步，设置并网点扰动频率，并记录电站响应时间。

对于小型光伏电站，通过电网扰动发生装置设置光伏电站并网点处频率为 49.5 Hz、50.2 Hz，电网扰动发生装置测试时间持续 30 s 后将并网点处频率恢复为额定值；通过波形记录仪记录被测光伏电站分闸时间和恢复并网时间。

对于大中型光伏电站，则需要设置四个频率点进行测试，并分别记录相关响应时间。通过电网扰动发生装置设置光伏电站并网点处频率为 48 Hz，测试时间持续 10 min 后将并网点处频率恢复为额定值，通过波形记录仪记录被测光伏电站分闸时间和恢复并网时间。通过电网扰动发生装置设置光伏电站并网点处频率为 49.5 Hz，测试时间持续 2 min 后将并网点处频率恢复为额定值，通过波形记录仪记录被测光伏电站分闸时间和恢复并网时间。通过电网扰动发生装置设置光伏电站并网点处频率为 50.2 Hz，电网扰动发生装置测试时间持续 2 min 后将并网点处频率恢复为额定值，通过波形记录仪记录被测光伏电站分闸时间和恢复并网时间。通过电网扰动发生装置设置光伏电站并网点处频率为 50.5 Hz，电网扰动发生装置测试时间持续 30 s 后将并网点处频率恢复为额定值，通过波形记录仪记录被测光伏电站分闸时间和恢复并网时间。

第三步，读取波形记录仪数据并进行分析，输出报表和测量曲线，并判别是否满足 Q/GDW 617 要求。

（4）通用性能测试与检查

① 防雷和接地测试。运用防雷和接地测试装置测量光伏电站和并网点设备的防雷接地电阻。光伏电站和并网点设备的防雷和接地测试应符合 GB/T 21431 的要求。

② 电磁兼容测试。光伏电站和并网点设备的电磁兼容测试应满足 YD/T 1633 的要求。

③ 耐压测试。运用耐压测试装置测量光伏电站设备的耐压。并网点设备的耐压测试应符合 DL/T 474.4 的要求。

④ 抗干扰能力测试。当光伏电站并网点的电压波动和闪变值满足 GB/T 12326、谐波值满足 GB/T 14549、三相电压不平衡度满足 GB/T 15543、间谐波含有率满足 GB/T 24337 的要求时，光伏电站应能正常运行。

⑤ 安全标识检查。对于小型光伏电站，连接光伏电站和电网的专用低压开关柜应有醒目标识。标识应标明“警告”“双电源”等提示性文字和符号。标识的形状、颜色、尺寸和高度参照 GB 2894 的要求执行。

（5）安全措施

① 调试检测人员要求。

从事现场调试检测的人员，必须身体感官无严重缺陷。经有关部门培训考试鉴定合格，持有国家劳动安全监察部门认可的《电工操作上岗证》才能进行电气操作。必须熟练掌握触电急救方法。

现场调试、检测人员应注意力集中，电器线路在未经测电笔确定无电前，应一律视为“有电”，不可用手触摸，应认为带电操作。

工作前应详细检查自己所用工具是否安全可靠，是否穿戴好必需的防护用品，以防工作时发生意外。

② 试验过程注意事项。

现场试验过程中，在开关手把上或线路上悬挂“有人工作、禁止合闸”的警告牌，防止他人中途送电。装设接地线：检测平台接地体之间应良好连接，最终从集控车引出地线与现场接地点可靠连接。送电前必须认真检查电器设备，和有关人员联系好后方能送电。

装设临时遮栏和悬挂标志牌：试验过程中，将检测平台四周装设临时遮栏并悬挂“高压危险”警告牌。使用验电棒时要注意测试电压范围，禁止超出范围使用。验电：分相逐相进行，在对断开位置的开关或刀闸进行验电的同时，对两侧各相验电。

对停电的线路进行验电时，若线路上未连接可构成放电回路的三相负荷，要予以充分放电。高压试验时必须戴绝缘手套。工作中所有拆除的电线要处理好，带电线头包好，以防发生触电。遇有雷雨天气时，检测人员应立即停电工作，并做好检测平台防雨措施。

发生火警时，应立即切断电源，用四氯化碳粉质灭火器或黄沙扑救，严禁用水扑救。

工作完毕后，必须要求拆除临时地线，并检查是否有工具等物体在带电体上；工作结束后，必须要求全部检测人员撤离工作地段，拆除警告牌，所有材料、工具、仪表等随之撤离，原有防护装置随时安装好。

6.1.5 小型光伏电站检测案例

1. 项目背景及基本信息

受湖南某市区发展和改革局的委托，为了解辖区光伏扶贫项目建设质量，掌控电站设备性能参数，拟利用专业化仪器对电站设备进行检测，同时对电站建设质量进行检查。按照《关于组织开展光伏扶贫电站验收工作的通知》（湘发改能源〔2018〕713 号）文件及其附件中光伏扶贫电站竣工验收（检测）要求，以及双方约定的检测内容，我公司对 ×× 村 70.2 kW 光伏扶贫并网项目进行抽样建设质量检查与设备性能测试工作。

光伏电站基本信息如下：

电站名称：×× 区 ×× 村 70.2 kW 光伏扶贫项目电站

电站位置：岳阳市 ×× 区 ×× 村

业　　主：×× 村村委

承 建 商：×× 新能源有限公司

支架类型：固定式

单个组串包含组件数：20 块

逆变器品牌：古瑞瓦特 30KTL3/40KTL3

组件品牌 / 类型 / 标称功率：天合 / 多晶硅 /GCL-P6/60265

× × 村电站信息汇总表见表 6-2。

表6-2 × × 村电站信息汇总表

基本情况			组件信息			逆变器信息		
电站容量/kW	开工时间	调试并网时间	厂家	型号	数量	厂家	数量	型号
70.2	6/10/17	7/31/17	某公司	270PD05	260	某公司	1台	40000TL3-NSE
							1台	30000TL3-SE

2. 光伏电站质量检查性内容

（1）设备一致性核查

① 检查内容：合同文件是否齐全；现场组件、逆变器、配电箱的关键设备是否与合同一致；

光伏组件、逆变器、配电柜、线缆等设备认证证书及进场报告，技术协议或技术规格书，安装、使用手册是否齐全。

② 抽样方案：覆盖所有厂家、型号。

③ 检查结果：组件、逆变器、配电箱的关键设备与合同采购招标一致。

光伏组件为天合光能品牌，设备认证证书、铭牌齐全，有进场报告，有协议内容，有安装、使用手册；逆变器为古瑞瓦特品牌，设备认证证书、铭牌齐全，有进场报告，有技术规格书，有安装、使用手册；配电箱为天合光能品牌，设备认证证书、铭牌齐全，有进场报告，有技术规格书，有安装、使用手册。

（2）支架安装检查

① 检查依据：《光伏发电站施工规范》（GB 50794）、《光伏发电系统验收测试技术规范》（CNCA/CTS 0033）、《电气装置安装工程质量检验及评定规程》（DL/T 5161.4）。

② 检查内容：光伏阵列安装位置的选择应避免其他建筑物或树木阴影的遮挡，各阵列间应有足够间距，以保证光伏阵列不相互遮挡。方阵支撑结构设计应综合考虑地理环境、风荷载、方阵场状况、光伏组件规格等，保证光伏方阵的牢固、安全和可靠。地面安装的光伏方阵支架宜采用钢结构，支架设计应保证光伏组件与支架连接牢固、可靠，底座与基础连接牢固，考虑站点环境、气象条件，可适当调整。支架安装中心线，偏差≤2 cm;支架立柱侧向平齐度偏差，轴向全长（相同标高）≤5 cm；支架顶面标高偏差，轴向全长（相同轴线）≤10 cm，相邻立柱间≤2 cm；组件安装边缘高差，东西向全长（相同标高）≤10 cm；组件安装平整度，东西向全长（相同轴线及标高）≤5 cm。方阵支架钢结构件应经防锈涂镀处理，满足长期室外使用要求。光伏组件和方阵使用的紧固件应采用不锈钢件或经表面涂镀处理的金属件或具有足够强度的其他防腐材料，且镀锌层厚度应不小于 55 μm。支架倾角现场测试，现场测试角度误差不应大于 5%。

③ 抽样方案：每座电站随机抽取 1 个支架。

④ 检查结果：通过对抽取的电站进行支架安装检查，结果如下：经现场对支架进行安装检查，支架安装中心线误差均≤2 cm，符合标准要求；支架立柱侧向平齐度偏差在规定范围内，符合标准要求；支架底面平齐度偏差在规定范围内，符合标准要求；支架安装牢固可靠无变形。

项目设计缺少荷载计算书无法评定安全性。

(3) 组件安装检查

① 检查依据：《光伏发电站施工规范》(GB 50794)、《光伏发电系统验收测试技术规范》(CNCA/CTS 0033)、《双方采购技术协议》。

② 检查内容：光伏组件必须选用按 IEC 61215、IEC 61646 或 IEC 61730 的要求通过产品质量认证的产品；材料和元件应选用符合相应的图纸和工艺要求的产品，并经过常规检测、质量控制与产品验收程序；组件产品应是完整的，每个太阳电池组件上的标志应符合 IEC 61215 或 IEC 61646 中的要求，标注额定输出功率（或电流）、额定工作电压、开路电压、短路电流；有合格标志；附带制造商的储运、安装和电路连接指示；组件互连应符合方阵电气结构设计。

③ 抽样方案：全站所有组件按 0.3% 的比例抽检。

④ 检查结果：经对抽取的电站进行组件安装检查，发现电站最东面有树木遮挡组件，组串无编号，电站四周围栏未安装出入门，该电站采用的是天合光能 TSM-270PD05 组件，未发现组件有正背面明显划伤痕迹；未发现裂纹、崩边、缺角组件；组件安装平整。

光伏阵列安装位置有树木及护栏阴影的遮挡，如图 6-6 所示。

图6-6　树木及护栏遮挡图

(4) 逆变器安装检查

① 检查依据：《光伏发电站施工规范》(GB 50794)、《光伏发电系统验收测试技术规范》(CNCA/CTS 0033)、《电气装置安装工程质量检验及评定规程》(DL/T 5161.4)、《双方采购技术协议》。

② 检查内容：检查全站所有逆变器。油漆电镀应牢固、平整，无剥落、锈蚀及裂痕等现象；各种开关应便于操作、灵活可靠；机柜内应该有适当的保护措施以防止对操作人员直接接触电极部分，包括交直流接线端子各种电气元件的电极。配电柜中的防雷模块、熔断器参数是否满足系统要求。

③ 抽样方案：全检。

④ 检查结果：逆变器检查汇总表见表 6-3。

表6-3　逆变器检查汇总表

序号	检查项目	检查内容	检查结果
1	逆变器认证检查	机架组装有关零部件均应符合各自的技术要求	合格
2	逆变器电镀检查	油漆电镀应牢固、平整，无剥落、锈蚀及裂痕等现象	合格
3	逆变器机架检查	机架面板应平整，文字和符号要求清楚、整齐、规范、正确	合格
4	逆变器标示检查	标牌、标志、标记应完整清晰	合格
5	逆变器开关检查	各种开关应便于操作、灵活可靠	合格
6	逆变器保护检查	机柜内应该有适当的保护措施以防止对操作人员直接接触电极部分，包括交直流接线端子、各种电气元件的电极	合格

经对抽取电站进行逆变器安装检查，检查发现该村电站逆变器无编号、组串无编号；逆变器油漆电镀牢固、平整，无剥落、无锈蚀及裂痕现象；逆变器安装牢固可靠且指示正常，如图 6-7、图 6-8 所示。

图6-7 逆变器现场安装图

图6-8 逆变器铭牌信息

（5）配电柜安装检查

① 检查依据：《光伏发电站施工规范》（GB 50794）、《光伏发电系统验收测试技术规范》（CNCA/CTS 0033）、《电气装置安装工程质量检验及评定规程》（DL/T 5161.4）。

② 检查内容：油漆电镀应牢固、平整，无剥落、锈蚀及裂痕等现象；各种开关应便于操作、灵活可靠；机柜内应该有适当的保护措施以防止对操作人员直接接触电极部分，包括交直流接线端子各种电气元件的电极。配电柜中的防雷模块、熔断器参数是否满足系统要求。

③ 抽样方案：检查全站所有配电柜。

④ 检查结果：油漆电镀应牢固、平整，无剥落、锈蚀及裂痕等现象；配电箱中有防雷模块，系统采用的熔断器参数满足系统要求；配电箱中安装有防雷涌浪抑制器，基本满足防感应雷的要求。

（6）基础检查

① 检查依据：《建筑地基基础工程施工质量验收标准》（GB 50202）。

② 检查内容：基础的是否和设计图样一致，基础误差是否在允许范围内；预埋件的位置是否正确，偏差是否在允许范围内；基础是否有验收文件，施工记录应满足验收要求。

③ 抽样方案：检查全站所有基础。

④ 检查结果：基础顶标高一致，基础尺寸符合设计要求。

（7）防雷接地

① 检查内容：防雷与地网的连接检查。系统防雷接地与设备接地是否分开设置，单独接入地网；汇流箱、逆变器、配电柜中的防雷模块、熔断器参数是否满足系统要求；主要电气设备是否安装防浪涌抑制器；线路布局防雷检查。

② 抽样方案：全检。

③ 检查结果：防雷接地与设备接地未分开设置，应该单独设置，单独接入地网；逆变器、配电箱中有防雷模块。防雷线路布局：组件与组件之间未进行等位连接，方阵之间通过支架连接，每个方阵均有接地扁钢接地。

（8）设备安全标识

① 检查内容：逆变器、配电柜及附近的设备和周边的防护上是否设有安全标识，应满足电力施工规范和设备制造商的要求。

② 抽样方案：全检。

③ 检查结果：该光伏电站防护栏上缺少安全标示牌，存在安全隐患；项目的逆变器、配电箱上都有安全标识，电站周边附近的设备防护上锁，满足电力施工规范和设备制造商的要求，如图 6-9 所示。

图6-9　电气设备现场图

（9）设备电气连接

① 检查内容：各设备接线是否正确、紧固，端口处有无按要求涂抹防火泥。满足电力施工设备制造商的要求。

② 抽样方案：每个村级电站对抽取 1 台逆变器对应的光伏方阵。

③ 检查结果：设备接地正确，但是逆变器缺少相应的套码管，管理不方便。防雷并网箱连线端口位置未按要求涂抹防火泥。

3. 电站性能类检测项目

（1）接地连续性测试（等电位体测试）

① 检测内容：单块组件接地连续性测试，要求电阻值 <0.1 Ω。

② 抽样方案：每个电站抽取 2 块组件。

③ 使用仪器：意大利爱启提（HT）PV-215 光伏测试仪。

④ 检测结果：在抽检的电站中对组件进行接地连续性测试，每站测试 2 组，测试结果显示组件、支架接地电阻都在 0.1Ω 以下，符合验收标准。接地连续性测试表见表 6-4。

表6-4　接地连续性测试表

检测项目 接地连续性位置	检测结果 组件边框接地电阻/Ω	备　注
测点1	0.05	
测点2	0.06	

（2）方阵绝缘电阻测试

① 检测内容：逆变器直流段，组串正极 / 负极对地检测，不少于 5 组，绝缘值 >1 MΩ。

② 抽样方案：每个村级电站抽取 1 台逆变器连接的所有光伏方阵。

③ 使用仪器：意大利爱启提（HT）PV-215 光伏测试仪。

④ 检测结果：依据检测要求，现场对抽检的组串进行绝缘电阻测试，所有检测组串的绝缘

电阻大于 1 MΩ，符合《光伏发电系统验收测试技术规范》（CNCA/CTS0033）中 600 ～ 1 000 V 电压范围内其绝缘电阻不低于 1 MΩ，所有检测组串的绝缘电阻大于 1 MΩ，符合验收标准。具体数据见表 6-5。

表6-5 方阵绝缘电阻测试

检测项目 绝缘位置	检测结果		备注
	组串正极对地绝缘电阻/MΩ	组串负极对地绝缘电阻/MΩ	
组串1	28	36	
组串2	30	40	
组串3	28	36	
组串4	32	40	
组串5	35	60	

（3）接地电阻检测

① 检查依据：《光伏发电系统验收测试技术规范》（CNCA/CTS 0033）。

② 抽样方案：每站测试 2 组。

③ 使用仪器：Fluke1625KIT 接地电阻测试仪。

④ 检测结果：在抽检的 2 座电站中对组件、支架进行接地电阻测试，每站测试 2 组，测试结果显示组件、支架接地电阻都在 4 Ω 以下，符合《并网光伏发电系统工程验收基本要求》CNCA/CTS 0004）的不高于 4 Ω 规定。具体数据见表 6-6。

表6-6 接地电阻测试表

检测项目位置	接地电阻/Ω	备 注
接地点1	3.24	
接地点2	1.85	

（4）光伏组串电性能测试

① 检查依据：《光伏发电系统验收测试技术规范》（CNCA/CTS 0033）、《光伏器件第 1 部分：光伏电流 - 电压特性的测量》（GB/T 6495.1）。

② 检测内容：检查组串极性是否标明，电缆连接是否正确，测试组串的开路电压。

③ 抽样方案：每站抽取 5 个组串。④使用仪器：HTIV-400 电性能测试仪。

④ 检测结果：在抽检的电站中现场共测试组串电性能 5 串，本次测试的组串电性能均满足行业规范要求，见表 6-7。

表6-7 组串极性及开路电压测试表

检测位置	检测编号	开路电压测试/V	备注
逆变器MPPT1	组串1	712	
	组串2	710	
	组串3	710	
逆变器MPPT2	组串4	725	
	组串5	728	

（5）红外热成像检测

① 检查依据：《光伏发电系统验收测试技术规范》（CNCA/CTS 0033）。

② 抽样方案：测试电站全部组件。

③ 使用仪器：FLUKETi32 红外热成像仪。

④ 检测结果：区域组件有树木倒影；光伏组件有明显热点，温差超过 30 ℃；配电箱、逆变器红外热成像均匀一致，无明显热斑现象，如图 6-10 所示。

（a）测点1　（b）测点2

（c）测点3　（d）测点4

（e）逆变器　（f）配电箱

图6-10　热成像图

注意：每个组件所用电池的电特性要基本一致，否则将在电性能不好或被遮挡的电池（问题电池）上产生所谓热斑效应。热斑效应的危害：可能导致整个电池组件的损坏，造成损失。热斑效应产生的主要原因：阴影遮挡；电池片性能不一致；虚焊、隐裂、组件中异物短路。

（6）组件 EL 检测

现场每个电站随机抽取 1 块组件进行测试。经对测试结果进行分析，所测试 EL 组件完好无问题。

① 检查依据：双方技术协议。

② 抽样方案：每站测试 1 块组件。

③ 使用仪器：莱克斯 EL（电致发光）测试仪。

④ 检测结果：现场电站随机抽取 1 块组件进行测试，经对测试结果进行分析，所测试 EL 组件完好无问题，见表 6-8。

表6-8 EL测试表

组件编码	图　示
X33170210110555	

注意：隐裂是指在光伏组件中，电池片存在肉眼无法观察的裂纹的情况，通常可以通过电致发光原理进行检查。隐裂的影响：严重的隐裂影响组件的功率输出；严重的隐裂可能发展为裂片；严重的隐裂可以引起热斑效应；在电池表面形成蠕虫纹。隐裂产生的主要原因：生产过程中工艺控制不合格；运输与包装过程中造成隐裂；施工安装过程中踩踏造成。

（7）组件功率检测

① 检测内容：检测组件的 *I-U* 曲线，得出准确的光伏组件功率衰减率，对比是否符合招标文件、设计文件及工信部要求。按照相关规范，要求多晶硅首年衰减率不大于 3%，单晶硅首年衰减率不大于 2.5%，25 年组件衰减率不大 20%。

② 抽样方案：每个村级电站中按 3% 比例抽取，并覆盖所有厂家、型号。

③ 使用仪器：中电四十一所 *I–U* 测试仪。

④ 检测结果：现场每座电站随机抽取 1 块组件进行测试，经对测试结果进行分析，所测试组件开路电压为 37.4 V、组件短路电流为 7.04 A、组件测得功率为 263.5 W、组件的衰减率为 −2.4%，光伏组件满足表 6-9 所示的技术参数要求。

（8）设备功能检测

① 检测内容：开关设备、控制设备、通信功能等是否都具备，是否能正常工作。光伏系统停止运行、开合闸光伏系统是否能恢复正常工作。

表6-9　光伏组件技术参数表

检测项目	组件电性能参数
	测试组件的短路电流（I_{sc}）：9.18 A 开路电压（U_{oc}）：38.4 V 最大功率点电流（I_{max}）：8.73 A 最大功率点电压（U_{max}）：30.9 V 最大功率（P_{max}）：270 W 组件衰减率：−2.4% 使用组件的温度系统对组件的最大功率进行修正，得出标准条件（辐照度1 000 W/m²，组件温度25 ℃，AM1.5）下的最大功率

② 抽样方案：全检。

③ 检测结果：通过开合光伏逆变器的开关设备，项目逆变器开关设备能正常工作，控制设备操作都能满足要求，逆变器安装无线通信设备，正常工作。

（9）光伏方阵间距及离地高度检测

① 检测内容：方阵南北间距与离地高度是否符合设计要求。

② 抽样方案：每个村级电站中抽取 2 个支架方阵。

③ 使用仪器：智能数字激光测距仪。

④ 检测结果：现场每座电站随机抽取 2 个支架方阵进行测试，方阵南端离地高度为 0.65 m，方阵北端离地高度为 1.61 m，方阵南北间距为 4.1 m，符合设计要求。

（10）支架镀锌层厚度检测

① 检测内容：方阵支架钢结构件应经防锈涂镀处理，满足长期室外使用要求。光伏组件和方阵使用的紧固件应采用不锈钢件或经表面涂镀处理的金属件或具有足够强度的其他防腐材料，且镀锌层厚度应不小于 55 μm。

② 抽样方案：每个村级电站抽取 2 处。

③ 使用仪器：涂层测厚仪。

④ 检测结果：方阵支架钢结构件应经防锈涂镀处理，满足长期室外使用要求。方阵使用的紧固件应采用不锈钢件或经表面涂镀处理的金属件，该项目镀锌层厚度标准为 55 μm。部分位置的测量平均值低于标准值，见表 6-10。

表6-10　支架镀锌层厚度测量表

支架位置	名称	实测厚度1/μm	实测厚度2/μm	平均值/μm
方阵	横梁	70.1	67.2	68.65
	斜梁	35.4	33.3	34.35
	斜撑	55.1	47.9	51.5
	前立柱	33.4	38.2	35.8
	后立柱	31.5	33.6	32.55

4. 验收总结

（1）电站整改建议

① 光伏组件与组件之间需要进行等位连接。

② 西部护栏对组件有遮挡，建议对该护栏进行相应处理，消除遮挡；建议将南面的树木及护栏整体后移。

③ 光伏电站护栏外围添加安全标示牌。

④ 防雷并网箱内连线端口添加防火泥。

⑤ 接地电阻测试超标，请重新核查接地设计，按规范做好接地处理。

⑥ 逆变器加上编号、光伏组串加上编号，便于后期管理维护。

⑦ 支架镀锌厚度部分不满足要求，增厚镀锌层。

（2）验收结论

所有未达标项目整改后，项目检查检测合格。

任务2 光伏电站验收内容

根据《光伏电站项目验收规范》（GB/T 50796），通过 380 V 及以上电压等级接入电网的地面和屋顶光伏发电新建、改建和扩建工程（建筑与光伏一体化和户用光伏电站项目除外）应通过单位工程的工程启动、工程试运和移交生产、工程竣工四个阶段的全面检查验收，各阶段验收应按要求组建相应的验收组织，并确定验收主持单位。

6.2.1 单位工程验收

项目类型按照工程验收流程分为：检验批验收、分项工程验收、分部工程验收、单位工程验收、单项工程验收（工程项目验收），如图 6-11 所示。

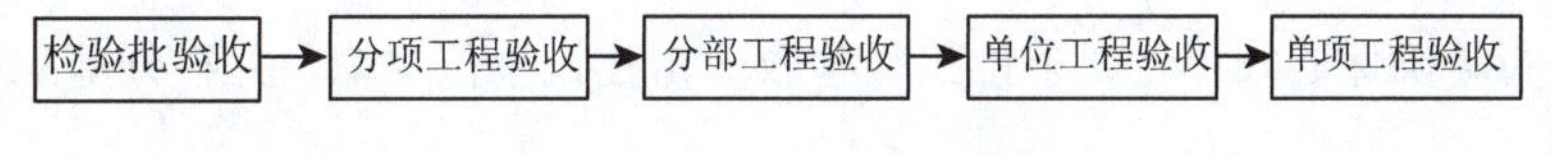

图6-11 单位工程验收流程

由图可知，单位工程由若干个分部工程构成，分部工程又由若干个分项工程构成，分部工程的验收应由总监理工程师组织，并在分项工程验收合格的基础上进行。分项工程的验收应由监理工程师组织，并在施工单位自行检查评定合格的基础上进行，分项工程是由若干检验批组成，完成每一道工序都要检查验收，就是一个检验批。

单位工程指具有单独设计和独立施工条件，但不能独立发挥生产能力或效益的工程。

（1）单位工程验收组织分工

单位工程验收由建设单位组建单位工程验收组，通常由建设、设计、监理、施工、调试等有关单位负责人及专业技术人员组成。单位工程验收组主要负责指挥、协调分部工程、分项工程、施工安装各阶段、各专业的检查验收工作；根据分部、分项工程进度及时组织相关单位、相关专业人员成立相应的验收检查小组，负责分部、分项工程的验收；听取工程施工单位有关工程建设和工程质量评定情况的汇报；对检查中发现的缺陷提出整改意见，并督促有关单位限期整改；对单位工程进行总体评价。

（2）单位工程验收合格条件

单位工程完工后，施工单位应及时向建设单位提出验收申请，单位工程验收组应及时组建各专业验收组进行验收。单位工程验收合格满足以下条件：构成单位工程的各分部工程合格；工程相关资料文件完备；对涉及安全和使用功能的分部工程的检验资料复查合格；对建筑工程和设备安装工程的主要功能抽查合格；对单位工程的观感质量检查合格。

（3）单位工程验收流程

由建设单位组建单位工程验收领导小组，小组成员包括建设、设计、监理、施工、安装、调试等单位负责人及专业技术员。由施工单位提出验收申请，由验收领导小组对分部、分项工程检查验收；如检查中发现问题，提出整改意见并督促有关单位限期整改；若合格则对单位工程做出总体评价，并签署单位工程验收鉴定书。

（4）单位工程验收内容

单位工程的验收内容是：主要检查质量控制资料是否完整；单位工程所含分部工程有关安全和功能的检测资料是否完整；主要功能项目的抽查结果是否符合相应技术要求的规定；检查观感质量验收是否符合要求。

单位工程验收工作包括：检查单位工程是否符合批准的设计图样、设计更改联系单及施工技术要求；应检查施工记录及有关材料合格证、检测报告等，检查各主要工艺、隐蔽工程监理检查记录与报告等；单位工程验收要求检查其形象面貌和整体质量，对检查中发现的遗留问题提出处理意见，对单位工程进行质量评定，签署“单位工程验收意见书”；分部工程的验收质量控制资料应完整；分部工程所含分项工程有关安全及功能的检验和抽样检测结果应符合有关规定：观感质量验收应符合要求。

光伏电站项目的单位工程验收应按照土建工程验收、安装工程验收、绿化工程验收、安全防范工程验收、消防工程验收的顺序进行，前一工程验收是后面验收工作的基础，为确保各阶段验收顺利进行，确保验收质量，单位工程验收应由建设单位组织，并在分部工程验收合格的基础上进行。

1. 土建工程验收

（1）土建工程的验收分类

土建工程的验收包括建（构）筑物、场地及地下设施和光伏组件支架基础等分部工程的验收。施工记录、隐蔽工程验收文件、质量控制、自检验收记录等有关资料应完整齐备。并网光伏电站土建验收分类如图 6-12 所示。

（2）验收要点

检查土建工程中各分项工程的施工记录、隐蔽验收文件、质量控制、自检验收记录等资料是否完整。

混凝土独立（条形）基础的验收应符合现行国家标准《混凝土结构工程施工质量验收规范》（GB 50204）的有关规定。桩基础的验收应符合现行国家标准《建筑地基基础工程施工质量验收标准》(GB 50202)的有关规定。外露的金属预埋件(预埋螺栓)是否进行了防腐处理。施工是否满足设计图样的设计参数和要求；现浇结构的尺寸偏差是否在允许偏差范围；基础的尺寸偏差是否在允许偏差范围；底座中心线对定位轴线的偏移、基准点标高、轴线垂直度是否在允许偏差范围内；屋面支架基础的施工是否损害建筑物的主体结构，是否破坏屋面的防水构造，且与建筑物承取结构的连接足否牢固、可靠;支架基础的轴线、标高、截面尺寸及垂直度以及预埋螺栓(预埋件)的尺寸偏差是否符合现行国家标准《光伏发电站施工规范》(GB 50794)的规定。

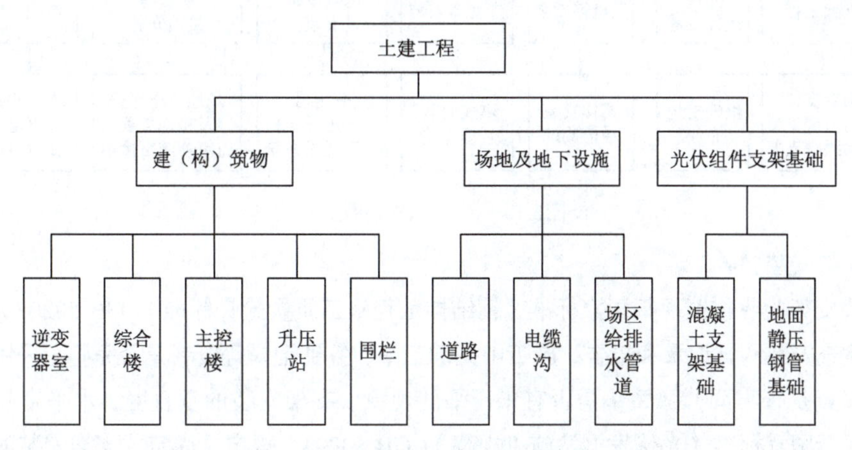

图6-12　并网光伏电站土建验收分类

地面静压钢管基础柱位平面偏差是否在允许范围内；柱节垂直度偏差是否在允许范围内，承台周边至边桩的净距、承台厚度、桩顶嵌入承台内长度是否符合施工要求；外露的金属预埋件是否进行了防腐防锈处理，填写光伏组件支架基础分部工程验收表。

场地平整是否符合设计的要求；检查道路质量是否符合设计要求，用模拟试通车检查路基、路面、转变半径是否符合光伏电站项目设备运输要求；电缆沟施工是否按设计图样的要求进行；电缆沟内有无杂物，盖板是否齐全、可靠，电缆沟堵漏及排水设施是否完好；场区给排水设施的施工是否按照《给排水管道工程施工及验收规范》(GB 50268)的要求；填写场地及地下设施分部工程验收表。

建(构)筑物的逆变器室、配电室、综合楼、主控楼、升压站、围栏(围墙)等分项工程是否符合现行国家标准《建筑工程施工质量验收统一标准》(GB 50300)《钢结构工程施工质量验收规范》(GB 50205)和设计的有关规定，逆变器室、综合楼、主控楼、升压站验收应检查安装调试记录和报告、各分项工程记录和报告及施工中的关键工序和隐蔽工程检查记录等资料是否齐全；围栏检查安装调试记录和报告、各分项工程记录和报告及施工中的关键工序和隐蔽工程检查签证记录等资料是否齐全；工程质量是否符合设计要求，是否依据设计图样的要求施工，填写建(构)筑物分部工程验收表。

2. 安装工程验收

安装工程验收包括对支架安装、光伏组件安装、汇流箱安装、逆变器安装、电气设备安装、防雷与接地安装、电缆线路安装等分部工程的验收，如图6-13所示。设备制造单位提供的产品说明书、试验记录、合格证件、安装图样、备品备件和专用工具及其清单等应完整齐备。设备抽检记录和报告、安装调试记录和报告、施工中的关键工序检查签证记录、质量控制、自检验收记录等资料应完整齐备。

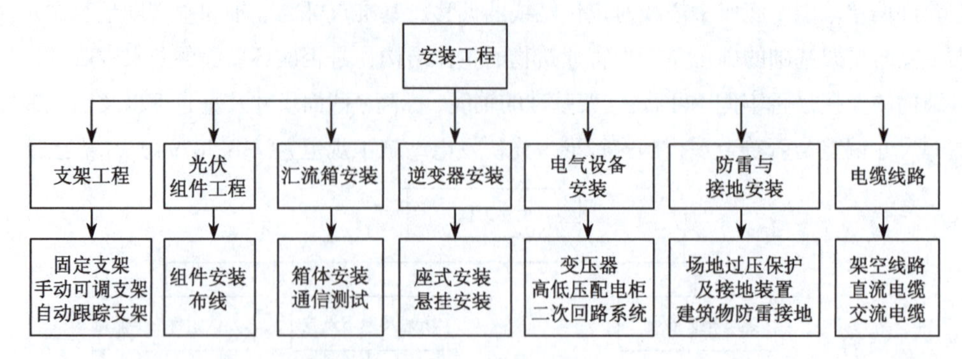

图6-13　安装工程验收分类

（1）支架安装验收

固定式支架验收按照现行国家标准《钢结构工程施工质量验收标准》（GB 50205）的有关规定进行。检查安装调试记录和报告、施工中关键工序、签证记录等资料是否完整；采用紧固件的支架，紧固点是否牢固，弹簧垫是否有未压平的现象；支架安装的垂直度、水平度和角度偏差是否符合现行国家标准《光伏发电站施工规范》（GB 50794）规定；固定式支架安装的偏差是否符合现行国家标准《光伏发电站施工规范》（GB 50794）的有关规定；对于手动可调式支架，高度角调节动作是否符合设计要求；支架的防腐处理是否符合设计要求，金属结构支架与光伏方阵接地系统连接是否可靠。

跟踪式支架安装的验收是否符合现行国家标准《钢结构工程施工质量验收标准》（GB 50205）的有关规定，采用紧固件的支架，紧固点是否牢固可靠，弹簧垫是否有未压平等现象；检测高度角和方位角方向手动模式动作、限位手动模式动作、自动模式是否符合规定，过风速保护、通断电测试是否符合设计要求；跟踪控制系统及跟踪精度是否应符合设计要求。

（2）光伏组件安装验收

光伏组件安装的验收要检查光伏组件安装是否按设计图样进行，连接数量和路径是否符合设计要求，光伏组件的外观及接线盒、连接器是否有损坏现象；光伏组件间接插件连接是否牢固，连接线是否进行有效、规范处理，应保持整齐、美观；光伏组件安装倾斜角度偏差应符合现行国家标准《光伏发电站施工规范》（GB 50794）的有关规定；光伏组件边缘高差应符合现行国家标准《光伏发电站施工规范》（GB 50794）的有关规定，方阵的绝缘电阻是否符合设计要求。组件布线的验收应检查光伏组件串、并联方式是否符合设计要求；光伏组件串标识是否符合设计要求，光伏组件串开路电压和短路电流应符合现行国家标准《光伏发电站施工规范》（GB 50794）的有关规定。

（3）汇流箱与逆变器安装验收

汇流箱安装的验收应检查箱体安装位置是否符合设计图样要求；汇流箱标识是否齐全；箱体和支架连接是否牢固；采用金属箱体的汇流箱接地是否可靠；安装高度和水平度是否符合设计要求。

逆变器安装的验收应检查设备的外观及主要零部件是否有损坏、受潮现象，元器件是否有松动或丢失；对调试记录及资料应进行复核；设备的标签内容是否符合要求，是否标明负载的连接点和极性：逆变器接地是否可靠，逆变器的交流侧接口处应有绝缘保护，所有绝缘和开关装置功能应正常；散热风扇工作应正常；逆变器通风处理是否符合设计要求；逆变器与基础间连接是否牢固可靠。

悬挂式安装的逆变器还应检查逆变器和支架连接是否牢固可靠；安装高度是否符合设计要求。水平度是否符合设计要求。

（4）其他电气设备安装验收

电气设备安装的验收检查变压器和互感器安装的验收应符合现行国家标准《电气装置安装工程　电力变压器、油浸电抗器、互感器施工及验收规范》（GB 50148）的有关规定；高压电器设备安装的验收应符合现行国家标准《电气装置安装工程　高压电器施工及验收规范》（GB 50147）的有关规定。

低压电器设备安装的验收应符合现行国家标准《电气装置安装工程　低压电器施工及验收规范》（GB 50254）的有关规定盘、柜及二次回路接线安装的验收应符合现行国家标准《电气装置安装工程　盘、柜及二次回路接线施工及验收规范》（GB 50171）的有关规定。

光伏电站监控系统安装的验收应检查线路敷设路径相关资料应完整齐备；布放线缆的规格、型号和位置应符合设计要求，线缆排列应整齐美观，外皮无损伤;绑扎后的电缆应互相紧密靠拢，外观平直整齐，线扣间距均匀、松紧适度。信号传输线的信号传输方式与传输距离应匹配，信号传输质量应满足设计要求；信号传输线和电源电缆应分离布放，可靠接地，传感器、变送器安装位置应能真实地反映被测量值，不应受其他因素的影响；监控软件功能应满足设计要求。监控软件应支持标准接口，接口的通信协议应满足建立上一级监控系统的需要及调度的要求；监控系统的任何故障不应影响被监控设备的正常工作；通电设备都应提供符合相关标准的绝缘性能测试报告。继电保护及安全自动装置的技术指标应符合现行国家标准《继电保护和安全自动装置技术规程》（GB/T 14285）的有关规定；调度自动化系统的技术指标应符合现行行业标准《电力系统调度自动化设计技术规程》（DL/T 500）和电力二次系统安全防护规定的有关规定；无功补偿装置安装的验收应符合现行国家标准《电气装置安装工程　高压电器施工及验收规范》（GB 50147）的相关规定；调度通信系统的技术指标应符合现行行业标准《电力通信运行管理规程》（DL/T 544）和《电力系统自动交换电话网技术规范》（DL/T 598）的有关规定;检查计量点装设的电能计量装置，计量装置配置应符合现行行业标准《电能计量装置技术管理规程》（DL/T 448）的有关规定。

光伏方阵过电压保护与接地的验收应依据设计的要求进行，还要检查接地网的埋设和材料规格型号是否符合设计要求，连接处焊接应牢固、接地网引出是否符合设计要求，接地网接地电阻是否符合设计要求；电气装置的防雷与接地安装的验收应符合现行国家标准《电气装置安装工程　接地装置施工及验收规范》（GB 50169）的有关规定；建筑物的防雷与接地安装的验收应符合现行国家标准《建筑物防雷设计规范》（GB 50057）的有关规定。

架空线路安装的验收应符合现行国家标准《电气装置安装工程　66 kV 及以下架空电力线路施工及验收规范》（GB 50173）或《110 kV ～ 750 kV 架空输电线路施工及验收规范》（GB 50233）

的有关规定；光伏方阵直流电缆安装的验收检查直流电缆规格是否符合设计要求，标志牌装设是否齐全、正确、清晰，电缆的固定、弯曲半径、有关距离等是否符合设计要求；电缆连接接头是否符合现行国家标准《电气装置安装工程　电缆线路施工及验收规范》（GB 50168）的有关规定。直流电缆线路所有接地的接点与接地极应接触良好，接地电阻值应符合设计要求；电缆防火措施应符合设计要求。交流电缆安装的验收应符合现行国家标准《电气装置安装工程　电缆线路施工及验收规范》（GB 50168）的有关规定。

3. 绿化工程及安全防范工程验收

绿化工程、安全防范工程、消防工程设计图样、设计变更、施工记录、隐蔽工程验收文件、质量控制、自检验收记录等资料应完整齐备。

（1）绿化工程验收

绿化工程由栽植土、树木、草坪、花坛、地被五个分部工程组成。场区绿化和植被恢复情况应符合设计要求。栽植土检测报告、肥料合格证、苗木出圃单、植物检疫证等资料是否齐全完整；所有分部工程是否已自检合格且有监理签证；工程是否符合设计图样、设计变更联系单（设计变更通知单）等设计技术要求及施工技术要求；各分部工程主要工艺、隐蔽工程监理检查记录与报告是否齐备；培植土的外观（土色及紧实度）、地形（平整度、造型和排水坡度）、边口线（与道路、挡土侧石），树木的成活率、姿态和长势、病虫害、放样定位、定向及排列、栽植深度、土球包装物及培土地、垂直度支撑和裹杆、修剪；草坪的覆盖率、籽播或植生带、草块移植、散铺、长势、切草边、花卉的成活率，地被的形象面貌和整体质量是否合格；附属设施评定意见。若检查中存在问题，则提出处理意见，做出质量评定和验收签证。

（2）安全防范工程验收

安全防范工程由施工验收和技术验收两个分部工程组成。安全防范工程设计文件及相关图样、施工记录、隐蔽工程验收文件、质量控制、自检验收记录均应符合现行国家标准《安全防范工程技术规范》（GB 50348）。

安全防范工程验收前，设计、施工单位应提供工程式设计文件及相关图样、施工记录等。所有分项工程均应自验合格，且有监理签证。按《安全防范工程技术规范》（GB 50348）的要求做好试运行记录，建设单位根据试运行记录写出系统试运行报告。设计、施工单位向工程验收小组提交验收图样资料。

进行安全防范工程施工验收时，工程设备（现场前端设备和监控中心终端设备）安装要按照《安全防范工程技术规范》（GB 50348）规定的技术要求和检查方法执行，现场抽检安装质量并做好记录，抽查管线敷设施工工艺并做好记录，复核隐蔽工程随工验收单的检查结果。

安全防范工程技术验收时，对照初步设计意见、设计整改落实意见和工程检验报告，检查系统的主要功能和技术性能指标是否符合设计任务书、工程合同和国家标准与管理规定等相关要求；对照完工报告、初验报告、工程检验报告，检查系统配置（设备数量、型号及安装部位）是否符合正式设计文件要求，检查系统选用的安防产品是否符合规定；对照工程检验报告，检查系统中的备用电源在主电源断电时是否能自动快速切换，是否能保证系统在规定的时间内正常工作；按照《安全防范工程技术规范》（GB 50348）的规定，对报警系统、视频安防监控系统、出入口监控系统、访客（可视）对讲系统、电子巡查系统、停车库（场）管理系统进行抽查与验收；检查监控中心、通信联络手段（不少于两种）的有效性、实时性，是否具有自身防范（如防盗门、门禁、探测器、紧急报警按钮等）和防火等安全措施，安全防范工程是否符合设计图样、设计更改联系单及施工技术要求；有无各分项工程施工记录及有关材料合格证、检测报告，各主要工艺、隐蔽工程监理检测记录与报告，安防工程形象面貌和整体质量。对存在的问题提出处理意见，对工程进行质量评价，做出验收签证。

4. 消防工程验收

消防工程验收应具备的条件，消防工程已按设计图样施工完毕；设计、施工单位提供消防工程正式设计文件及相关图样、施工记录等；所有分部工程均应验收合格，且有监理签证。

消防工程验收的主要工作任务：检查建（构）筑物构件的燃烧性能和耐火极限是否符合国家标准《建筑设计防火规范》（GB 50016）的有关规定；重点防火区域间的电缆沟等是否采取了防火隔离措施：光伏发电专区是否设置了消防车道，安全疏通措施、光伏发电场消防给水、灭火措施及火灾自动报警是否符合设计要求；消火栓阀门开关是否灵活且严密不渗漏；水带、水枪配备是否齐全、完好；消防器材是否按规定品种和数量摆放齐备，安全出口标志灯和火灾应急照明灯具是否符合国家标准《消防安全标志第1部分：标志》（GB 13495.1）和《消防应急照明和疏散指示系统》（GB 17945）的有关规定；消防工程是否符合设计图样、设计更改联系单及施工技术要求；有无消防工程施工记录及有关材料合格证、检测报告，各主要工艺、隐蔽工程监理检查记录与报告;消防工程整体质量。对检查中出现的问题提出处理意见，对工程进行质量评定，做出验收签证。

6.2.2 工程启动验收

当工程启动验收条件成熟时，由施工单位向建设单位提出验收申请，由工程启动验收委员会组织验收，可同时对多个相似光伏发电单元进行验收。

1. 验收工作机构与职责

工程启动验收委员会应由建设单位组建，由建设、监理、调试、生产、设计、政府相关部门和电力主管部门等有关单位组成，施工单位、设备制造单位等参建单位应列席工程启动验收。

工程启动验收委员会主要负责组织建设单位、调试单位、监理单位、质量监督部门编制工程启动大纲；负责审议施工单位的启动准备情况，核查工程启动大纲；全面负责启动的现场指挥和具体协调工作，负责组织批准成立各专业验收小组，批准启动验收方案；负责审查验收小组的验收报告，处理启动过程中出现的问题；组织有关单位消除缺陷并进行复查；负责对工程启动进行总体评价，应签署符合《光伏发电工程验收规范》（GB/T 50796）附录D要求的“工程启动验收鉴定书”。

2. 工程启动验收

工程启动验收前应取得政府有关主管部门批准文件及并网许可文件，并通过并网工程验收。其主要内容涉及电网安全生产管理体系验收；电气主接线系统及场（站）用电系统验收；继电保护、安全自动装置、电力通信、直流系统、光伏电站监控系统等验收，二次系统安全防护验收；对电网安全、稳定运行有直接影响的电厂其他设备及系统验收；单位工程施工完毕，应已通过验收并提交工程验收文档；应完成工程整体自检；调试单位应编制完成启动调试方案并应通过论证；通信系统与电网调度机构连接应正常；电力线路应已经与电网接通，并已通过冲击试验；保护开关动作应正常；保护定值应正确、无误；光伏电站监控系统各项功能应运行正常；并网逆变器应符合并网技术要求。

工程启动验收主要工作是审查工程建设总结报告，应按照启动验收方案对光伏电站项目启动进行验收，对验收中发现的缺陷应提出处理意见，签发“工程启动验收鉴定书”。

6.2.3 工程试运和移交生产验收

当工程启动验收完成后，施工单位可向建设单位提出工程试运和移交生产验收组负责验收。

1. 验收组工作职责

工程启动验收完成并具备工程试运和移交生产验收条件后，由施工单位向建设单位提出工程试运和移交生产验收申请。建设单位根据验收工作需要组织建设、监理、调试、生产运行、设计等有关单位相关技术人员参加的工程试运和移交生产验收组，其主要职责是负责组织建设单位、调试单位、监理单位、生产运行单位编制工程试运大纲；审议施工单位的试运准备情况，核查工程试运大纲；全面负责试运的现场指挥和具体协调工作；主持工程试运和移交生产验收交接工作；审查工程移交生产条件，对遗留问题责成有关单位限期处理；办理交接签证手续，签署符合《光伏发电工程验收规范》（GB/T 50796）附录 E 要求的“工程试运和移交生产验收鉴定书”。

2. 工程试运和移交生产验收条件

光伏电站项目单位工程和启动验收均已合格，并且工程试运大纲经试运和移交生产验收组批准；与公共电网连接处的电能质量符合有关现行国家标准的要求；天气晴朗，且太阳辐射强度不低于 400 W/m^2 的条件下进行验收；生产区内的所有安全防护设施已验收合格；运行维护和操作规程管理维护文档完整齐备；光伏电站项目经调试后，从工程启动开始无故障连续并网运行时间不应少于光伏组件接收总辐射量累计达 60 $kW \cdot h/m^2$ 的时间；光伏电站项目主要设备（光伏组件、并网逆变器和变压器等）各项试验全部完成且合格，记录齐全完整;生产准备工作已完成，运行人员已取得上岗资格。

3. 验收主要内容

审查工程设计、施工、设备调试、生产准备、监理、质量监督等总结报告；检查工程投入试运行的安全保护设施的措施是否完善；检查监控和数据采集系统是否达到设计要求；检查光伏组件而接收总辐射值累计达 60 $kW \cdot h/m^2$ 的时间内无故障连续并网运行记录是否完备；检查光伏方阵电气性能、系统效率等是否符合设计要求；检查并网逆变器、光伏方阵各项性能指标是否达到设计要求；检查工程启动验收中发现的问题是否整改完成；责成有关单位限期整改工程试运过程中发现的问题；确定工程移交生产期限，提出运行管理要求与建议，签发“工程试运和移交生产验收鉴定书”。

6.2.4 工程竣工验收

工程竣工验收是指建设工程依照国家有关法律、法规及工程建设规范、标准的规定完成工程设计文件要求和合同约定的各项内容，建设单位已取得政府有关主管部门（或其委托机构）出具的工程施工质量、消防、环保、城建等验收文件或准许使用文件后，组织工程竣工验收并编制完成《建设工程竣工验收报告》。

工程项目的竣工验收是施工全过程的最后一道程序，也是工程项目管理的最后一项工作。它是建设投资成果转入生产或使用的标志，也是全面考核投资效益、检验设计和施工质量的重要环节。

当光伏电站工程启动、试运和移交生产验收，完成工程决算审查后，由施工单位、设计单位申请工程竣工验收。工程竣工验收由工程竣工验收委员会负责组织验收。

1. 工程竣工验收委员会的组成及主要职责

工程竣工验收委员会由电力行业有关主管部门、审计部门、环境保护、消防、质量监督等行政主管部门和有关专家组成。工程设计、施工、监理单位作为被验收单位不参加工程验收，但要列席验收会议，负责解答验收委员会的质疑。工程竣工验收委员会主要职责：主持工程竣工验收；审查工程竣工报告；审查工程投资结算报告；审查工程投资竣工决算；审查工程投资概预算执行情况；对工程遗留问题提出处理意见；对工程进行综合评价，签发符合《光伏发电工程验收规范》（GB/T 50796）附录 F 要求的“工程竣工验收鉴定书”。

2. 竣工验收工作流程

并网光伏电站竣工验收工程流程如图 6-14 所示。

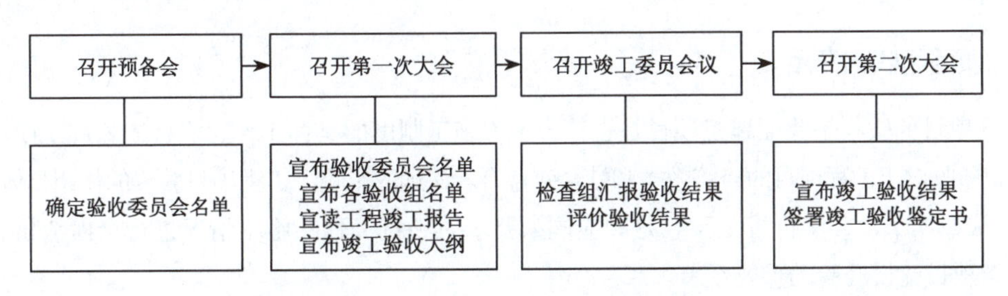

图6-14 并网光伏电站竣工验收流程

3. 工程竣工验收条件

工程已经按照施工图样全部完成，并已提交建设、设计、监理、施工等相关单位签字、盖章的总结报告，历次验收发现的问题和缺陷应已经整改完成；消防、环境保护、水土保持等专项工程已经通过政府有关主管部门审查和验收；验收程序已经经竣工验收委员会批准；工程投资全部到位；竣工决算已经完成并通过竣工审计。

工程竣工决算报告及其审计报告；竣工工程图样；工程概预算执行情况报告；水土保持、环境保护方案执行报告；工程竣工报告。

4. 工程竣工验收内容

检查竣工资料是否完整齐备；审查工程竣工报告；检查竣工决算报告及其审计报告；审查工程预决算执行情况；当发现重大问题时，验收委员会应停止验收或者停止部分工程验收，并督促相关单位限期处理；对工程进行总体评价；签发“工程竣工验收鉴定书”。

任务3　光伏电站验收管理

6.3.1　光伏电站验收概述

1. 项目验收的概念

项目验收是由验收单位和验收交接单位共同组成的验收机构以批准的工程项目设计文件、国家颁布的验收规范和质量检验标准为依据，按照一定的程序和手续对工程施工的整体质量、使用功能以及运行情况进行检验、评估、鉴定的过程。验收交接单位是指承包商，验收单位是指受业主委托的专门的验收机构。

项目验收以业主和项目工程为总目标，其管理目标包括：向业主提供验收方案和时间表、档案管理措施、验收执行规范以及接收标准。业主需要对验收方案进行审核、批准和执行项目验收方案。

项目验收的范围非常广泛，凡是按照设计文件以及施工合同完成的工程项目都在验收范围之内，符合验收标准的项目必须及时组织相关人员进行验收，由工程项目负责人交给业主并办理相关的移交手续。

2. 项目验收的作用

工程项目的验收是验证施工项目是否符合工程施工制度的具体工作，它标志着施工阶段的结束。工程验收对于工程项目的经济效益和社会效益有着深远的影响，工程项目验收的作用具体如下：

① 从整体来说，实行竣工验收是顺应国家要求对项目工程的施工情况进行全面考核和项目团队总结项目建设经验的重要环节。

② 从业主和施工承包商的角度考虑，项目验收能够加强经济效益的管理，促进工程项目达到优质的水准，提高项目的经济效益。

③ 从工程项目管理团队来说，工程验收是对施工承包商的工程建造施工的认可，是施工承包商完成工程的标志。

④ 从项目本身来说，竣工验收的实施有利于项目的尽早投入，也有利于项目遗留问题的解决。

3. 项目验收的依据

光伏电站项目验收应以国家现行有关法律、法规、规章和技术标准；有关行政主管部门的规定，经批准的工程立项文件、调整概算文件；经批准的设计文件、施工图样及相应的工程变更文件等文件为主要依据。

4. 项目验收的条件

（1）并网验收的基本条件

光伏电站本体及并网工程全部施工完毕，土建工程、电气安装、试验、调试工作完成，电力通信、电力调度数据网、二次安全防护、继电保护、调度自动化、光功率预测、动态无功补偿、稳控、PMU功角相量测量、调度发电计划与申报系统、AGC自动发电控制、AVC自动电压无功调节控制、防误操作系统、电能量采集等系统全部联调完毕，电站内部通过三级（建设单位、施工单位、监理单位）自检合格，电站和汇集站并网验收资料齐全有效，并已分别整理报送管理部门后，电站可提出并网验收申请。

（2）并网验收合格的必备条件

新建电站应具备齐全有效的审批文件，满足国家规定的各项要求，项目核准或项目备案文件、电价批复、省级能源局同意并网意见和发电业务预许可文件、电力工程质检合格报告等手续完备。

新建电站《并网调度协议》《购售电合同》《供用电合同》已签订，并按照有关约定完成相关工作。

新建电站、自建汇集站并网工程应全面落实国家、电力行业规程规范和光伏电站接入电力系统设计规范的相关技术要求。电气设备配置、电气主接线方式以及并网方式的设计和运行，应满足电网要安全稳定运行和调度管理要求。工程建设的施工、安装、试验、调试工作应符合规程规范要求及有关规定，相关单位应具有国家电监机构颁发的相应等级的承装承试资质证书。

新建电站、自建汇集站的涉网一次设备、线路工程、继电保护、安全自动化装置、电力通信、电力调度数据网、二次安全防护设备、调度自动化系统、稳控系统、PMU功角相量测量、调度发电计划与申报系统、AGC自动发电控制、AVC自动电压无功调节控制、防误操作系统、电能量采集等系统全部联调完毕，应符合有关法律规定、规程规范和行业标准要求及有关反事故措施规定，有关系统及装置能够与调度部门正常通信交互，实现信息自动传递和调节控制。

涉及电网安全的并网安全措施、电站运行规程应齐备有效，相关管理制度应齐全，符合电网安全运行管理相关要求，电站运行规程和紧急事故处理预案已报送电力调控中心。

新建电站、自建汇集站内具备接受调度指令的运行值班人员，已全部经过《电力系统调度规程》及电网安全运行规定的培训，经电网调度机构职业资格考试合格后持证上岗，电站已配备与调度有关专业相对应的联系人员，运行值班、继电保护、通信自动化人员名单和联系方式已报送电网调度机构;已具备省调、地调有权下达调度指令的人员名单和联系方式，现场已配备《电力系统调度规程》及相关规定文档，主要运维人员已取得进网作业电工证。

新建电站、自建汇集站调度管辖范围明确，一次、二次等设备已按照调控中心印发的调度命名编号规范制作标识牌，且正确齐全、整齐醒目、固定牢靠、规范统一。

新建电站、自建汇集站现场环境整洁规范，安全设施齐备，具备生产运行条件，电站启动调试组织健全，负责电站和自建汇集站运行维护的生产单位已组织就绪，人员、设施全部到位，现场配备的安全工器具、有关仪器仪表、设备能够满足电站试运行和商业化运行的需要，电站整套启动试运计划、方案、措施编制齐全，且经地区调度部门审核通过。

新建电站、自建汇集站上网电量、用网电量关口计量点位置明确，关口计量点位置和电量采集器配置已检定、安装、调试完毕，符合电能计量装置管理规程规定。新建电站、自建汇集站防误闭锁装置按照设计要求，同时建设、同时验收、功能完备、配置齐全、操作正确。

新建电站、自建汇集站内电气设备已全部按照《电气装置安装工程　电气设备交接试验标准》（GB 50150）的要求完成全部电气交接试验，且实验数据合格。新能源电站接入电网应满足《光伏发电站接入电网技术规定》（GB/T 19964）、《光伏发电接入配电网设计规范》（GB/T 50865）等标准和规定的技术要求。

6.3.2　光伏电站验收管理职责

建设单位负责组织或协调各阶段验收及验收过程中的管理工作；参加各阶段、各专业组的检查、协调工作；协调解决验收中涉及合同执行的问题；提供工程建设总结报告，为工程竣工验收提供工程竣工报告、工程概预览执行情况报告、工程结算报告及水土保持、环境保护方案执行报告；配合有关单位进行工程竣工决算及审计工作。积极组织各种验收委员会，邀请有关单位和工程监督的主管部门参与工程的验收。

勘察、设计单位负责对土建工程与地基工程有关的施工记录校验；负责处理设计中的技术问题；负责必要的设计修改，对工程设计方案和质量负责，为工程验收提供设计总结报告。

施工单位负责提交完整的施工记录、试验记录和施工总结；收集并提交完整的设备装箱资料、图样等，参与各阶段验收并完成消除缺陷工作；协同建设单位进行单位工程启动、试运行和移交生产验收前的现场安全、消防、治安保卫、检修等工作；按照工程建设管理单位要求提交竣工资料，移交备品备件、专用工具、仪器仪表等。施工单位要按照工程盘点清单及工程总结等文件资料，提出交工报告。

调试单位负责编写调试大纲，并拟订工程启动方案；负责系统调试前全面检查系统条件，保证安全措施符合调试方案要求；对调试中发现的问题进行技术分析并提出处理意见；调试结束后提交完整的设备安装调试记录、调试报告和调试工作总结等资料，并确认是否具备启动条件。

监理单位负责组织分项、分部工程的验收；根据设计文件和相关验收规范对工程质量进行评定；对工程启动过程中的质量、安全、进度进行监督管理；参与工程启动调试方案、措施、计划和程序的讨论，参加工程启动调试项目的质量验收与签证；检查和确认进入工程启动的条件，督促工程各施工单位按要求完成工程启动的各项工作。监理单位要督促和配合施工单位做好工程盘点、工程质量评估以及资料文件的整理，包括设计任务书、可行性报告、项目施工批准书、财务预算等文件。整理好上述文件后，对生产水平及投资收益进行评估，并形成书面文件。同时组织人员进行资料汇整、制作竣工图、起草验收报告以及制订验收计划等，这些资料的准备都是竣工验收顺利进行的基础。

生产运行单位负责参加工程启动、工程试运和移交生产、工程竣工等验收阶段工作；参加编制验收大纲，并验收签证；参与审核启动调试方案；负责印制生产运行的规程、制度、系统图表、记录表单等；负责准备各种备品、备件和安全用具等；负责投运设备已具备调度命名和编号，且设备标识齐全、正确，并向调度部门递交新设备投运申请。

设备制造单位负责进行技术服务和指导；及时消除设备制造缺陷，处理制造单位应负责解决的问题。

验收委员会负责审查通过工程验收的结论。当工程具备验收条件时，应及时组织验收。未经验收或验收不合格的工程不得交付使用或进行后续工程施工。

工程启动验收应由工程启动验收委员会（简称“启委会”）负责；工程试运和移交生产验收应由工程试运和移交生产验收组负责；工程竣工验收应由工程竣工验收委员会负责。

6.3.3 光伏电站验收流程

在进行项目验收前，应该做好充分的验收准备，对各个验收程序都进行详细规划。工程项目施工全部完成后，根据各验收部门的验收规则，对项目进行核定审核以求达到合格标准。

工程项目验收根据工程项目规模以及工程耗时长短可以分为预验收和正式验收两个阶段。一般大中型电力工程项目的验收应该先进行初步验收，然后在初步验收的基础上再进行正式验收，这样可保证验收的准确性。工程项目的预先验收是指在进行正式验收前，由建设单位组织施工、设计、监理等单位进行初步验收。在验收过程中可以请一些相关专家参与，也可以请主管部门领导进行辅助验收。

在进行初步验收时，检查准备的各项文件是否达到了验收的标准，对各项验收工作进行细致审核，这是施工验收的一个重要环节。经过初步验收，找出工程中存在的问题，以便对工程进行改进。在初步验收完成后向有关部门提出正式竣工验收申请报告。

主管验收的相关部门在接到正式竣工验收的申请报告后，组织地区供电公司开展工程现场前期核查。对于检查具备基本验收条件的电站，主管部门与光伏企业协商确定并网验收时间安排，组织相关部门和单位人员成立现场验收组，赴电站现场开展并网验收工作。经过认真审核，对工程项目进行正式验收。在进行验收时组成由有关工程验收专家以及相关领导组成的验收组织，对竣工验收报告进行认真审核，提出竣工验收鉴定书。并网光伏电站验收流程如图6-15所示。

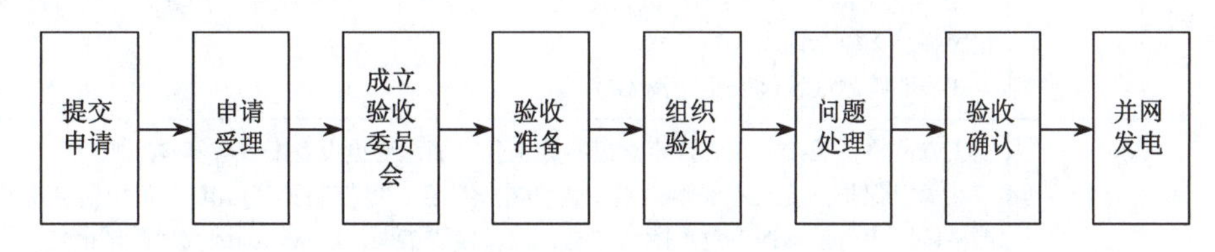

图6-15 并网光伏电站验收流程

工程项目的一些施工内容在工程完工后已经无法验收，比如隐蔽工程、基础坑洞、地下电缆沟道、建构筑物基础等，这些只能在施工过程中进行验收。中间验收应按照技术标准、设计文件和相应的行业标准进行验收，其验收结果应纳入正式（竣工）验收。

对于现场核查提交的并网验收细料与实际工程建设情况不符的电站，安排工程完善期，待有关工程全部完工，经检查现场基本具备条件后，交易中心与新能源发电企业协商确定并网验收时间安排。

现场验收组按照技术专业一般分为：一次设备、线路、二次设备、新能源调度管理、安全管理、技术资料、通信自动化和信息安全、电能计算、供用电及电量抄核、电气交接性试验、商业化运营条件等专业验收小组，分别按照有关规程、规范、标准和规定，针对各专业情况进行全面检查和验收，并填写现场检查验收意见单，明确存在缺陷问题和专业验收结论性意见。光伏电站本体及并网工程首次现场验收不合格的，现场验收组向电站方提交现场检查验收意见单，安排整改消缺期，待现场工程缺陷全部整改完善后，进行现场复检验收。

视 频

电站验收常见问题（上）

组织现场复检验收的基本条件是：光伏电站已针对工程缺陷问题逐条整改完善，编制了工程消缺整改报告，提交了复检验收申请书，整改消缺报告应逐条说明整改措施、消缺过程、整改结果等情况，并通过拍摄整改前后的现场照片和补充资料详细说明整改消缺情况。

视 频

电站验收常见问题（下）

6.3.4 光伏电站验收常见问题与管控措施

1. 验收中常见的缺陷和问题

光伏电站并网验收过程中常见的缺陷和问题见表6-11。

表6-11 光伏电站并网验收常见的缺陷和问题汇总表

序号	专业项目	验收中常见的缺陷问题
1	一次设备	①未严格按照接入系统评审意见实施工程，随意变更设备配置，接线方式等基本原则。 ②土建工程不规范，电缆沟、升压站构架基础不符合建设标准和设计要求。 ③站内电气设备未进行传动试验，一次设备出现不能正常分合、三相不同期、位置信号不正确、监控后台不能远方正常操作等缺陷。 ④电气一次设备及屏柜等无标识或标识不规范，未按照调度命名编号或双重编号要求正确、规范标识粘贴。 ⑤高压电缆头安装施工工艺不规范，电缆运行故障率高
2	线路	①土建工程不规范，线路杆塔基础不符合建设标准和设计要求。 ②架空线路工程建设不规范，隐蔽工程缺少基本资料和照片、杆塔无正确排序编号、无相序牌、无警示标志等。 ③线路跨越或钻越安全距离不够
3	二次设备及新能源调度管理	①未严格按照接入系统评审意见实施工程，随意变更设备配置等基本原则。 ②继电保护、光功率预测系统、无功补偿装置、稳控装置、PMU功角相量测量装置等未严格按照接入系统评审意见配置齐全，设备接线错误，设备未调试或无调试报告。 ③站内保护定值计算未经调度机构审核备案，保护装置未正确联调，正式定值未正确设置于装置内并打印。 ④屏柜及二次系统接地不符合规范要求等。 ⑤电气二次设备及屏柜、设备空开、保护压板等无标识或标识不规范。 ⑥电站未制订正确、齐备、有效的并网安全措施，电站运行规程，紧急事故处理预案等相关管理制度。新建电站、自建汇集站内不具备接受调度指令的运行值班人员，未全部经过《电力系统调度规程》及电网安全运行规定的培训，未经电网调度机构执业资格考试，电站缺少必要和足够的运行值班、继电保护、通信自动化专业运维技术人员，电站运行维护水平低，安全风险高
4	安全管理	①土建工程未结束，内外部装修未完成，现场环境杂乱，建材垃圾遍地，进场道路未硬化，电缆沟尚未覆盖，不具备并网运行的基本环境。 ②新建电站及自建汇集站防误闭锁装置未同时规范建设，功能不完备，配置不齐全。 ③现场未配置安全工器具及仪器仪表，不能满足电站运行和商业化运行的需要

续表

序号	专业项目	验收中常见的缺陷问题
5	技术资料	①资料准备不齐全，有漏项、缺项。 ②资料相关内容前后矛盾或与现场实际情况不对应
6	通信自动化和信息安全	①通信、调度自动化、二次安全防护装置配置不齐全。 ②通信设备未调试，电话、自动化信息、保护通道误码率高。 ③二次安防纵向加密，横行隔离设备未正确安装接入。 ④计算机监控远动自动化系统未与省级调度中心、地市级调度中心联调核对信息
7	电能计量	①计量点设置与接入系统评审意见不一致，计量装置、电量采集装置不齐备。 ②计量用电流互感器、电压互感器、电能表未进行检定或检定报告不齐全。 ③计量二次回路接线不符合规程规范，二次线缆规格不符合要求，二次回路接线错误
8	供用电及电量抄核	①未及时与当地供电公司办理临时用电转正式用电手续。 ②光伏企业间共建汇集站或共用送出线路，但未对变损、线损分担达成书面协议
9	电气交接试验	电气设备未全部按照《电气装置安装工程　电气设备交接试验标准》（GB 50150）的要求完成电气交接性试验，出现试验方法不标准，试验项目缺漏项，试验报告不齐全，试验报告数据编造等问题
10	商业化运营条件	①未取得当地省级能源监管局同意并网意见书和发电预许可证。 ②未获得电力工程质量监督检验合格报告（土建阶段，电气安装阶段）。 ③未完成并网调度协议和购售电合同签订

2. 工程缺陷和问题管控措施

（1）认真审核验收条件

在竣工验收前，要第一时间委任有鉴定资格的检测机构对工程品质展开细致性测定，为工程通过验收提供条件。在建筑工程中实现了工程规划及协议规定的全部内容后，承包单位在工程竣工后对建筑品质加以评定，把相关限期整改的均处置完成，监理单位对建筑展开品质评定，勘验、规划单位对规划变更报告实施检验，方能进行完工验收的流程。

（2）全面检查工程质量

针对工程品质，逐一展开检查，对于暴露的问题记录在册，并进行整改，维护品质。科学、公平、合理地评估建筑品质的等级。依照法定的程序验收施工情况，一经发现品质问题，责成相关单位限期整改。

（3）加强档案资料管理

项目管理人员要将竣工工作纳入工程建设管理过程中，从工程项目立项开始就设立竣工机构，负责工程项目竣工资料的收集、整理和归档及工程项目阶段验收管理工作。监理人员、工程管理人员及档案人员要严格把好关，对施工单位编制的竣工图、文字材料要进行认真审查，着重检查隐蔽工程验收记录的真实性和工程设计变更单的落实情况，认真审查竣工图及文字材料是否完整、准确，签署是否完备，排列是否合理等。有专业分包施工单位参与施工的工程，还要督促主体施工单位负责汇总，确保图样资料成套完整。

（4）建立工程质量的评价

在竣工验收过程中，由于竣工验收管理是一项综合性很强的工作，涉及范围广，因此对质量的控制要求比较严格。质量控制方面的工作主要如下：

① 单位工程质量分析表。工程项目验收过程中，在施工企业自评质量等级的基础上，做好每个单位工程的质量评价，由工程质量监督部门核定质量等级，并做出质量等级一览表。

② 对整个工程项目进行质量评价。在对工程项目进行验收时，不光对工程整体质量进行评价验收，还要对道路、管线、绿化等项目辅助内容进行质量检测，并结合整个项目进行工程质量评价。

③ 统一的工程质量评价。统一的工程质量评价包括工程设备质量、安全评价以及提出竣工验收报告中的质量问题。

任务4　光伏电站项目资料管理

6.4.1　光伏电站项目资料管理概述

光伏发电建设项目档案工作实行建设单位负责制，遵循统一领导、分级管理的原则，与项目建设同步管理。项目档案管理应纳入合同管理，明确参建各方的项目档案工作目标与责任，并纳入项目建设和管理各项管理程序，各单位负责职责范围内形成的项目文件收集、整理与移交归档工作。各单位应配备专、兼职档案管理人员，配置满足项目档案管理、安全管理和利用需求的设备设施，实现信息化管理。项目档案应完整、准确、系统、有效利用和安全保管，反映工程建设实际，满足生产运行、维护及扩建需要。

项目管理职责具体如下：

（1）建设单位职责

建设单位应建立健全档案管理体系，制定档案管理制度和实施细则，落实档案管理责任制，实行全过程管理。在合同条款或补充协议中明确各参建单位项目文件的编制质量要求、收集范围、份数及违约责任等。确定竣工图编制单位，并在合同中约定竣工图的编制深度、出图范围、移交时间、移交数量、电子文件格式等具体要求。组织监理单位对设计变更执行情况进行审核、汇总提交竣工图编制单位。对各参建单位的项目档案管理进行监管、检查、指导及协调。对各参建单位移交的档案进行核查、汇总、编目。

（2）勘测、设计单位职责

勘测、设计单位应对项目勘测、设计活动和设计服务工作中形成的各类载体的文件进行收集、整理，向建设单位移交。勘测、设计单位项目文件形成示意图如图 6-16 所示。

（3）监理单位职责

对设计、施工、调试、设备厂家等单位形成的各类文件及案卷质量纳入工程质量管控范围。对参建单位整理和移交的项目档案进行审查，并签署审查意见。对在监理活动中形成的各类文件进行收集、整理，向建设单位移交。

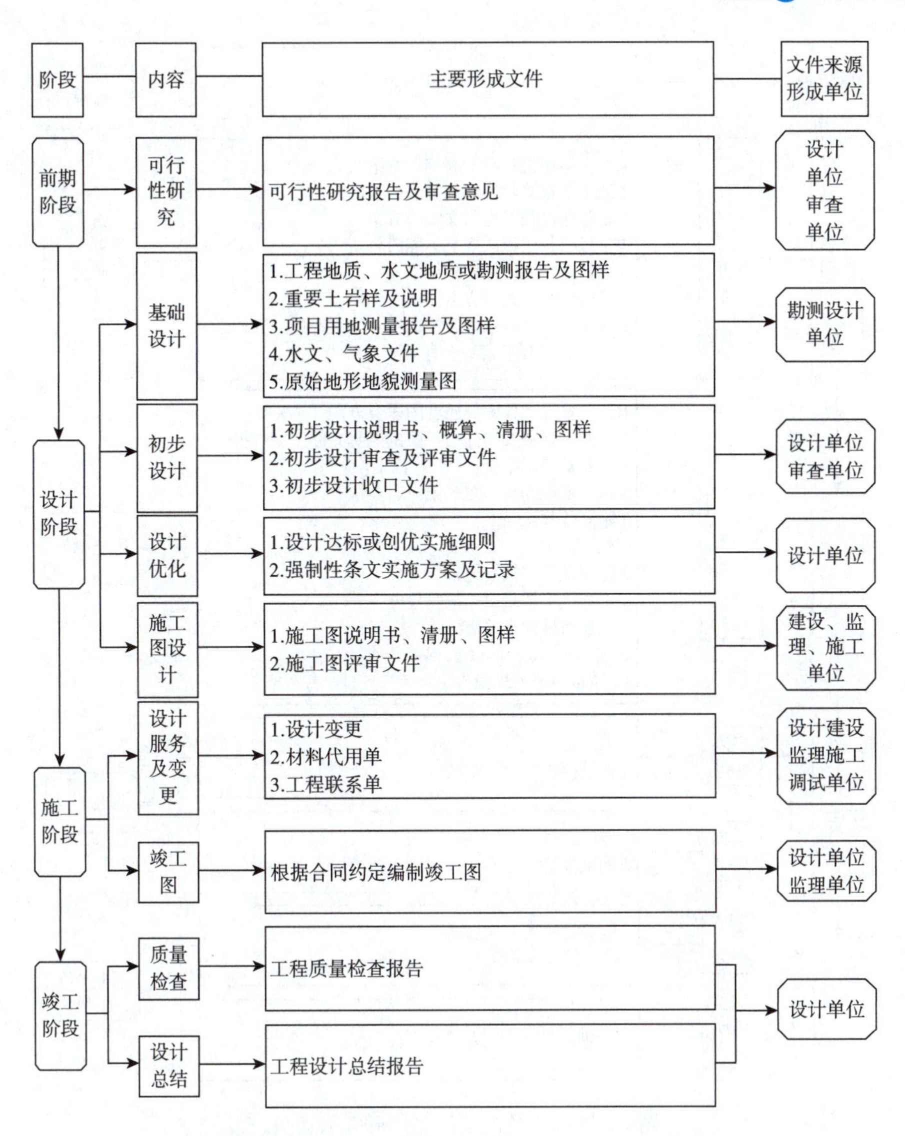

图6-16 勘测、设计单位项目文件形成示意图

（4）施工、调试单位职责

收集、整理职责范围内形成的各类文件，经自查合格，提交监理单位审核后向建设单位移交。负责收集、整理施工、调试中已实施的设计变更及执行文件、各阶段质量验收不符合项及整改闭环文件等，并提交监理单位审查后向建设单位移交。建设单位项目文件形成示意图如图6-17所示。

（5）总承包单位职责

按照合同约定的总承包范围，对项目档案实施管理。对各分包单位的项目档案进行监管、检查、指导与协调，负责承包范围内项目文件的收集、整理和归档工作。汇总、审核各分包单位提交的项目文件，提交监理单位审查，向建设单位移交。

（6）运行单位职责

对生产运行、生产技术管理等各类文件进行收集、整理及归档。接收、保管建设单位移交的项目档案。

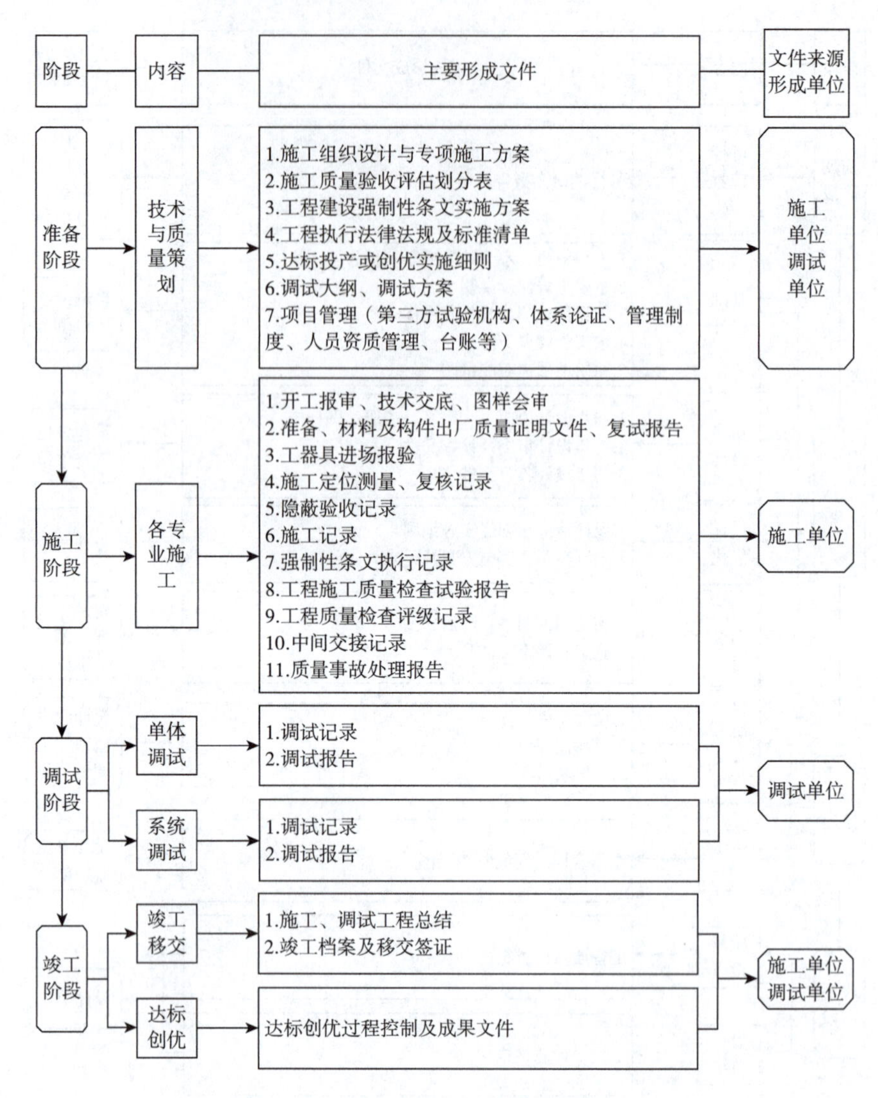

图6-17　建设单位项目文件形成示意图。

6.4.2　工程文件立卷归档

归档文件必须完整、准确、系统，能够反映工程建设活动的全过程。归档的文件必须经过分类整理，并应组成符合要求的案卷。

根据建设程序和工程特点，归档可以分阶段分期进行，也可以在单位或分部工程通过竣工验收后进行。勘察、设计单位应当在任务完成时，施工、监理单位应当在工程竣工验收前，将各自形成的有关工程档案向建设单位归档。勘察、设计、施工单位在收齐工程文件并整理立卷后，建设单位、监理单位应根据城建档案管理机构的要求对档案文件完整、准确、系统情况和案卷质量进行审查。审查合格后向建设单位移交。工程档案一般不少于两套，一套由建设单位保管，一套（原件）移交当地城建档案馆（室）。勘察、设计、施工、监理等单位向建设单位移交档案时，应编制移交清单，双方签字、盖章后方可交接。凡设计、施工及监理单位需要向本单位归档的文件，应按国家有关规定和附录 A 的要求单独立卷归档。对和工程建设有关的重要活动、记载工程建设主要过程和现状、具有保存价值的各种载体文件，均应收集齐全，整理立卷后归档。限于篇幅，光伏发电建设项目文件归档范围以发电单元施工为例，作部分介绍，其他项目建设工程文件的具体归档范围，读者可查阅《光伏发电建设项目文件归档与档案整理规范》。

1. 施工管理文件归档范围

（1）施工准备

施工组织设计、技术交底等，项目部和检验检测组织机构及人员资质；施工分包申报表（合同允许情况下）。质量验收项目划分报审表。施工图会检记录、主要测量计量器具、试验设备检验报审表。主要施工机械、工器具及案例用具报审表。施工现场质量管理检查记录。

（2）技术管理

技术标准清单含施工、验收、试验、检测；达标投产实施细则及实施检查记录；强制性条文实施计划报审及执行记录。绿色施工、节能减排方案报审及实施检查记录；“五新”（新技术、新工艺、新设备、新产品、新材料）应用专项施工方案报审及实施检查记录；安全、质量及其他特殊、专项施工技术方案报审及交底记录；施工工艺标准。

（3）施工报表及设计变更

施工质量、案例文明施工、进度等（年）月报；工程变更申请单和执行单；材料代用审批单。

（4）工程验收

建设、设计、监理、施工单位自检报告及单位工程验收鉴定书。

2. 光伏发电单元施工文件归档

（1）发电单元综合文件

原材料及构件进场验收签证、出厂合格证明、出厂检验、进场材料质量检验文件及质量跟踪记录表（含甲方供应材料质量记录表）；新材料技术鉴定报告或允许使用证明材料。

工程定位（水准点、导线点、基准线、控制点等）测量、放线、复核记录；施工方格网测量、厂区平面控制网、全厂沉降观测记录与报告；测量收方平面、断面图及计算书。

（2）支架、汇流箱、箱变等基础工程

单位（子单位）、分部（子分部）工程开工报审；基础定位测量、放线记录及测量记录、基础复测成果资料；施工及隐蔽工程验收记录；施工试验与检测报告包括承载力检验报告和砂浆、混凝土及钢筋连接强度试验报告等；单位（子单位）、分部（子分部）工程质量竣工验收记录、质量控制资料检查及主要功能抽查记录、观感质量检查记录。

（3）逆变器室基础工程

单位（子单位）工程开工报审表。建筑与结构（含屋面）的分部（子分部）工程开工报审表；基础定位测量、放线记录及测量记录（含主体结构尺寸、位置抽查记录，建筑物垂直度、标高、全高测量记录，建筑物沉降观测测量记录等）；施工及隐蔽工程验收记录；施工试验与检测报告（包括各类承载力检验报告和砂浆、混凝土及钢筋强度试验报告，屋面淋水或蓄水试验记录，抽气（风）道检查记录，外窗气密性、水密性、耐风压检测报告，节能、保温测试记录，室内环境检测报告等）；检验批、分部（子分部）工程验收记录。

通风与空调（采暖）工程分部（子分部）工程开工报审表；施工及隐蔽工程验收记录；试验调试记录（制冷、空调、水管道强度试验、严密性试验记录，风量、温度测试记录，通风、空调系统及制冷设备运行调试记录）；分项及分部（子分部）工程验收记录。

建筑电气。分部（项）工程开工报审表；施工及隐蔽工程验收记录；设备试验及调试记录（设备调试记录，接地、绝缘电阻测试记录等）；分部（项）质量验收记录。

单位（子单位）工程质量竣工验收记录、质量控制资料核查记录、安全和功能检验资料核查及主要功能抽查记录、观感质量检查记录。

（4）支架、组件、汇流箱、配电柜、逆变器等设备安装

分部（子分部）工程报审表；施工安装记录（支架垂直度、角度偏差、方位角、组件倾角偏差、组串开路电压、短路电流测量记录，跟踪式支架动作方向、角度、限位、跟踪精度、避风功能、避雪功能、自动复位功能调试等记录）、支架防腐抽检记录、组件接地检查、组件边缘高差测量记录；逆变器外观、主要元器件、控制电源、直交流侧接线及极性（相序）、绝缘、接地、散热装置、人机界面、手动分合闸检查记录；逆变器通信调试记录；分部（子分部）工程质量验收记录。

3. 归档文件的质量要求

归档的工程文件应为原件。工程文件的内容及其深度必须符合国家有关工程勘察、设计、施工、监理等方面的技术规范、标准和规程。工程文件的内容必须真实、准确，与工程实际相符合。工程文件应采用耐久性强的书写材料，如碳素墨水、蓝黑墨水。工程文件应字迹清楚，图样清晰，图表整洁，签字盖章手续完备。工程文件中文字材料幅面尺寸规格宜为 A4 幅面（297 mm × 210 mm）。图样宜采用国家标准图幅。工程文件的纸张应采用能够长期保存的韧力大、耐久性强的纸张。所有竣工图均应加盖竣工图章，竣工图章样式如图 6-18 所示，竣工图章尺寸为 50 mm × 80 mm，盖在图标栏上方空白处。

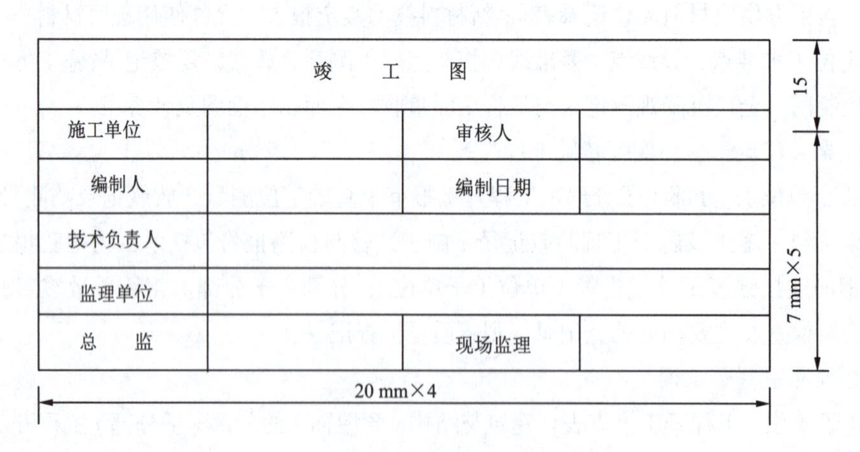

图6-18　图章样式

利用施工图改绘竣工图，必须标明变更修改依据；凡是施工图结构、工艺、平面布置等有重大改变，或变更部分超过图面 1/3 的，应当重新绘制竣工图。不同幅面的工程图样应按《技术制图复制图的折叠方法》统一折叠成 A4 幅面（297 mm × 210 mm），图标栏露在外面。

4. 立卷的原则和方法

立卷应遵循工程文件的自然形成规律，保持卷内文件的有机联系，以便档案的保管和利用。一个建设工程由多个单位工程组成，工程文件应按单位工程组卷。立卷可采用如下方法：

① 工程文件可按建设程序划分为工程准备阶段文件、监理文件、施工文件、竣工图、竣工验收文件五部分。

② 工程准备阶段文件可按建设程序、专业、形成单位等组卷。

③ 监理文件可按单位工程、分部工程、专业、阶段等组卷。

④ 施工文件可按单位工程、分部工程、专业、阶段等组卷。

⑤ 竣工图可按单位工程、专业等组卷。

⑥ 竣工验收文件按单位工程、专业等组卷。

立卷过程中案卷不宜过厚，一般不超过 40 mm；案卷内不应有重复文件；不同载体的文件一般应分别组卷。

5. 卷内文件的排列

文字材料按事项、专业顺序排列。同一事项的请示与批复、同一文件的印本与定稿、主件与附件不能分开，并按批复在前、请示在后，印本在前、定稿在后，主件在前、附件在后的顺序排列。图样按专业排列，同专业图样按图号顺序排列。既然有文字材料又有图样的案卷，需文件材料排前，图样排后。

6. 案卷编目的相关要求

① 卷内文件页号编制要求。卷内文件均按书内容的页面编号。每卷单独编号，页号从 1 开始。单面书写的文件其页号应在右下角，双面书写的文件，正面页号应在右下角，背面页号应在左下角。折叠后的图样的页号一律在右下角。成套图样或印刷成册的科技文件材料，自成一卷的，原目录可代替卷内目录，不必重新编写页码。案卷封面、卷内目录、卷内备考表不编写页号。

② 卷内目录的编制规定。卷内目录式样见附录 A。序号应以一份文件为单位，用阿拉伯数字从 1 依次标注。责任者为填写文件的直接责任单位和个人。有多个责任者时，选择两个主要责任者，其余用“等”代替。文件编号应填写工程原有的文号或图号。文件题名填写文件标题的全称。日期应填写文件形成的日期。页次应填写文件在卷内所排的起始页号。最后一份文件填写起止页号。卷内目录排列在卷内文件首页之前。

③ 卷内备考表的编制规定。卷内备考表式样见附录 D。卷内备考表主要标明卷内文件的总页数、各类文件页数（照片张数），以及立卷单位对案卷情况的说明。卷内备考表排列在卷内文件的尾页之后。

④ 案卷封面的编制规定。案卷封面印刷在卷盒、卷夹的正表面，也可采用内封面形式。案卷封面式样见附录 A。案卷封面的内容应包括：档号、档案馆代号、案卷题名、编制单位、编制日期、密级、保管期限、共几卷、第几卷。档号应由分类号、项目号和案卷号组成。档号由档案保管单位填写。档案馆代号应填写国家给定的本档案馆的编号。档案馆代号由档案馆填写。案卷题名应简明、准确地提示卷内文件的内容。案卷题名应包括工程名称、专业名称、卷内文件

的内容。编制单位应填写案卷内全部文件的形成单位或主要责任者。编制日期应填写案卷内全部文件形成的起止日期。保管期限分为永久、长期、短期三种期限。永久是指工程档案需永久保存。长期是指工程档案的保存期限等于该工程的使用寿命。短期是指工程档案保存20年以下。同一案卷内有不同保管期限的文件，该案卷保管期限应从长。密级分为绝密、机密、秘密三种。同一案卷内有不同密级的文件，应以高密级为本卷密级。

⑤ 卷内目录、卷内备考表、案卷内封面应采用70 g以上白色书写纸制作，幅面统一采用A4幅面。

7. 案卷装订

案卷可采用装订与不装订两种形式。文件材料必须装订。既有文件材料，又有图样的案卷应装订。装订应采用线绳三孔左侧装订法，要整齐、牢固，便于保管和利用。

8. 卷盒、卷夹、案卷脊背

案卷装具一般采用卷盒、卷夹两种形式。卷盒的外表尺寸为310 mm×220 mm，厚度分别为20 mm、30 mm、40 mm、50 mm。卷夹的外表尺寸为310 mm×220 mm，厚度一般为20～30 mm。卷盒、卷夹应采用无酸纸制作。案卷脊背的内容包括档号、案卷题名。案卷脊背式样见附录E。

6.4.3 光伏电站验收资料常见问题及解决措施

国家立法和验收标准等均对工程资料提出了明确要求，《中华人民共和国建筑法》《建设工程质量管理条例》等法律、法规，以及《建筑工程施工质量验收统一标准》等规范，均把工程资料放在首要位置。工程资料不但是实现科学管理和指导施工进展的重要依据，是科学技术成果存贮和信息传播的宝库，而且还是工程交工使用、维修的珍贵档案，是工程竣工结算、交工归档、创优审核不可缺少的关键项目和“通行证”。

验收资料收集、整理应由工程建设有关单位按要求及时完成并提交，并对提交的验收资料进行完整性、规范性检查。验收资料分为应提供的档案资料和需备查的档案资料。有关单位应保证其提交资料的真实性并承担相应责任。

1. 工程验收管理文件内容

（1）验收报告书

工程项目验收报告书是验收的重要文件，通常包括：工程项目施工总体质量的说明；施工技术建立情况；工程施工完成情况以及工程的质量设备在施工期间的运行情况；项目各项费用的使用情况；施工效益以及环境效益；查账报告以及验资报告；项目遗留问题。

（2）验收报告的附件

验收报告的附件主要包括：①工程项目分析表，包括工程项目名称、施工地点、占地面积、生产能力、总投资、竣工时间、设计方案、预算、批准机关、监理单位等；②单位项目分析表，包括单位工程项目名称、工程规模、工程量、工程质量等级、施工单位等；③没有完成工程项目分析表，工程名称、工程内容、没有完成的工程量、投资额度、负责单位、完成时间等；④竣工项目的资产负债表；⑤工程执行情况分析表；⑥项目施工记录、设备检验报告和工程交接试验报告，中间验收记录；⑦交付使用单位财产支出收益表；⑧工程项目质量总结表以及质量评估表，⑨项目综合评价表等。

（3）竣工验收证书

竣工验收证书的内容包括：验收的时间，验收的概况。工程概况包括工程名称、工程规模、工程地址、设计施工单位、施工完成情况等；项目施工情况包括项目工程，安装工程，环保、安全、卫生建设情况等，生产建设水平，工程质量情况的总体评价，经济效益评估，工程遗留问题的处理。

2. 工程竣工资料管理的现状

各种工程资料管理不规范、不合理、不科学、不统一等现象较普遍。建设单位、监理单位、施工单位的资料管理各自为政，没有一个统一的规范可供参照，针对同一个项目的资料有些资料不全，有些重复，在后续的质量验收、归档储存、工程维护使用的过程中极为不便，且在各工程的资料管理当中普遍存在如下问题：

（1）纸张标准不规范

原始资料的用纸使用不符合归档要求的非专用纸，长短不一，给整理和装订工作造成了很多不便，使文件材料本身的质量以及组成的竣工资料案卷的质量无法得到保证。

（2）书写不规范

原始资料的文字书写有的采用稳定性差的圆珠笔和纯蓝墨水笔，甚至还有复写件，有关人员的审批签字用圆珠笔和纯蓝墨水的现象更为普遍，原始资料书字迹潦草，不清晰，纸不整洁，文字记载使用不规范的汉字，甚至还有错字和别字现象出现，表格及图样潦草，徒手绘制，不使用必要的工具绘制，随意涂改，修改后无单位盖章或修改人签字。

（3）资料不齐全

一项建设工程从立项到竣工和交付使用，按照建设程序要经过“计划任务书”“建设地点选择”“设计文件”“建设准备”“计划安排”“施工”“投入使用准备”“竣工验收交付使用”

等诸多工作环节，工期的时间跨度一般都比较长，涉及的工作与管理部门非常多，因此，对任何方面、任何环节的工作的放松与忽视，都可能导致材料、图样不全。

（4）整理不规范

有的原始资料不按资料分类要求成册，有的成册资料内无卷内目录，有的卷内目录内容不准确且字迹潦草，有的竣工图样不盖竣工图章。

（5）数据不准确，内容不充实

有的文字出现误差，有的数据出现矛盾。原始资料的内容不充实，深度不够，应付形式和摘抄设计资料内容现象普遍存在。

（6）移交不及时

有些职能部门不能按照有关规定及时移交工程竣工资料。造成统一管理延误，甚至导致竣工资料丢失。

项目竣工后，应做好后续工作，项目竣工交付时间，意味着缺陷保修期开始，不做好后续工作，项目相关责任人就不能终止他们为完成本项目所承担的义务和责任，也不能及时从项目中获得应得的利益。

3. 加强竣工资料管理措施

施工项目竣工资料的管理要在企业总工程师的领导下，由归口管理部门负责日常业务工作。相关的职能部门，如工程、技术、质量安全、试验、材料等部门要密切配合，督促、检查、指导各项目经理部工程竣工资料收集和整理的基础工作。

施工竣工资料的收集和整理，要在项目经理的领导下由项目技术负责人牵头，安排作业技术员负责收集整理工作。施工现场的其他管理人员要按时交接资料，统一归口整理，保证竣工资料组卷的有效性。

施工项目实行总承包的，分包项目经理部负责收集、整理分包范围内工程竣工资料，交总包项目经理部汇总、整理。工程竣工验收时，由总包人向发包人移交完整、准确的工程竣工资料。

施工项目实行分平行发包的，由各承包人项目经理部负责收集、整理所承包工程范围的工程竣工资料。工程竣工报验时，交发包人汇总、整理，或由发包人委托一个承包人进行汇总、整理，竣工验收时进行移交。

为了加强对工程竣工资料的统一管理，确保施工项目顺利交工，工程竣工资料应随着施工进度进行及时整理，应按系统和专业分类组卷。实行建设监理的工程，还应具备取得监理机构签署认可的报审资料。

项目经理部在进行工程竣工资料的整理组卷排列时，应达到完整性、准确性、系统性的统一，做到字迹清晰、项目齐全、内容完整。各种资料表式一律按各行业、各部门、各地区规定的统一表格使用。

项目学习评价标准

评价内容		配分	评价标准	自评分
验收前检测与调试	检测项目	10	检测流程、检测方案编写无误。每错一处扣1分，每漏一处扣1分	
	工具选择	5	检测验收工具选择合理、调试方法选择合理，操作步骤合理使用正确、操作规范，每错一处（一次）扣1分	
	系统调试	5	测试数据记录完整无错漏，检测报告的书写规范。每错一处扣1分	
工程验收	验收准备	10	施工图样，施工技术文件、施工材料、工具准备齐全，技术交底充分	
	验收流程	20	对验收流程熟悉有序、合理。缺少步骤或者流程错误，不正确扣2分，不合理扣1分	
	验收内容及各方职责	10	验收内容和参与方的职责，每错、漏一处扣2分	
验收文件归档与管理	管理文件验收	10	对文件分类管理、按照分类验收设备、材料、验收归类，测试记录完整、数据无错漏。每错、漏一处扣2分	
	常见问题及解决措施	10	图纸、方案等资料有序、分类管理，文件档案完整无缺漏。不规范扣1分，每错、漏一处扣2分	

续表

评价内容		配分	评价标准	自评分
职业素养	安全意识	2	现场检测人员执行安全操作规程、检测内容符合安全规定，人员无磕碰、受伤情况	
	文明生产	2	注意对检测现场进行6S整顿，文明生产，现场无工具、材料遗漏现象	
	规范意识	2	设计内容符合技术规范、准时到达工作或学习场所，操作过程中不影响他人工作	
	团队意识	2	服从组长安排，在小组合作完成工作时能积极分享建议、意见和工作成果，主动协助小组成员完成相关工作	
	职业行为习惯	2	工作认真，规范意识，质量意识，验收工作的客观公正、公平公开办事的职业意识	
学习能力评价		10	A1.能高质高效完成此项工作全部内容，并能指导他人完成； A2.能高质高效完成此项工作全部内容，并能解决遇到的特殊问题； A3.能高质高效完成此项工作全部内容； B.圆满完成此项工作全部内容，不需要指导； C.能圆满完成此项工作全部内容，但偶尔需要指导； D.在现场指导和帮助下，能圆满完成此项工作全部内容	

说明：学习能力评价，符合A1得10分，A2得9分，A3得8分，B得7分，C得6分，D得5分。

习　题

1. 结合所学的知识，请列出编制一个60 kW屋顶电站的质量检查、性能测试验收报告所需包含哪些测试项目、使用哪些测试工具和所依据哪些检测标准。

2. 现有一个1 MW光伏电站要进行工程竣工验收，作为一名项目经理，岗位职责是什么？需要做哪些工作？

3. 在光伏电站的验收中，安装工程的验收内容及其验收要求有哪些？

4. 工程验收中常出现的问题和缺陷有哪些？如何做好管控措施？

附录A 案卷封面式样

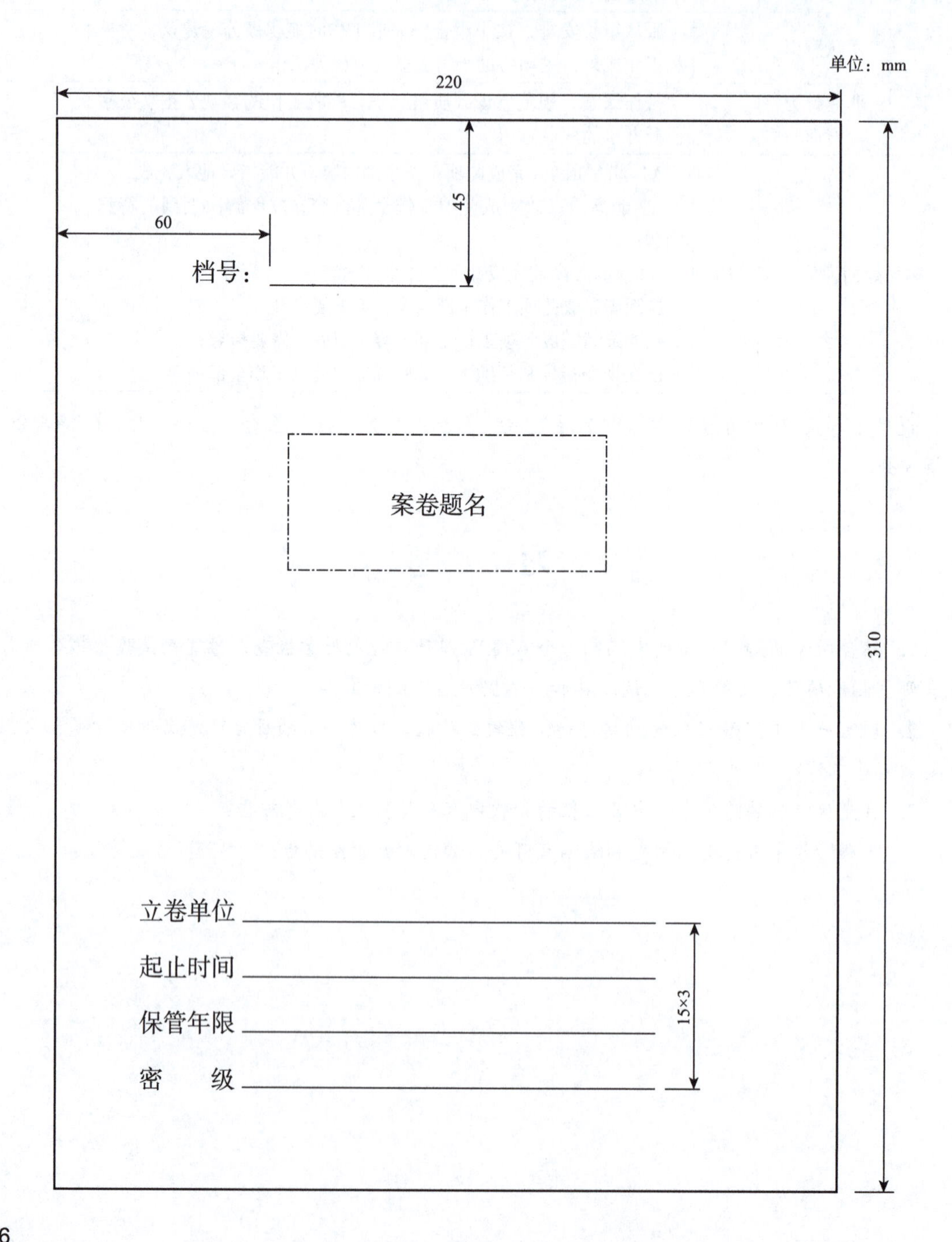

附录B 案卷脊背式样

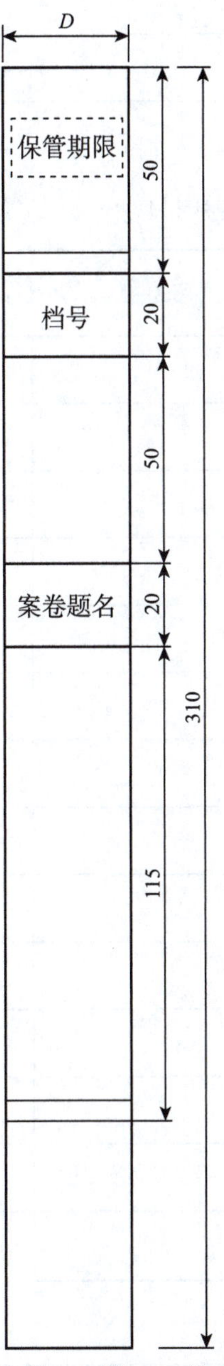

D=10 mm、20 mm、30 mm、40 mm、50 mm

附录C

卷内目录式样

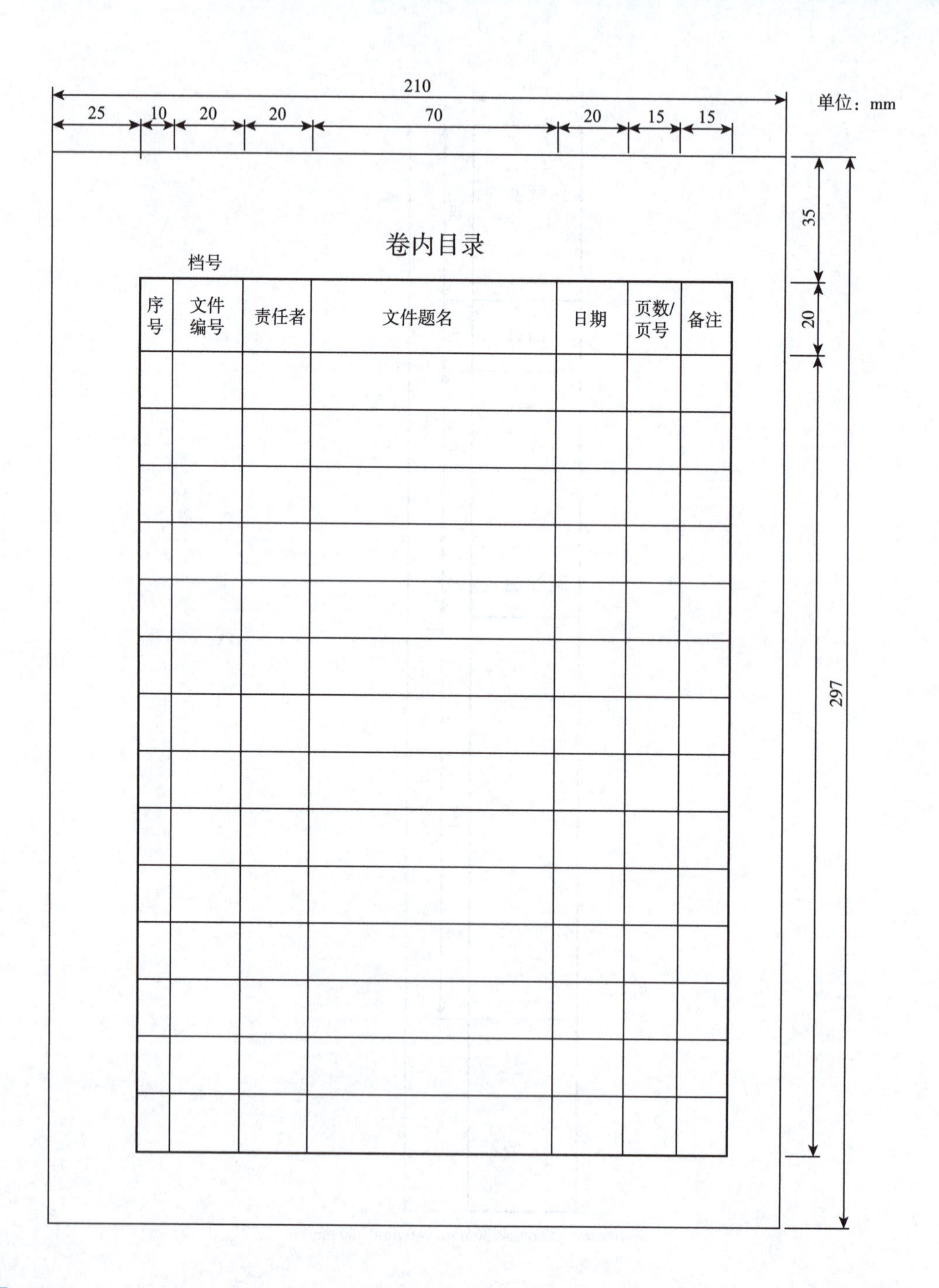
210
单位：mm
25
10
20
20
70
20
15
15
35
20
297
卷内目录
档号
序号
文件编号
责任者
文件题名
日期
页数/页号
备注

卷内备考表式样

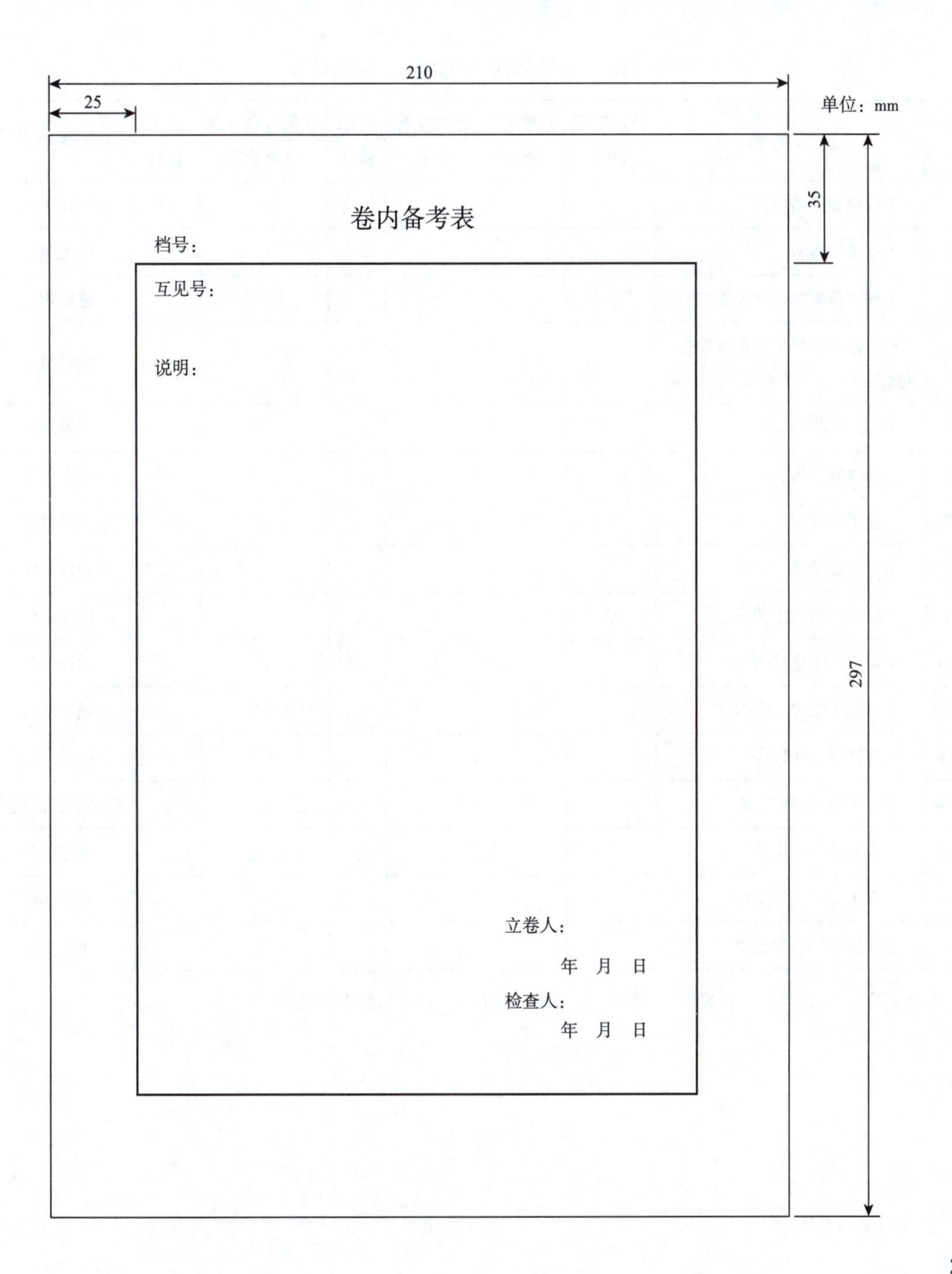

验收应提供的档案资料

附表E-1　验收应提供的档案资料目录表

序号	资料名称	分项工程验收	分部工程验收	单位工程验收	启动验收	试运行和移交生产验收	竣工验收	提供电位
1	工程建设总结报告				√	√	√	建设单位
2	工程竣工报告						√	建设单位
3	工程概预算执行情况报告						√	建设单位
4	水土保持、环境保护方案报告报告						√	建设单位
5	工程结算报告						√	建设单位
6	工程决算报告						√	建设单位
7	拟验工程清单	√	√	√	√	√	√	建设单位
8	未完工程清单						√	建设单位
9	工程建设监理工作报告	√	√	√	√	√	√	监理单位
10	工程设计工作报告			√	√	√	√	设计单位
11	工程施工管理工作报告			√	√	√	√	施工单位
12	运行管理工作报告					√	√	运管单位
13	工程质量和安监报告				√	√	√	质量和安监机构
14	工程启动计划文件				√			参建单位
15	工程试运行工作报告					√		参建单位
16	重大技术问题专题报告						*	建设单位

注：符号“√”表示“应提供”。符号“*”表示“宜提供”或“根据需要提供”。

验收应准备的备查资料档案

附表F-1　验收应准备的备查资料档案表

序号	资料名称	分项工程验收	分部工程验收	单位工程验收	启动验收	试运行和移交生产验收	竣工验收	提供电位
1	前期工作文件及批复文件			√	√	√	√	建设单位
2	主管部门批文			√	√	√	√	建设单位
3	招标投标文件			√	√	√	√	建设单位
4	合同文件			√	√	√	√	建设单位
5	工程项目划分资料	√	√	√	√	√	√	建设单位
6	分项工程质量评定资料	√	√	√	√	√	√	建设单位
7	分部工程质量评定资料		√	√	√	√	√	建设单位
8	单位工程质量评定资料			√	√	√	√	施工单位
9	工程外观质量评定资料			√	√	√	√	施工单位
10	工程质量管理有关文件	√	√	√	√	√	√	参建单位
11	工程安全管理有关文件	√	√	√	√	√	√	参建单位
12	工程施工检验文件	√	√	√	√	√	√	施工单位
13	工程监理资料	√	√	√	√	√	√	监理单位
14	施工图设计文件	√	√	√	√	√	√	设计单位
15	工程设计变更资料	√	√	√	√	√	√	设计单位
16	竣工图样			√	√	√	√	施工单位
17	征地有关文件			√	√	√	√	建设单位
18	重要会议记录	√	√	√	√	√	√	建设单位
19	质量缺陷图案表	√	√	√	√	√	√	监理单位
20	安全质量事故资料	√	√	√	√	√	√	建设单位
21	竣工决算及审计资料						√	建设单位
22	工程建设中使用的技术标准	√	√	√	√	√	√	建设单位
23	工程建设标准强制性条文	√	√	√	√	√	√	参建单位
24	专项验收有关文件						√	建设单位
25	安全、技术鉴定报告						√	建设单位
26	其他档案资料	根据需要由有关单位提供						

注：符号“√”表示“应提供”。

附录G 工程记录表

附表G-1 某光伏电站工程单位工程开工申请单

承包商： 合同编码： No.

致：××监理咨询有限公司××光伏电站项目监理部

鉴于本申请书申报的某光伏电站第*N*包逆变器室及设备基础单位工程施工组织设计已经完成，施工设备已基本调集进场，人员以及施工组织已经到位，开工条件也已具备。现申请某光伏电站第N包逆变器室及设备基础单位工程开工，以便进行施工准备，促使首批开工的分部工程项目早日开工。

承包商：

项目经理：

申报日期： 年 月 日

<table>
<tr><td rowspan="4">承包商
申报
记录</td><td colspan="2">申请开工单位工程名称或编码</td><td colspan="2">某光伏电站第N包逆变器室及设备基础单位工程</td></tr>
<tr><td colspan="2">合同工期目标</td><td colspan="2"></td></tr>
<tr><td colspan="2">计划施工时段</td><td colspan="2">自 年 月 日至 年 月 日</td></tr>
<tr><td colspan="2">计划首批开工分部、分项工程项目名称或编码</td><td colspan="2">1#逆变器室及35 kV变压器基础土建分部工程</td></tr>
<tr><td>附件
目录</td><td>□施工组织设计
□控制性施工进度计划
□进场施工设备表
□施工组织及人员计划</td><td colspan="2">监理人
签收记录</td><td>签收人：
签收日期： 年 月 日</td></tr>
</table>

说明：一式四份报送监理人，签收后返回申报单位两份。

附表G-2 分部(分项)工程开工申请单

承包商： 合同编码： No.

<table>
<tr><td colspan="2">申请开工分部(分项)工程或分部(分项)工程编码</td><td>1#逆变器室及35 kV变压器基础土建分部</td><td>工程部位</td><td colspan="2">××区××#子阵</td></tr>
<tr><td colspan="2">申请开工日期</td><td></td><td>计划工期</td><td colspan="2">年 月 日至 年 月 日</td></tr>
<tr><td rowspan="10">施工
准备
工作
检查
记录</td><td>序号</td><td colspan="3">检查内容</td><td>检查结果</td></tr>
<tr><td>1</td><td colspan="3">设计文件、施工技术、措施、计划交底</td><td></td></tr>
<tr><td>2</td><td colspan="3">主要施工设备、机具到位</td><td></td></tr>
<tr><td>3</td><td colspan="3">施工安全、工程管理和质量保障措施到位</td><td></td></tr>
<tr><td>4</td><td colspan="3">建筑材料、成品或半成品报验合格</td><td></td></tr>
<tr><td>5</td><td colspan="3">劳动组织及人员组合安排完成</td><td></td></tr>
<tr><td>6</td><td colspan="3">风、水、电等必须辅助的生产设施就绪</td><td></td></tr>
<tr><td>7</td><td colspan="3">场地平整、交通、临时设施和准备工程就绪</td><td></td></tr>
<tr><td>8</td><td colspan="3"></td><td></td></tr>
<tr><td>9</td><td colspan="3"></td><td></td></tr>
<tr><td>附件
目录</td><td colspan="5">□分部(分项)工程施工措施计划
□分部(分项)工程施工进度表</td></tr>
<tr><td>承包商
申报
记录</td><td colspan="2">本项工程开工条件已经具备，施工准备已经就绪，报请检查并批准按申请日期开工。
申报单位：
项目经理：
日期： 年 月 日</td><td>监理人
签收
记录</td><td colspan="2">监理人：
签收人：
日期： 年 月 日</td></tr>
</table>

说明：一式四份报送监理人，签收后返回申报单位两份。

附表G-3 工程定位测量、复测记录

<table>
<tr><td>建设单位</td><td colspan="2"></td><td>设计单位</td><td colspan="3"></td></tr>
<tr><td>施工单位</td><td colspan="2"></td><td>分部工程名称</td><td colspan="3">1#逆变器室及35 kV变压器基础土建分部</td></tr>
<tr><td>工程名称</td><td colspan="2"></td><td>图样依据</td><td colspan="3"></td></tr>
<tr><td>引进水
准点位置</td><td colspan="2"></td><td>水准
高程</td><td></td><td>单位工程</td><td></td></tr>
<tr><td colspan="3">工程位置草图：</td><td colspan="4">尺寸单位：mm</td></tr>
<tr><td>施工单位</td><td colspan="2">放线人：
复核人：
技术负责人：
年 月 日</td><td colspan="2">监理（建设）单位</td><td colspan="2">监理工程师：
年 月 日</td></tr>
<tr><td>设计单位</td><td colspan="6">项目负责人：
年 月 日</td></tr>
</table>

附表G-4 土方开挖工程检验批质量验收记录表

<table>
<tr><td colspan="3">单位（子单位）工程名称</td><td colspan="7">某光伏电站第N包逆变器室及设备基础单位工程</td></tr>
<tr><td colspan="3">分部（子分部）工程名称</td><td colspan="5">1#逆变器室及35 kV变压器基础土建</td><td>验收部位</td><td>1#逆变室基础</td></tr>
<tr><td colspan="3">施工单位</td><td colspan="5"></td><td>项目经理</td><td></td></tr>
<tr><td colspan="3">分包单位</td><td colspan="5"></td><td>分包项目经理</td><td></td></tr>
<tr><td colspan="3">施工执行标准名称及编号</td><td colspan="7">《建筑地基基础工程施工质量验收标准》（GB 50202）</td></tr>
<tr><td colspan="8">施工质量验收规范的规定</td><td rowspan="4">施工单位检查评定记录</td><td rowspan="4">监理(建设)单位验收记录</td></tr>
<tr><td colspan="3" rowspan="3">项目</td><td colspan="5">允许偏差或允许值/mm</td></tr>
<tr><td rowspan="2">柱基基坑基槽</td><td colspan="2">挖方场地平整</td><td rowspan="2">管沟</td><td rowspan="2">地（路）面基层</td></tr>
<tr><td>人工</td><td>机械</td></tr>
<tr><td rowspan="3">主控项目</td><td>1</td><td>标高</td><td>−50</td><td>±30</td><td>±50</td><td>−50</td><td>−50</td><td></td><td></td></tr>
<tr><td>2</td><td>长度、宽度（由设计中心线向两边量）</td><td>+200
−50</td><td>+300
−100</td><td>+500
−150</td><td>+100</td><td>—</td><td></td><td></td></tr>
<tr><td>3</td><td>边坡</td><td colspan="5">设计要求</td><td></td><td></td></tr>
<tr><td rowspan="2">一般项目</td><td>1</td><td>表面平整度</td><td>20</td><td>20</td><td>50</td><td>20</td><td>20</td><td></td><td></td></tr>
<tr><td>2</td><td>基底土性</td><td colspan="5">设计要求</td><td></td><td></td></tr>
<tr><td colspan="3" rowspan="2">施工单位检查评定结果</td><td colspan="2">专业工长（施工员）</td><td colspan="3"></td><td>施工班组长</td><td></td></tr>
<tr><td colspan="7">项目专业质量检查员： 年 月 日</td></tr>
<tr><td colspan="3">监理（建设）单位验收结论</td><td colspan="7">专业监理工程师：
（建设单位项目专业技术负责人）： 年 月 日</td></tr>
</table>

附表G-5　砂石地基夯实质量验收记录表

<table>
<tr><td colspan="3">单位（子单位）工程名称</td><td colspan="4"></td></tr>
<tr><td colspan="3">分部（子分部）工程名称</td><td colspan="2"></td><td>验收部位</td><td>1#逆变室基础</td></tr>
<tr><td colspan="2">施工单位</td><td colspan="3"></td><td>项目经理</td><td></td></tr>
<tr><td colspan="2">分包单位</td><td colspan="3"></td><td>分包项目经理</td><td></td></tr>
<tr><td colspan="3">施工执行标准名称及编号</td><td colspan="4">《建筑地基基础工程施工质量验收标准》（GB 50202）</td></tr>
<tr><td colspan="4">施工质量验收规范的规定</td><td colspan="2">施工单位检查评定记录</td><td>监理(建设)单位验收记录</td></tr>
<tr><td rowspan="3">主控项目</td><td>1</td><td>地基承载力</td><td>不小于设计值</td><td colspan="2"></td><td rowspan="8"></td></tr>
<tr><td>2</td><td>配合比</td><td>设计值</td><td colspan="2"></td></tr>
<tr><td>3</td><td>压实系数</td><td>不小于设计值</td><td colspan="2"></td></tr>
<tr><td rowspan="5">一般项目</td><td>1</td><td>砂石料有机质含量（%）</td><td>≤5</td><td colspan="2"></td></tr>
<tr><td>2</td><td>砂石料含泥量（%）</td><td>≤5</td><td colspan="2"></td></tr>
<tr><td>3</td><td>砂石料粒径/mm</td><td>≤50</td><td colspan="2"></td></tr>
<tr><td>4</td><td>含水率（与最优含水率比较）（%）</td><td>±2</td><td colspan="2"></td></tr>
<tr><td>5</td><td>分层厚度（与设计要求比较）/mm</td><td>±50</td><td colspan="2"></td></tr>
<tr><td colspan="3" rowspan="2">施工单位检查评定结果</td><td colspan="2">专业工长（施工员）</td><td>施工班组长</td><td></td></tr>
<tr><td colspan="4">项目专业质量检查员：　　　　年　月　日</td></tr>
<tr><td colspan="3">监理（建设）单位验收结论</td><td colspan="4">专业监理工程师：
（建设单位项目专业技术负责人）：　　　　年　月　日</td></tr>
</table>

附表G-6　地基验槽记录

<table>
<tr><td colspan="2">单位工程名称</td><td colspan="2"></td><td>施工单位</td><td></td></tr>
<tr><td colspan="2">图　　号</td><td colspan="2"></td><td>施工负责人</td><td></td></tr>
<tr><td colspan="2">验收部位</td><td colspan="2">1#逆变室基槽</td><td>验收日期</td><td></td></tr>
<tr><td rowspan="8">验槽内容</td><td colspan="2">槽基几何尺寸</td><td colspan="3"></td></tr>
<tr><td colspan="2">槽底标高</td><td colspan="3"></td></tr>
<tr><td colspan="2">土质情况</td><td colspan="3"></td></tr>
<tr><td colspan="2">地表水情况</td><td colspan="3"></td></tr>
<tr><td colspan="2">槽底水情况</td><td colspan="3"></td></tr>
<tr><td colspan="2">地基处理</td><td colspan="3"></td></tr>
<tr><td colspan="2">放坡要求</td><td colspan="3"></td></tr>
<tr><td colspan="2">其他</td><td colspan="3"></td></tr>
<tr><td rowspan="2">勘察单位</td><td>检查意见</td><td>签字：</td><td rowspan="2">草图</td><td colspan="2" rowspan="2"></td></tr>
<tr><td>复查意见</td><td>签字：</td></tr>
<tr><td rowspan="4">建设监理单位</td><td rowspan="2">检查意见</td><td rowspan="2">签字：</td><td rowspan="4">施工单位</td><td>工程负责人</td><td></td></tr>
<tr><td>工　长</td><td></td></tr>
<tr><td rowspan="2">复查意见</td><td rowspan="2">签字：</td><td>质量检查员</td><td></td></tr>
<tr><td>记　录</td><td></td></tr>
</table>

附表G-7 模板安装工程检验批质量验收记录表

单位（子单位）工程名称					
分部（子分部）工程名称				验收部位	基础垫层
施工单位				项目经理	
施工执行标准名称及编号	《混凝土结构工程施工质量验收规范》（GB 50204）				

		施工质量验收规范的规定			施工单位检查评定记录	监理(建设)单位验收记录
主控项目	1	模板支撑、立柱位置和垫板		（规定条款）		
	2	避免隔离剂沾污				
一般项目	1	模板安装的一般要求				
	2	用作模板地坪、胎膜质量				
	3	模板起拱高度				
	4 预埋件、预留孔允许偏差	预埋钢板中心线位置/mm		3		
		预埋管、预留孔中心线位置/mm		3		
		插筋	中心线位置/mm	5		
			外露长度/mm	+10,0		
		预埋螺栓	中心线位置/mm	2		
			外露长度/mm	+10,0		
		预留洞	中心线位置/mm	10		
			尺寸/mm	+10,0		
	5 模板安装允许偏差	轴线位置/mm		5		
		底模上表面标高/mm		±5		
		截面内部尺寸/mm	基础	±10		
			柱、墙、梁	±5		
		层高垂直度/mm	≤6 m	10		
			>6 m	10		
		相邻两板表面高差/mm		2		
		表面平整度/mm		5		

施工单位检查评定结果	专业工长（施工员）	施工班组长
	项目专业质量检查员：	年 月 日
监理（建设）单位验收结论	专业监理工程师： （建设单位项目专业技术负责人）：	年 月 日

附表G-8 混凝土垫层检验批质量验收记录表

单位（子单位）工程名称			
分部（子分部）工程名称		验收部位	基础垫层
施工单位		项目经理	
分包单位		分包项目经理	
施工执行标准名称及编号	《建筑地面工程施工质量验收规范》（GB 50209）		

		施工质量验收规范的规定			施工单位检查评定记录	监理(建设)单位验收记录
主控项目	1	材料质量		设计要求		
	2	混凝土强度等级		设计要求		
一般项目	1	允许偏差	表面平整度	10 mm		
	2		标高	±10 mm		
	3		坡度	2/1000，且≤30 mm		
	4		厚度	≤1/10		

施工单位检查评定结果	专业工长（施工员）	施工班组长
	项目专业质量检查员：	年 月 日
监理（建设）单位验收结论	专业监理工程师： （建设单位项目专业技术负责人）：	年 月 日

附表G-9　砖砌体工程检验批质量验收记录表

单位（子单位）工程名称					
分部（子分部）工程名称				验收部位	基础
施工单位				项目经理	
施工执行标准名称及编号	《砌体结构工程施工质量验收规范》（GB 50203）				
施工质量验收规范的规定				施工单位检查评定记录	监理(建设)单位验收记录
主控项目	1	砖强度等级	设计要求		
	2	砂浆强度等级	设计要求		
	3	砖墙水平灰缝砂浆饱满度	≥80%		
	4	砖柱水平灰缝和竖向灰缝砂浆饱满	≥90%		
	5	斜槎留置	第5.2.3条		
	6	直槎拉结筋及接槎处理	第5.2.4条		
	7	轴线位移	≤10 mm		
	8	垂直度（每层）	≤5 mm		
一般项目	1	组砌方法	第5.3.1条		
	2	水平灰缝厚度10 mm	8～12 mm		
	3	基础顶面、楼面标高	±15 mm		
	4	表面平整度（混水）	8 mm		
	5	门窗洞口高、宽（后塞口）	±10 mm		
	6	外墙上下窗口偏移	20 mm		
	7	水平灰缝平直度（混水）	10 mm		
施工单位检查评定结果	专业工长（施工员）			施工班组长	
	项目专业质量检查员：			年　月　日	
监理（建设）单位验收结论	专业监理工程师： （建设单位项目专业技术负责人）：			年　月　日	

附表G-10　钢筋安装工程检验批质量验收记录表

单位（子单位）工程名称						
分部（子分部）工程名称					验收部位	基础底圈梁
施工单位					项目经理	
施工执行标准名称及编号	《混凝土结构工程施工质量验收规范》（GB 50204）					
施工质量验收规范的规定					施工单位检查评定记录	监理(建设)单位验收记录
主控项目	1	纵向受力钢筋的连接方式		第5.4.1条		
	2	机械连接和焊接接头的力学性能		第5.4.2条		
	3	受力钢筋的牌号、规格和数量		第5.5.1条		
一般项目	1	钢筋接头位置		第5.4.4条		
	2	机械连接、焊接的外观质量		第5.4.5条		
	3	机械连接、焊接的接头面积百分率		第5.4.6条		
	4	绑扎搭接接头面积百分率和搭接长度		第5.4.7条附录B		
	5	搭接长度范围内的箍筋		第5.4.8条		
	6 钢筋安装允许偏差	绑扎钢筋网	长、宽/mm	± 10		
			网眼尺寸/mm	± 20		
		绑扎钢筋骨架	长/mm	± 10		
			宽、高/mm	± 5		
		纵向受力钢筋	锚固长度/mm	-20		
			间距/mm	± 10		
			排距/mm	± 5		
		纵向受力钢筋、箍筋混凝土保护层厚度	基础/mm	± 10		
			柱、梁/mm	± 5		
			板、墙、壳/mm	± 3		
		绑扎箍筋、横向钢筋间距/mm		± 20		
		钢筋弯起点位置/mm		20		
		预埋件	中心线位置/mm	5		
			水平高差/mm	+3,0		
施工单位检查评定结果	专业工长（施工员）				施工班组长	
	项目专业质量检查员：				年　月　日	
监理（建设）单位验收结论	专业监理工程师： （建设单位项目专业技术负责人）：				年　月　日	

附表G-11 模板安装工程检验批质量验收记录表

单位（子单位）工程名称							
分部（子分部）工程名称					验收部位	基础底圈梁	
施工单位					项目经理		
施工执行标准名称及编号	《混凝土结构工程施工质量验收规范》（GB 50204）						
施工质量验收规范的规定						施工单位检查评定记录	监理(建设)单位验收记录
主控项目	1	模板及支架用材料			第4.2.1条		
	2	现浇混凝土结构模板及支架安装			第4.2.2条		
	3	后浇带处的模板及支架设置			第4.2.3条		
	4	支架竖杆或竖向模板规定			第4.2.4条		
一般项目	1	模板安装的一般要求			第4.2.5条		
	2	隔离剂的品种和涂刷			第4.2.6条		
	3	用作模板地坪、胎膜质量			第4.2.5条		
	4	模板起拱高度			第4.2.7条		
	5	预埋件、预留孔允许偏差	预埋钢板中心线位置/mm		3		
			预埋管、预留孔中心线位置/mm		3		
			插筋	中心线位置/mm	5		
				外露长度/mm	+10,0		
			预埋螺栓	中心线位置/mm	2		
				外露长度/mm	+10,0		
			预留洞	中心线位置/mm	10		
				尺寸/mm	+10,0		
	6	模板安装允许偏差	轴线位置/mm		5		
			底模上表面标高/mm		± 5		
			截面内部尺寸/mm	基础	± 10		
				柱、墙、梁	+4,−5		
			层高垂直度/mm	≤6 m	8		
				>6 m	10		
			相邻两板表面高低差/mm		2		
			表面平整度/mm		5		
施工单位检查评定结果	专业工长（施工员）				施工班组长		
	项目专业质量检查员： 年 月 日						
监理（建设）单位验收结论	专业监理工程师： （建设单位项目专业技术负责人）： 年 月 日						

附表G-12 混凝土施工检验批质量验收记录表

单位（子单位）工程名称					
分部（子分部）工程名称				验收部位	基础底圈梁
施工单位				项目经理	
施工执行标准名称及编号	《混凝土结构工程施工质量验收规范》（GB 50204）				
施工质量验收规范的规定				施工单位检查评定记录	监理(建设)单位验收记录
主控项目	1	混凝土强度等级及试件的取样和留置	第7.4.1条		
	2	水泥进场检查	第7.2.1条		
	3	混凝土外加剂进场检查	第7.2.2条		
一般项目	1	施工缝的位置和处理	第7.4.2条		
	2	后浇带的位置和浇筑	第7.4.2条		
	3	混凝土养护	第7.4.3条		
施工单位检查评定结果	专业工长（施工员）			施工班组长	
	项目专业质量检查员： 年 月 日				
监理（建设）单位验收结论	专业监理工程师： （建设单位项目专业技术负责人）： 年 月 日				

附表G-13　配筋砌体工程检验批质量验收记录表

单位（子单位）工程名称						
分部（子分部）工程名称				验收部分	主体	
施工单位				项目经理		
施工执行标准名称及编号	《砌体结构工程施工质量验收规范》（GB 50203）					
施工质量验收规范的规定				施工单位检查评定记录		监理(建设)单位验收记录
主控项目	1	钢筋品种规格数量	第8.2.1条			
	2	混凝土、砂浆强度	设计要求C 设计要求M			
	3	马牙槎及拉结筋	第8.2.3条			
	4	芯柱	第8.2.2条			
	5	组合砌体及拉结筋	第8.2.3条			
一般项目	1	柱中心线位置	≤10 mm			
	2	柱层间错位	≤8 mm			
	3	柱垂直度　每层	≤10 m			
		柱垂直度　全高≤10 m	15 mm			
		柱垂直度　全高＞10 m	20 mm			
	4	砌体灰缝钢筋、钢筋防腐	第8.3.2条			
	5	网状配筋及间距	第8.3.3条			
	6	砌块砌体钢筋搭接	第8.3.4条			
施工单位检查评定结果	专业工长（施工员）			施工班组长		
	项目专业质量检查员：			年　月　日		
监理（建设）单位验收结论	专业监理工程师： （建设单位项目专业技术负责人）：			年　月　日		

附表G-14　砌体配（加）筋记录

年　月　日

单位工程名称		建设单位			
施工部位	逆变器室主体	施工单位			
施工图号		隐蔽日期			
砌体配加筋情况及说明					
	防腐处理情况：				
建设监理单位意见	年　月　日	钢材试验单号	直径	出厂合格证编号	复试编号

附表G-15 土方回填工程检验批质量验收记录表

单位（子单位）工程名称									
分部（子分部）工程名称								验收部位	基础
施工单位								项目经理	
分包单位								分包项目经理	
施工执行标准名称及编号			《建筑地基基础工程施工质量验收标准》（GB 50202）						
施工质量验收规范的规定								施工单位检查评定记录	监理(建设)单位验收记录
检查项目			允许偏差或允许值/mm						
			桩基基坑基槽	场地平整 人工	场地平整 机械	管沟	地（路）面基础层		
主控项目	1	标高	0，−50	± 30	± 50	0 −50	0 −50		
	2	长度、宽度（由设计中心线向两边量）	+200，−50	+300 −100	+500 −150	+100 0	设计值		
	3	坡率	设计值						
	4	分层压实系数	设计要求						
一般项目	1	回填土料	设计要求						
	2	分层厚度及含水量	设计要求						
	3	表面平整度	± 20	± 20	± 50	± 20	20		
施工单位检查评定结果			专业工长（施工员）					施工班组长	
			项目专业质量检查员： 年 月 日						
监理（建设）单位验收结论			专业监理工程师： （建设单位项目专业技术负责人）： 年 月 日						

附表G-16 预制构件检验批质量验收记录表

单位（子单位）工程名称							
分部（子分部）工程名称						验收部位	门窗、洞口过梁
施工单位						项目经理	
施工执行标准名称及编号			《混凝土结构工程施工质量验收规范》（GB 50204）				
施工质量验收规范的规定						施工单位检查评定记录	监理(建设)单位验收记录
主控项目	1	构件质量检查			第9.2.1条		
	2	预制构件进场结构性能检验			第9.2.2条		
	3	外观质量			第9.2.3条		
	4	预制构件上预埋件、预留插筋、预埋管线等			第9.2.4条		
一般项目	1	构件标识			第9.2.5条		
	2	外观质量一般缺陷处理			第9.2.6条		
	3	长度/mm	楼板、梁 柱、桁架	<12 m	± 5		
				≥12 m且<18 m	± 10		
				≥18 m	± 20		
			墙板		± 4		
	4	宽度、高（厚）度/mm	楼板、梁、柱、桁架		± 5		
			墙板		± 4		
	5	表面平整度	楼板、梁、柱、墙板内表面		5		
			墙板外表面		3		
	6	侧向弯曲/mm	梁、柱、楼板		L/750且≤20		
			墙板、桁架		L/1 000且≤20		
	7	预埋件	预埋板中心线位置/mm		5		
			螺栓位置/mm		2		
			螺栓外露长度/mm		+10，−5		
			预埋套筒、螺母中心线位置/mm		2		
			预埋套筒、螺母与混凝土面平面高差/mm		± 5		
	8	预留孔	中心线位置/mm		5		
			孔尺寸		± 5		
	9	预留洞	中心线位置/mm		10		
			洞口尺寸、深度		± 10		

续表

一般项目	10	主筋保护层厚度/mm	板	+5，-3		
			梁、柱、墙板、薄腹梁、桁架	+10，-5		
	11	对角线差/mm	楼板	10		
	12	对角线差/mm	墙板	5		
	13	表面平整度/mm	板、墙板、柱、梁	5		
	14	预应力构件预留孔道位置/mm	梁、墙板、薄腹梁、桁架	3		
	15	翘曲/mm	楼板	L/750		
			墙板	L/1 000		
	16	预留插筋	中心线位置	5		
			外露长度	+10，-5		
	17	键槽	中心线位置	5		
			长度、宽度	± 5		
			深度	± 10		
施工单位检查评定结果			专业工长（施工员）		施工班组长	
			项目专业质量检查员：	年 月 日		
监理（建设）单位验收结论			专业监理工程师： （建设单位项目专业技术负责人）：	年 月 日		

附表G-17 钢构件组装工程检验批质量验收记录表

单位（子单位）工程名称						
分部（子分部）工程名称					验收部位	屋面
施工单位					项目经理	
分包单位				分包项目经理		
施工执行标准名称及编号			《钢结构工程施工质量验收标准》（GB 50205）			
施工质量验收规范的规定				施工单位检查评定记录		监理(建设)单位验收记录
主控项目	1	吊车梁（桁架）	第8.3.1条			
	2	端部铣平精度	第8.4.1条			
	3	外形尺寸	第8.5.1条			
一般项目	1	焊接H型钢接缝	第8.2.2条			
	2	焊接H型钢精度	第8.3.2条			
	3	焊接组装精度	第8.3.3条			
	4	顶紧接触面	第8.4.2条			
	5	轴线交点错位	第8.3.4条			
	6	铣平面保护	第8.4.3条			
	7	外形尺寸	第8.5.2条			
施工单位检查评定结果			专业工长（施工员）		施工班组长	
			项目专业质量检查员：	年 月 日		
监理（建设）单位验收结论			专业监理工程师： （建设单位项目专业技术负责人）：	年 月 日		

附表G-18 金属板材屋面检验批质量验收记录表

单位（子单位）工程名称						
分部（子分部）工程名称				验收部位	屋面	
施工单位				项目经理		
分包单位				分包项目经理		
施工执行标准名称及编号	《屋面工程质量验收规范》（GB 50207）					
施工质量验收规范的规定				施工单位检查评定记录		监理(建设)单位验收记录
主控项目	1	板材及辅助材料质量	设计要求			
	2	连接和密封	第7.4.7条			
一般项目	1	金属板材铺设	第7.4.8条			
	2	檐口线及泛水做法	第7.4.12条			
	3	檐口与屋脊的平行度/mm	15			
	4	金属板对屋脊的垂直度/mm	单坡长度的1/800，且不大于25			
	5	金属板咬缝的平整度	10			
	6	檐口相邻两板端部错位	5			
施工单位检查评定结果			专业工长（施工员）		施工班组长	
			项目专业质量检查员：		年 月 日	
监理（建设）单位验收结论			专业监理工程师： （建设单位项目专业技术负责人）：		年 月 日	

附表G-19 建筑物垂直度、标高、全高测量记录

工程名称		结构形式				
测量仪器		测量人				
测量日期	层次设计标高	位置	标高	全高	位置	垂直度

监理工程师（建设单位项目负责人）： 技术负责人：

附表G-20 一般抹灰工程检验批质量验收记录表

单位（子单位）工程名称							
分部（子分部）工程名称					验收部位	室内墙面	
施工单位					项目经理		
分包单位					分包项目经理		
施工执行标准名称及编号	《建筑装饰装修工程质量验收规范》（GB 50210）						
施工质量验收规范的规定					施工单位检查评定记录		监理(建设)单位验收记录
主控项目	1	基层表面		第4.2.2条			
	2	材料品种和性能		第4.2.1条			
	3	操作要求		第4.2.3条			
	4	层黏结及面层质量		第4.2.4条			
一般项目	1	表面质量		第4.2.5条			
	2	细部质量		第4.2.6条			
	3	层与层间材料要求层总厚度		第4.2.7条			
	4	分格缝		第4.2.8条			
	5	允许偏差	立面垂直度（普通、高级）/mm	4、3			
			表面平整度（普通、高级）/mm	4、3			
			阴阳角方正（普通、高级）/mm	4、3			
			分格条（缝）直线度（普通、高级）/mm	4、3			
			墙裙、勒脚上口直线度（普通、高级）/mm	4、3			
施工单位检查评定结果			专业工长（施工员）		施工班组长		
			项目专业质量检查员：		年 月 日		
监理（建设）单位验收结论			专业监理工程师： （建设单位项目专业技术负责人）：		年 月 日		

附表G-21　水泥混凝土面层检验批质量验收记录表

单位（子单位）工程名称						
分部（子分部）工程名称					验收部位	室内地面
施工单位					项目经理	
分包单位					分包项目经理	
施工执行标准名称及编号	《建筑地面工程施工质量验收规范》（GB 50209）					
施工质量验收规范的规定					施工单位检查评定记录	监理(建设)单位验收记录
主控项目	1	骨料粒径		第5.2.3条		
	2	面层强度等级		设计要求		
	3	面层与下一层结合		第5.2.6条		
一般项目	1	表面质量		第5.2.7条		
	2	表面坡度		第5.2.8条		
	3	踢脚线与墙面结合		第5.2.9条		
	4	楼梯、台阶踏步		第5.2.10条		
	5	表面允许偏差	表面平整度	5 mm		
	6		踢脚线上口平直	4 mm		
	7		缝格顺直	3 mm		
施工单位检查评定结果	专业工长（施工员）			施工班组长		
	项目专业质量检查员：			年　月　日		
监理（建设）单位验收结论	专业监理工程师： （建设单位项目专业技术负责人）：			年　月　日		

附表G-22　金属门窗安装工程检验批质量验收记录表

单位（子单位）工程名称							
分部（子分部）工程名称						验收部位	门窗
施工单位						项目经理	
分包单位						分包项目经理	
施工执行标准名称及编号	《建筑装饰装修工程质量验收规范》（GB 50210）						
施工质量验收规范的规定						施工单位检查评定记录	监理(建设)单位验收记录
主控项目	1	门窗质量			第6.3.1条		
	2	框和副框安装,预埋件			第6.3.2条		
	3	门窗扇安装			第6.3.3条		
	4	配件质量及安装			第6.3.4条		
一般项目	1	表面质量			第6.3.5条		
	2	推拉扇开关应力/N			≤50		
	3	框与墙体间缝隙			第6.3.7条		
	4	扇密封胶条或毛毡密封条			第6.3.8条		
	5	排水孔			第6.3.9条		
	6	安装允许偏差/mm	门窗槽口宽度、高度	≤1 500	2		
				＞1 500	3		
			门窗槽口对角线长度差	≤2 000	3		
				＞2 000	4		
			门窗框的正、侧面垂直度		3		
			门窗横框的水平度		3		
			门窗横框标高		5		
			门窗竖向偏离中心		4		
			双层门窗内外框间距		5		
施工单位检查评定结果	专业工长（施工员）					施工班组长	
	项目专业质量检查员：					年　月　日	
监理（建设）单位验收结论	专业监理工程师： （建设单位项目专业技术负责人）：					年　月　日	

附表G-23 电气配管隐蔽工程检查验收记录

<table>
<tr><td colspan="2">工程名称</td><td colspan="2"></td><td colspan="2">建设单位</td><td colspan="2"></td></tr>
<tr><td colspan="2">施工单位</td><td colspan="2"></td><td colspan="2">图 号</td><td colspan="2"></td></tr>
<tr><td colspan="2">隐蔽项目部位</td><td colspan="2">逆变器室</td><td colspan="2">隐蔽日期</td><td colspan="2">年 月 日</td></tr>
<tr><td rowspan="11">隐蔽检查内容</td><td colspan="2">管种类</td><td></td><td></td><td></td><td></td><td></td></tr>
<tr><td colspan="2">埋设结构类图</td><td></td><td></td><td></td><td></td><td></td></tr>
<tr><td rowspan="2">管煨弯</td><td>弯曲半径（D）</td><td></td><td></td><td></td><td></td><td></td></tr>
<tr><td>弯扁度（D）</td><td></td><td></td><td></td><td></td><td></td></tr>
<tr><td rowspan="2">管连接</td><td>方法</td><td></td><td></td><td></td><td></td><td></td></tr>
<tr><td>套管长度（D）</td><td></td><td></td><td></td><td></td><td></td></tr>
<tr><td colspan="2">管外保护层厚度/mm</td><td></td><td></td><td></td><td></td><td></td></tr>
<tr><td colspan="2">管口处理意见</td><td></td><td></td><td></td><td></td><td></td></tr>
<tr><td colspan="2">钢管防腐情况</td><td></td><td></td><td></td><td></td><td></td></tr>
<tr><td colspan="2">穿越变形缝、构筑物、设备
基础施工方法图示或说明</td><td colspan="5"></td></tr>
<tr><td colspan="2">钢管与箱盒连接处
及丝接处跨接图示</td><td colspan="2"></td><td>箱盒固定情况</td><td colspan="2"></td></tr>
<tr><td colspan="3">建设（监理）单位验收意见</td><td colspan="5"></td></tr>
<tr><td colspan="3">结论</td><td colspan="5"></td></tr>
<tr><td colspan="2">专业技术负责人</td><td></td><td>质量检查员</td><td colspan="2"></td><td>班（组）长</td><td></td></tr>
</table>

附表G-24 电缆隐蔽工程检查验收记录

<table>
<tr><td colspan="2">工程名称</td><td colspan="3"></td><td>建设单位</td><td></td></tr>
<tr><td colspan="2">施工单位</td><td colspan="3"></td><td>图号</td><td></td></tr>
<tr><td colspan="2">电缆敷设方式</td><td colspan="3"></td><td>隐蔽日期</td><td>年 月 日</td></tr>
<tr><td rowspan="8">隐蔽检查内容</td><td colspan="2">电缆型号种类</td><td></td><td></td><td></td><td></td></tr>
<tr><td colspan="2">电缆敷设状况</td><td></td><td></td><td></td><td></td></tr>
<tr><td colspan="2">埋（沟）深/m</td><td></td><td></td><td></td><td></td></tr>
<tr><td colspan="2">弯曲半径（D）</td><td></td><td></td><td></td><td></td></tr>
<tr><td colspan="2">保护套管种类</td><td></td><td></td><td></td><td></td></tr>
<tr><td colspan="2">过路套管种类</td><td></td><td></td><td></td><td></td></tr>
<tr><td>平面简图</td><td colspan="5"></td></tr>
<tr><td>敷设方法截面图</td><td></td><td>结论</td><td></td><td>建设（监理）
单位验收意见</td><td></td></tr>
<tr><td colspan="2">专业技术负责人</td><td></td><td>质量检查员</td><td></td><td>班（组）长</td><td></td></tr>
</table>

附表G-25　普通灯具安装检验批质量验收记录表

单位（子单位）工程名称					
分部（子分部）工程名称				验收部位	室内照明
施工单位				项目经理	
分包单位				分包项目经理	
施工执行标准名称及编号	《建筑电气工程施工质量验收规范》（GB 50303）				
施工质量验收规范规定				施工单位检查评定记录	监理单位验收记录
主控项目	1	灯具的固定	第18.1.1条		
	2	悬吊式灯具安装质量	第18.1.2条		
	3	吸顶或墙面安装固定螺栓检查	第18.1.3条		
	4	接线盒至嵌入式灯具或槽灯绝缘导线检查	第18.1.4条		
	5	普通Ⅰ类灯具的安全检查	第18.1.5条		
	6	敞开式灯具安全检查	第18.1.6条		
	7	在公共场所的大型灯具的玻璃罩安全措施	第18.1.9条		
一般项目	1	引向每个灯具的电线线芯最小截面积	第18.2.1条		
	2	灯具的外形，灯头及其接线检查	第18.2.2条		
	3	灯具高温部位的防火措施检查	第18.2.3条		
	4	变电所内灯具的安装位置	第18.2.4条		
	5	投光灯的固定检查	第18.2.5条		
	6	聚光灯出光口与被照物最短距离检查	第18.2.6条		
	7	露天安装灯具的防水检查	第18.2.8条		
施工单位检查评定结果	专业工长（施工员）			施工班组长	
	项目专业质量检查员：			年　月　日	
监理（建设）单位验收结论	监理工程师： （建设单位项目专业技术负责人）			年　月　日	

附表G-26　开关、插座安装检验批质量验收记录表

单位（子单位）工程名称					
分部（子分部）工程名称				验收部位	建筑电气
施工单位				项目经理	
分包单位				分包项目经理	
施工执行标准名称及编号	《建筑电气工程施工质量验收规范》（GB 50303）				
施工质量验收规范规定				施工单位检查评定记录	监理(建设)单位验收记录
主控项目	1	交流、直流或不同电压等级在同一场所的插座应有区别	第20.1.1条		
	2	插座的接线	第20.1.3条		
	3	不间断电源及应急电源插座标识	第20.1.2条		
	4	照明开关安装	第20.1.4条		
	5	吊扇的安装高度、挂钩选用和吊扇的组装及试运转	第20.1.6条		
	6	壁扇、防护罩的固定及试运转	第20.1.7条		
一般项目	1	插座安装和外观检查	第20.2.2条		
	2	照明开关的安装位置、控制顺序	第20.2.3条		
	3	吊扇的吊杆、开关和表面检查	第20.2.5条		
	4	换气扇的安装检查	第20.2.7条		
施工单位检查评定结果	专业工长（施工员）			施工班组长	
	项目专业质量检查员：			年　月　日	
监理（建设）单位验收结论	监理工程师： （建设单位项目专业技术负责人）			年　月　日	

附表G-27　建筑物照明通电试运行检验批质量验收记录表

<table>
<tr><td colspan="3">单位（子单位）工程名称</td><td colspan="5"></td></tr>
<tr><td colspan="3">分部（子分部）工程名称</td><td colspan="3"></td><td>验收部位</td><td>建筑电气</td></tr>
<tr><td colspan="3">施工单位</td><td colspan="3"></td><td>项目经理</td><td></td></tr>
<tr><td colspan="3">分包单位</td><td colspan="3"></td><td>分包项目经理</td><td></td></tr>
<tr><td colspan="3">施工执行标准名称及编号</td><td colspan="5">《建筑电气工程施工质量验收规范》（GB 50303）</td></tr>
<tr><td colspan="5">施工质量验收规范规定</td><td colspan="2">施工单位检查评定记录</td><td>监理(建设)单位验收记录</td></tr>
<tr><td rowspan="2">主控项目</td><td>1</td><td colspan="2">灯具回路控制与照明箱及回路的标识一致，开关与灯具控制顺序相对应</td><td>第21.1.1条</td><td colspan="2"></td><td rowspan="2"></td></tr>
<tr><td>2</td><td colspan="2">照明系统全负荷通电连续试运行无故障</td><td>第21.1.2条</td><td colspan="2"></td></tr>
<tr><td colspan="3" rowspan="2">施工单位检查评定结果</td><td>专业工长（施工员）</td><td></td><td colspan="2">施工班组长</td><td></td></tr>
<tr><td colspan="5">项目专业质量检查员：　　　　年　月　日</td></tr>
<tr><td colspan="3">监理（建设）单位验收结论</td><td colspan="5">监理工程师：
（建设单位项目专业技术负责人）　　　　年　月　日</td></tr>
</table>

附表G-28　接地装置安装检验批质量验收记录表

<table>
<tr><td colspan="3">单位（子单位）工程名称</td><td colspan="5"></td></tr>
<tr><td colspan="3">分部（子分部）工程名称</td><td colspan="3"></td><td>验收部位</td><td>基础</td></tr>
<tr><td colspan="3">施工单位</td><td colspan="3"></td><td>项目经理</td><td></td></tr>
<tr><td colspan="3">分包单位</td><td colspan="3"></td><td>分包项目经理</td><td></td></tr>
<tr><td colspan="3">施工执行标准名称及编号</td><td colspan="5">《建筑电气工程施工质量验收规范》（GB 50303）</td></tr>
<tr><td colspan="5">施工质量验收规范规定</td><td colspan="2">施工单位检查评定记录</td><td>监理(建设)单位验收记录</td></tr>
<tr><td rowspan="4">主控项目</td><td>1</td><td colspan="2">接地装置测试点的设置</td><td>第22.1.1条</td><td colspan="2"></td><td rowspan="4"></td></tr>
<tr><td>2</td><td colspan="2">接地电阻值测试</td><td>第22.1.2条</td><td colspan="2"></td></tr>
<tr><td>3</td><td colspan="2">接地装置材料规格、型号要求</td><td>第22.1.3条</td><td colspan="2"></td></tr>
<tr><td>4</td><td colspan="2">接地电阻达到不到要求时的降阻措施</td><td>第22.1.4条</td><td colspan="2"></td></tr>
<tr><td rowspan="4">一般项目</td><td>1</td><td colspan="2">接地装置埋设深度、间距</td><td>第22.2.1条</td><td colspan="2"></td><td rowspan="4"></td></tr>
<tr><td>2</td><td colspan="2">接地装置的焊接要求和搭接长度</td><td>第22.2.2条</td><td colspan="2"></td></tr>
<tr><td>3</td><td colspan="2">接地极为铜和钢组成时热剂焊要求</td><td>第22.2.3条</td><td colspan="2"></td></tr>
<tr><td>4</td><td colspan="2">采用降阻措施的接地装置检查</td><td>第22.2.4条</td><td colspan="2"></td></tr>
<tr><td colspan="3" rowspan="2">施工单位检查评定结果</td><td>专业工长（施工员）</td><td></td><td colspan="2">施工班组长</td><td></td></tr>
<tr><td colspan="5">项目专业质量检查员：　　　　年　月　日</td></tr>
<tr><td colspan="3">监理（建设）单位验收结论</td><td colspan="5">监理工程师：
（建设单位项目专业技术负责人）　　　　年　月　日</td></tr>
</table>

附表G-29　变配电室接地干线检验批质量验收记录表

单位（子单位）工程名称					
分部（子分部）工程名称				验收部位	基础
施工单位				项目经理	
分包单位				分包项目经理	
施工执行标准名称及编号	《建筑电气工程施工质量验收规范》（GB 50303）				
施工质量验收规范规定				施工单位检查评定记录	监理(建设)单位验收记录
主控项目	1	变配电室内接地干线与接地装置引出线的连接	第23.1.1条		
	2	接地干线材料型号、规格	第23.1.2条		
一般项目	1	接地干线连接	第23.2.1条		
	2	室内明敷接地干线支持件的设置	第23.2.2条		
	3	接地线穿越墙壁、楼板和地坪处的保护	第23.2.3条		
	4	接地干线跨越建筑物变形缝的补偿措施	第23.2.4条		
	5	接地干线焊接头的防腐处理	第23.2.5条		
	6	变配电室内明敷接地干线敷设	第23.2.6条		
	7	电缆穿过零序电流互感器时，电缆头的接地线检查	第23.1.6条		
	8	配电间的栅栏门、金属门铰链的接地连接及避雷器接地	第23.2.1条		
施工单位检查评定结果	专业工长（施工员）			施工班组长	
	项目专业质量检查员：			年　月　日	
监理（建设）单位验收结论	监理工程师： （建设单位项目专业技术负责人）			年　月　日	

附表G-30　绝缘电阻测试记录

工程名称					建设单位					
施工单位					图　号					
天气情况					工作电压			V		
仪表型号			仪表电压			测试日期			年　月　日	
试验内容 系统编号	相对相			相对零			相对地			零对地
	L_1-L_2	L_2-L_3	L_3-L_1	L_1-N	L_2-N	L_3-N	L_1-E	L_2-E	L_3-E	N-E
测试结论										

参加人员	建设(监理)单位	企业专业技术负责人	质量检查员	班(组)长	测试人(二人)

注：1. 本表适用于单相、单相三线、三相四线制、三相五线制的照明，动力线路及电缆线路，电机等绝缘电阻的测试。
2. 中 L_1 代表第一相，L_2 代表第二相，L_3 代表第三组，N代表零（中性线）；E代表接地线。

附表G-31 接地电阻测试记录

工程名称			建设单位		
施工单位			引下型式		
仪表型号		天气情况		测试日期	年 月 日
接地种类		规定阻值/Ω	实测阻值/Ω	季节系数	测试结果
测试布置简图（注明测试点位置）			建设（监理）单位意见		
企业专业技术负责人		质量检查员	测试人（二人）		班（组）长

附表G-32 接地装置施工隐蔽记录

工程名称		建设单位		
施工单位		施工图号		
安装地点		隐蔽日期	年 月 日	

1. 接地体：

序号	材质	规格	数量	埋入深度/m	极间距离/m	极度与建筑物距离/m
1						
2						
3						

2. 接地干线：

序号	材质	规格	长度	防腐处理	敷设方法	连接方法
1						
2						
3						

3. 接地电阻：

序号	1	2	3	测量方法	气候条件
实测阻值/Ω					

独立避雷针的接地装置与道路距离（ ）m，与建筑物的出入口距离（ ）m。
独立避雷针的接地线与其他接地线地下最小距离（ ）m。
明敷接地干线涂漆：

附图：		建设（监理）单位意见			
专业技术负责人		质量检查员		班（组）长	

附表G-33 铁件安装施工检验批质量验收记录表

单位工程名称			单元工程量			
分部工程名称			单元工程名称			
验收部位		变压器基础	高程			
项类	检查项目		质量标准	质量评定		
主控项目	材质、规格、数量		符合质量标准及设计要求			
	安装高程、方位、埋入深度及外露长度等		符合设计要求			
一般项目	检查项目		质量标准	质量评定		
				总点数	合格点数	合格率%
	锚筋锚固位置允许偏差/mm	柱顶锚固	≤2			
		墙面锚固	≤5			
	锚固孔孔径/mm		d+20 mm（d为锚筋直径）			
	锚固深度/mm		不小于设计深度			
	锚固倾斜度对设计轴线的偏差/mm		5%			

承建单位	自检结果	主控项目 一般项目	监理单位	检查结果	主控项目 一般项目
	质量等级			质量等级	
	承建单位质检人员	年 月 日		监理工程师	年 月 日

附表G-34　建筑工程观感质量验收检查记录

<table>
<tr><td colspan="3">合同名称</td><td colspan="12"></td></tr>
<tr><td colspan="3">施工单位</td><td colspan="8"></td><td colspan="3">项目经理</td><td></td></tr>
<tr><td colspan="3">验收单位工程名称</td><td colspan="8"></td><td colspan="3">技术负责人</td><td></td></tr>
<tr><td colspan="3">验收分部工程名称</td><td colspan="4"></td><td colspan="4">验收部位</td><td colspan="4">××区××子阵逆变器室</td></tr>
<tr><td rowspan="2">序号</td><td colspan="2" rowspan="2">项　目</td><td colspan="9" rowspan="2">抽查质量状况</td><td colspan="3">质量评价</td></tr>
<tr><td>好</td><td>一般</td><td>差</td></tr>
<tr><td>1</td><td rowspan="8">建筑与结构</td><td>室外墙面</td><td></td><td></td><td></td><td></td><td></td><td></td><td></td><td></td><td></td><td></td><td></td><td></td></tr>
<tr><td>2</td><td>变形缝</td><td></td><td></td><td></td><td></td><td></td><td></td><td></td><td></td><td></td><td></td><td></td><td></td></tr>
<tr><td>3</td><td>水落管、屋面</td><td></td><td></td><td></td><td></td><td></td><td></td><td></td><td></td><td></td><td></td><td></td><td></td></tr>
<tr><td>4</td><td>室内墙面</td><td></td><td></td><td></td><td></td><td></td><td></td><td></td><td></td><td></td><td></td><td></td><td></td></tr>
<tr><td>5</td><td>室内顶棚</td><td></td><td></td><td></td><td></td><td></td><td></td><td></td><td></td><td></td><td></td><td></td><td></td></tr>
<tr><td>6</td><td>室内地面</td><td></td><td></td><td></td><td></td><td></td><td></td><td></td><td></td><td></td><td></td><td></td><td></td></tr>
<tr><td>7</td><td>楼梯、踏步、护栏</td><td></td><td></td><td></td><td></td><td></td><td></td><td></td><td></td><td></td><td></td><td></td><td></td></tr>
<tr><td>8</td><td>门窗</td><td></td><td></td><td></td><td></td><td></td><td></td><td></td><td></td><td></td><td></td><td></td><td></td></tr>
<tr><td>1</td><td rowspan="4">给排水与采暖</td><td>管道接口、坡度、支架</td><td></td><td></td><td></td><td></td><td></td><td></td><td></td><td></td><td></td><td></td><td></td><td></td></tr>
<tr><td>2</td><td>卫生器具、支架、阀门</td><td></td><td></td><td></td><td></td><td></td><td></td><td></td><td></td><td></td><td></td><td></td><td></td></tr>
<tr><td>3</td><td>检查口、扫除口、地漏</td><td></td><td></td><td></td><td></td><td></td><td></td><td></td><td></td><td></td><td></td><td></td><td></td></tr>
<tr><td>4</td><td>散热器、支架</td><td></td><td></td><td></td><td></td><td></td><td></td><td></td><td></td><td></td><td></td><td></td><td></td></tr>
<tr><td>1</td><td rowspan="3">建筑电气</td><td>配电箱、盘、板接线盒</td><td></td><td></td><td></td><td></td><td></td><td></td><td></td><td></td><td></td><td></td><td></td><td></td></tr>
<tr><td>2</td><td>设备器具、开关、插座</td><td></td><td></td><td></td><td></td><td></td><td></td><td></td><td></td><td></td><td></td><td></td><td></td></tr>
<tr><td>3</td><td>防雷、接地</td><td></td><td></td><td></td><td></td><td></td><td></td><td></td><td></td><td></td><td></td><td></td><td></td></tr>
<tr><td>1</td><td rowspan="6">通风与空调</td><td>风管、支架</td><td></td><td></td><td></td><td></td><td></td><td></td><td></td><td></td><td></td><td></td><td></td><td></td></tr>
<tr><td>2</td><td>风口、风阀</td><td></td><td></td><td></td><td></td><td></td><td></td><td></td><td></td><td></td><td></td><td></td><td></td></tr>
<tr><td>3</td><td>风机、空调设备</td><td></td><td></td><td></td><td></td><td></td><td></td><td></td><td></td><td></td><td></td><td></td><td></td></tr>
<tr><td>4</td><td>阀门、支架</td><td></td><td></td><td></td><td></td><td></td><td></td><td></td><td></td><td></td><td></td><td></td><td></td></tr>
<tr><td>5</td><td>水泵、冷却塔</td><td></td><td></td><td></td><td></td><td></td><td></td><td></td><td></td><td></td><td></td><td></td><td></td></tr>
<tr><td>6</td><td>绝热</td><td></td><td></td><td></td><td></td><td></td><td></td><td></td><td></td><td></td><td></td><td></td><td></td></tr>
<tr><td>1</td><td rowspan="2">智能建筑</td><td>机房设备安装及布局</td><td></td><td></td><td></td><td></td><td></td><td></td><td></td><td></td><td></td><td></td><td></td><td></td></tr>
<tr><td>2</td><td>现场设备安装</td><td></td><td></td><td></td><td></td><td></td><td></td><td></td><td></td><td></td><td></td><td></td><td></td></tr>
<tr><td colspan="3">观感质量综合评价</td><td colspan="9"></td><td></td><td></td><td></td></tr>
<tr><td colspan="2">验收结论</td><td colspan="13">施工单位项目经理：　　　　　　　　总监理工程师：
年　月　日　　　　　　　　年　月　日</td></tr>
</table>

注：质量评价为差的项目，应进行返修。

附表G-35 灭火器质量验收检查记录

合同名称									
施工单位							项目经理		
验收单位工程名称							技术负责人		
验收分部工程名称		验收部位	××区××子阵××#逆变器室						
检查项目		检查结果							处置结果
		灭火器的种别					判定	不良状况	
		A	B	C	D	E			
设置状况	设置数量								
	设置场所								
	设置间隔								
	适应性								
灭火器	本体容器								
	安全插销								
	压把（压板）								
	护盖（加压式）								
	皮管								
	喷嘴等								
	压力指示计								
	压力调整器（轮架型）								
	安全阀								
	保持装置（挂钩或放置箱）								
	车轮（轮架型）								
	液面指示								
灭火药剂	性状								
	灭火药剂量								
施工单位检查评定结果	专业工长（施工员）						施工班组长		
	项目专业质量检查员：　　年　月　日								
监理单位验收结论	专业监理工程师：　　年　月　日								

附表G-36 设备进场验收记录

建设单位		施工单位	
工程名称		单位（分部）工程	
设备名称		型号、规格	
系统编号		安装部位	××区×× #逆变器室
设备检查	1. 包装；2. 设备外观； 3. 设备零部件；4. 其他		
技术文件检查	1. 装箱单　份　张；2. 合格证　份　张； 3. 说明书　份　张；4. 设备图　份　张； 5. 其他		
存在问题及处理意见	检查人员：		
建设（监理）单位代表：　年　月　日		施工单位项目经理：　年　月　日	

附表G-37　通风设备安装检验批质量验收记录表

单位（子单位）工程名称						
分部（子分部）工程名称					验收部位	逆变器室
施工单位					项目经理	
分包单位					分包项目经理	
施工执行标准名称及编号	《通风与空调工程施工质量验收规范》（GB 50243）					
施工质量验收规范的规定				施工单位检查评定记录		监理(建设)单位验收记录
主控项目	1	除尘器安装	第7.2.6条			
	2	布袋与静电除尘器接地	第7.2.6-3条			
	3	静电空气过滤器安装	第7.2.10条			
	4	电加热器安装	第7.2.11条			
	5	过滤吸收器安装	第7.2.12条			
一般项目	1	除尘器安装	第7.3.11条			
	2	除尘设备安装允许偏差/mm				
	（1）	平面位移	≤10			
	（2）	标高	±10			
	（3）	垂直度　每米	≤2			
		垂直度　总偏差	≤10			
	3	现场组装静电除尘器安装	第7.3.12条			
	4	现场组装布袋除尘器安装	第7.3.13条			
	5	空气过滤器安装	第7.3.5条			
	6	洁净室空气净化设备安装	第7.3.14条			
	7	装配式洁净室安装	第7.3.15条			
	8	蒸汽加湿器安装	第7.3.6条			
	9	空气风幕机安装	第7.3.2条			
施工单位检查评定结果	专业工长（施工员）				施工班组长	
	项目专业质量检查员：　　　年　月　日					
监理（建设）单位验收结论	专业监理工程师： （建设单位项目专业技术负责人）：　　　年　月　日					

附表G-38　通风设备单机试运转记录

单位（子单位）工程名称											
分部（子分部）工程名称							验收部位			逆变器室	
施工单位							项目经理				
序号	系统编号	设备名称	运行时间/h	设备转速/（r/min）		功率/kW		电流/A		轴承温升/℃	电动机温升/℃
				额定值	实测值	铭牌	实测	额定值	实测值		
试验人员						试验日期					

施工单位检查意见：

项目专业质量检查员：　　　年　月　日

监理（建设）单位验收结论：

监理工程师：

（建设单位项目专业技术负责人）　　　年　月　日

附表G-39 外墙保温检验批质量验收记录表

<table>
<tr><td colspan="4">单位（子单位）工程名称</td><td colspan="12"></td></tr>
<tr><td colspan="4">分部（子分部）工程名称</td><td colspan="7"></td><td colspan="4">验收部位</td><td>主体外墙</td></tr>
<tr><td colspan="3">施工单位</td><td colspan="8"></td><td colspan="4">项目经理</td><td></td></tr>
<tr><td colspan="3">分包单位</td><td colspan="8"></td><td colspan="4">分包项目经理</td><td></td></tr>
<tr><td colspan="4">施工执行标准名称及编号</td><td colspan="12">《建筑节能工程施工质量验收规范》（GB 50411）</td></tr>
<tr><td colspan="5">施工质量验收的规定</td><td colspan="10">施工单位检查评定记录</td><td>监理(建设)单位验收记录</td></tr>
<tr><td rowspan="5">主控项目</td><td>1</td><td colspan="2">保温材料的原材料、黏结剂、连接件等技术指标必须符合设计要求</td><td>设计要求</td><td colspan="10"></td><td rowspan="5"></td></tr>
<tr><td>2</td><td colspan="2">铺贴方式、黏结方式构造节点做法须符合设计要求</td><td>设计要求</td><td colspan="10"></td></tr>
<tr><td>3</td><td colspan="2">基层处理符合设计要求</td><td>设计要求</td><td colspan="10"></td></tr>
<tr><td>4</td><td colspan="2">黏结牢固、无漏刷，网格布铺贴不得有网印</td><td>设计要求</td><td colspan="10"></td></tr>
<tr><td>5</td><td colspan="2">连接件位置正确、稳固，保温材料安装牢固</td><td>设计要求</td><td colspan="10"></td></tr>
<tr><td rowspan="5">一般项目</td><td>1</td><td rowspan="5">允许偏差</td><td>立面垂直度</td><td>4 mm</td><td></td><td></td><td></td><td></td><td></td><td></td><td></td><td></td><td></td><td></td><td rowspan="5"></td></tr>
<tr><td>2</td><td>表面平整度</td><td>4 mm</td><td></td><td></td><td></td><td></td><td></td><td></td><td></td><td></td><td></td><td></td></tr>
<tr><td>3</td><td>阴阳角垂直度</td><td>4 mm</td><td></td><td></td><td></td><td></td><td></td><td></td><td></td><td></td><td></td><td></td></tr>
<tr><td>4</td><td>阴阳角方正</td><td>4 mm</td><td></td><td></td><td></td><td></td><td></td><td></td><td></td><td></td><td></td><td></td></tr>
<tr><td>5</td><td>接缝高低差</td><td>1.5 mm</td><td></td><td></td><td></td><td></td><td></td><td></td><td></td><td></td><td></td><td></td></tr>
<tr><td colspan="4" rowspan="2">施工单位检查评定结果</td><td colspan="2">专业工长（施工员）</td><td colspan="5"></td><td colspan="4">施工班组长</td><td></td></tr>
<tr><td colspan="12">项目专业质量检查员： 年 月 日</td></tr>
<tr><td colspan="4">监理（建设）单位验收结论</td><td colspan="12">专业监理工程师：
（建设单位项目专业技术负责人）： 年 月 日</td></tr>
</table>

附录H

➡ 光伏发电项目安装质量检查验收表

附表H-I　光伏组件支架基础安装质量检查验收表

<table>
<tr><td>工程名称</td><td></td><td colspan="2">建设单位</td><td colspan="3"></td></tr>
<tr><td>施工单位</td><td></td><td colspan="2">验收项目</td><td colspan="3">光伏支架基础</td></tr>
<tr><td colspan="2" rowspan="2">检验标准</td><td rowspan="2">性质</td><td rowspan="2">存在问题</td><td colspan="3">验收结果</td></tr>
<tr><td>符合</td><td>基本符合</td><td>不符合</td></tr>
<tr><td colspan="7">光伏组件支架基础施工质量符合《光伏发电工程验收规范》（GB/T 50796）、《光伏发电站施工规范》（GB 50794）</td></tr>
<tr><td colspan="2">1）混凝土独立基础、条形基础的验收符合《混凝土结构工程施工质量验收规范》（GB 50204）的规定</td><td></td><td></td><td></td><td></td><td></td></tr>
<tr><td colspan="2">2）桩式基础的验收符合《建筑地基基础工程施工质量验收规范》（GB 50202）的规定</td><td></td><td></td><td></td><td></td><td></td></tr>
<tr><td colspan="2">3）外露的预埋螺栓（预埋件）的防腐符合设计要求</td><td>主控</td><td></td><td></td><td></td><td></td></tr>
<tr><td colspan="2">4）组件支架基础采用混凝土独立基础或条形基础时，尺寸允许偏差为：</td><td></td><td></td><td></td><td></td><td></td></tr>
<tr><td colspan="2">（1）轴线：±10 mm</td><td></td><td></td><td></td><td></td><td></td></tr>
<tr><td colspan="2">（2）顶标高：0～−10 mm</td><td></td><td></td><td></td><td></td><td></td></tr>
<tr><td colspan="2">（3）垂直度：每米≤5 mm、全高≤10 mm</td><td></td><td></td><td></td><td></td><td></td></tr>
<tr><td colspan="2">（4）截面尺寸：±20 mm</td><td></td><td></td><td></td><td></td><td></td></tr>
<tr><td colspan="2">5）组件支架采用桩式基础时，尺寸允许偏差为：</td><td></td><td></td><td></td><td></td><td></td></tr>
<tr><td colspan="2">（1）桩位：“直径/10”且小于或等于30</td><td></td><td></td><td></td><td></td><td></td></tr>
<tr><td colspan="2">（2）桩顶标高：0～−10 mm</td><td></td><td></td><td></td><td></td><td></td></tr>
<tr><td colspan="2">（3）垂直度：每米≤5 mm、全高≤10 mm</td><td></td><td></td><td></td><td></td><td></td></tr>
<tr><td colspan="2">（4）桩径（截面尺寸）：灌注桩±10 mm、混凝土预制桩5 mm、钢桩±5%D（D为钢桩直径）</td><td></td><td></td><td></td><td></td><td></td></tr>
<tr><td colspan="2">6）光伏组件支架基础预埋螺栓（预埋件）允许偏差：</td><td></td><td></td><td></td><td></td><td></td></tr>
<tr><td colspan="2">（1）标高偏差：预埋螺栓+20 mm，0 mm预埋件0 mm，−5 mm</td><td></td><td></td><td></td><td></td><td></td></tr>
<tr><td colspan="2">（2）轴线偏差：预埋螺栓2 mm，预埋件±5 mm</td><td></td><td></td><td></td><td></td><td></td></tr>
<tr><td>主控检验个数：
基本符合个数：
基本符合率：%</td><td>一般检验个数：
基本符合个数：
基本符合率：%</td><td colspan="2">监理单位专业技术负责人：（签字）
建设单位专业技术负责人：（签字）
年　月　日</td><td colspan="3">现场复（初）验组成员：（签字）
组长：（签字）
年　月　日</td></tr>
</table>

附表H-2 光伏组件支架安装质量检查验收表

工程名称		建设单位			
施工单位		验收项目	光伏组件支架		
检验标准	性质	存在问题	验收结果		
			符合	基本符合	不符合
光伏组件支架安装质量符合《光伏发电工程验收规范》（GB/T 50796）、《光伏发电站施工规范》（GB 50794）					
1）固定式支架安装偏差符合： 中心偏差：≤2 mm 梁标高偏差（同组）：≤3 mm 立柱面偏差（同组）：≤3 mm					
2）跟踪式支架偏差符合设计要求					
3）跟踪式支架安装牢固、可靠，传动部分动作灵活，跟踪精度符合设计要求					
4）支架与主接地系统连接可靠	主控				
5）支架防腐符合设计要求	主控				

主控检验个数： 基本符合个数： 基本符合率：%	一般检验个数： 基本符合个数： 基本符合率：%	监理单位专业技术负责人： （签字） 建设单位专业技术负责人： （签字） 年 月 日	现场复（初）验组成员： （签字） 组长：（签字） 年 月 日

附表H-3 光伏组件安装质量检查验收表

工程名称		建设单位			
施工单位		验收项目	光伏组件		
光伏组件安装质量符合《光伏发电工程验收规范》（GB/T 50796）、《光伏发电站施工规范》（GB 50794）的规定					
1）光伏组件的外观及接线盒、连接器无损坏现象					
2）光伏组件间接插件连接牢固					
3）按照功率、电流参数进行分档和组装					
4）光伏组件完好、表面清洁	主控				
5）带边框的光伏组件将边框可靠接地	主控				
6）光伏组件安装偏差符合：					
（1）倾斜角度偏差：±1°					
（2）光伏组件高差：相邻光伏组件间≤2 mm，同组光伏组件间≤5 mm					
7）测试与试验					
（1）相同测试条件下，相同光伏组件串之间的开路电压偏差不大于2%，最大偏差值不超过5 V	主控				
（2）光伏方阵绝缘电阻测试结果符合设计要求					
（3）光伏组件串电缆温度无超常温等异常情况					

主控检验个数： 基本符合个数： 基本符合率：%	一般检验个数： 基本符合个数： 基本符合率：%	监理单位专业技术负责人： （签字） 建设单位专业技术负责人： （签字） 年 月 日	现场复（初）验组成员： （签字） 组长：（签字） 年 月 日

附表H-4　光伏汇流箱、配电柜安装质量检查验收表

工程名称		建设单位			
施工单位		验收项目	光伏汇流箱、配电柜		
检验标准	性质	存在问题	验收结果		
			符合	基本符合	不符合
汇流箱安装质量符合《光伏发电工程验收规范》（GB/T 50796）、《光伏发电站施工规范》（GB 50794）的规定					
1）安装位置、高度及水平度满足设计要求					
2）汇流箱及内部防雷模块接地牢固、可靠，且导通良好	主控				
3）采用金属箱体的汇流箱接地可靠	主控				
4）接线正确、连接可靠					
5）极性（相序）正确、绝缘良好					
6）命名编号规范、齐全、清晰					
7）标识齐全、清晰					
8）测试及试验					
（1）开关保护定值整定准确					
（2）汇流箱进线端及出线端与汇流箱接地端间红丝电阻不小于20 MΩ					
（3）汇流箱监控数据齐全、准确					
配电柜安装质量符合《电气装置安装工程盘、柜及二次回路接线施工及验收规范》（GB 50171）的规定					
1）接地可靠	主控				
2）配电柜与基础间连接牢固可靠					
3）断路器手动分合正常、指示正确					
4）接线正确、接地可靠					
5）极性（相序）正确、绝缘良好					
6）命名编号规范、齐全、清晰					
7）标识齐全、清晰					
8）测试及试验					
（1）测量仪表校验合格，显示正确					
（2）配电柜内断路器保护定值整定准确					
（3）各支路进线端及出线端与直流配电柜接地端间红丝电阻不小于20 MΩ					

主控检验个数： 基本符合个数： 基本符合率：%	一般检验个数： 基本符合个数： 基本符合率：%	监理单位专业技术负责人： （签字） 建设单位专业技术负责人： （签字） 年　月　日	现场复（初）验组成员： （签字） 组长：（签字） 年　月　日

附表H-5 逆变器、变压器安装质量检查验收表

工程名称		建设单位	
施工单位		验收项目	逆变器、变压器

检验标准	性质	存在问题	验收结果		
			符合	基本符合	不符合
逆变器安装质量符合《电气装置安装工程盘、柜及二次回路接线施工及验收规范》（GB 50171）的规定					
1）逆变器与基础间连接牢固可靠					
2）接线正确、接地可靠					
3）极性（相序）正确、绝缘良好					
4）通风、散热、防尘符合设计要求					
5）接地可靠	主控				
6）交流侧接口处有绝缘保护					
7）所有绝缘和开关装置功能正常					
8）命名编号规范、齐全、清晰					
9）标识齐全、清晰					
10）测试与试验					
（1）散热装置工作正常					
（2）人机界面显示正确，数据上传正常	主控				
（3）保护功能齐全，动作可靠	主控				
变压器质量符合《电气装置安装工程 高压电器施工及验收规范》（GB 50147）、《电气装置安装工程 电力变压器油浸式电抗器、互感器施工及验收规范》（GB 5048）的规定					
1）变压器与基础间连接牢固可靠					
2）高、低侧开关分合操作灵活、接触良好，开关位置指示正确					
3）接线正确、连接可靠					
4）接地可靠	主控				
5）极性（相序）正确，绝缘良好					
6）命名编号规范、齐全，绝缘良好					
7）标识齐全、清晰					
8）测试及试验					
（1）低压侧断路器监控远方操作动作正确					
（2）变压器绝缘油试验合格，油位正常	主控				
（3）变压器各项常规电气试验项目及结果符合规定	主控				
（4）测控装置试验正常	主控				
（5）高低压侧电缆试验合格	主控				

主控检验个数： 基本符合个数： 基本符合率：%	一般检验个数： 基本符合个数： 基本符合率：%	监理单位专业技术负责人： （签字） 建设单位专业技术负责人： （签字） 年 月 日	现场复（初）验组成员： （签字） 组长：（签字） 年 月 日

附表H-6　盘、柜、箱、电缆和电缆支架、二次接线和仪器仪表安装质量检查验收表

工程名称		建设单位	
施工单位		验收项目	盘、柜、箱、电缆和电缆支架、二次接线和仪器仪表

检验标准	性质	存在问题	验收结果		
			符合	基本符合	不符合
盘、柜、箱安装质量符合《电气装置安装工程盘、柜及二次回路接线施工及验收规范》（GB 5071）的规定					
1）接地牢固可靠、导通良好，金属盘门采用裸铜软导线与金属构架或接地排可靠接地	主控				
2）盘、柜、箱布置合理，便于检修和巡查					
3）基础水平度、垂直度误差符合要求					
4）成列盘、柜、箱顶部、盘面、盘间间隙误差符合规范要求，成列盘柜的颜色一致					
5）成套柜的接地母线与主接地网连接可靠					
6）标识、标牌规范、齐全、清晰					
7）电缆支架					
（1）电缆支架符合设计要求，安装牢固，无锈蚀					
（2）金属电缆支架接地良好					
（3）电缆支架距离、层间距离符合规定					
（4）支架防腐符合设计要求					
8）电缆					
（1）直埋电缆的上、下部铺以不小于100 mm厚，覆盖宽度不小于电缆两侧50 mm的软土或沙层，并加盖板保护					
（2）电力电缆终端、中间接头制作工艺符合要求	主控				
（3）动力电缆与控制电缆分层敷设					
（4）电缆排列整齐，多层布置电缆桥架内的电缆敷设均匀					
（5）电缆弯曲半径符合要求					
（6）电缆固定符合要求					
（7）室外电缆保护管不宜设在积水处，防止进水、封堵严密					
（8）电缆标识、标牌规范、齐全、清晰					
9）导线绝缘层完好，接线牢固					
10）一个端子的接线数不超过2根，不同截面的芯线不得接在同一个端子上					
11）导线弯曲弧度一致、工艺美观					
12）电缆及芯线标识齐全、统一，字迹清晰牢固					
13）备用芯长度至最远端子处，无裸露铜芯，对地绝缘良好					
14）多要电缆屏蔽的接地汇总到同一接地母线排时，采用截面积不小于1 mm^2黄绿接地软线，压接时每个接线鼻子内屏蔽接地线不超过6根					
15）二次回路接地符合设计要求	主控				
16）光纤接引准确，衰减符合要求					
17）计量、试验与测量仪器仪表检验合格有效	主控				

主控检验个数： 基本符合个数： 基本符合率：%	一般检验个数： 基本符合个数： 基本符合率：%	监理单位专业技术负责人： （签字） 建设单位专业技术负责人： （签字） 年　月　日	现场复（初）验组成员： （签字） 组长：（签字） 年　月　日

光伏区所需的标示牌

附表I-1　光伏区所需的标示牌

名　称	悬 挂 处	颜　色	字　体
雷雨天气 禁止靠近	光伏阵列的入口处	白底、红色圆形斜杠，黑色禁止标志符号	黑体字
当心碰头	光伏支架临近处醒目位置	白底、黑色正三角形及标志符号，衬底为黄色	黑体字
当心中暑	光伏区入口处、逆变器室入口入的醒目位置	白底、黑色正三角形及标志符号，衬底为黄色	黑体字
当心触电	光伏阵列（区）围栏上的醒目位图	白底、黑色正三角形及标志符号，衬底为黄色	黑体字
止步，高压危险	施工地点临近带电设备的遮栏上；禁止通行的过道上；高压试验地点；室外构架上；工作地点临近带电设备的横梁上	白底、黑色正三角形及标志符号，衬底为黄色	黑体字
禁止翻越	工作人员可以上下的铁架、爬梯上	白底、红色圆形斜杠，黑色禁止标志符号	黑体字，写于白圆圈中
禁止踩踏和落物	光伏阵列的入口处	白底、红色圆形斜杠，黑色禁止标志符号	黑体字，写于白圆圈中
未经许可，不得入内	光伏区域的入口处，逆变器入口处	白底、红色圆形斜杠，黑色禁止标志符号	黑体字
从此进出	室外工作地点围栏的出入口处	衬底为绿色，中间有直径200 mm白圆圈	黑体字
禁止攀登 高压危险	高压配电装置构架的爬梯上，变压器、电抗器等设备的爬梯上	白底、红色圆形斜杠，黑色禁止标志符号	黑体字，写于白圆圈中

标示牌的颜色和字样按照GB 2894标准执行。

其他标示牌按GB 26860标准执行。

参考文献

[1] 薛文强 . 建筑工程施工现场人力资源管理研究 [J]. 企业科技与发展，2011（14）.

[2] 郑健 . 谈建筑施工现场电气的安全及管理 [J]. 企业科技与发展，2013（13）.

[3] 沈宏，梁海涛 . 工程建设中内业资料的重要性 [J]. 黑龙江交通科技，2011（12）.

[4] 中华人民共和国住房和城乡建设部 . 建设工程文件归档规范：GB/T 50328—2019 [S]. 北京：中国建筑工业出版社，2019.

[5] 何继善，王孟钧 . 哲学视野中的工程管理 [J]. 科技进步与对策，2008（10）.

[6] 杨善林，黄志斌，任雪萍 . 工程管理中的辩证思维 [J]. 中国工程科学，2012（2）.

[7] 王涛 . 工程预算管理中的常见问题及应对研讨 [J/OL]. 现代商贸工业，2016（4）.

[8] 陶良群 . 浅谈如何加强建筑工程预算管理 [J/OL]. 建筑知识，2016（5）.

[9] 麻领 . 试论如何提高施工企业工程预算管理水平 [J]. 石油知识，2014（1）.

[10] 赵汝德 . ×× 市轨道交通 ×× 号线 ×× 站土建工程进度管理研究 [D]. 成都：西南交通大学，2012.

[11] 葛泉政 . 巴布亚新几内亚扬开坝趾水电站项目进度管理研究 [D]. 长春：长春工业大学，2015.

[12] 张斌 . 山西省永济市 35 kV 变电站增容改造项目进度管理的研究 [D]. 保定：华北电力大学，2013.

[13] 水利电力部西北电力设计院 . 电力工程电气设计手册　第一册：电气一次部分 [M]. 北京：中国电力出版社，1989.

[14] 吴建春，吴红 . 地面并网光伏电站规划建设实用技术 [M]. 天津：天津大学出版社，2013.

[15] 张存彪，黄建华 . 光伏电站建设与施工 [M]. 北京：化学工业出版社，2013.

[16] 中华人民共和国住房和城乡建设部 . 光伏发电工程验收规范：GB/T 50796—2012 [S]. 北京：中国计划出版社，2012.

[17] 中华人民共和国住房和城乡建设部 . 光伏发电工程施工组织设计规范：GB/T 50795—2012 [S]. 北京：中国计划出版社，2012.

[18] 中华人民共和国住房和城乡建设部 . 光伏发电站施工规范：GB 50794—2012 [S]. 北京：中国计划出版社，2012.

[19] 中华人民共和国能源局 . 变电工程施工图设计内容深度规定：DL/T 5458—2012 [S]. 北京：中国计划出版社，2013.

[20] 中华人民共和国住房和城乡建设部，中华人民共和国国家质量监督检验检疫总局 . 电气装置安装工程接地装置施工及验收规范：GB 50169 [S]. 北京：中国计划出版社，2016.

[21] 汪振川 . 关于建筑工程验收管理及质量控制的思考 [J/OL]. 河南建材，2016（3）.

[22] 梁秀冰 . 浅析加强工程竣工验收资料管理重要性 [J]. 经营管理者，2010（6）.

[23] 黄鸿 . 电力工程项目验收管理探析 [J]. 机电信息，2013（30）.

[24] 可淑玲，宋文学 . 建筑工程施工组织管理 [M]. 广州：华南理工大学出版社，2015.

[25] 中华人民共和国能源局 . 光伏电站项目管理暂行办法 [OL].（2019-07-21）.

[26] 中华人民共和国能源局 . 分布式光伏电站管理暂行办法 [OL].（2017-07-21）.

[27] 中华人民共和国发展和改革委员会 . 企业投资项目核准和备案管理办法 [OL].（2019-07-21）.

[28] 崔勇 . 分布式光伏电站施工设计图集 [M]. 北京：中国电力出版社，2018.